COLEÇÃO de QUÍMICA CONCEITUAL

volume seis

NANOTECNOLOGIA MOLECULAR – MATERIAIS E DISPOSITIVOS

Coleção de **Química Conceitual**

Volume 1
Estrutura Atômica, Ligações e Estereoquímica

ISBN: 978-85-212-0729-0
144 páginas

Volume 2
Energia, Estados e Transformações Químicas

ISBN: 978-85-212-0731-3
148 páginas

Volume 3
Elementos Químicos e seus Compostos

ISBN: 978-85-212-0733-7
168 páginas

Volume 4
Química de Coordenaç Organometálica e Catálise

ISBN: 978-85-212-0786-3
338 páginas

Volume 5
Química Bioinorgânica e Ambiental

ISBN: 978-85-212-0900-3
270 páginas

Volume 6
Nanotecnologia Molecular - Materiais e Dispositivos

ISBN: 978-85-212-1023-8
336 páginas

Blucher

www.blucher.com.br

HENRIQUE E. TOMA

NANOTECNOLOGIA MOLECULAR – MATERIAIS E DISPOSITIVOS

Coleção de Química Conceitual – volume seis
Nanotecnologia molecular – materiais e dispositivos

Editora Edgard Blücher Ltda.

Blucher

Rua Pedroso Alvarenga, 1245, 4º andar
04531-934 - São Paulo - SP - Brasil
Tel 55 11 3078-5366
contato@blucher.com.br
www.blucher.com.br

Segundo o Novo Acordo Ortográfico, conforme 5. ed. do *Vocabulário Ortográfico da Língua Portuguesa*, Academia Brasileira de Letras, março de 2009.

FICHA CATALOGRÁFICA

Toma, Henrique E.
Nanotecnologia molecular – materiais e dispositivos / Henrique E. Toma – São Paulo: Blucher, 2016.
(Coleção de Química conceitual; v. 6)

ISBN 978-85-212-1023-8

1. Nanotecnologia 2. Química 3. Nanociência I. Título

16-0095 CDD 620.5

Índice para catálogo sistemático:
1. Nanotecnologia

À minha família,

Gustavo, Henry e Cris

A meus alunos, com minha gratidão, que, ao longo de quase meio século de jornada no magistério, compartilham amizade, descobertas e aprendizagem, sempre com muito carinho, entusiasmo e alegria.

PREFÁCIO

Este volume, que aborda nanotecnologia molecular, materiais e dispositivos, completa a coleção de Química Conceitual. Nele, apresentamos um conteúdo na fronteira do conhecimento, uma área que é considerada o futuro, mas que está sendo muito marcante neste milênio. Como autor e professor, foi gratificante aceitar o desafio de elaborar estas obras, nas quais extrapolamos as atividades didáticas e de pesquisa e procuramos trabalhar as ideias do modo peculiar que tem marcado nossa vida profissional: por meio da valorização do conceito.

Na química e na ciência, novas informações surgem diariamente e de modo exponencial, o que torna impossível acompanhá-las. Entretanto, os conceitos fundamentais permanecem os mesmos e, graças a isso, ainda continuamos aptos a ensinar e a aprender. Essa foi a premissa que norteou a proposta desta coleção.

Ao longo desta série, algumas biografias foram privilegiadas pelo conteúdo histórico, mas muitas ficaram de fora pela falta de espaço disponível. A história resgata os valores na ciência e, por isso, é importante conhecê-la. Muitos dos exemplos relatados também trazem a marca de alunos, mestres e doutores que contribuíram em algum momento. As escolhas não desmerecem outros autores nem trabalhos da literatura, pois fazem parte da vivência de nosso conteúdo didático e encerram nossa história, uma forma de reconhecimento impossível de se relatar individualmente.

Atualmente, a nanotecnologia é o assunto de nossa predileção. De fato, ela é muito especial. Sua abrangência permite explorar a química envolvida em compostos e materiais, espectroscopia, eletroquímica, reatividade, catálise, química bioinorgânica. Também podemos examinar sua crescente aplicação em dispositivos, biotecnologia, medicina, mineração e meio ambiente. Todos esses assuntos foram estrategicamente abordados neste livro, fechando a proposta conceitual embutida nos volumes anteriores.

Finalmente, gostaria de agradecer ao Dr. Edgard Blücher pelo estímulo e forte apoio à realização desta coleção, ao corpo técnico da editora pela receptividade e competência, e à Isabel Silva, em nome de todos que a antecederam no primoroso trabalho de produção, e ao Carlos Lepique pelo seu magnífico desempenho em arte gráfica e design.

Leitor, aceite este convite para conhecer o maravilhoso mundo nanométrico, que na realidade está bem dentro de nós.

Henrique E. Toma

CONTEÚDO

CAPÍTULO 1

O MUNDO NANOMÉTRICO

Quando se fala em nanotecnologia, a primeira pergunta que surge é: o que é "nano"? Depois, podem aparecer muitas outras, como: por que precisamos conhecer a nanotecnologia? Para que ela serve? É uma esperança ou uma ameaça para a humanidade?

O prefixo **nano** refere-se a uma dimensão física que representa um bilionésimo do metro: 0,000.000.001 metro. Sua unidade física é representada por nm (10^{-9} m) e chamada nanômetro. É algo realmente muito pequeno e tem um envolvimento importante, já que é a dimensão física de átomos e moléculas (Figura 1.1). Lidar com essa dimensão equivale a trabalhar diretamente com as unidades constituintes da vida, e é isso que torna a nanotecnologia tão importante, pois tudo o que está dentro de nós e ao nosso redor é formado por essas unidades.

Se a química sempre tratou de átomos e moléculas, então o que a nanotecnologia tem de novo?

A química tem dado um significado especial a nosso mundo ao revelar do que são formadas as coisas, mostrando como esse conhecimento pode melhorar nossa vida. Conceitualmente, expressa-se por meio das entidades mais simples – átomos e moléculas – e tem produzido muito conhecimento, fundamentado nas características individuais de cada uma delas – suas fórmulas e estruturas bem defi-

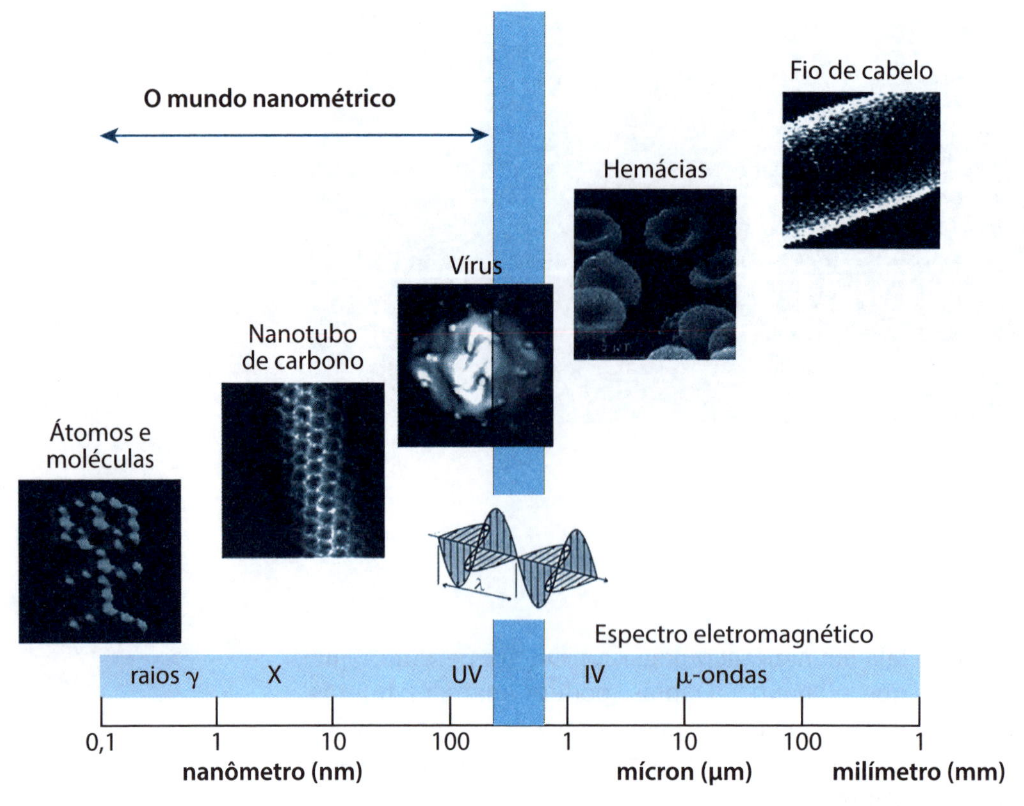

Figura 1.1
No mundo nanométrico comparecem os átomos e as moléculas que dão origem a estruturas mais complexas, como os nanotubos, que se desenvolvem até chegar a entidades organizadas, como o vírus. Perto de 400 nm, a luz começa a tornar os objetos visíveis ao microscópio, marcando o início do mundo micrométrico. Depois, chega-se ao mundo macroscópico. É interessante notar que um nanotubo de carbono é 100 mil vezes mais fino que um fio de cabelo e que um vírus, embora pareça tão pequeno, na realidade é uma complexa máquina molecular.

nidas. Entretanto, quando vamos ao laboratório ou realizamos as tarefas do dia a dia, as coisas não são bem assim. Não lidamos com átomos nem com moléculas individualmente, pois são muito pequenos. Por isso, a química mais parece uma ciência macroscópica, ao fazer uso de béqueres, erlenmeyers, balões etc., cheios de substâncias que podem ser pesadas em balanças e armazenadas em frascos exóticos.

Pode parecer um paradoxo, mas vejamos, por exemplo, um simples frasco de benzeno, C_6H_6 (Figura 1.2), que é um líquido incolor, com ponto de ebulição em 80,1 °C e aroma característico. Curiosamente, foi isolado pela primeira vez por Michael Faraday nos anos de 1820. Esse líquido é formado por moléculas isoladas, que interagem fracamente por meio de forças intermoleculares e de Van der Waals, e não conduz eletricidade. De fato, suas propriedades, medidas dessa forma, refletem a fase condensada, ou "*bulk*", e não as características individuais de cada molécula. Porém, se colocarmos uma molécula de benzeno entre dois contatos elétricos, ela certamente vai conduzir eletricidade, o que está de acordo com o que vemos em nossas aulas de química – o benzeno é descrito como um anel hexagonal de seis átomos de carbono, recobertos por uma "nuvem" de elétrons circulantes. Na realidade, conceitualmente, as aulas teóricas de química se aplicam melhor ao mundo dos átomos e moléculas individuais, ou seja, ao mundo nanométrico, ao passo que a prática e nossa própria vivência estão voltadas para o mundo macroscópico. O químico foi treinado para lidar com essa diferença, visto que até pouco tempo atrás não era possível chegar tão perto do mundo nanométrico.

Figura 1.2
Da molécula do benzeno até o líquido contido no frasco, ocorrem mudanças de concepção que refletem diferenças entre o mundo nanométrico e o macroscópico. Um exemplo é o anel hexagonal, no qual circulam livremente os elétrons. Na fase condensada, o benzeno é eletricamente isolante.

A nanotecnologia transformou o mundo conceitual em uma realidade factível, permitindo lidar diretamente com átomos e moléculas e explorar suas propriedades mais intrínsecas, como geometria, estrutura eletrônica, condutividade e magnetismo, isto é, sua natureza individual. Ela acabou transpondo para a prática tudo aquilo que retratamos no quadro-negro a respeito da química.

A possibilidade da exploração da dimensão nanométrica só começou a ser vislumbrada a partir da palestra de Richard Feynman (Figura 1.3) intitulada "There's plenty of room at the bottom", proferida no Instituto de Tecnologia da Califórnia, em 1959. Esse título estranho era um comentário sobre o anúncio de que alguém havia conseguido gravar o pai-nosso na cabeça de um alfinete. Feynman disse: "Tem muito mais espaço lá em baixo!" E completou:

> [...] a última dimensão tecnologicamente explorável pelo homem, que é a escala atômica, será realidade no novo milênio,

quando então todos os volumes da famosa *Enciclopédia Britânica* poderão ser compactados em um espaço tão diminuto quanto a cabeça de um alfinete, utilizando caracteres nanométricos, impressos pelos microscópios eletrônicos. Surgirá, então, uma nova tecnologia, capaz de lidar com átomos e moléculas – a Nanotecnologia.

Figura 1.3
Richard P. Feynman (1918-1988), foi professor no Instituto de Tecnologia da Califórnia e tornou-se conhecido, principalmente, pelos seus trabalhos em eletrodinâmica quântica. A foto da direita é histórica e mostra sua presença no Centro Brasileiro de Pesquisas Físicas, no Rio de Janeiro, onde colaborou fortemente e desfrutou de nossa cultura e hábitos. Recebeu o Nobel de Física em 1965. Foi o visionário da nanotecnologia, com sua inusitada palestra chamada "There's plenty of room at the bottom".

Os debates que se seguiram alimentaram a ficção e deram origem a obras literárias incríveis, como *Viagem Fantástica*, de Isaac Asimov, publicada em 1966. No entanto, foi em 1981 que Gerd Binnig e Heinrich Rohrer (1933-2013), pesquisadores da IBM-Zurique, anunciaram a criação do microscópio de tunelamento (*scanning tunneling microscope*, STM), capaz de visualizar com recursos relativamente simples estruturas nanométricas até a escala atômica. Eles receberam o Nobel em 1986. Nesse ano, Binnig anunciou o novo microscópio de força atômica (*atomic force microscope*, AFM), baseado na interação de sondas nanométricas com a superfície.

Nessa mesma época, Eric Drexler (Figura 1.4), em sua tese de doutorado no Instituto de Tecnologia de Massachusetts, lançou a polêmica proposta da *máquina de criação*, que seria capaz de montar estruturas nanométricas a partir da manipulação dos átomos. Mesmo sem alcançar esse intento, a nanotecnologia evoluiu de forma impressionante, saindo definitivamente do plano da ficção para tornar-se o grande desafio da ciência moderna.

Figura 1.4
Eric Drexler imaginou um mundo com suas máquinas de criação, capazes de montar qualquer coisa a partir dos átomos. Inicialmente imaginativo e depois polêmico, teve ideias que geraram calorosos debates na comunidade científica. A foto retrata sua visita à Universidade de São Paulo, em 2008.

Muitos ainda consideram a nanotecnologia uma área do conhecimento, por definição, restrita a dimensões de 1 nm a 100 nm. Essa forma limitada de pensar é pouco relevante, pois as propriedades evoluem de forma contínua, e não há justificativa física para essa classificação. Existe, entretanto, um limiar de percepção relacionado com o chamado limite de difração de Abbe. Ele é expresso por uma distância **d** dada por:

$$\mathbf{d} = \frac{\lambda}{2 \cdot n \cdot \mathrm{sen}\theta} \qquad (1.1)$$

Nessa expressão, $n \cdot \mathrm{sen}\theta$ é a abertura numérica da objetiva (geralmente próxima de 1). Trata-se da menor distância entre dois pontos que pode ser percebida visualmente. Assim, nos microscópios ópticos, o limite de resolução situa-se em torno da metade do comprimento de onda da luz: $\lambda/2$. Esse limite impede a distinção de objetos menores que $\lambda/2$. Como a luz visível abrange o intervalo entre 400 nm e 760 nm, o melhor dos microscópios disponíveis tem seu limite de resolução em torno de 250 nm (considerando λ = 500 nm, ou luz verde). Esse é, de fato, o referencial físico que separa o mundo visível do mundo invisível, o nanométrico. Justamente por isso as limitações da óptica clássica deixaram distante o mundo nanométrico.

Desse modo, o formidável avanço da tecnologia nas últimas décadas abriu as portas de um mundo invisível para o ser humano, transpondo a escala micrométrica para a nanométrica, mil vezes menor. Essa dimensão, apesar de não ser diretamente acessível a nossos olhos, é a mais importante para nossa existência, pois nela encontram-se as unidades fundamentais da vida, desde átomos e moléculas até biomoléculas, como proteínas, DNA e enzimas, e formas moleculares mais organizadas, como os vírus (Figura 1.1). Apesar de já serem bem conhecidas pela ciência, a manipulação direta dessas unidades ou entidades só se tornou possível com a invenção de ferramentas apropriadas para a escala nano e com as microscopias eletrônicas e de varredura de sonda, como a microscopia hiperespectral Raman e a de campo escuro, as tecnologias de espalhamento de luz e as pinças ópticas.

A evolução da eletrônica e da capacidade de processamento permitiu trabalhar o mundo nanométrico com a mesma facilidade com que os microscópios ópticos impulsionaram o avanço da ciência, principalmente da biologia. Contudo, em vez da simples visão das células nos microscópios ópticos, tornou-se possível observar imagens de organelas e nanocomponentes celulares em alta resolução e extrapolar esse visual com informações de natureza espectroscópica, contidas em cada pixel da imagem digitalizada. A obtenção de imagem acoplada à espectroscopia é um avanço muito importante, conhecido como hipermicroscopia espectral, que permitiu a análise estrutural ou química das espécies visualizadas no microscópio.

Sobre a organização dos capítulos

Os capítulos deste livro foram estruturados sequencialmente em uma abordagem construtivista. Nosso intuito é explorar melhor os conceitos e princípios aplicados à nanotecnologia e às nanociências.

No Capítulo 2 tratamos da linguagem das cores, por ser esse o primeiro passo na observação dos materiais. Depois, apresentamos uma síntese sobre as espectroscopias eletrônica e vibracional, consideradas fundamentais para a compreensão das características e propriedades dos compostos e para o acompanhamento dos capítulos seguintes.

No Capítulo 3 estão reunidas as principais técnicas de microscopia, tanto eletrônica como hiperespectral, bem como outras ferramentas utilizadas na nanotecnologia, as quais abordamos ao longo do livro.

O Capítulo 4 introduz os aspectos básicos dos polímeros, necessários para compreender as características e propriedades dos nanomateriais, dispositivos e assuntos apresentados na nanobiotecnologia.

No Capítulo 5, tratamos do estado sólido, incluindo os sistemas semicondutores, os transistores e as propriedades dos óxidos metálicos.

A química das nanopartículas, com suas características e propriedades, é o tema do Capítulo 6. Nele, descrevemos os métodos de síntese e detalhamos sua natureza plasmônica ou magnética. Os nanotubos e *quantum dots* também são abordados nesse capítulo.

No Capítulo 7 discutimos os nanofilmes, nanocompósitos, biomateriais e nanotêxteis. Também fazemos uma introdução aos sistemas organizados, como micelas, filmes automontados e a técnica de Langmuir-Blodgett.

O Capítulo 8 aborda os sistemas supramoleculares e os materiais moleculares colocados como protótipos de nanomáquinas e faz uma comparação com os sistemas biológicos.

No Capítulo 9 apresentamos os dispositivos moleculares: cristais líquidos, sensores, células solares, janelas inteligentes, fotovoltaicos orgânicos, portas lógicas. Descrevemos, ainda, os aspectos básicos da eletrônica molecular e da computação quântica.

O Capítulo 10 é voltado para a nanobiotecnologia e a nanomedicina e tem suas estratégias baseadas na exploração das nanopartículas para diagnóstico, terapia e obtenção de imagem clínica. Também inclui a apresentação de aspectos básicos de nanotoxicologia.

No Capítulo 11 discorremos sobre nanotecnologia e sustentabilidade, focalizando processos nanotecnológicos verdes que podem ser aplicados na indústria química, na biotecnologia e no setor mineral.

Finalmente, o Capítulo 12 traz uma reflexão sobre o próprio livro e as tendências e perspectivas da nanotecnologia.

CAPÍTULO 2

LUZ, COR E ESPECTRO

A primeira impressão visual que se capta de um sistema, geralmente, é sua cor. Ela é parte da linguagem com a qual todos se comunicam com o mundo, proporcionando sensações específicas que têm sido exploradas na estética e no *design* de materiais. Isso também acontece no mundo nano, em que as nuances servem para diagnosticar transformações que ocorrem em uma dimensão na qual os tamanhos se aproximam do comprimento de onda da luz.

Interação entre luz e matéria

A luz é constituída de fótons, que se comportam como partículas energéticas propagando no espaço e gerando campos elétricos (E) e magnéticos (H) oscilantes, perpendiculares entre si. As amplitudes desses campos apresentam um movimento com o formato de um saca-rolhas (Figura 2.1), mas, geralmente, são representadas por sua projeção em um plano, como se fosse sua sombra.

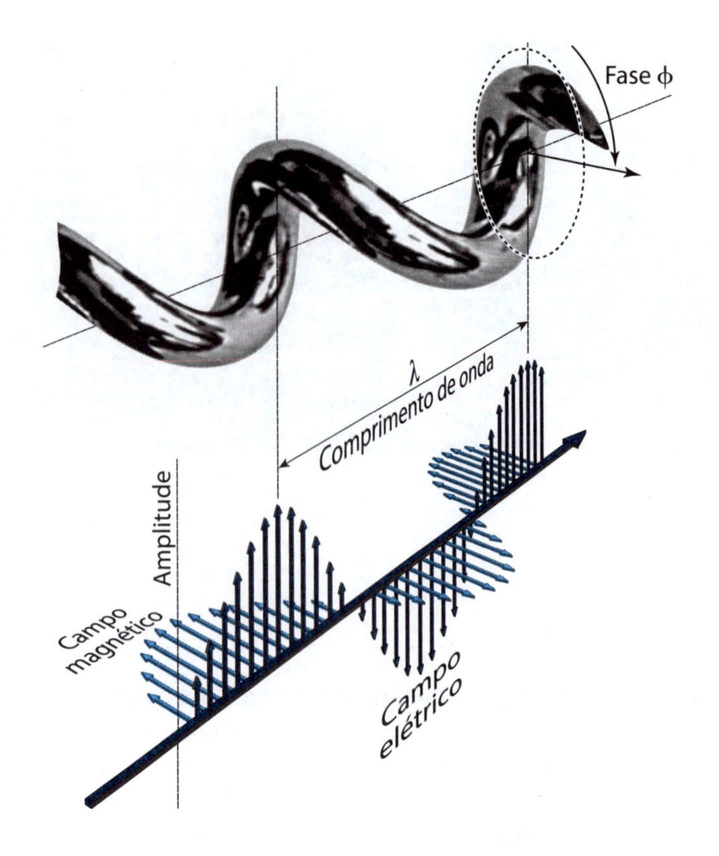

Figura 2.1
A radiação eletromagnética descreve um movimento periódico, com os campos elétricos e magnéticos oscilantes perpendiculares e comprimento de onda (λ), amplitude (A) e fase (ϕ).

Como característica, a luz tem um **comprimento de onda**, λ (nm), uma amplitude, **A**, uma **frequência**, ν (número de oscilações por segundo), e uma **velocidade**, **c** (igual a 299.792.458 m s^{-1} ou 300 mil quilômetros por segundo, no vácuo). Essas características estão inter-relacionadas pelas equações a seguir:

$$\lambda = c\frac{1}{\nu} \tag{2.1}$$

$$\nu = c\frac{1}{\lambda} = c\bar{\nu} \tag{2.2}$$

Nessas equações, $\bar{\nu}$ é denominado **número de onda** e é igual a $1/\lambda$ ou ν^{-1}. Geralmente, o comprimento de onda é expresso em nanômetro, nm (1 nm = 10^{-9} m), a frequência é expressa em hertz, Hz ou s^{-1}, e o número de onda é expresso em cm^{-1}.

Observando a Figura 2.1, verifica-se que a ponta do saca-rolhas projetada verticalmente em um plano descreve círculos concêntricos à medida que a luz se propaga. A posição no círculo corresponde a uma fase, expressa por um ângulo (ϕ). A fase da radiação é outra característica importante a ser considerada.

Max Planck (1858-1947), físico alemão, ganhador do Nobel de Física em 1918, mostrou que a energia de uma radiação é múltipla de sua frequência, isto é:

$$E = h \cdot \nu \qquad (2.3)$$

em que h é uma constante igual a $6{,}6 \times 10^{-27}$ erg s. Isso significa que a energia é quantizada em valores múltiplos de h.

As radiações eletromagnéticas abrangem uma faixa muito grande de frequências e são classificadas como raios γ, raios X, ultravioleta (UV), visível, infravermelho (IV), micro-ondas e ondas de rádio (Figura 2.2). Cada tipo de radiação interage de forma diferente com a matéria, como visto mais adiante, e encontra aplicações no cotidiano, na indústria e na medicina. A luz visível corresponde a uma faixa muito estreita do espectro eletromagnético e é capaz de impressionar a retina e transmitir a sensação das cores.

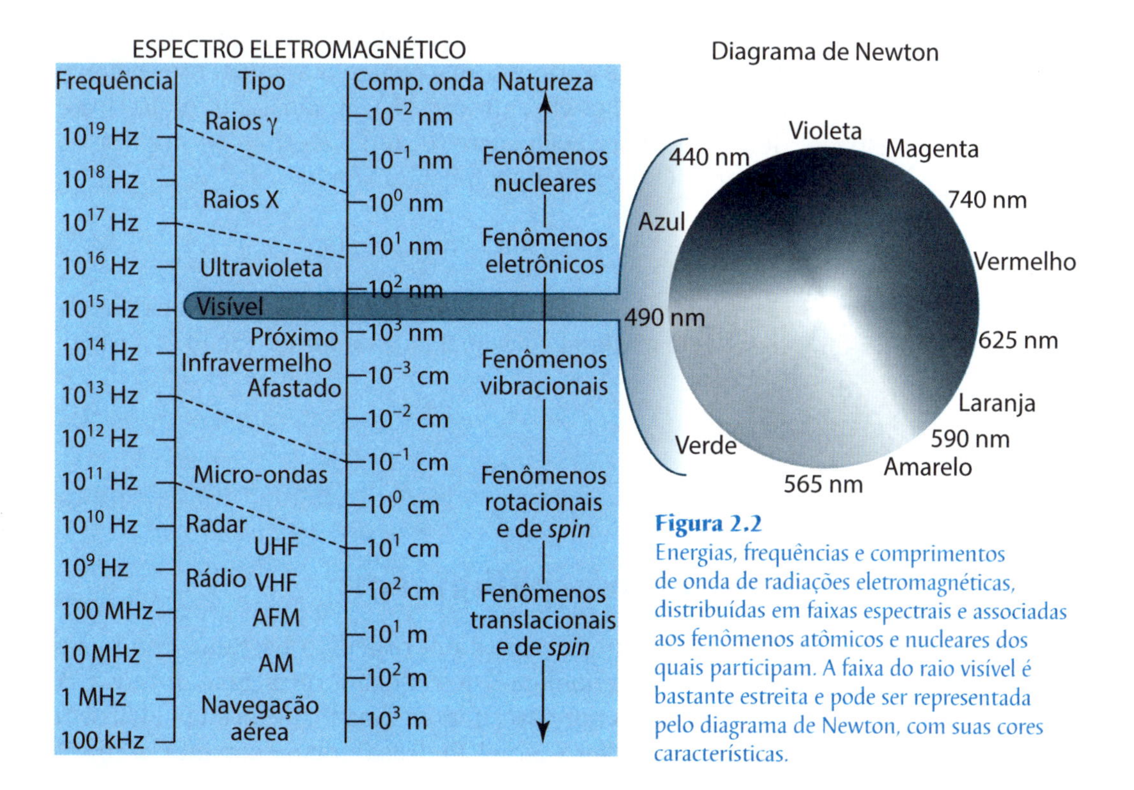

Figura 2.2
Energias, frequências e comprimentos de onda de radiações eletromagnéticas, distribuídas em faixas espectrais e associadas aos fenômenos atômicos e nucleares dos quais participam. A faixa do raio visível é bastante estreita e pode ser representada pelo diagrama de Newton, com suas cores características.

Quando a luz incide sobre os elétrons, eles respondem ao campo elétrico oscilante, $E(\omega)$, com uma força igual ao produto da carga, q, pelo campo, isto é, $f = q \cdot E(\omega)$. Essa força leva ao deslocamento dos elétrons em relação aos núcleos atômicos, gerando um dipolo induzido ou momento de dipolo, $\mu = \alpha \cdot E(\omega)$. Se a resposta dos elétrons for instantânea, a polarização induzida tem as mesmas frequência e fase da radiação incidente.

Em uma molécula, a polarizabilidade resultante é dada pela soma das polarizabilidades atômicas e é representada por $\chi(\omega) = \Sigma\alpha \cdot E(\omega)$. Assim, o momento de dipolo de um material pode ser escrito desta forma:

$$P = \chi(\omega)\, E(\omega) \tag{2.4}$$

Em razão da polarização dos elétrons, o campo elétrico (D) no interior de um material apresenta, além do campo aplicado (E), um fator correspondente ao campo induzido ($I = 4\pi P$):

$$D = E(\omega) + 4\pi P = (1 + 4\pi\chi)\, E(\omega) \tag{2.5}$$

Na prática, os parâmetros mais usados para caracterizar a polarização de um material são a constante dielétrica (κ) e o índice de refração (η). A constante dielétrica é definida pela relação entre o campo elétrico no interior do material (D) e o campo aplicado (E):

$$\kappa = D/E = 1 + 4\pi\chi \tag{2.6}$$

O índice de refração é igual à razão entre a velocidade da luz (v) no material e a velocidade da luz no vácuo (c), isto é:

$$\eta = v/c \tag{2.7}$$

Esse índice é sempre maior que 1.

Cores por espalhamento

O espalhamento de luz é um processo bastante complexo que envolve fenômenos de reflexão, refração e difração. A cor produzida por esses fenômenos foi descrita pelo artista plástico brasileiro Israel Pedrosa como "cor inexistente", pois não está associada a pigmento nem corante, como geralmente se emprega nas pinturas.

A refração está relacionada à alteração da velocidade com que a luz se propaga ao mudar de um meio para outro. Em razão de sua natureza eletromagnética, quando a luz atravessa um meio material, interage com os elétrons dos átomos e das moléculas existentes e sua velocidade pode ser alterada. Esse efeito aumenta com a densidade em virtude da maior concentração de átomos.

As velocidades da luz no vácuo e no ar diferem apenas na sexta casa decimal, portanto, podem ser consideradas iguais. Quando um feixe de luz passa de um meio de índice de refração a outro diferente, por exemplo, do ar ($\eta = 1$) para a água ($\eta = 1{,}33$), a redução da velocidade é acompanhada por uma mudança na direção de propagação, gerando um feixe refratado. Ambos os feixes ficam no mesmo plano, e os ângulos de incidência (θ_A) e de refração (θ_B), em relação à normal, estão correlacionados pela seguinte equação:

$$\eta_A \cdot \text{sen}\theta_A = \eta_B \cdot \text{sen}\theta_B \tag{2.8}$$

Por outro lado, a velocidade de propagação também diminui com a frequência da radiação (vermelho > laranja > verde > amarelo > azul > anil > violeta). A constatação desse efeito está no arco-íris, que surge da interação da luz com as gotículas de água em suspensão na atmosfera. Os vários comprimentos de onda de luz ou cores são refratados de forma distinta ao entrar na gota até emergir na outra interface esférica, quando sofrem nova refração. Com isso, a luz acaba sendo decomposta em suas cores e o efeito coletivo provocado pelos raios solares é percebido como arco-íris.

A constante dielétrica e o índice de refração estão inter-relacionados por meio da equação elaborada pelo físico e matemático escocês James Clerk Maxwell (1831-1879):

$$\kappa = \eta^2 \tag{2.9}$$

Quando o meio também é um absorvedor de luz, o índice de refração total (N) deve incorporar mais um termo (k), imaginário, associado à absorção do fóton:

$$N = \eta + i \cdot k \tag{2.10}$$

A reflexão envolve um processo de interação do fóton com uma interface material que leva a sua reemissão no espaço e preserva o mesmo ângulo de incidência. Quando a superfície é plana ou, preferencialmente, espelhada, a reflexão preserva a coerência do feixe e isso permite reconstituir a imagem do objeto. Essa reflexão é denominada especular. Quando a superfície é irregular, a reflexão ocorre em todas as direções e torna-se difusa. Se ocorrer um processo de absorção parcial, apenas a parte não absorvida será refletida, dando origem a cor. Portanto, a cor observada por transmissão ou reflexão da luz branca sempre representará o complemento da luz que não foi absorvida.

Na reflexão especular, a refletividade (R) é máxima quando o feixe incidente e o refletido são perpendiculares ao plano. Nessa condição, ela pode ser expressa pela relação de Maxwell:

$$R = \left[\frac{(N-1)}{(N+1)}\right]^2 \quad (2.11)$$

Após substituir N pela Equação (2.9), a expressão de R fica igual a:

$$R = \frac{\left[\left(k^2+\eta^2+1\right)-2\eta\right]}{\left[\left(k^2+\eta^2+1\right)+2\eta\right]} \quad (2.12)$$

Assim, quando o coeficiente de absorção k for muito maior que o índice de refração η – isto é, k >> η –, o valor de R se aproximará do valor máximo 1. Essa expressão indica que, na reflexão especular, a luz atinge o máximo de reflexão no comprimento de onda em que ocorre máxima absorção. Isso explica a ocorrência e o brilho característicos da refletividade dos metais e também a cor amarelada do ouro e o tom avermelhado do cobre.

Na escala nanométrica, esse fenômeno é um pouco mais complicado. Algumas nanopartículas apresentam elétrons relativamente soltos ou móveis em sua superfície. Esses elétrons, também chamados plásmons, são capazes de entrar em sintonia ou em ressonância com o campo eletromagnético oscilante da radiação incidente. Tal fenômeno, que será discutido adiante, é conhecido como ressonância plasmônica e dá origem a cores, tanto por absorção como por espalhamento, por meio de nanopartículas. Por isso, as nanopartículas de ouro apresentam coloração avermelhada, bastante distinta da cor dourada do elemento metálico. A ressonância plasmônica acaba tendo consequências importantes, pois é capaz de perturbar os dipolos das moléculas adsorvidas na superfície das nanopartículas, modificando seu padrão de espalhamento. A intensificação observada pode ser tão grande a ponto de permitir a detecção de uma única molécula adsorvida na superfície da nanopartícula, gerando aplicações estratégicas em nanotecnologia e, especialmente, nanobiotecnologia.

Cores por difração

A difração proporciona outra fonte de "cor inexistente", isto é, que não tem relação com pigmentos nem com corantes. No caso da luz visível, os comprimentos de onda (λ) envolvidos variam de 400 nm a 760 nm. O fenômeno da difração pode ser observado quando se atinge a condição expressa pela lei de Bragg, originada dos estudos de William Henry Bragg (1862-1942) e William Lawrence H. Bragg (1890--1971), pai e filho, que receberam o Nobel de Física em 1915.

$$n\lambda = 2\mathbf{d}\ \mathrm{sen}\theta \qquad (2.13)$$

Nessa equação, **d** é o espaço entre dois planos atômicos e θ é o ângulo de incidência da luz (Figura 2.3). Em objetos com espaçamentos atômicos nanométricos, a luz incidente só emergirá quando os valores múltiplos dos comprimentos de onda ($n\lambda$) se igualarem ao produto $2\mathbf{d} \cdot \mathrm{sen}\theta$. Nessa condição, as ondas estão em fase e, portanto, vão se superpor. Se essa condição não for satisfeita, as ondas se extinguirão por interferência destrutiva.

Em virtude do fenômeno da difração, muitas estruturas nanométricas ordenadas apresentam cores peculiares, iridescentes, sem qualquer relação com a presença de pigmentos coloridos ou corantes. São efeitos cromáticos, ou cores físicas, oriundos da difração da luz, que se destacam nas cores, por exemplo, das asas das borboletas, das pedras de opala, de minerais, de conchas e de besouros (Figura 2.4).

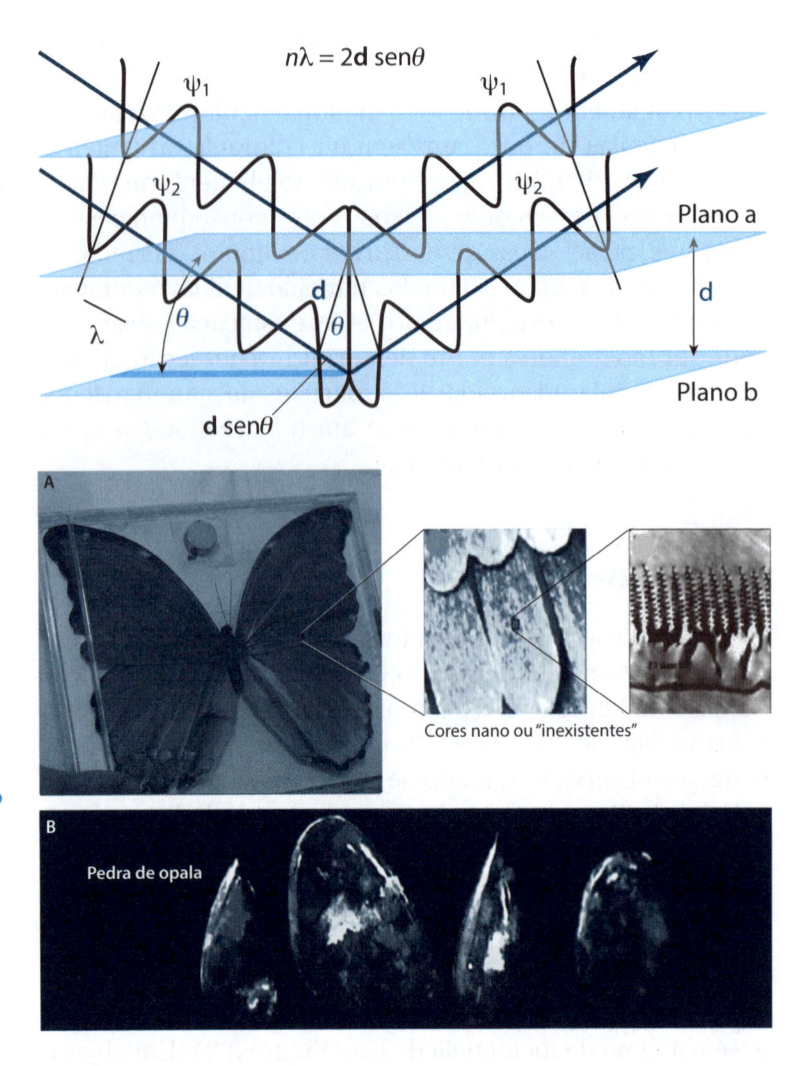

Figura 2.3
O fenômeno da difração envolve a recombinação das frentes de onda incidentes com um ângulo θ sobre uma rede de planos paralelos, separados por uma distância **d**. Como pode ser visto na figura, a onda ψ_2 sofre uma defasagem em relação a ψ_1 de um valor igual a $d \cdot \text{sen}\theta$; na volta, o valor é equivalente e perfaz um total de $2\mathbf{d} \cdot \text{sen}\theta$ ao longo do percurso. As ondas emergentes só estarão em fase se a defasagem for igual ao comprimento de onda ou múltipla dele, isto é, $n\lambda = 2\mathbf{d} \cdot \text{sen}\theta$. Essa é a condição de difração expressa pela lei de Bragg.

Figura 2.4
Cores inexistentes, segundo o pintor Israel Pedrosa. Elas surgem da difração da luz sobre espaçamentos nanométricos nas asas da borboleta (azul) ou nas redes de sílica das pedras de opala e possuem múltiplas tonalidades.

Cores por absorção: espectros eletrônicos

A absorção da luz é um fenômeno relacionado à existência de níveis de energia ou de estados eletrônicos na matéria. Seu registro é feito por um gráfico, chamado espectro, que apresenta valores de absorbância *versus* valores de comprimento de onda. Esses estados são resultantes da distribuição dos elétrons nos átomos ou nas ligações químicas e envolvem orbitais moleculares[1].

---

[1] Informações detalhadas acerca desse assunto estão disponíveis nos volumes 1 e 4 desta coleção.

Quando a luz interage com a matéria, pode transferir sua energia para os elétrons, promovendo uma transição de um estado fundamental (estado normal, de menor energia) para um estado excitado (estado temporário, de maior energia). Os estados de energia são representados por funções de onda (ψ), que descrevem a distribuição dos elétrons nos átomos com base em suas coordenadas espaciais. As funções de onda ainda incorporam uma característica muito importante: o *spin* do elétron (S).

A transição eletrônica leva a um deslocamento, ou reorientação, dos elétrons, que é descrito pela conversão da função de onda do estado fundamental (ψ_1) em uma nova função (ψ_2), representada pelo estado excitado (Figura 2.5). Isso acontece sob ação do campo elétrico oscilante da radiação. O deslocamento de carga (**e**) pode ser descrito como um vetor de dipolo elétrico, expresso pelo operador $\mu = e \cdot \overline{r}$.

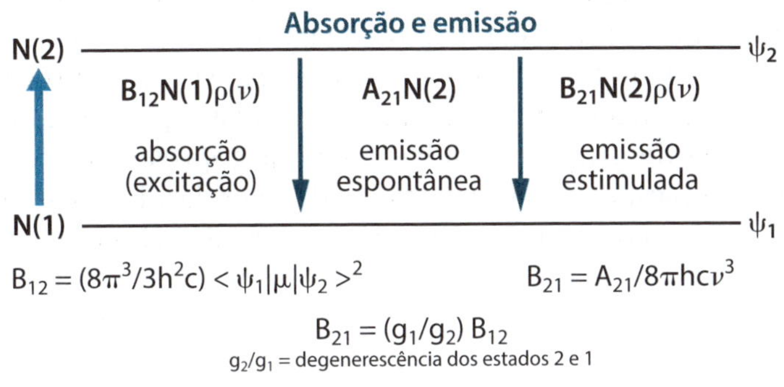

Figura 2.5
Transições eletrônicas entre os estados descritos por ψ_1 e ψ_2, com as respectivas populações N(1) e N(2). São regidas pela regra de ouro de Fermi, nos termos dos coeficientes de probabilidade B ou A ou da força do oscilador (f), que corresponde à área da banda espectral.

A probabilidade de absorção da luz está relacionada com a passagem do estado inicial ao estado final e é regida pela regra de ouro de Fermi (Figura 2.5). O coeficiente de probabilidade B (ou A) é o resultado da atuação do operador de dipolo elétrico (μ = e) sobre os estados de energia (ψ_1 e ψ_2). É descrito matematicamente por meio da integral **P**:

$$P = < \psi_i \mid e\vec{r} \mid \psi_f > \quad (2.14)$$

Também é conhecida como integral de momento de transição, e sua grandeza determina se uma banda de absorção será fraca ou intensa. A intensidade de uma banda é proporcional ao quadrado do momento de transição ($\mathbf{P}^2$). Por meio da teoria de grupo, é possível demonstrar que uma banda é mais forte quando os estados apresentam o mesmo *spin*. A simetria dos estados também é outro requisito importante a ser considerado, já que favorece transições de mesma paridade orbital[2].

Nos espectros eletrônicos, os níveis mais importantes são aqueles de maior energia, preenchidos por elétrons. Estes são denominados HOMOs, da expressão em inglês *highest occupied molecular orbital*. Os níveis seguintes, vazios, são denominados LUMOs, abreviação de *lowest unoccupied molecular orbital*. Os elétrons de níveis HOMOs podem ser excitados para os níveis superiores vazios, os LUMOs, desde que a energia dos fótons coincida com a diferença de energia entre os níveis LUMO-HOMO (Figura 2.6).

Conceitualmente, as transições eletrônicas vão depender da natureza dos compostos, e sua riqueza e diversidade aumenta quando íons de metais de transição estão presentes. A linguagem empregada na espectroscopia é baseada na teoria de grupo e envolve o uso de representações de simetria para designar os estados de energia[3]. Em resumo, quatro tipos de banda podem ser observados (Figura 2.6):

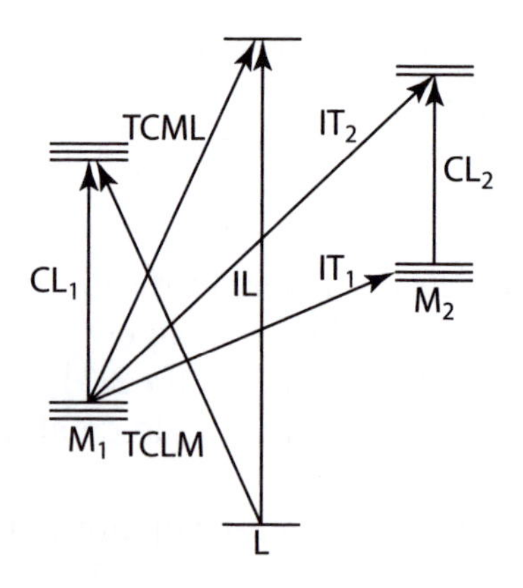

Figura 2.6
Transições eletrônicas envolvendo compostos com elementos metálicos (Legenda: IL = transição interna no ligante; CL = transição de campo ligante; TCLM = transição de transferência de carga ligante-metal; TCML = transição de transferência de carga metal-ligante; IT = transição de intervalência).

[2] Consultar volume 4 desta coleção.
[3] Uma discussão detalhada sobre espectroscopia eletrônica pode ser encontrada no volume 4 desta coleção.

Transições atômicas e de campo ligante

Os elementos químicos apresentam transições eletrônicas internas que mantêm uma analogia com os espectros atômicos de origem. No caso dos íons metálicos, **são observados dois tipos de transição** (Figura 2.7). O primeiro tipo envolve transições de elétrons de uma camada eletrônica para outra, mais externa – semelhante ao descrito por Rydberg para o átomo de hidrogênio. Esse tipo pode ser constatado nos íons metálicos de camada cheia – Cu^+, Ag^+, In^+, Sn^{2+}, Sb^{3+}, Tl^+, Pb^{2+}, Bi^{3+} e I^- – e geralmente apresenta alta energia, caindo na faixa do ultravioleta. As bandas são intensas e envolvem transições permitidas por simetria ou paridade (regra de Laporte). Por isso, vidros com altos teores desses íons metálicos são frequentemente utilizados como filtros de ultravioleta e de radiações de alta energia. O segundo tipo abrange transições eletrônicas entre estados provenientes de uma camada eletrônica incompleta – do tipo d-d ou f-f –, cujas energias são desdobradas pelo campo criado pelos ligantes ao redor. Por essa razão, tais transições são denominadas campo ligante. Elas são típicas de íons de metais de transição e da série dos lantanídeos e actinídeos; geralmente, caem na região do visível.

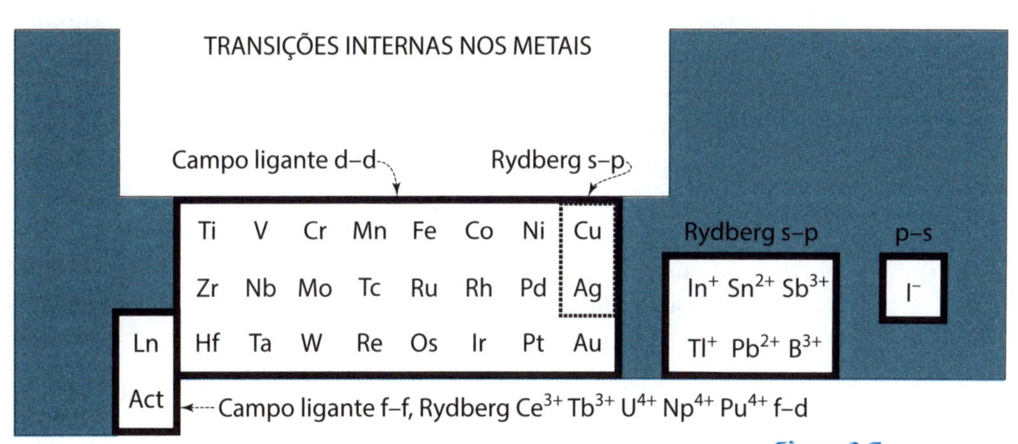

Figura 2.7
Transições eletrônicas internas em elementos químicos agrupados em classes.

As cores dos íons de metais de transição, como Co^{2+}, Ni^{2+}, Cu^{2+}, Cr^{3+} e VO^{2+}, são decorrentes das transições de campo ligante que envolvem os orbitais **d**.[4] Apesar da baixa

[4] Esse conteúdo foi abordado no volume 4 desta coleção.

intensidade, também são responsáveis pelas cores de muitos minerais, pedras preciosas, vidros coloridos e *lasers*.

As transições de campo ligante estão centradas nos íons metálicos e, por isso, podem ser trabalhadas a partir de seus respectivos estados atômicos. Dessa forma, a análise das transições é feita com base nas funções de onda que descrevem os orbitais e os estados de energia do íon metálico, os quais são representados pelos termos Russell-Saunders (^{2S+1}L), em que S representa a somatória dos *spins* individuais (s_i) e L é a somatória dos momentos orbitais (l_i).

No íon livre, os estados espectroscópicos são designados pelas letras S, P, D, F, G, H, I. Esses estados podem ser observados por meio da espectroscopia atômica. Eles proporcionam métodos analíticos extremamente importantes, utilizando tanto a absorção como a emissão de luz pelos átomos excitados (fluorescência). Nos compostos, os estados atômicos sofrem desdobramentos, isto é, formam novos estados provocados pela presença do campo ligante e passam a ser descritos pelas representações de simetria da teoria de grupo, como A_{1g}, E_g, T_{2g} etc.

Conceitualmente, a *teoria do campo ligante* considera os efeitos repulsivos exercidos pelos elétrons dos ligantes sobre os elétrons do metal, levando ao desdobramento dos orbitais d e dos estados eletrônicos decorrentes. As energias são expressas em termos do parâmetro Dq, de campo ligante, e do parâmetro B, de repulsão intereletrônica, proposto por Racah. Assim, a atribuição dos espectros utiliza uma linguagem própria e tem sido bastante facilitada com o emprego dos diagramas de Tanabe-Sugano[5]. Sua análise fornece informações importantes sobre simetria ao redor do íon metálico, estado de *spin*, caráter magnético e intensidade das interações metal-ligante.

Em virtude da paridade intrínseca dos orbitais d, as transições de campo ligante em complexos octaédricos são proibidas por simetria (restrição de Laporte) por conta da existência do centro de inversão e, por isso, apresentam fraca intensidade. Os complexos tetraédricos têm essa restrição relaxada pela ausência do centro de inversão e apresentam coloração mais intensa. O exemplo

[5] Apresentados no volume 4 desta coleção.

mais típico é fornecido pelos íons de Co(II), que têm coloração rosa-clara quando em ambiente octaédrico do tipo $[Co(H_2O)_6]^{2+}$ e intensamente azulada em ambiente tetraédrico, como no complexo $[CoCl_4]^{2-}$. Essa mudança é usada como indicadora de umidade e sinalizadora de tempo seco ou chuvoso em objetos decorativos. Os espectros de campo ligante correspondentes estão ilustrados na figura a seguir.

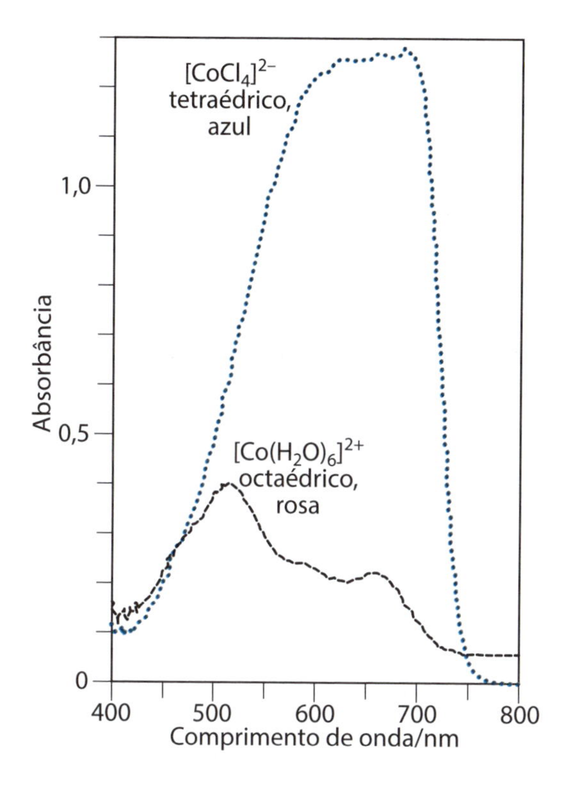

Figura 2.8
Espectro eletrônico de sílica-gel impregnada com cloreto de cobalto(II) em ambiente seco (A) e na presença de umidade (B). Evidencia-se as transições de campo ligante em simetria tetraédrica e octaédrica, que gera os tons azul intenso e rosa pálido, respectivamente, bem como o ganho de intensidade com a ausência do centro de inversão na simetria Td.

Outra modalidade importante de espectroscopia atômica faz uso da excitação ionizante com raios X para gerar estados excitados e induzir recombinações entre as camadas eletrônicas, com emissão de luz fluorescente. Tal modalidade é conhecida como fluorescência de raios X e é bastante usada na análise dos elementos químicos presentes nos materiais. Essa técnica também pode ser acoplada à microscopia eletrônica de varredura, permitindo a identificação dos elementos com a obtenção da imagem.

Em vez de usar uma excitação monocromática ionizante, também é possível fazer a varredura espectral de raios X utilizando uma fonte contínua de alta potência, como a do Laboratório Nacional de Luz Síncrotron (LNLS), em Campinas (SP). Essa modalidade é conhecida como espectroscopia de estrutura fina de absorção de raios X, ou *X-ray absorption fine structure* (XAFS). Ela monitora o coeficiente de absorção de raios X, que geralmente diminui à medida que cresce a energia da radiação. Entretanto, quando as energias coincidem com as dos níveis eletrônicos dos átomos, ocorre um processo de absorção seletivo, que gera uma borda espectral conhecida como *X-ray absorption edge*. Os espectros obtidos são analisados pela técnica *X-ray absorption near edge structure* (XANES), o que proporciona informações importantes sobre a natureza dos átomos e seus estados de oxidação. A radiação absorvida também provoca liberação de elétrons dos níveis mais internos dos átomos – por exemplo, 1s. Os elétrons ejetados propagam-se como ondas que, ao refletir nos átomos vizinhos, acabam gerando padrões de interferência que influenciam nos coeficientes de absorção. A decodificação desses padrões, feita pela técnica *extended X-ray absorption fine structure* (EXAFS), permite obter informações relevantes sobre estrutura, número de coordenação e geometrias dos centros metálicos.

Transições intraligantes

As espécies ligadas aos elementos metálicos contribuem com suas transições eletrônicas típicas para os espectros e as cores dos sistemas. No caso de espécies orgânicas, as transições envolvem orbitais moleculares formados a partir da combinação de orbitais atômicos existentes. Os orbitais moleculares dão origem a estados eletrônicos conhecidos como *highest occupied molecular orbitals* (HOMO) e *lowest unoccupied molecular orbitals* (LUMO). As transições eletrônicas de menor energia geralmente ocorrem entre o HOMO e o LUMO, desde que sejam permitidas por simetria e *spin*. Espécies aromáticas e insaturadas apresentam transições $\pi \rightarrow \pi^*$ na região do ultravioleta. Porém, com o aumento da conjugação ou deslocalização eletrônica, as bandas deslocam-se para a região do visível, como exemplificado na tabela a seguir.

Tabela 2.1 — Espectros eletrônicos típicos de polienos

Polienos	$\lambda_{máx}$/nm	$\varepsilon_{máx}$/mol^{-1} L cm^{-1}
$CH_2{=}CH_2$	175	15.000
$H_2C{=}CH{-}CH{=}CH_2$	217	21.000
$H_2C{=}CH{-}CH{=}CH{-}CH{=}CH_2$	258	35.000
β-caroteno	465	125.000

Outro exemplo interessante é o espectro eletrônico da porfirina, representado na Figura 2.9.

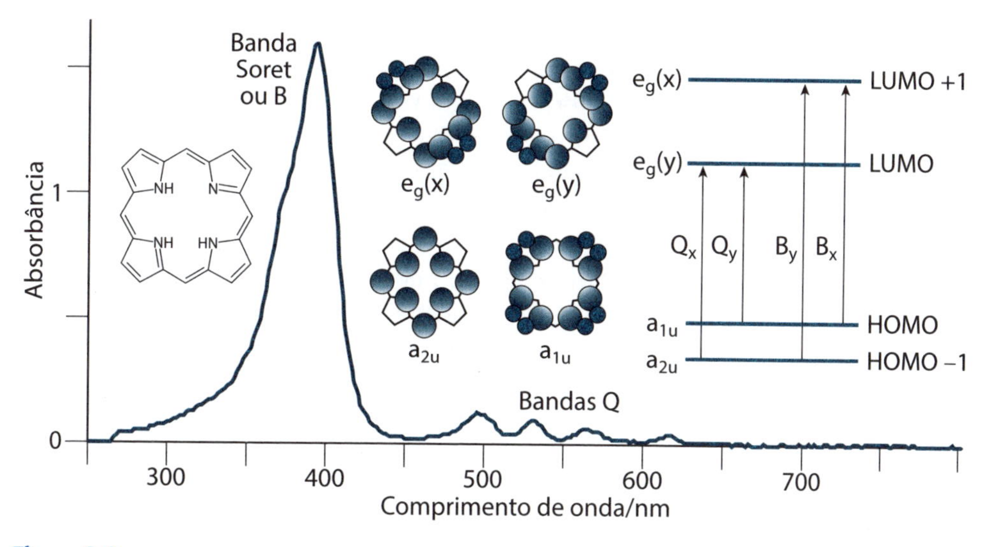

Figura 2.9
Espectro eletrônico da porfirina com banda principal bastante intensa, conhecida como Soret, ao redor de 400 nm, e conjunto de bandas secundárias, ou Q, na faixa de 500 nm a 650 nm. Os níveis de energia envolvidos, com suas respectivas simetrias e representação orbital, estão ilustrados no interior da figura.

As porfirinas são macrocíclicos naturais presentes em biomoléculas, como a hemoglobina e os citocromos, responsáveis pela coloração vermelha do sangue; estão presentes na forma de um complexo de ferro(II). Sua estrutura básica deriva de quatro unidades pirróis condensadas pela reação com formaldeído, gerando pontes metilênicas (Figura 2.9). O espectro-padrão da unidade porfina (nome atribuído ao macrocíclico sem metal) apresenta um perfil característico com uma banda muito intensa ao redor de 400 nm, denominada Soret, e um conjunto de bandas um pouco menos intensas, na faixa de 500 nm a 650 nm, conhecidas como bandas Q. A intensidade da banda Soret nos derivados porfirínicos ultrapassa 10^5 mol^{-1} L cm^{-1}. O modelo mais simples que explica essas bandas espectrais foi proposto por Martin Gouterman, em 1959, e envolve estados gerados a partir dos orbitais π deslocalizados sobre o anel porfirínico, com dois níveis HOMOs (de simetria a_{2u} e a_{1u}) e dois LUMOs (de simetria e_g). As transições correspondentes estão na Figura 2.9. As bandas são sensíveis à coordenação do íon metálico, tanto pela mudança de simetria como pelos efeitos eletrônicos das ligações.

Transições de transferência de carga

A presença de um centro metálico com espécies ligantes a seu redor pode dar origem a uma transição eletrônica no sentido metal → ligante ou no sentido ligante → metal. Geralmente, as bandas de transferência de carga são muito intensas e as principais responsáveis pelas cores dos compostos ou complexos de metais de transição. Essas transições envolvem a transferência de elétrons entre grupos distintos, que se comportam como um fenômeno redox ou de oxidorredução fotoinduzido. São denominadas transferências de carga metal-ligante (TCML) ou transferências de carga ligante-metal (TCLM), isto é:

$$\text{M-L} + h\nu \rightarrow \text{M}^{+}\text{–L}^{-} \quad \text{(TCML)} \qquad (2.15)$$

$$\text{M-L} + h\nu \rightarrow \text{M}^{-}\text{–L}^{+} \quad \text{(TCLM)} \qquad (2.16)$$

As transições TC promovem uma separação efetiva de cargas elétricas na molécula, que pode ser monitorada por técnicas espectroscópicas. As transições de transferência de carga do tipo ligante-metal acontecem quando o metal é um bom receptor de elétrons, isto é, tem baixa densidade eletrônica e orbitais vazios, de baixa energia, e o ligante tem orbitais π ocupados, de alta energia, como é o caso dos complexos metálicos com haletos (Cl^-, Br^-, I^-), sulfetos e derivados de fenóis e tióis.

Na transição TCML, o fóton leva a um estado excitado em que um elétron foi transferido do metal para o ligante. Nesse estado, a molécula, ao receber a energia correspondente à banda de transferência de carga, acaba tornando-se simultaneamente um forte agente oxidante (em razão do $^*M^+$) e, ao mesmo tempo, um forte agente redutor (por conta do $^*L^-$). Isso proporciona aplicações importantes em dispositivos de conversão de energia, como células solares, e é o princípio envolvido no processo de fotossíntese. Entretanto, deve ser ressaltado que todo estado excitado é efêmero. Se a separação de cargas não tiver sequência no transporte ou se **não for acoplada a um processo químico** durante a fração de tempo útil disponível – geralmente na faixa de microssegundos, 10^{-6} s –, elas serão recombinadas espontaneamente, retornando ao estado fundamental com dissipação da energia absorvida sob a forma de calor.

As transições TCML são favorecidas quando o metal é um bom doador de elétrons e apresenta alta densidade eletrônica ou orbitais cheios, com alta energia – como é o caso do Ru^{II} ($4d^6$) –, e o ligante é insaturado, com orbitais π^* vazios, de baixa energia – como as polipiridinas. Um exemplo típico é mostrado no complexo $[Ru(terpy)(CN)_3]^-$ da Figura 2.10.

Os cálculos de orbitais moleculares para esse complexo mostraram que os níveis HOMO envolvem a distribuição dos elétrons por toda a molécula, com predominância nos átomos de rutênio (~50%), ao passo que os níveis LUMO estão concentrados sobre o ligante terpiridínico (> 96%). Embora tradicionalmente a transição seja considerada uma transferência de carga $Ru^{III} \rightarrow$ terpy, essa denominação enfatiza principalmente os centros doadores e receptores, a despeito da substancial deslocalização eletrônica nos níveis HOMO.

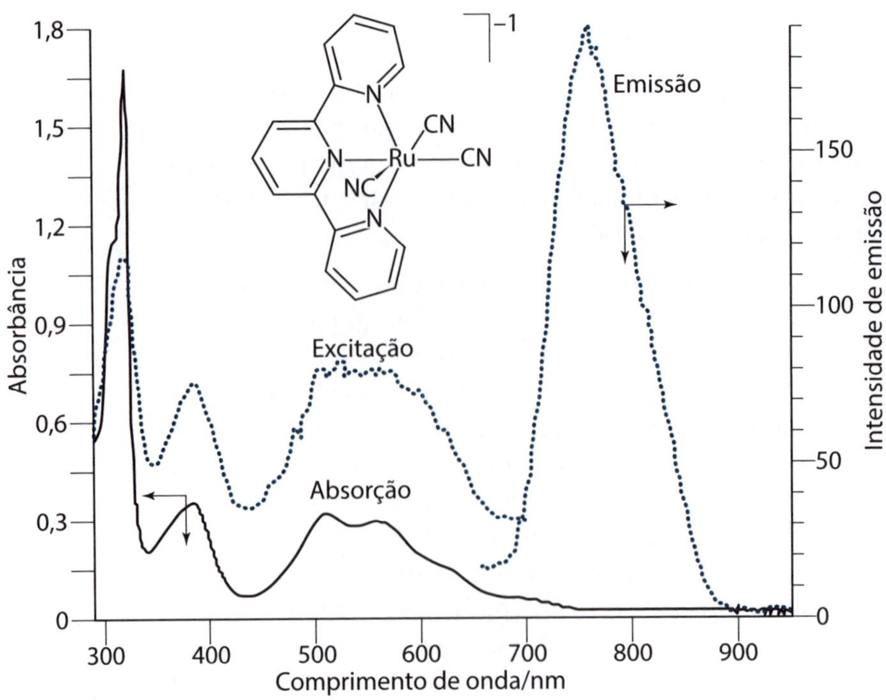

Figura 2.10
Espectro eletrônico do complexo $[Ru^{II}(terpy)(CN)_3]^-$ (vide estrutura interna, terpy = terpiridina) mostrando a banda IL (π-π^*) por volta de 310 nm e as bandas TCML na região de 390 nm a 700 nm (linha cheia). O espectro de emissão (fluorescência) está indicado em linha pontilhada, com máximo em 750 nm. O espectro de excitação é praticamente coincidente com o espectro de absorção, indicando que todos os comprimentos de onda de absorção contribuem para a emissão fluorescente do complexo.

Transições de intervalência

As cores resultantes de transições eletrônicas de intervalência são muito frequentes na natureza e encontradas em muitos pigmentos. O melhor exemplo é o azul da prússia, um pigmento de composição básica ($Fe_4[Fe(CN)_6]_3$), descrito pela primeira vez em 1704, na Alemanha. Esse pigmento sintético ainda é o mais utilizado nas tintas de impressão, em virtude de seu baixo custo. Em sua estrutura existem íons de Fe^{II} e Fe^{III}, unidos por pontes de cianeto (CN^-). A absorção de luz leva à transferência de elétron do Fe^{II} para o Fe^{III}, gerando uma banda de absorção em torno de 760 nm e outra, de menor intensidade, em 400 nm (Figura 2.11). Essas transições classificadas como intervalência são típicas de sistemas com íons metálicos de valência mista.

No estado sólido, a deslocalização eletrônica pode converter os orbitais moleculares discretos em bandas de energia, assunto discutido no Capítulo 5. Nesse caso, as transições eletrônicas envolvem excitação das bandas cheias ou de valência para as bandas vazias ou incompletas, denominadas bandas de condução. As bandas espectrais geralmente são bastante largas, formando patamares de absorção em virtude de sua superposição. Por isso, a maioria dos minerais de valência mista, como exemplificado pela magnetita ($Fe^{II}Fe^{III}{}_2O_4$), tem tonalidade escura, quase preta. Quando a deslocalização eletrônica é dominante, o sólido adquire um caráter metálico, apresentando muitas vezes seu brilho característico, a exemplo do cristal de pirita (FeS_2), que imita perfeitamente o ouro.

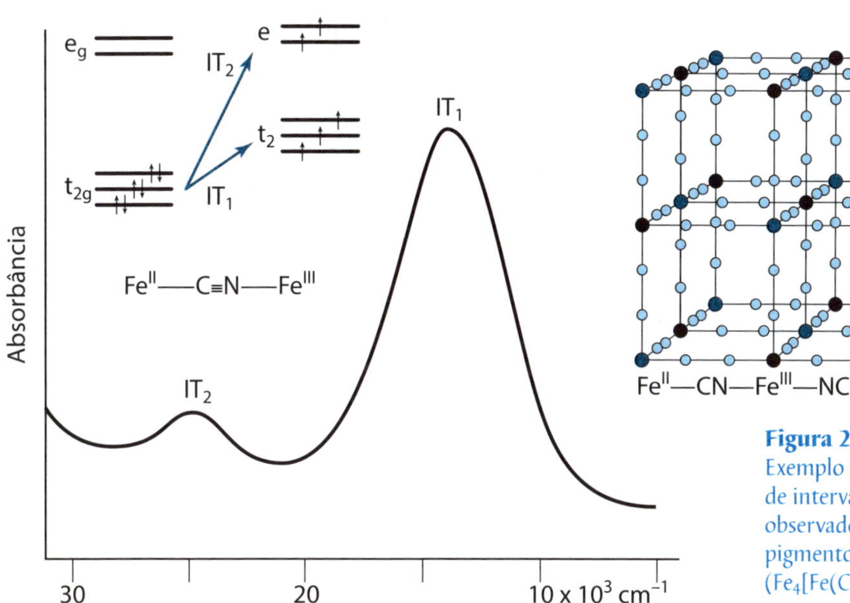

Figura 2.11
Exemplo de espectro de intervalência (IT) observado para o pigmento azul da prússia ($Fe_4[Fe(CN)_6]_3$), com sua estrutura cúbica, apresentando íons de Fe(II) e Fe(III) unidos por pontes de cianeto. São observadas duas bandas de IT por volta de 760 nm e 400 nm, ou 13000 cm^{-1} e 25000 cm^{-1}, envolvendo excitação de elétrons nos orbitais t_{2g} preenchidos do Fe(II) para os orbitais t_{2g} e e_g incompletos do Fe(III).

Cores por emissão

A luminescência é outra propriedade importante apresentada por muitos compostos e materiais. Ela envolve uma etapa de excitação que promove os elétrons do estado fundamental a um estado de maior energia, seguido pela etapa de emissão espontânea ou induzida (Figura 2.5).

A excitação pode ser seletiva, dependendo da natureza da banda eletrônica envolvida. O estado excitado tem tempos de vida geralmente na faixa de 10^{-3} s a 10^{-12} s e a emissão espontânea, governada pelo termo A_{21} (Figura 2.5), é uma forma natural de retorno para o estado fundamental.

A emissão também pode ser estimulada por fótons, e isso é aproveitado principalmente no caso dos *lasers*. Quando os estados excitado e fundamental apresentam o mesmo *spin*, a transição é permitida e o decaimento ocorre rapidamente, em geral na faixa de 10^{-6} s a 10^{-12} s, dando origem à fluorescência. Nesse caso, a emissão praticamente cessa ao término da excitação. Se o estado excitado apresentar uma multiplicidade de *spin* diferente daquela do estado fundamental, a transição luminescente será proibida pela mecânica quântica. O decaimento energético será mais lento, levando a uma emissão fosforescente, com um intervalo de tempo de 10^{-3} s ou maior. Na fosforescência, a emissão pode prolongar-se por um tempo considerável após o término da excitação.

A luminescência depende da natureza dos compostos ou materiais. No exemplo da Figura 2.10, para o complexo $[Ru^{II}(terpy)(CN)_3]^-$, a excitação na banda de transferência de carga $Ru^{II} \rightarrow$ terpy é seguida pela emissão $terpy^- \rightarrow Ru^{III}$. A banda de emissão encontra-se sempre deslocada para menores comprimentos de onda em relação à absorção, por conta do deslocamento das curvas de potencial do estado excitado em referência ao estado fundamental.

Nos chamados *quantum dots*, ou pontos quânticos, a luminescência provém da excitação e do decaimento de estados excitados localizados nas nanopartículas ou sítios quânticos, com propriedades semelhantes às dos sistemas moleculares. Esse assunto será abordado no Capítulo 6. Nos semicondutores, a excitação pode ser provocada pela aplicação de potencial elétrico, que induz a promoção de elétrons entre a banda de valência e a banda de condução, seguida de recombinação com emissão de luz, como será visto no Capítulo 5. Esse fenômeno tem sido explorado em dispositivos semicondutores emissores de luz (LEDs).

Espectroscopia vibracional

Uma ligação química comporta-se como dois átomos unidos por uma mola, oscilando com uma frequência característica que é dada por:

$$\bar{\nu} = \frac{1}{2\pi c}\sqrt{\frac{k}{\mu}} \quad \text{e} \quad \frac{1}{\mu} = \frac{1}{m_1} + \frac{1}{m_2} \qquad (2.17)$$

Na equação, k é a constante de força do oscilador e μ corresponde à massa reduzida (soma dos inversos das massas). A constante de força é uma característica das ligações e influi nas frequências vibracionais correspondentes.

Uma ligação tripla apresenta uma constante de força maior que uma ligação dupla, que, por sua vez, é maior do que uma ligação simples. Isso pode ser visto nas frequências típicas de estiramento das ligações N≡N, O═O e F—F, iguais a 2360 cm^{-1}, 1580 cm^{-1} e 892 cm^{-1}, respectivamente. Por outro lado, em virtude do efeito de massa contido na Equação (1.15), os átomos leves, como o H, deslocam a frequência de vibração para valores mais elevados, como nos casos de H—H, N—H e O—H, correspondendo a 4395 cm^{-1}, 3131 cm^{-1} e 3452 cm^{-1}, respectivamente.

As energias vibracionais descrevem o potencial de um oscilador (ou mola) com uma curva parabólica típica, ligeiramente distorcida. Isso se dá porque, quando a separação entre os átomos cresce muito, a força de ligação diminui até sua dissociação completa, gerando uma assimetria na curva de potencial. No entanto, essas energias são quantizadas, isto é, são descritas por níveis vibracionais expressos por números quânticos (v = 0, 1, 2, 3... n). Essa distribuição acontece tanto no estado eletrônico fundamental como nos estados eletrônicos excitados (Figura 2.12).

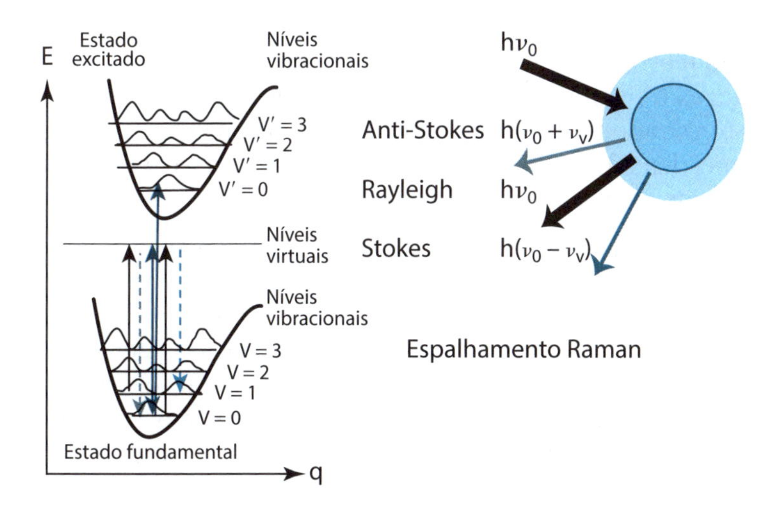

Figura 2.12
As curvas de potencial, com os níveis vibracionais acoplados, para estados eletrônicos da molécula. O processo de excitação eletrônica é indicado pela seta maior, na vertical. Ao lado, está ilustrada a excitação decorrente da colisão do fóton, que gera estados virtuais envolvidos no fenômeno de espalhamento Raman. O decaimento para o estado fundamental pode chegar a níveis vibracionais (v) diferentes do inicial. Essa diferença de energia vibracional do fóton espalhado é registrada sob a forma de espectro Raman. Os fótons espalhados sem variação de energia (colisão elástica) constituem o espalhamento Rayleigh. Aqueles que apresentam perda ou ganho de energia (colisão inelástica) são chamados espalhamento Stokes e anti-Stokes, respectivamente.

Para uma molécula no estado fundamental, o nível vibracional de menor energia corresponde a v = 0. A absorção de fótons pode promover a molécula para o nível vibracional seguinte (v = 1), dentro do mesmo estado eletrônico. Essa absorção pode ser registrada sob a forma de espectro vibracional, com frequências que caem na região do infravermelho (100 cm^{-1} a 5000 cm^{-1}). Entretanto, as vibrações moleculares podem envolver grande variedade de ligações, em função dos átomos presentes, e também deslocamentos simples (estiramentos, representados pela letra grega ν) ou deformações angulares (representados pela letra δ). Ainda podem abranger movimentos de torção, que apresentam simetria e constituem os modos normais de vibração. Esses movimentos dependem da geometria das moléculas e apresentam um número definido por 3N-6 (em que N é o número de átomos da molécula), podendo ser deduzidos matematicamente com auxílio da teoria de grupo. Os modos normais de vibração descrevem completamente os movimentos das moléculas, que podem ser interpretados por meio dos espectros medidos.

Assim como nos espectros eletrônicos, as transições vibracionais também são regidas por regras, conhecidas como **regras de seleção**, que dependem da simetria molecular. Sob o ponto de vista físico, para que a luz interaja com uma ligação oscilante, o campo elétrico da radiação deve ser capaz de interagir com seu dipolo elétrico para entrar em ressonância, conduzindo a uma oscilação de cargas. Por isso, vibrações que levam ao cancelamento do dipolo elétrico não conseguem interagir efetivamente com a radiação excitante, o que gera picos de absorção de baixa intensidade no infravermelho. Esse é o caso das vibrações simétricas. Logo, nem todas as vibrações possíveis são observadas experimentalmente.

Os espectros vibracionais proporcionam uma impressão digital das moléculas e são usados rotineiramente para sua identificação. Para essa finalidade, um recurso bastante útil que auxilia a identificação analítica dos compostos é o uso de frequências de grupo. De modo geral, o espectro vibracional pode ser dividido em quatro regiões nas quais se localizam as frequências características dos grupos funcionais (Figura 2.13).

Na região entre 4000 cm^{-1} e 2500 cm^{-1} ocorrem os estiramentos envolvendo o átomo de hidrogênio em ligações do

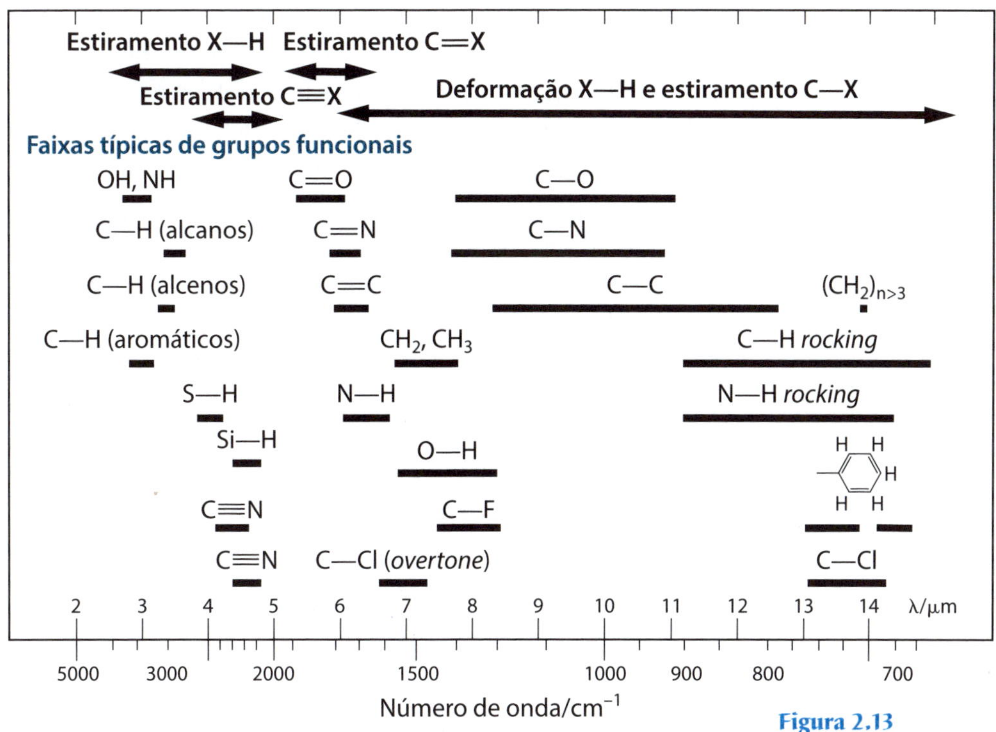

Figura 2.13
Frequências vibracionais características com as faixas típicas dos grupos vibracionais mais comuns.

tipo X-H. O estiramento O-H é responsável por uma banda larga em torno de 3700-3600 cm^1, ao passo que o estiramento N-H ocorre na faixa de 3400-3300 cm^{-1}, produzindo uma banda geralmente mais fina. O estiramento C-H é observado entre 3100 cm^{-1} e 3000 cm^{-1}. Na região de 2500-2000 cm^{-1} estão os estiramentos característicos de triplas ligações, em virtude de suas elevadas constantes de força. As ligações C≡C absorvem na faixa de 2300-2050 cm^{-1}, ao passo que o grupo C≡N conduz a uma banda na faixa de 2300-2200 cm^{-1}. Elas podem ser diferenciadas pelas intensidades, pois o estiramento C≡N é mais forte, comparado ao C≡C, em virtude de sua polaridade. Algumas vibrações X-H envolvendo átomos mais pesados (como P e Si) também caem nessa região. Na região de 2000-1500 cm^{-1} estão localizados os estiramentos das duplas ligações. A ligação C═O apresenta uma banda na faixa de 1830-1650 cm^{-1}. O estiramento C═C apresenta uma banda de menor intensidade ao redor de 1650 cm^{-1} e pode não ser observado por razões de simetria ou polaridade. O estiramento C═N também cai bastante próximo, porém é geralmente mais intenso. Já a região de

1500-600 cm^{-1} é a mais complexa, pois envolve estiramento de ligações simples e modos de deformação, ambos sujeitos aos efeitos eletrônicos e estéricos nas moléculas. Em virtude de sua complexidade, os espectros nessa região acabam sendo mais úteis para identificação química.

A espectroscopia no infravermelho (IR) teve grande impulso com a modernização instrumental, que se deu após a utilização da transformada de Fourier (FT) na geração dos espectros. Esse tipo de espectroscopia é reconhecido pela sigla FTIR.

Outra modalidade de espectroscopia vibracional utiliza o espalhamento dos fótons pelas moléculas, em vez de sua absorção (Figura 2.12). A maioria dos fótons que colidem com as moléculas é espalhada elasticamente, isto é, sem variação de energia. Uma parcela diminuta de fótons, ao colidir com a molécula no estado vibracional (v = 0), consegue interagir com seus estados vibracionais, formando um estado virtual que só existe no instante da colisão. Nesse estado, o fóton é espalhado com uma energia mais baixa, deixando a molécula em níveis vibracionais (v = 1, 2 etc.) do estado fundamental.

A análise da luz espalhada permite ter acesso aos níveis vibracionais da molécula, gerando um espectro vibracional característico, conhecido como espectroscopia Raman, descoberto pelo indiano Chandrasekhara Venkata Raman (1888-1970), ganhador do Nobel de Física em 1930. Esse tipo de espalhamento, em que o fóton espalhado tem menor energia, é denominado espalhamento Stokes. Pode acontecer de o fóton encontrar a molécula já no estado vibracional excitado (Figura 2.12). Assim, o espalhamento pode incorporar essa energia e conduzir ao espalhamento anti-Stokes.

A probabilidade de ocorrer o espalhamento Raman é muito pequena e, por isso, os sinais decorrentes são muito fracos. No passado, um registro espectral exigia vários dias de coleta de sinais em placa fotográfica. Atualmente, com o advento dos *lasers*, a espectroscopia Raman tornou-se bastante prática e popular, superando as limitações da baixa intensidade de sinal. A informação espectral obtida é semelhante à informação da espectroscopia vibracional (infravermelho), porém, incorpora outras regras de seleção que tornam os espectros distintos. Ao contrário da espectroscopia no infravermelho, as transições envolvendo vibrações totalmente simétricas são permitidas na espectroscopia Raman. A comparação dos espectros infravermelho e Raman permite avaliar a presença de centro de simetria nas moléculas. Uma grande vantagem da espectroscopia Raman é possibilitar o monitoramento de amostras dissolvidas em água, o que é muito difícil na espectroscopia vibracional.

Quando a energia da luz excitante coincide com os níveis eletrônicos da molécula, a intensidade do espalhamento Raman chega a aumentar em cinco ordens de grandeza. Esse efeito é conhecido como Raman ressonante. A grande vantagem desse efeito é a possibilidade de monitorar seletivamente as características dos cromóforos, ou centros que absorvem luz, e esse fato é importante no estudo de sistemas biológicos. Por exemplo, nas proteínas que apresentam o grupo heme (ferroporfirínico), os espectros Raman ressonante colocam em destaque, de forma seletiva, as vibrações do anel porfirínico por serem o principal grupo cromóforo existente na estrutura. Os correspondentes espectros vibracionais em infravermelho e Raman, fora da região de ressonância, são bastante diferentes do espectro Raman ressonante, pois não se restringem ao grupo cromóforo, como no último caso. Tais espectros são muito complexos, isto é, com muitos picos, compostos de vibrações de todos os grupos que formam a cadeia proteica.

CAPÍTULO 3

FERRAMENTAS EM NANOTECNOLOGIA

Entre as ferramentas usadas na nanotecnologia, destacam-se as microscopias, com seus vários tipos (Figura 3.1).

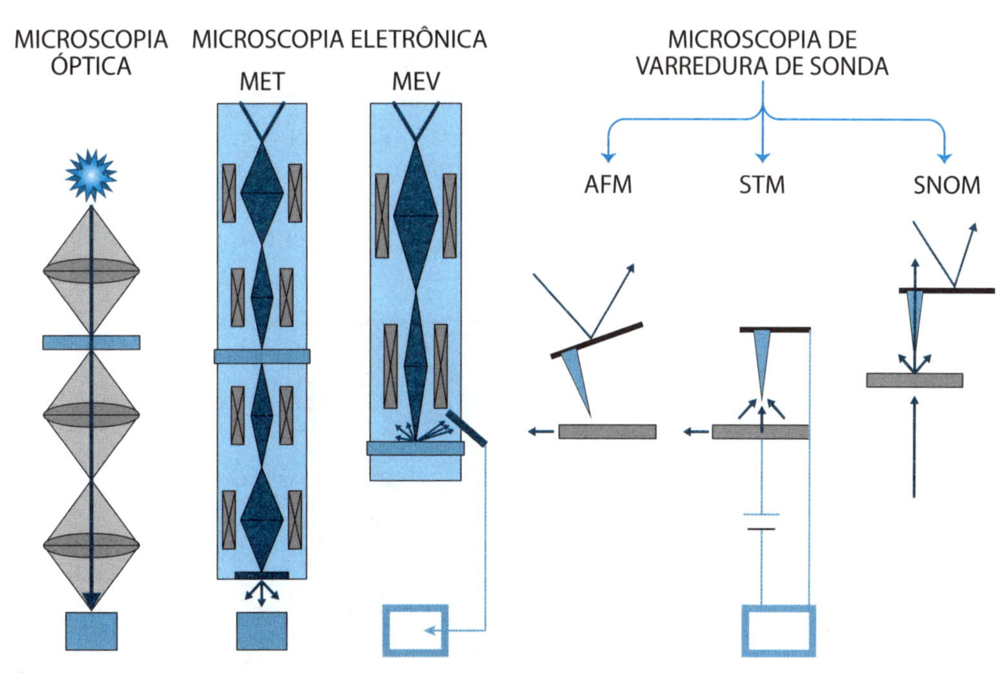

Figura 3.1
Microscopias existentes e suas características mais marcantes.

As correspondentes faixas de atuação podem ser vistas na figura a seguir.

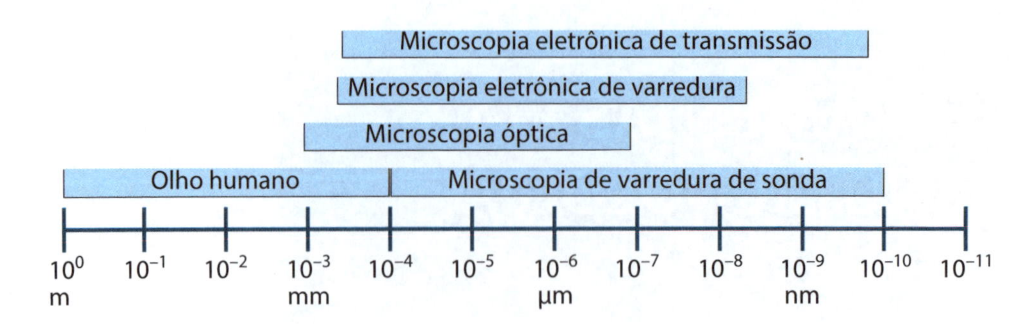

Figura 3.2
Resolução espacial das técnicas microscópicas em comparação com o olho humano.

Microscopia de varredura de sonda

Em 1981, Gerd Binnig e Heinrich Rohrer, da IBM, inventaram o microscópio de varredura por tunelamento (*scanning tunneling microscope*, STM), tornando possível pela primeira vez visualizar e manipular objetos na escala nanométrica. As imagens tridimensionais obtidas pelo STM eram, entretanto, limitadas a amostras condutoras e semicondutoras. Essa limitação foi superada em 1986, quando Binnig, ao lado de Calvin Quate e Christoph Gerber, desenvolveu uma nova geração de microscopia, denominada microscopia por força atômica (*atomic force microscopy*, AFM). Esses dois tipos de microscopia foram consolidados em uma classe denominada microscopia de varredura por sonda (*scanning probe microscopy*, SPM), que utiliza praticamente o mesmo aparato técnico instrumental (Figura 3.3).

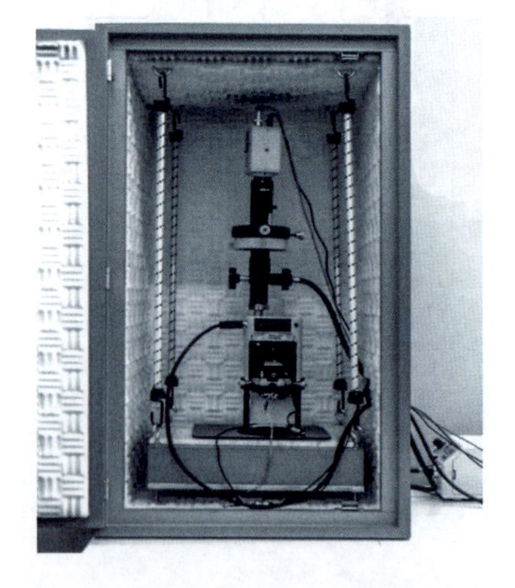

Figura 3.3
Montagem típica de um microscópio de varredura por sonda, em câmara de isolamento acústico e mecânico.

As amostras são colocadas sobre superfícies extremamente planas, como as geradas por exfoliação de materiais cristalinos como grafite e mica, ou revestidas com filmes de ouro. Esses dois tipos de microscopia exploram diferentes modos de monitoramento da interação entre a sonda e a amostra (Figura 3.4).

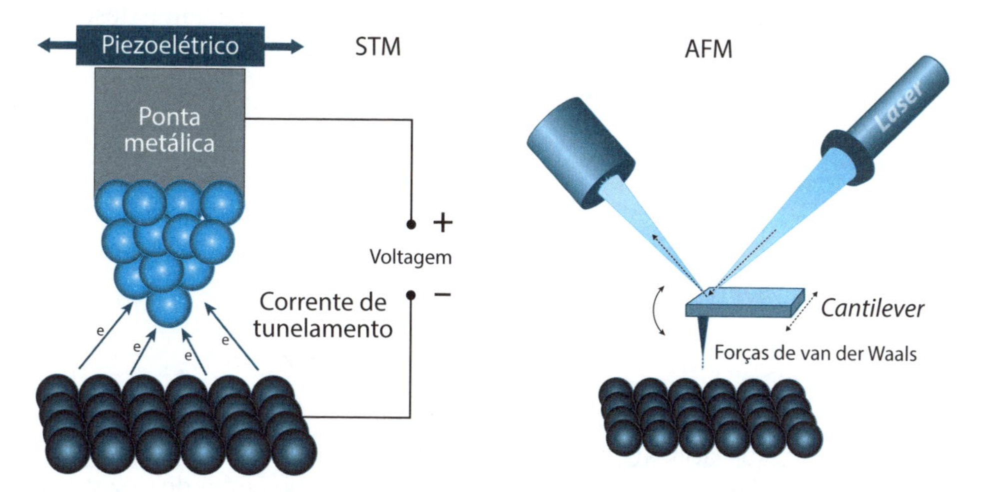

Figura 3.4
Microscopia de varredura por sonda (STM e AFM).

Microscopia de varredura por tunelamento (STM)

O *scanning tunneling microscope* (STM) registra a passagem do elétron entre uma ponta metálica e uma amostra ou superfície condutora, próxima de uma distância nanométrica e sob aplicação de uma diferença de potencial. O fenômeno de tunelamento de uma partícula ou função de onda (ψ) através de uma barreira energética (V) é essencialmente quântico (Figura 3.5).

Figura 3.5
Tunelamento de uma função de onda através de uma barreira de potencial de energia V_0 e largura L.

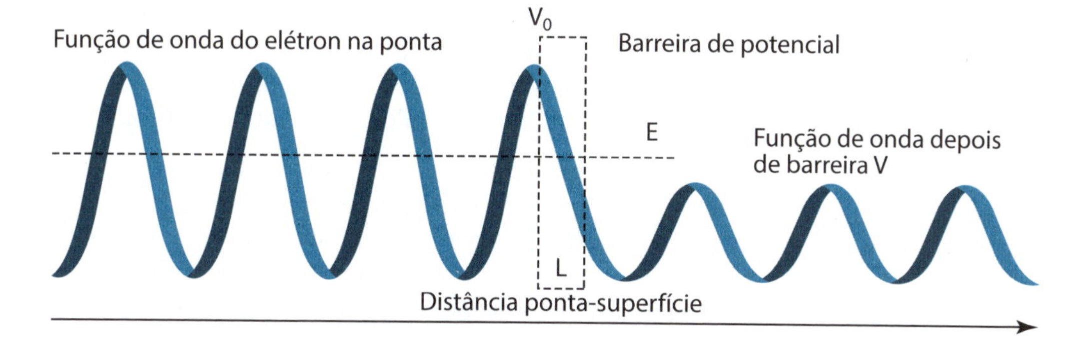

A barreira V_0 representa a energia necessária para a saída de um elétron. A diferença V_0-E corresponde à chamada função de trabalho (ϕ) do metal e é da ordem de alguns elétron-volts (eV). Segundo a física clássica, quando o elétron encontra a barreira, pode ser refletido se sua energia for menor que V_0. Entretanto, de acordo com a mecânica quântica, o elétron pode tunelar a barreira atravessando a distância L, que separa o outro lado. A passagem é descrita por um coeficiente de transmissão (κ) dado por:

$$\kappa = \sqrt{\frac{8\pi^2 m(V_o - E)}{h^2}} \tag{3.1}$$

A corrente resultante é função da distância (L) entre a sonda e a amostra:

$$i(L) = i_0 \exp\left(-1{,}02\sqrt{\phi}\cdot L\right) \tag{3.2}$$

Quando ϕ = 5 eV, a corrente de tunelamento medida sob aplicação de 1 V é da ordem de 1 nA, portanto, facilmente mensurável. Essa corrente decai cerca de dez vezes para cada afastamento de 0,1 nm da ponta. A forte dependência da corrente de tunelamento com relação à distância faz com que o último átomo da ponta da sonda tenha um papel dominante no valor da corrente. Esse fato confere uma resolução atômica para a STM.

A aproximação da ponta e sua movimentação ocorrem por um sistema piezoelétrico de varredura (*scanner*), constituído de um cristal de titanato de zircônio e chumbo (PZT, acrônimo dos símbolos dos elementos). Esse cristal é montado em um tubo recoberto internamente e externamente com os eletrodos metálicos. A aplicação de um potencial através da parede piezoelétrica do tubo provoca uma variação de distância de 2 nm por volt. A esse sistema, liga-se uma ponta condutora que se movimenta em conjunto com o material piezoelétrico. Essa ponta geralmente é feita de metais como tungstênio ou de liga de platina/irídio.

Durante o deslocamento da ponta sobre a superfície da amostra, ao operar em um modo eletrônico de corrente constante, o sistema de realimentação procura manter a corrente de tunelamento no mesmo valor. Os deslocamentos no eixo z realizados pelo sistema de realimentação são armazenados e associados a cada ponto (x,y) da superfície, possibilitando a geração de uma imagem 3-D da amostra com resolução atômica.

Microscopia por força atômica (AFM)

Na microscopia por força atômica (AFM) utiliza-se uma ponta ligada a um suporte, ou *cantilever*, geralmente feito de silício ou nitreto de silício. As formas mais comuns são do tipo triangular ou retangular (Figura 3.6). Na extremidade livre do *cantilever* está localizada a ponta, que pode ter uma geometria piramidal ou cônica.

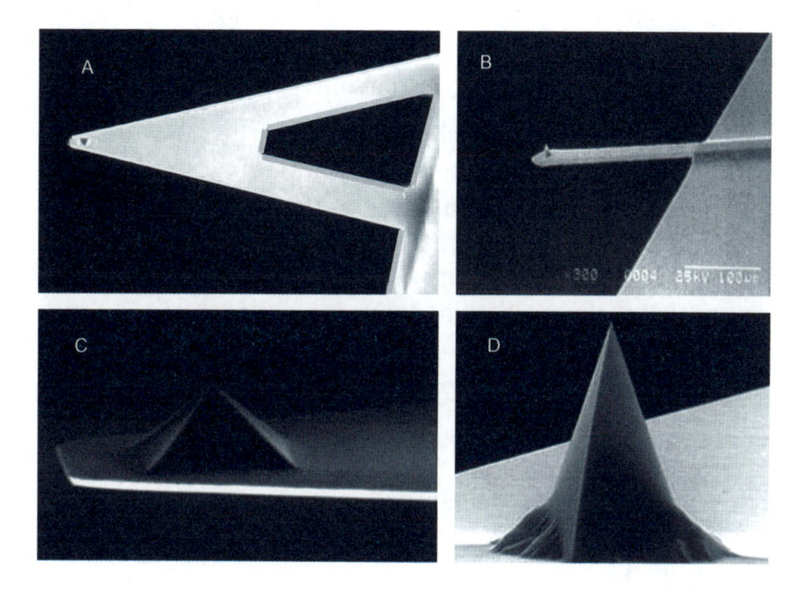

Figura 3.6
Cantilevers com formato triangular (A) e retangular (B) e com pontas de sonda nas extremidades (C, D), em imagem ampliada.

O *cantilever* apresenta uma frequência de vibração dada pela equação típica de uma mola oscilante com uma constante de força (k):

$$f = \frac{1}{2\pi}\sqrt{\frac{k}{m}} \tag{3.3}$$

Essa equação mostra que um oscilador, mesmo com uma pequena constante de força, pode vibrar com alta frequência se sua massa for suficientemente pequena.

A interação ponta-amostra geralmente é monitorada por meio de um sistema de detecção óptico (Figura 3.4). A ponta de AFM do *cantilever* é deslocada sobre a superfície da amostra com auxílio de um *scanner* piezoelétrico, controlado por meio de um sistema eletrônico. Durante o deslocamento da ponta sobre a superfície, ocorrem variações na interação ponta-amostra, o que provoca oscilações na deflexão de um feixe de *laser* incidente na parte superior da extremidade do *cantilever*. Essas oscilações são captadas por um detector que gera um sinal de alimentação para o controlador. Dessa forma, o controlador pode manter o sistema operando com a interação ponta-amostra no *modo de força constante* (*set point*), deslocando o *scanner* na direção Z de forma a manter a deflexão constante a cada ponto (x,y) da imagem. Com os dados armazenados em cada ponto (x,y) e associados ao deslocamento em Z, forma-se a imagem da superfície em 3-D.

Existem várias modalidades na microscopia de força atômica que são diferenciadas pelo tipo de interação ponta-amostra. Quando forças de Van der Waals estão envolvidas, são conhecidas como AFM de contato, AFM de não contato e AFM de contato intermitente. A diferenciação entre elas pode ser vista na figura a seguir.

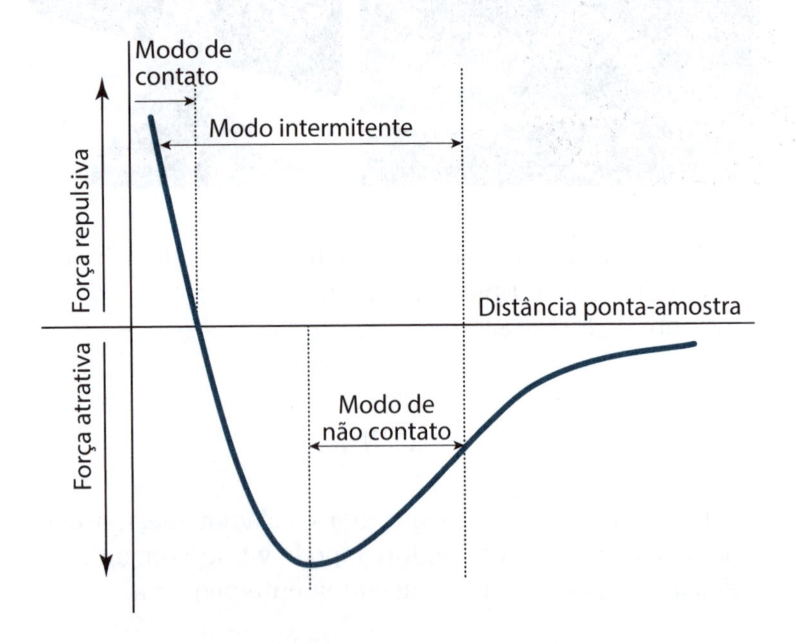

Figura 3.7
Curva de força *versus* distância entre a ponta da sonda AFM e a amostra, destacando as faixas nos regimes de modo de contato, de contato intermitente e de não contato.

Na **AFM de contato**, a ponta e a amostra se tocam, mas sob um regime de interação repulsiva (Figura 3.7). Nesse regime existe uma forte repulsão entre a camada eletrônica dos átomos da ponta e da amostra, quando a distância se aproxima de 0,1 nm. Durante o deslocamento da ponta sobre a superfície, as variações da força ao longo do percurso provocam mudanças na inclinação do *cantilever*, para cima ou para baixo, em virtude do aumento ou da redução da interação repulsiva. Essa força é descrita pela lei de Hooke: $F = -\boldsymbol{k} \cdot \boldsymbol{x}$ (em que $\boldsymbol{x}$ indica a deflexão e $\boldsymbol{k}$ é a constante de força do *cantilever*). Dessa forma, quanto maior a deflexão do *cantilever* ao entrar em contato com a superfície da amostra, maior a força a ser aplicada.

Em função da elevada proximidade da ponta em relação à amostra, a AFM de contato apresenta a maior resolução lateral, podendo alcançar resolução atômica. Além disso, tem alta resolução vertical, proporcionada pelo sistema óptico de detecção, que permite monitorar variações de altura na ordem de frações de Å. Contudo, se a ponta em contato com a amostra se deslocar abruptamente, como no caso de uma varredura rápida, podem ocorrer deformações ou alterações na superfície da amostra, o que pode levar a uma deterioração da amostra e da imagem por conta da contaminação da ponta pela amostra danificada. Situações como essa são possíveis em sistemas delicados e frágeis, como filmes finos de biomoléculas, células e polímeros.

Na figura a seguir, há um exemplo de imagem de AFM de contato. É possível observar as trilhas de um CD gravável (CDR) após a remoção da película protetora com um solvente orgânico.

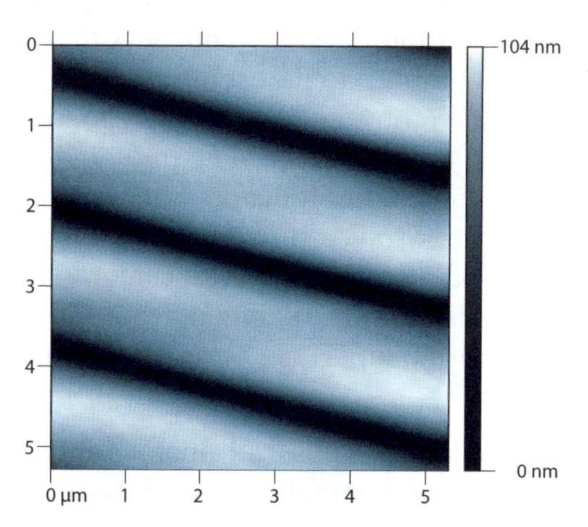

Figura 3.8
Imagem topográfica da superfície de um CDR, obtida por AFM de contato.

As restrições de possíveis danos na AFM de contato podem ser superadas ao se operar em modo de **não contato** entre a ponta e a amostra. Ao contrário da AFM de contato, o modo de não contato opera sob um regime de interação atrativa (Figura 3.7), em que um cristal piezoelétrico faz o *cantilever* oscilar próximo de sua frequência natural de ressonância, com uma amplitude de oscilação entre 1 nm e 10 nm. A frequência de ressonância está relacionada com a constante elástica do *cantilever* pela equação $\omega = (k/m)^{1/2}$, em que ω é a frequência de ressonância e m representa a massa do *cantilever*. Quando forças de Van der Waals atrativas ou repulsivas estão presentes, elas promovem alteração na constante elástica do *cantilever*, resultando em mudanças na frequência, na amplitude e na fase da oscilação. De modo semelhante à AFM de contato, as variações de amplitude e/ou fase são monitoradas por meio do sistema de detecção óptica.

Durante o deslocamento realizado na direção Z, o sistema de realimentação mantém o *set point* constante a cada ponto (x,y) da superfície da amostra, e os dados armazenados permitem gerar sua topografia. Em comparação com a AFM de contato, esse modo perde em resolução lateral e velocidade de aquisição. Entretanto, por não entrar em contato físico com a amostra e por operar com forças muito fracas, da ordem de piconewtons (pN), essa modalidade é a mais adequada para sistemas delicados.

Entre esses dois extremos, a AFM de contato e a AFM de não contato, existe o modo **AFM de contato intermitente**, ou *tapping mode*, que compartilha algumas características comuns a ambos. Nesse modo de operação, o *cantilever* oscila próximo de sua frequência de ressonância. Em sua máxima amplitude de oscilação, a ponta entra em contato instantâneo ou temporário com a amostra. De forma semelhante a outros modos, a amplitude de oscilação é monitorada por meio do sistema de detecção óptico, sendo mantida constante através do *set point* (força) acoplado ao sistema de realimentação. O deslocamento realizado na direção Z pelo sistema de realimentação é armazenado a cada ponto (x,y) da superfície para gerar a topografia da amostra.

Nessa modalidade é possível operar tanto em regime atrativo como em regime repulsivo de interação (Figura 3.7) e, por esse motivo, a ordem de grandeza das forças envolvidas pode variar de pN a μN. Além de obter a topografia da amostra, é possível construir uma **imagem de contraste de fase** por meio do monitoramento da defasagem de fase entre a oscilação do *cantilever* e o atuador piezoelétrico a cada ponto x,y da superfície (Figura 3.9). Esse tipo de imagem é sensível a variações de composição e propriedades na superfície da amostra, o que possibilita detectar diferentes fases de revestimentos, blendas poliméricas e materiais compósitos.

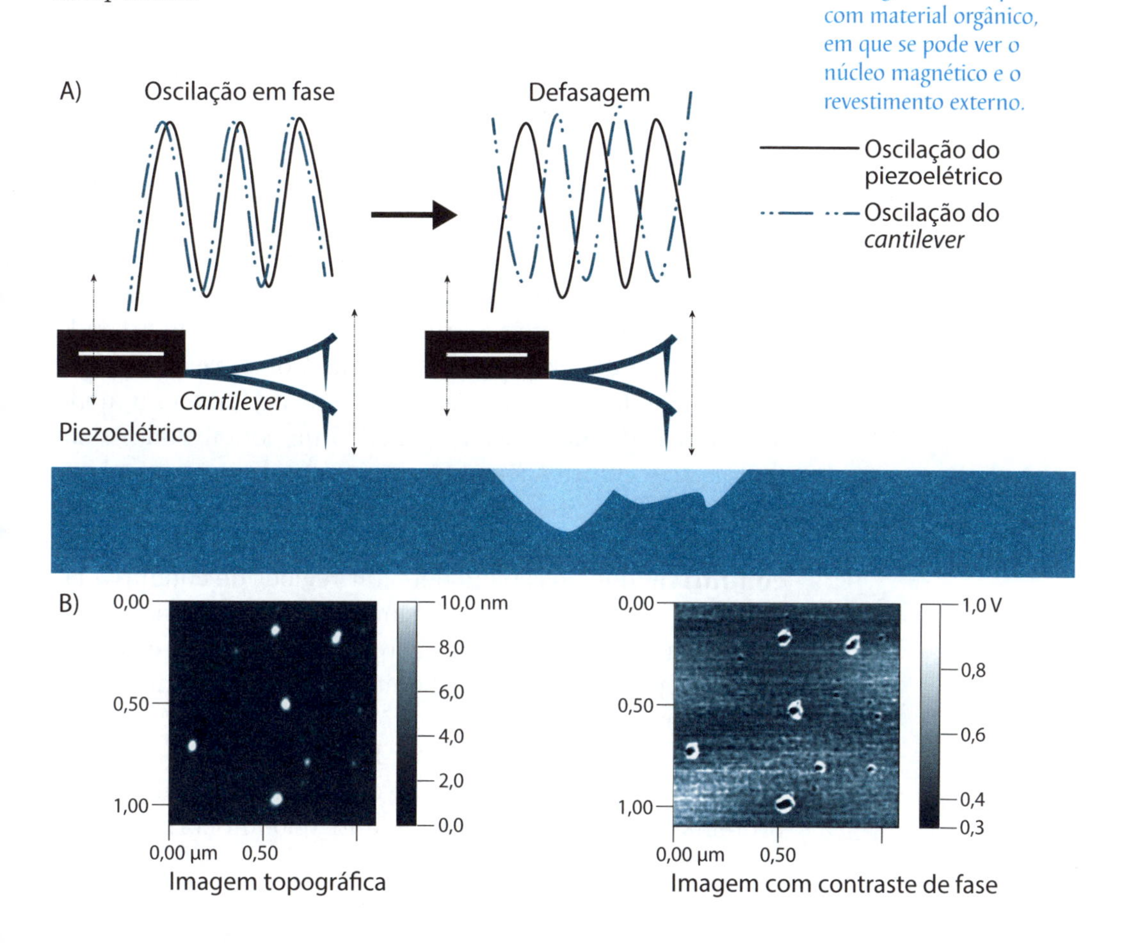

Figura 3.9
(A) Oscilação do *cantilever* e do piezoelétrico no modo de AFM de contato intermitente e o contraste de fase provocado pelas diferenças nas propriedades da superfície. (B) Imagem topográfica e imagem de contraste de fase de nanopartículas de magnetita, encapadas com material orgânico, em que se pode ver o núcleo magnético e o revestimento externo.

Uma variante muito importante do *tapping mode* é a técnica ***MAC mode***. A diferença existente entre esses dois modos está na forma pela qual o *cantilever* é levado a oscilar em sua frequência de ressonância. No *tapping mode* isso é feito por meio de um cristal piezoelétrico colocado na base de suporte do *cantilever* (imagem (A) da Figura 3.9).

No *MAC mode* a excitação do *cantilever* é efetuada diretamente por meio de um *cantilever* com revestimento magnético em sua parte superior, denominado *MAC lever*, o qual é posto para oscilar em sua frequência de ressonância pela aplicação de um campo magnético oscilante. Por um lado, a manipulação direta da frequência de ressonância por um campo magnético permite um controle preciso da amplitude da oscilação e possibilita operações com baixas amplitudes de oscilação e baixos *set points* (forças). Por outro lado, o uso de *cantilevers* com baixa constante elástica permite minimizar os danos da amostra e manter a integridade da ponta; sob essas condições, há uma maior resolução.

A técnica de AFM permite detectar os domínios magnéticos por meio do emprego de pontas especiais recobertas com um filme fino com imantação permanente na extremidade da sonda (AFM de **força magnética**). Da mesma forma, tem sido possível detectar campos elétricos usando uma sonda adequada com recobrimento de filme metálico, sendo essa modalidade conhecida como AFM de **força elétrica**. Existem ainda outras modalidades em AFM, como o modo de **força pulsada** baseado em AFM de contato que, além de fornecer informações topográficas, permite mapear regiões com diferentes propriedades de adesão e dureza. Outra modalidade baseada na microscopia de contato é a **AFM condutiva**, que possibilita detectar regiões de condutividades diferentes apresentando, simultaneamente, a aquisição da imagem topográfica. Na microscopia de **força química** (CFM), a ponta é modificada quimicamente para identificar ou mapear regiões de composições diferentes, por meio de forças de adesão ou de fricção. Explorando de forma adequada essa abordagem, é possível detectar biomoléculas e proteínas e sondar as interações antígeno-anticorpo.

Microscopia hiperespectral de campo escuro

A microscopia óptica tem sido a ferramenta mais utilizada na ciência para observar corpos micrométricos, como células e organismos bacterianos. Entretanto, sofre das limitações da lei de Abbe, que não permite distinguir entre objetos menores que a metade do comprimento de onda da luz utilizada. Por isso, a resolução dos microscópios ópticos que utilizam luz visível não permite distinguir objetos menores que 200 nm na imagem visual.

Com o desenvolvimento da microscopia de campo escuro, utilizando um sistema óptico de iluminação lateral, o limite de resolução foi aumentado para $\lambda/5$. Um equipamento típico é mostrado na Figura 3.10. Nessa técnica, a luz transmitida através da amostra não chega ao detector, o que gera um campo escuro. Entretanto, ao espalharem a luz, os corpos se sobressaem com nitidez sobre o fundo escuro, produzindo um contraste bastante alto e apresentando um maior poder de resolução nas imagens.

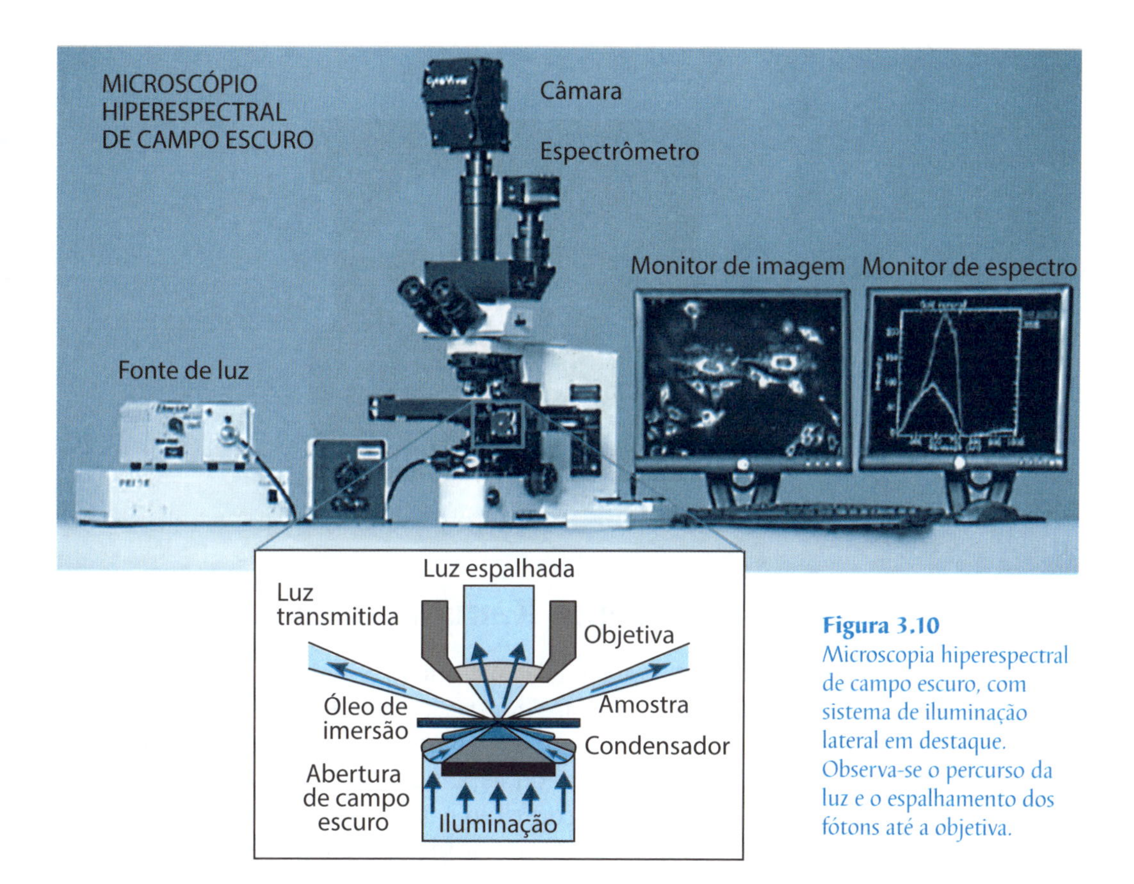

Figura 3.10
Microscopia hiperespectral de campo escuro, com sistema de iluminação lateral em destaque. Observa-se o percurso da luz e o espalhamento dos fótons até a objetiva.

Quando os fótons espalhados são coletados e analisados por meio de um espectrofotômetro, é possível obter espectros eletrônicos das partículas individuais e, assim, acessar suas características químicas. De posse da informação dos espectros eletrônicos, pode-se recompor a imagem do material a partir deles, gerando uma **imagem hiperespectral** que permite localizar os diferentes tipos de partículas na amostra. Essa técnica é particularmente útil no estudo de nanopartículas de prata e ouro, em virtude de um efeito conhecido como ressonância plasmônica, que intensifica a luz espalhada e permite a visualização de espécies com 20 nm ou menos, como será visto adiante.

Na figura a seguir, vê-se uma imagem de campo escuro de neutrófilos atuando no processo de fagocitose de nanopartículas de ouro. Também se pode observar o espectro de espalhamento de uma nanopartícula individual dentro da célula.

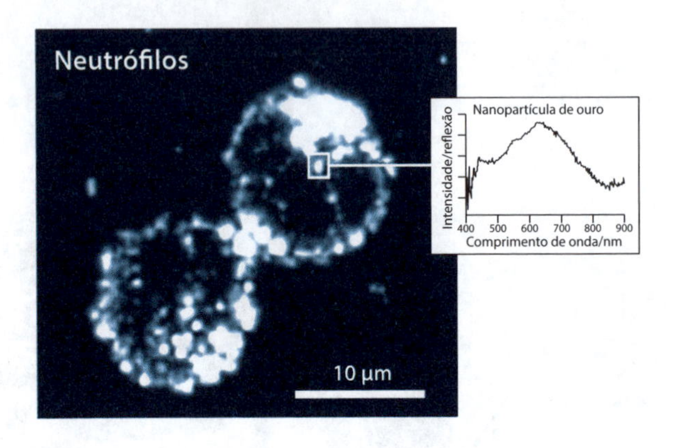

Figura 3.11 Imagem de microscopia de campo escuro de neutrófilos fagocitando nanopartículas de ouro. Destaque para o espectro típico de uma partícula no interior da célula. (Cortesia de Mayara Uchiyama)

Microscopia Raman confocal

A microscopia confocal é outra modalidade de microscopia óptica. Ela permite centrar o foco de luz em um ponto por meio de um arranjo óptico extremamente preciso, coletando a luz refletida, ou espalhada, exatamente no ponto em que o foco é reproduzido espacialmente (região confocal). Um esquema geral dessa técnica é apresentado na Figura 3.12.

A amostra colocada sobre uma mesa piezoelétrica é deslocada de forma programada. Isso é feito para que se colete a luz espalhada individualmente por cada ponto da

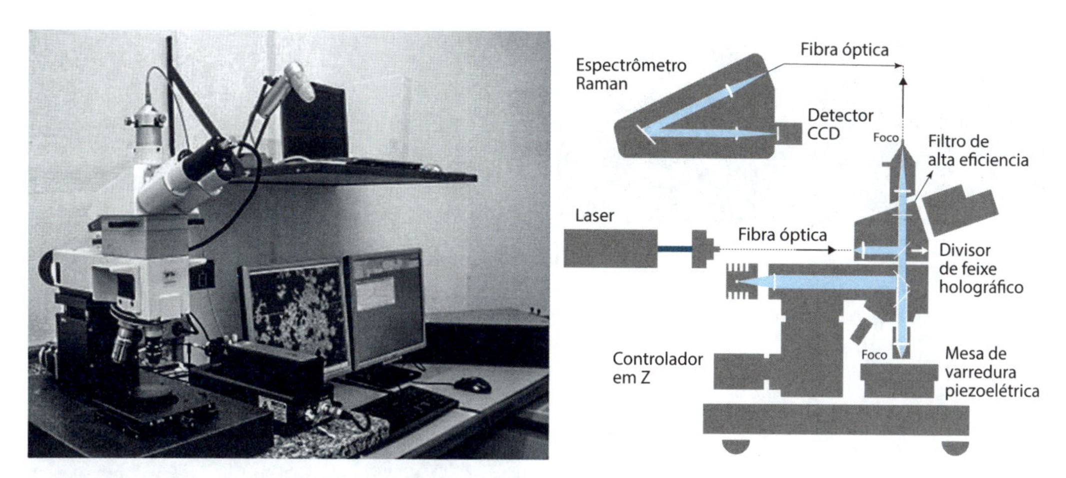

Figura 3.12
Microscópio Raman confocal com os componentes ópticos. Observa-se a luz *laser* incidente sobre o foco de uma amostra situada sobre a mesa piezoelétrica. A amostra é deslocada em passos nanométricos de alta precisão. Assim, faz-se a varredura da imagem e a coleta da luz espalhada na abertura do mesmo foco (confocal) superior. Isso é realizado por meio de fibras ópticas e analisado pelo espectrômetro Raman.

amostra. Essa luz é dirigida a um espectrômetro Raman que registra o espectro, formando cada pixel da imagem. Os milhares de dados de medidas e espectros são processados pelo computador para gerar a imagem hiperespectral Raman da amostra. No caso de nanopartículas de prata e ouro, a microscopia Raman confocal é particularmente útil, já que a existência de ressonância plasmônica produz um espalhamento intenso e dá origem a um efeito conhecido como SERS, conforme será discutido adiante.

A Figura 3.13 mostra microfibras de dimetilglioximato de níquel ($Ni(dmgH)_2$), um composto vermelho gerado na reação de íons de níquel(II) com dimetilglioxima. Esse composto tem estrutura planar, com o íon de níquel envolvido pelo anel macrocíclico de duas dimetilglioximas unidas por ligação de hidrogênio. Essas estruturas se empilham formando filamentos, susceptíveis ao ataque de ácidos, apresentando descoramento imediato da cor vermelha inicial.

Fritz Feigl, um importante químico austro-brasileiro, mostrou, na metade do século passado, que quantidades mínimas de paládio(II) protegem o complexo de níquel do ataque de ácidos. Esse efeito passou a ser usado como teste analítico para Pd(II). Contudo, a explicação desse mecanismo permaneceu desconhecida até pouco tempo. Por meio de medidas de microscopia Raman confocal, foi possível obter a imagem da distribuição dos complexos de paládio(II) e de níquel(II). As imagens mostram os íons de paládio(II) bloqueando as extremidades dos filamentos do

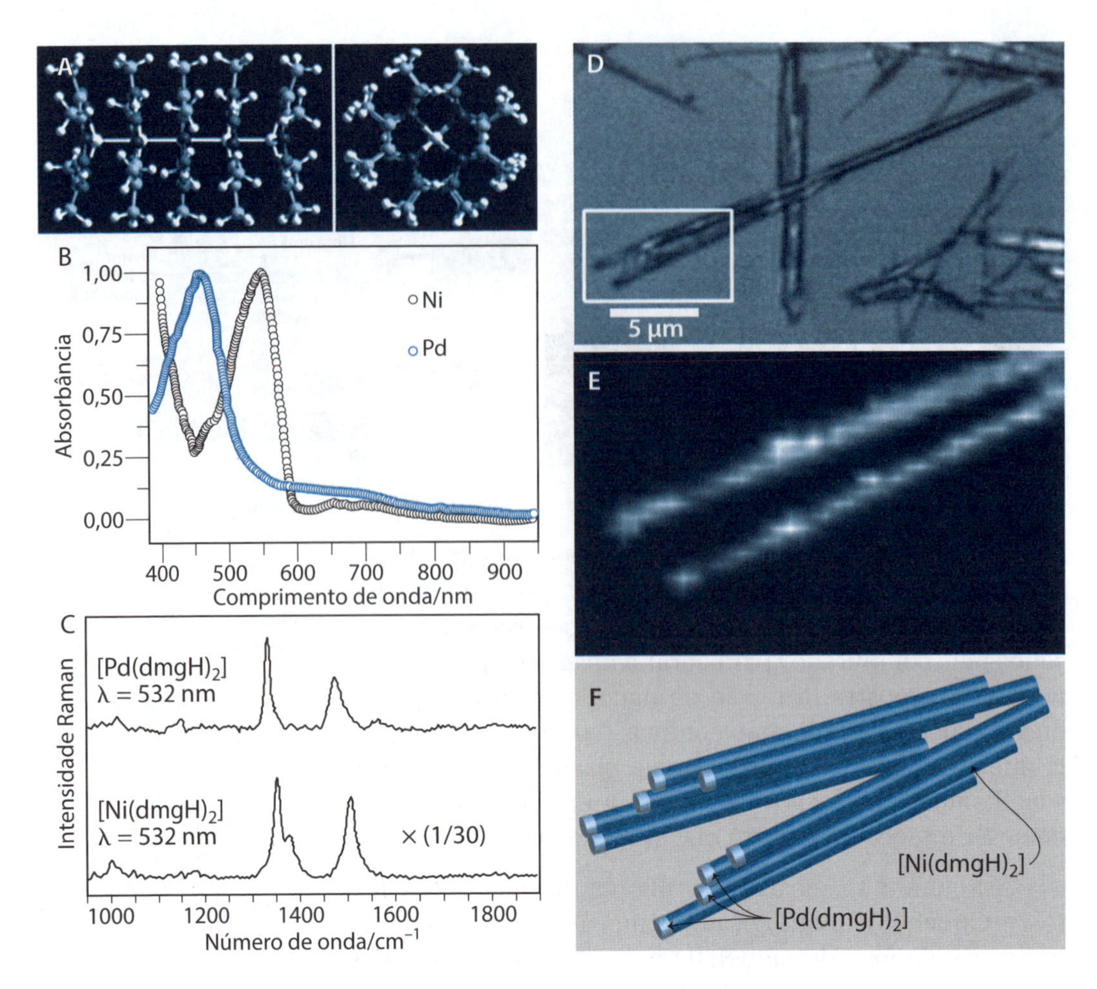

Figura 3.13
(A) Estrutura do complexo de bis(dimetilglioximato) níquel(II) formando filamentos de moléculas empilhadas; (B) espectros eletrônicos do complexo de níquel e do análogo de platina; (C) espectros Raman; (D) imagem óptica dos filamentos; (E) imagem Raman hiperespectral; (F) representação didática mostrando o complexo de paládio bloqueando as pontas dos filamentos. (Cortesia de Manuel F. Huila)

complexo de níquel, que são os únicos pontos desprotegidos do ataque de ácidos, visto que a parte lateral é recoberta por grupos metil, de natureza hidrofóbica. Esse exemplo é um caso típico de utilização da microscopia Raman confocal na elucidação de problemas químicos.

Microscopia de varredura de campo próximo

Uma combinação especial da microscopia óptica com AFM é conhecida como *scanning near-field optical microscopy* (SNOM). Essa técnica utiliza uma sonda de AFM com a ponta perfurada, pela qual passa um feixe de *laser* com dimensões nanométricas. A sonda é monitorada pela reflexão de outro feixe de *laser* sobre o *cantilever*, como na AFM, em conjunto com a detecção da luz proveniente da ponta perfurada, que pode ocorrer em módulo de transmissão ou de espalhamento.

A figura a seguir mostra uma ilustração da técnica com as pontas de sonda.

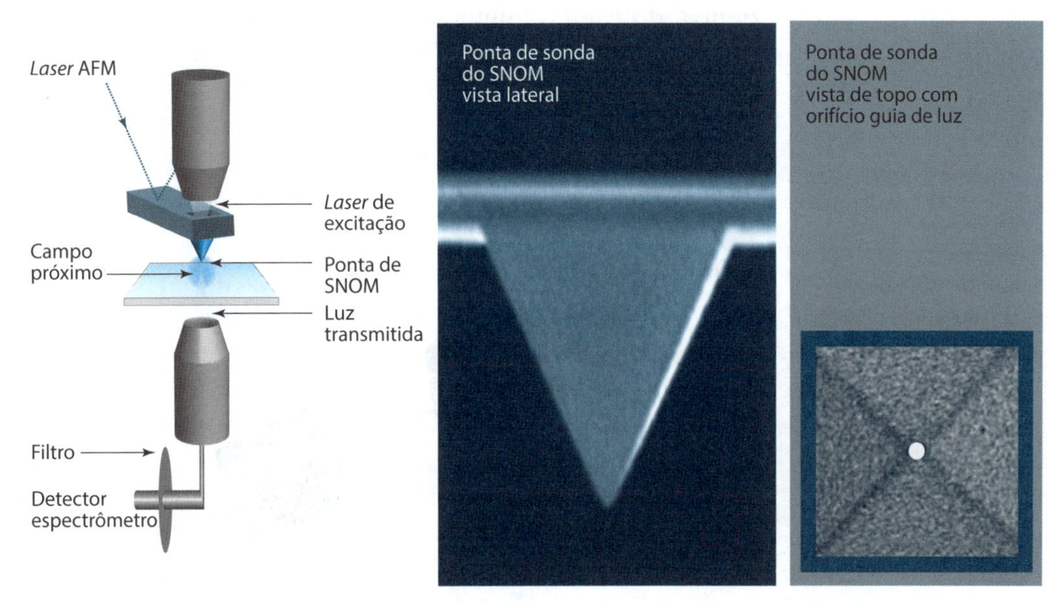

Figura 3.14
Ilustração da microscopia de varredura de campo próximo (SNOM) mostrando o feixe de *laser* passando pela sonda de AFM perfurada. A sonda é posicionada sobre a amostra que está na mesa de varredura piezoelétrica. Os sinais são dirigidos para o espectrômetro.

O detalhe principal dessa ferramenta é que a luz de excitação é focalizada pela abertura nanométrica da ponta da sonda, a qual, por ser menor que o comprimento de onda da luz, produz uma onda evanescente sobre a superfície da amostra posicionada muito perto do detector. Nessa condição, a lei de Abbe não mais se aplica, e a resolução óptica da luz transmitida ou refletida passa a ser limitada exclusivamente pelo diâmetro da abertura, ampliando a resolução óptica até 60 nm. A imagem óptica é, então, construída pelo escaneamento da superfície, em varredura piezoelétrica, ponto a ponto, linha por linha. Essa técnica tem sido empregada principalmente em nanofotônica, para o estudo de superfícies com alta resolução, e pode ser combinada com hipermicroscopia Raman e de fluorescência.

Pinças ópticas

Feixes intensos de *lasers* focalizados sobre nanopartículas, por meio de lentes objetivas, exercem forças que permitem controlar seu posicionamento dentro do campo da luz, inclusive possibilitando executar seu confinamento em certa região. Essas forças equilibram o espalhamento dos fótons, que tendem a empurrar as partículas ao longo da direção do feixe incidente. Isso mantém as partículas confinadas dentro do campo luminoso. Existem microscópios e montagens ópticas específicas para essa função, e sua aplicação principal está na área da biologia e permite o estiramento de cadeias proteicas e de DNA (Figura 3.15), bem como a manipulação de proteínas motoras com o auxílio de *lasers*.

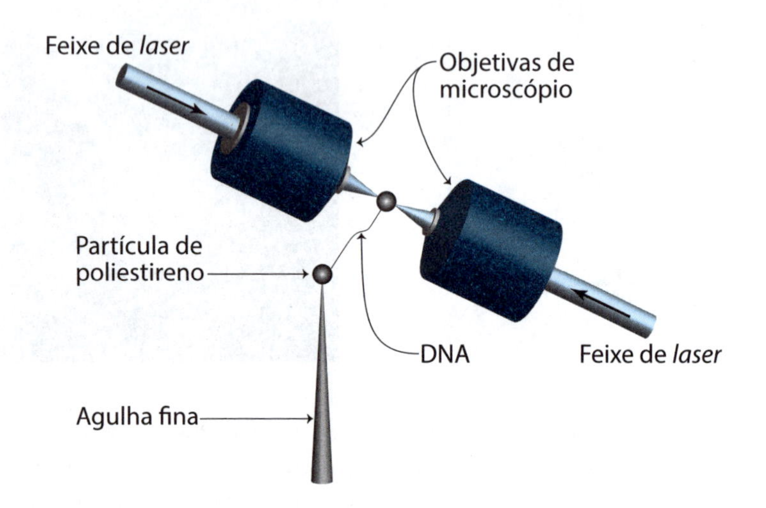

Figura 3.15
Pinças ópticas podem ser geradas com luz *laser* altamente concentrada, por meio de objetivas de microscópios. O intuito é confinar partículas no campo fotônico e investigar as forças de coesão e de conformação em polímeros e biomoléculas.

Microscopia eletrônica de varredura e de transmissão

Para gerar imagens com resolução nanométrica, a microscopia eletrônica faz uso de um feixe de elétrons no lugar da luz. Em geral, os microscópios eletrônicos têm o aspecto de uma coluna, com uma fonte de elétrons no topo, um sistema complexo de lentes magnéticas no centro, um porta-amostra e um detector no fim.

Conforme a proposta de De Broglie sobre a dualidade partícula-onda, os elétrons também apresentam um comprimento de onda, porém muito menor que o da luz visível e que ainda depende da energia com que trafegam. Por isso, o uso de elétrons no lugar da luz proporciona um recurso importante, já que permite ampliar a resolução da imagem até a escala atômica. Contudo, os elétrons têm suas peculiaridades. Atuando como férmions (partículas de *spin* fracionário) – ao contrário dos fótons, que são bósons –, os elétrons respondem a campos magnéticos, e isso pode ser usado para seu alinhamento por meio de bobinas, da mesma forma que as lentes ópticas conseguem trabalhar a luz.

Os elétrons podem ser ejetados de metais e ligas de alta resistência térmica por aquecimento resistivo até altas temperaturas e sob vácuo. O processo, conhecido como emissão termoiônica, pode ser conduzido com um filamento de tungstênio de apenas 100 μm de espessura e dobrado em V. O tungstênio, que também é usado nas lâmpadas incandescentes, é um metal que emite elétrons com facilidade em razão de sua baixa função de trabalho. Ele tem a vantagem de poder ser operado em temperaturas da ordem de 2400 ^oC, bem abaixo de seu ponto de fusão (3422 ^oC), o que diminui sua volatilização e aumenta sua vida útil. Fontes alternativas podem ser obtidas com um cristal de hexaborido de lantânio (LaB_6), que opera a uma temperatura de 1530 ^oC, com maior eficiência e durabilidade, mas com custo dez vezes maior que o de um filamento de tungstênio. Uma excelente opção, apesar do alto custo, é usar um monocristal de tungstênio com terminação em agulha com ponta extremamente fina (< 100 nm). Essa fonte, conhecida como *field emission gun* (FEG), proporciona um campo na extremidade da ponta que chega a 10 V/nm, aumentando o fluxo de elétrons de cem a mil vezes em relação ao filamento normal de tungstênio. Além disso, permite trabalhar com vácuo moderado, tem maior durabilidade e aumenta a resolução.

Os elétrons ejetados das fontes são acelerados pela aplicação de voltagem (50-1000 V). Esse feixe é então reduzido em seu diâmetro pelas lentes eletromagnéticas condensadoras e objetivas, que são colocadas ao longo da coluna vertical do microscópio. Tais lentes têm a finalidade de produzir um feixe de elétrons com pequeno diâmetro focado em determinada região da amostra. O menor diâmetro do feixe é o fator decisivo na resolução espacial da técnica.

Assim como a luz, os elétrons, ao incidir sobre um material, sofrem absorção, transmissão, reflexão, refração, difração, espalhamento e emissão (Figura 3.16).

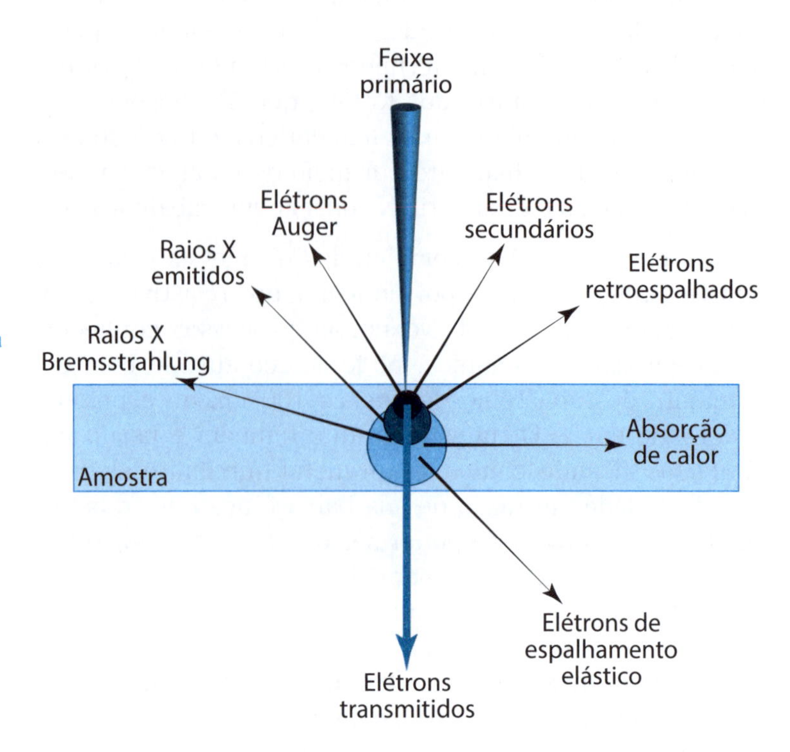

Figura 3.16
Fenômenos associados com a incidência de um feixe primário de elétrons sobre um material, como a emissão de elétrons secundários, elétrons Auger, elétrons retroespalhados, elétrons de espalhamento elástico e elétrons transmitidos. Além disso, ocorre emissão de raios X e Bremsstrahlung e aquecimento, com dissipação do calor.

O feixe de elétrons incidente pode ser transmitido e absorvido. Também pode provocar a emissão de elétrons secundários e de elétrons Auger por ionização. À medida que se propaga no material, o feixe pode dar origem a elétrons retroespalhados. A propagação da onda de excitação leva à emissão de raios X, característicos dos elementos presentes (EDS), e de raios X decorrentes da desaceleração sofrida pelos elétrons (Bremsstrahlung). Os elétrons ainda podem sofrer espalhamento elástico e inelástico na passagem pelo material.

O monitoramento do feixe transmitido é feito pela microscopia eletrônica de transmissão (MET ou TEM, de *transmission electron microscopy*), como se vê na figura a seguir. O primeiro MET foi construído por Max Knoll e Ernst Ruska em 1931 e colocado no comércio em 1939. O físico alemão Ruska (1906-1988) recebeu o Nobel de Física em 1986 com Binnig e Rohrer.

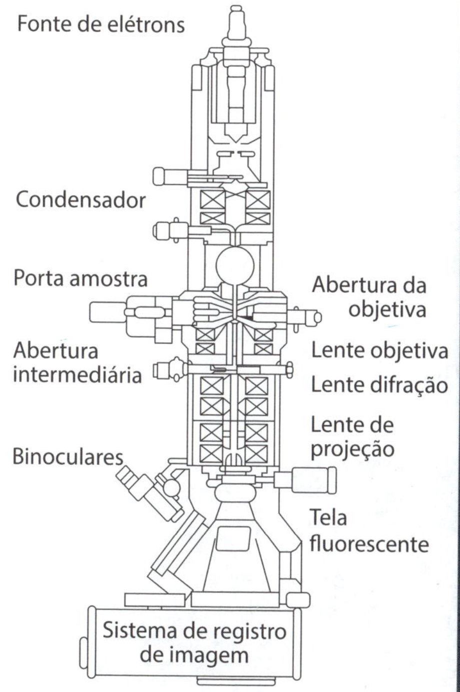

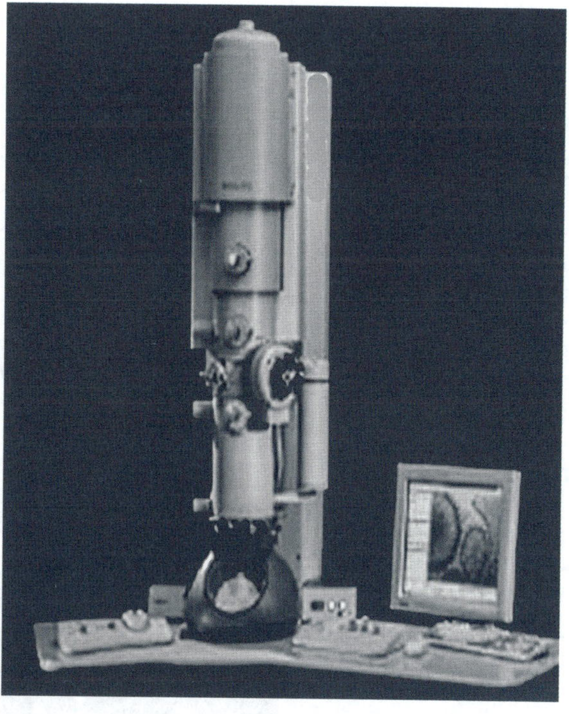

Figura 3.17
Microscópio eletrônico de transmissão (MET) com o esquema dos componentes principais.

O tratamento da imagem por transmissão envolve a análise dos feixes transmitidos, o que inicialmente gera figuras de difração que podem ser convertidas na imagem real. A Figura 3.18, um exemplo típico, mostra nanopartículas de magnetita em alta resolução e os planos atômicos presentes.

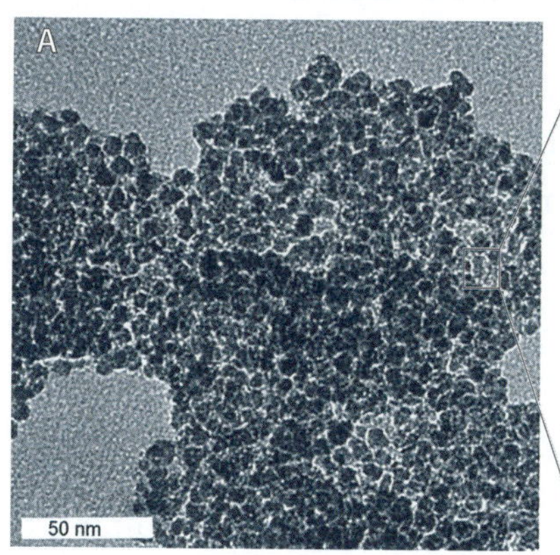

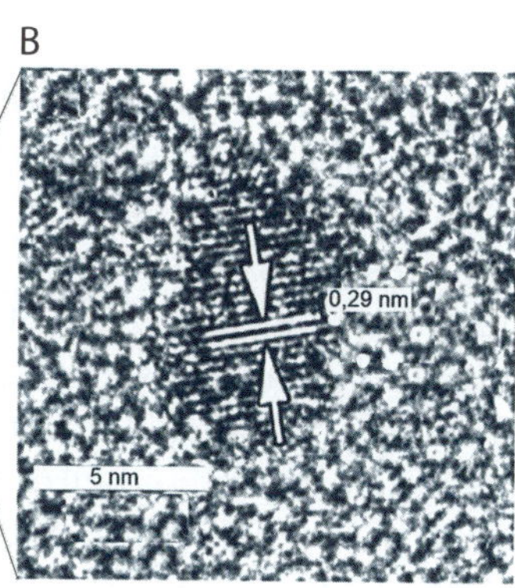

Figura 3.18
(A) Imagem de microscopia eletrônica de transmissão de nanopartículas de magnetita e (B) imagem expandida de uma nanopartícula, com seus planos atômicos internos. (Cortesia de Sergio H. Toma)

O monitoramento dos elétrons secundários emitidos é utilizado na microscopia eletrônica de varredura (MEV ou SEM, de *scanning electron microscopy*). Nesse caso, o detector é posicionado estrategicamente para coletar os elétrons secundários que são emitidos na região de incidência do feixe na amostra. A resolução é um pouco menor que na microscopia eletrônica de transmissão, mas a obtenção de imagens é facilitada, mesmo com recursos operacionais inferiores. Um exemplo típico está na Figura 3.19, que apresenta um material composto de grafite recoberto por nanopartículas magnéticas.

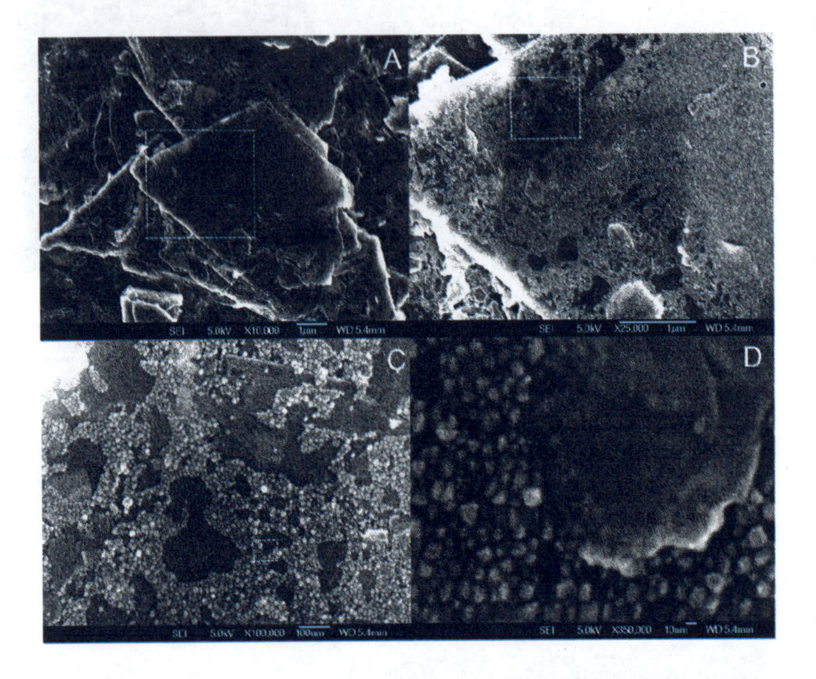

Figura 3.19
Imagens de microscopia eletrônica de varredura, com ampliação crescente (A – D) das partículas de grafite tratadas com nanopartículas de magnetita. (Cortesia de André Zuin)

Um recurso importante da microscopia eletrônica é a possibilidade de acoplar, por meio da técnica conhecida como *energy dispersive spectroscopy* (EDS ou EDX), a detecção dos raios X emitidos pelos átomos excitados pelo feixe de elétrons. A fluorescência dos raios X está associada às transições nas camadas eletrônicas internas dos átomos, após a excitação ou a ionização provocada pelo feixe de elétrons incidente. Os espectros registrados são característicos dos elementos químicos e proporcionam uma análise elementar, qualitativa e quantitativa da amostra, com obtenção da imagem.

CAPÍTULO 4

MACROMOLÉCULAS, POLÍMEROS E PLÁSTICOS

Polímeros são compostos macromoleculares. Eles são formados por moléculas gigantes, baseadas na condensação de milhões de unidades geralmente simples, denominadas monômeros, que criam sequências repetitivas com massas moleculares bastante elevadas. Quando o número de unidades condensadas é pequeno, usa-se o termo oligômero.

Nos capítulos seguintes, são apresentados os sistemas supramoleculares e, por isso, é interessante tecer algumas considerações a esse respeito. Os sistemas supramoleculares preservam as características das unidades associadas, e sua síntese em geral é feita com o propósito de explorar as interações cooperativas e o sinergismo decorrente delas. Os polímeros não são considerados sistemas supramoleculares, pois os monômeros, quando se condensam, perdem suas características individuais para gerar um comportamento global. Assim, nos polímeros, ao se perder a individualidade das partes, os efeitos cooperativos e os aspectos supramoleculares deixam de ter relevância.

A existência de moléculas gigantes foi demonstrada pela primeira vez pelo químico alemão Hermann Staudinger (1881-1965), por volta de 1920, quando pesquisava os compostos formados a partir do estireno ou vinilbenzeno. Ele recebeu o Nobel de Química em 1953.

Na realidade, os polímeros são encontrados em abundância na natureza, formando materiais inorgânicos, como os silicatos, ou orgânicos, como a celulose, a lignina, as proteínas e os ácidos nucleicos. Entretanto, os polímeros usados atualmente na indústria de plásticos, fibras, tintas e vernizes são predominantemente de origem sintética. Os polímeros também são constituintes das **resinas**, conotação dada a um material amorfo ou pouco cristalino, às vezes com aspecto vítreo, como o encontrado em plantas após a solidificação da seiva. As resinas atuam promovendo a cicatrização do corte nas plantas.

Os **plásticos** são materiais poliméricos com características próprias. Eles têm capacidade de apresentar mudanças de fase em função da temperatura e da pressão e são moldáveis. A aplicação do calor provoca o amolecimento do material, e seu resfriamento faz com que endureça, adquirindo o formato do recipiente ou molde. Com base nessa propriedade, é possível aplicar várias técnicas de moldagem, como injeção em moldes, extrusão, calandragem, cunhagem e formação de espumas. Quando a mudança de fase ocorre reversivelmente, o plástico pode ser moldado repetidas vezes. Nesse caso, o material é chamado **termoplástico**. Outro tipo de plástico, quando aquecido, sofre alterações nas ligações, comportando-se como um material **termofixo**, isto é, sem capacidade de voltar à forma original ou de apresentar mudanças de fase reversíveis.

Sob o ponto de vista sintético, existem dois tipos de polímeros: de **adição** e de **condensação**. Os polímeros de adição são obtidos pela união por adição de unidades monoméricas, como no esquema a seguir:

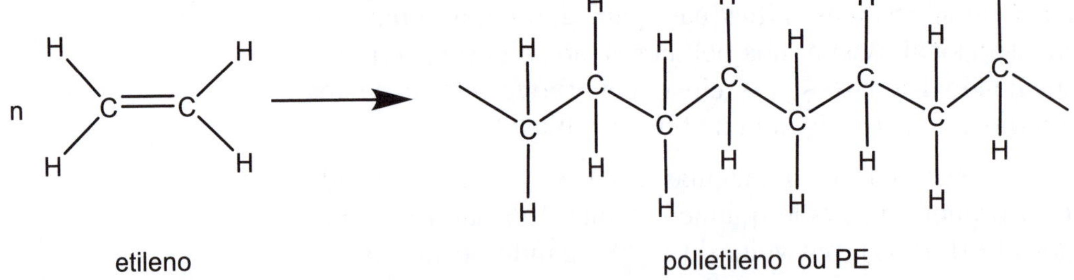

n etileno → polietileno ou PE

(4.1)

Os polímeros de condensação, por sua vez, são obtidos pela união de grupos funcionais orgânicos que se condensam, eliminando, por exemplo, moléculas de água.

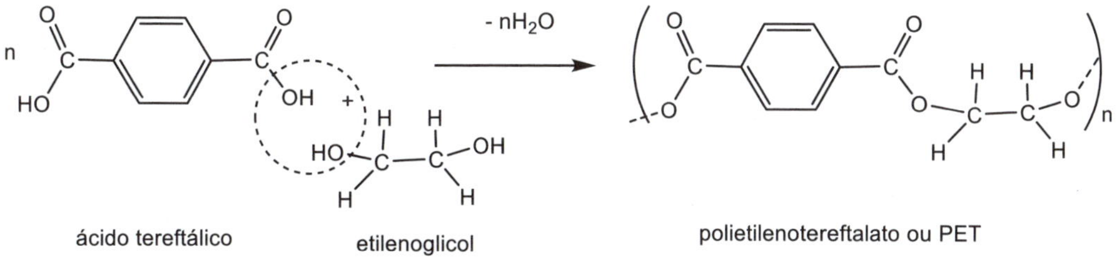

$- nH_2O$

ácido tereftálico   etilenoglicol   polietilenotereftalato ou PET

(4.2)

Quando dois monômeros distintos, A e B, são polimerizados juntos, o resultado é um polímero misto, denominado **copolímero**:

nA + mB → ABABABAB (copolímero alternado)
AAAABBBAAAABBB (copolímero de bloco)
AAABBABBAAB (copolímero caótico) (4.3)

A copolimerização também pode ocorrer pela ligação de um grupo à cadeia principal de outro polímero. O processo, nesse caso, é denominado grafitização:

AAAAAAAAAAAAAAA
|
BBBBBBBBBBBB (4.4)

Polímeros de adição

Os principais tipos de polímeros de adição são derivados do etileno e estão relacionados na tabela a seguir.

Tabela 4.1 – Polímeros derivados do etileno e suas aplicações

Monômero	Fórmula	Polímero	Fórmula	Usos
Etileno	$H_2C{=}CH_2$	Polietileno **PE**	$[-CH_2-CH_2-]_n$	Garrafas, embalagens, objetos moldáveis.
Propileno	$H_2C{=}CH(CH_3)$	Polipropileno **PP**	$[-CH_2-CH(CH_3)-]_n$	Garrafas, embalagens, utensílios.
Cloreto de vinila	$H_2C{=}CHCl$	Policloreto de vinila **PVC**	$[-CH_2-CHCl-]_n$	Tubulações, discos, coberturas plásticas.
Acrilonitrila	$H_2C{=}CH(CN)$	Poliacrilonitrila **PAN**	$[-CH_2-CH(CN)-]_n$	Fibras têxteis.
Acrilato de sódio	$H_2C{=}CH-C({=}O)O^- Na^+$	Poliacrilato de sódio	$[-CH_2-CH(C({=}O)O^- Na^+)-]_n$	Absorventes (fraldas).
Acrilamida	$H_2C{=}CH-C({=}O)NH_2$	Poliacrilamida **PAM**	$[-CH_2-CH(C({=}O)NH_2)-]_n$	Absorventes.
Metacrilato de metila	$H_2C{=}CH-C({=}O)-O-CH_3$	Polimetacrilato de metila **PMMA**	$[-CH_2-CH(C({=}O)-O-CH_3)-]_n$	Materiais transparentes, vidros plásticos, Plexiglas®, Lucite®.

Tabela 4.1 – Polímeros derivados do etileno e suas aplicações

Monômero	Fórmula	Polímero	Fórmula	Usos
Acetato de vinila	$H_2C{=}CH{-}O{-}C({=}O){-}CH_3$	Poliacetato de vinila **PVAc**	$[-CH_2-CH(OC(=O)CH_3)-]_n$	Resinas para tintas, revestimentos.
Estireno	$H_2C{=}CH{-}C_6H_5$	Poliestireno **PS**	$[-CH_2-CH(C_6H_5)-]_n$	Materiais isolantes (isopor), embalagens.
Tetrafluoroetileno	$F_2C{=}CF_2$	Politetrafluoretileno **PTFE**	$[-CF_2-CF_2-]_n$	Revestimentos antiaderentes, peças e utensílios, filmes, Teflon®.

O **polietileno** (**PE**) é um termoplástico extremamente versátil, com boa resistência química, baixa fricção, pouca capacidade de absorver água, fácil processamento e baixo custo. Sua temperatura de fusão ou amolecimento é relativamente baixa, da ordem de 100 °C. Sua tenacidade torna-o ideal para fabricação de brinquedos, por ser mais difícil de quebrar. Pode ter um aspecto macio e de cera, mas também pode apresentar-se rígido e duro, dependendo de sua densidade. Por essas características, é o plástico mais usado em todo o mundo, nas mais diversas aplicações.

O **polipropileno** (**PP**) é um termoplástico semelhante ao polietileno, tanto no aspecto como nas propriedades, porém sua densidade é menor e seu ponto de amolecimento é mais alto, em torno de 160 °C. É reciclável e sua aparência pode chegar a ser transparente ou cristalina, permitindo aplicações no laboratório, em tubos e recipientes, substituindo o vidro, por razões de segurança. Uma de suas características positivas é a resistência à flexão, pois permite obter articulações duráveis, sujeitas a dobras constantes sem ruptura, como em tampas e recipientes usados com pasta de dente. Em virtude da miniaturização e da produção em larga escala, os microtubos de polipropileno estão substituindo os tubos de ensaio no laboratório, incorporando a vedação e a praticidade dos plásticos, permitindo processamento em microcentrífugas e proporcionando maior higiene na manipulação. Quando reforçado com fibras de vidro, o polipropileno pode gerar materiais com alta resistência e rigidez. Também pode ser expandido sob injeção de pentano e vapor dentro de moldes, gerando espumas sólidas, ideais para isolamento e embalagem.

O **cloreto de polivinila** (**PVC**) faz parte do grupo de plásticos mais usados no mundo, sendo empregado praticamente em tudo: cartões de crédito, encanamentos, revestimentos, imitação de couro, brinquedos etc. Um dos motivos de sua popularidade nos brinquedos é o toque aderente que proporciona aos objetos infláveis. Na indústria, seu uso é estimulado pelo baixo custo e pela sua versatilidade, possibilitando obter termoplásticos e termofixos, além de formas elastoméricas. Nos últimos anos, entretanto, vem sendo combatido pelo fato de usar estabilizantes tóxicos, como as dioxinas, que são liberadas durante sua queima. Novos procedimentos estão sendo pesquisados para eliminar esse problema.

A **poliacrilonitrila** (**PAN**) é um termoplástico obtido sob a forma de resina, geralmente com aspecto amorfo, mas que pode ser orientada para gerar fibras bastante resistentes. As fibras são usadas principalmente na área têxtil, em roupas de inverno.

O **poliacrilato de sódio** é o sal de sódio do ácido poliacrílico. É um polieletrólito aniônico e sua capacidade de coordenar íons de cálcio e magnésio tem sido aproveitada como aditivo em surfactantes. Sua principal característica é a alta capacidade de absorver água, em uma proporção de duzentas a trezentas vezes sua massa, por isso é empregado na indústria alimentícia e de cosméticos como agente espessante. Foi inicialmente concebido para uso na agricultura para reter água em culturas, e hoje é encontrado exercendo esse mesmo papel, porém nas fraldas de uso doméstico e animal.

A **poliacrilamida (PAM)** também tem alta capacidade de absorver água e, geralmente, é utilizada no laboratório sob a forma de gel, em procedimentos de cromatografia e eletroforese.

O **polimetacrilato de metila (PMMA)** é o éster metílico do ácido poliacrílico. Ao contrário dos outros polímeros acrílicos, é um termoplástico bastante resistente e com uma transparência excelente, que proporciona aplicações nobres, como em material ópticos. Entretanto, é sensível a solventes. É bastante compatível com muitos polímeros e, por isso, é frequentemente usado em combinações binárias ou ternárias.

O **poliacetato de vinila (PVAc)** é um termoplástico conhecido de longa data. De fato, foi obtido pela primeira vez em 1912, na Alemanha. Apresenta transição vítrea entre 18 °C e 45 °C, e sua principal aplicação é sob a forma de emulsão em água, tornando-se um adesivo para materiais porosos, como o papel e a madeira. É o principal constituinte da cola branca de uso escolar. Por meio da hidrólise, obtém-se o álcool polivinílico, que tem larga aplicação na indústria de cosméticos, alimentícia e têxtil.

O **poliestireno (PS)** é um termoplástico duro e transparente, e seu baixo custo torna-o bastante popular nos produtos descartáveis domésticos, incluindo copos e embalagens. Outra forma muito utilizada é a espuma de poliestireno, que é obtida a partir de minúsculas gotas que expandem em mais de quarenta vezes seu volume inicial pela injeção de pentano e vapor. Isso é feito diretamente no molde, o qual acaba conferindo forma ao produto.

O **politetrafluoroetileno (PTFE)** é outro polímero cuja descoberta foi acidental, na DuPont, nos anos de 1930. É mais conhecido pelo nome patenteado: Teflon®. Sua característica mais importante é a não aderência, o que oferece propriedades autolubrificantes que tornam as superfícies escorregadias. É resistente a produtos químicos e suporta temperaturas mais altas em comparação com a maioria dos polímeros, permitindo aplicações como revestimentos antiaderentes de panelas, ferros elétricos e outros utensílios domésticos. Uma de suas aplicações em larga escala está na composição de coberturas de tendas autolimpantes, em combinação com outras fibras poliméricas ou com TiO_2, que acentua essa capacidade de limpeza por meio da ação fotoquímica (Capítulo 6).

Um aspecto importante na área de polímeros é a possibilidade de fazer combinações entre monômeros de diferentes tipos para obter **copolímeros** e gerar novas propriedades. Um exemplo é o copolímero de butadieno-neopreno, usado na fabricação de pneus e materiais de revestimento. Outro copolímero importante é o de estireno com butadieno, que é a borracha sintética mais consumida atualmente na fabricação de pneus.

O copolímero formado pela mistura de monômeros de acrilonitrila, butadieno e estireno, na proporção de 25:20:55, é conhecido pela sigla **ABS**. É um material com excelentes propriedades mecânicas para aplicações em engenharia, como no caso de peças de encaixe, como o brinquedo LEGO® (Figura 4.1), em que a precisão chega a ±0,002 mm, proporcionando bom desempenho nas montagens.

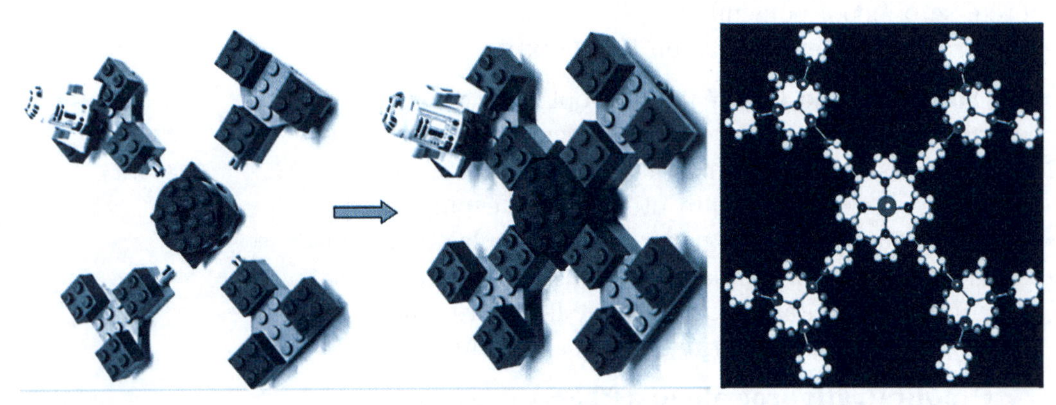

Figura 4.1
Modelo molecular de uma porfirina tetracluster (Capítulo 8) feito com peças de LEGO®. A alta precisão de encaixe é proporcionada pelo copolímero de ABS.

Outro exemplo interessante é conhecido pela sigla **ASA**. É derivado da mistura de monômeros de acrilonitrila, estireno e acrilato. Esse plástico é bastante duro e adequado para uso em ambientes externos, onde a maioria dos plásticos teria pouca durabilidade. Por ser resistente aos raios ultravioleta, tem sido usado na indústria automotiva na composição das partes externas que não precisam ser pintadas, permanecendo sempre com a mesma cor e aspecto.

Polímeros de condensação

São formados pela união de dois grupos funcionais. Um exemplo típico é a classe dos poliésteres, como o politereftalato de etileno (PET) (Esquema 4.5). A reação de esterificação do ácido tereftálico com o etilenoglicol ocorre nas duas extremidades, formando polímeros de peso molecular superior a 2000 dáltons. O politereftalato de etileno é bastante utilizado na fabricação de fibras têxteis, conhecidas no mercado como Dacron® e Terilene®, e de filmes para fotografia, vídeo e som, embalagens etc. Atualmente, sua aplicação dominante é em garrafas, apoiada na reciclabilidade do plástico e em sua capacidade excepcional de resistir a altas pressões e oferecer barreira contra gases. Também forma um tipo de filme, comercializado como Mylar®, o qual apresenta uma espessura extremamente fina, mas bastante resistente à tração mecânica e ao calor. As fibras e tubos de Dacron® são muito usados na medicina por conta de suas características inertes e atóxicas, e a boa compatibilidade biológica.

$$\text{----O}-\left(CH_2CH_2-O-\overset{O}{\overset{\|}{C}}-C_6H_4-\overset{O}{\overset{\|}{C}}-O\right)_n-\text{O---} \qquad (4.5)$$

politereftalato de etileno PET

Um tipo especial de poliéster é obtido pela condensação do ácido ftálico com glicerol. A reação leva à formação de muitas ligações cruzadas entre as cadeias, dando origem a uma resina de poliéster (resina alquídica) bastante dura e resistente, excelente para revestimentos de equipamentos domésticos, como refrigeradores, fogão, lavadoras etc.

As **poliamidas** são polímeros obtidos pela condensação de ácidos carboxílicos com aminas. Um exemplo típico é o náilon, obtido pela primeira vez em 1935, acidentalmente, nos laboratórios da DuPont, pela condensação do ácido adípico com a hexametilenodiamina.

$$n\ HO-\overset{O}{\overset{\|}{C}}-(CH_2)_4-\overset{O}{\overset{\|}{C}}-OH + H_2N-(CH_2)_6-NH_2 \xrightarrow{-H_2O} \text{---NH}-\overset{O}{\overset{\|}{C}}-(CH_2)_4-\overset{O}{\overset{\|}{C}}-NH-(CH_2)_6-\underset{H}{N}\text{----}$$

(4.6)

Esse polímero é conhecido como náilon-66, por apresentar duas cadeias alternadas de seis átomos de carbono.

Outra via conveniente de reação, frequentemente utilizada para fins de demonstração, é baseada na reação dos derivados de cloreto de acila, como o cloreto de sebacoila, dissolvidos em fase orgânica, com as diaminas dissolvidas em meio aquoso.

$$\underset{\text{1,6-diamino-hexano}}{H_2N(CH_2)_6NH_2} + \underset{\text{cloreto de sebacoila}}{Cl-\overset{O}{\overset{\|}{C}}(CH_2)_8\overset{O}{\overset{\|}{C}}-Cl} + 2NaOH \longrightarrow \underset{\text{Nylon 6,10}}{\left(\text{--}\overset{H}{\overset{|}{N}}(CH_2)_6\overset{H}{\overset{|}{N}}-\overset{O}{\overset{\|}{C}}(CH_2)_8\overset{O}{\overset{\|}{C}}\text{---}\right)_n} + H_2O + 2NaCl \qquad (4.7)$$

A reação acontece na interface entre os dois meios, formando uma película polimérica que pode ser puxada com o auxílio de um bastão, gerando fios, como na Figura 4.2.

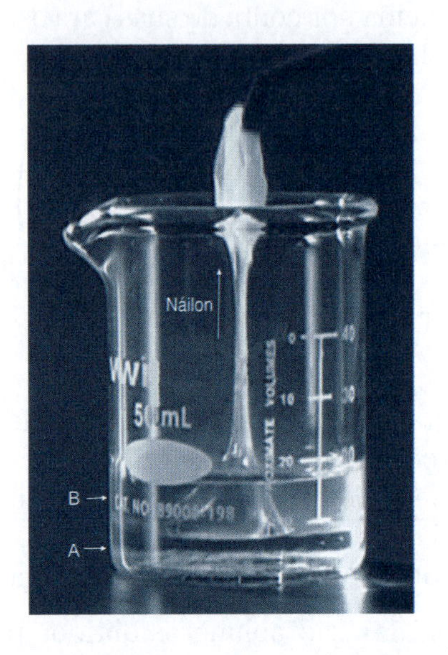

Figura 4.2
Béquer com hexametilenodiamina em água (A) e cloreto de sebacoila dissolvido em hexano (B). Observa-se o náilon formado na interface sendo puxado por uma pinça.

Existem variados tipos de náilon, como o náilon-4,6, o náilon-6,12 e o náilon 6, cuja obtenção é feita a partir do ácido 5-aminohexanoico ou 5-aminocaproico.

$$n\ H_2N-(CH_2)_5-C(=O)OH \xrightarrow{-H_2O} \text{---}\underset{H}{N}-(CH_2)_5-C(=O)-HN-(CH_2)_6-C(=O)\text{--} \qquad (4.8)$$

O náilon apresenta muitas aplicações pela facilidade com que pode ser estirado em fibras. As cadeias de poliamida interagem mutuamente por meio de pontes de hidrogênio entre os grupos carbonila e amida (—N—H····O=C—), tornando as fibras bastante resistentes para aplicações em linhas de pesca, tecidos, redes, tênis e cordas. Seu processamento por extrusão é dificultado em virtude da baixa viscosidade, porém pode ser moldado por injeção convencional ou transformado em filmes. Combina-se bem com aditivos, como fibras de vidro, formando materiais compósitos de alta resistência.

A condensação de α-aminoácidos dá origem aos peptídeos (cadeias curtas) e às proteínas (cadeias longas) existentes nos sistemas biológicos. Esse tipo de polímero é descrito com maiores detalhes mais adiante.

As **resinas fenólicas** ou de formaldeído são obtidas pela condensação do fenol com formaldeído. O exemplo mais típico é a baquelite, desenvolvida por L. H. Baekeland, em 1907.

baquelite

(4.9)

Essas resinas são termofixas e mantêm sua forma após moldadas. Na estrutura, encontra-se uma extensa rede de ligações cruzadas, tridimensionais, que proporcionam maior rigidez ao polímero. Apesar de ser um material antigo, seu uso é ainda bastante amplo, principalmente em materiais compósitos com fibras de vidro ou celulose ou na fabricação de peças moldadas para uso em sistemas elétricos. Seu uso disseminado se dá por causa de sua estabilidade térmica e capacidade de isolamento.

Outro tipo de resina é baseado na condensação de formaldeído e melamina.

$$H_2C{=}O + H_2N\text{-}C_3N_3(NH_2)_2 \longrightarrow$$

melamina

(4.10)

Também é um plástico bastante antigo, conhecido desde os anos de 1930 como **melamina**. Apresenta propriedades termofixas, sendo de fácil moldagem e coloração, razão pela qual se tornou um substituto da baquelite em aplicações domésticas. As tigelas típicas ainda disputam o mercado e são lembradas pelo som característico que fazem quando batem umas nas outras e pelo fato de não transmitirem cheiro nem gosto aos alimentos. Sua facilidade de acabamento e baixa porosidade também tem sido aplicada em revestimentos de madeira, com o nome comercial de Fórmica®.

O formaldeído também entra na composição da resina com ureia, gerando um material termofixo bastante resistente, que aceita bom acabamento para ser usado em objetos moldados e em recobrimentos de superfície e de fibras. Sua composição acrescenta propriedades antibacterianas, alta dureza, baixa absorção de água e flexibilidade, que vêm sendo exploradas em aplicações como a fabricação de assentos de vasos sanitários de boa qualidade.

As resinas conhecidas como poliuretanas são obtidas pela reação de di-isocianatos orgânicos com diálcoois.

$$OCN(CH_2)_6NCO + HO(CH_2)_4OH \rightarrow \text{--}OCN(CH_2)_6N(H){-}C(=O){-}O(CH_2)_4\text{--}$$

di(isocianato) de hexametileno — 1,4-butanodiol — poliuretano

(4.11)

Essas resinas apresentam grande versatilidade, podendo gerar materiais termofixos, termoplásticos e espumas, dependendo do processamento e da combinação com outros materiais. São aplicadas em recobrimentos, espumas rígidas ou flexíveis e borrachas com alta resistência à abrasão.

Os **policarbonatos** são plásticos extremamente duros, transparentes, obtidos pela condensação de fosgênio ($Cl_2C{=}O$) com bis(fenóis), como o **BPA** (=4,4′-dihidroxi-2,2-difenilpropano ou bis-fenol A).

fosgena + bis(fenol) → policarbonato de bis(fenol)

(4.12)

Esse tipo de plástico tem aspecto vítreo, com alta transparência e resistência mecânica, e permite aplicação e manutenção de vácuo. Suas características termoplásticas são vantajosas por permitirem a reciclagem. Quando reforçado com fibras, resiste ao impacto de balas de revólver, sendo, por isso, utilizado em dessecadores a vácuo, em visores de câmaras nas estações orbitais e em janelas à prova de balas. É um substituto vantajoso do vidro em termos de segurança, pois não gera fragmentos cortantes no caso de quebra. Contudo, quando usado em utensílios domésticos e em mamadeiras, o bis(fenol), que pode estar presente como impureza no plástico, pode passar para os alimentos. O principal perigo do bis(fenol) está no fato de ser um desregulador endócrino, comportando-se de modo semelhante a um estrógeno. Não está presente em outros plásticos e sua presença nos policarbonatos está sendo severamente regulamentada em todos os países.

Polímeros de fósforo-nitrogênio (**fosfonitrílicos**) são obtidos pelo aquecimento do PCl_5 com NH_4Cl, na faixa de 150 °C a 300 °C, sob a forma de compostos cíclicos, como o cloreto fosfonitrílico, $(PNCl)_3$. Mantendo o aquecimento por mais tempo, forma-se um polímero de $(PNCl_2)_n$, com aspecto de borracha, como no esquema a seguir. Esse polímero é sensível à umidade por causa da facilidade com que a ligação P—Cl se hidrolisa. Entretanto, o cloreto pode ser trocado por grupos amino ou álcoxi, por meio da reação com amônia ou álcoois, formando compostos mais estáveis. Esses compostos podem ser usados na fabricação de plásticos, elastômeros, fibras e espumas, tendo como característica o fato de serem repelentes de água e resistentes à combustão e ainda apresentarem alta resistência dielétrica, permitindo aplicações em revestimentos de cabos elétricos.

$$\cdots PR_2{=}N{-}PR_2{=}N{-}PR_2{=}N{-}PR_2{=}N\cdots \qquad (4.13)$$

Polímeros organo-silício ou siliconas são obtidos pela reação de haletos de silício com compostos de Grignard, levando a haletos de alquilsilanos como produtos, como se vê nos esquemas a seguir:

$$SiCl_4 + RMgBr \rightarrow RSiCl_3 + MgBrCl \qquad (4.14)$$

$$RSiCl_3 + R'MgBr \rightarrow RR'SiCl_2 + MgBrCl \qquad (4.15)$$

$$RR'SiCl_2 + R''MgBr \rightarrow RR'R''SiCl + MgBrCl \qquad (4.16)$$

Os haletos de alquilsilanos constituem matéria-prima para obtenção das siliconas. O processo envolve a hidrólise dos haletos de alquilsilício sob condições controladas. A reação de hidrólise do $RRSiCl_2$ pode ser representada da seguinte maneira:

$$R_2SiCl_2 + 2H_2O \longrightarrow R_2Si(OH)_2 + 2HCl \not\longrightarrow R_2Si{=}O + H_2O \qquad (4.17)$$

A expectativa de perda de água no produto, com formação de um análogo de cetona como na última etapa do esquema, levou Kipping, em 1900, a propor o nome silicona para esse tipo de composto. Na realidade, isso não ocorre, pois, ao contrário do carbono, tem sido observado que o silício sempre mantém uma estrutura tetraédrica em seus compostos.

A hidrólise de uma mistura de monocloro, dicloro e tricloroalquilsilanos com $SiCl_4$ produz um polímero de composição complexa, em que cada espécie participa na formação de ligações terminais, ligações binárias, ternárias e quaternárias, respectivamente, como mostrado no esquema a seguir:

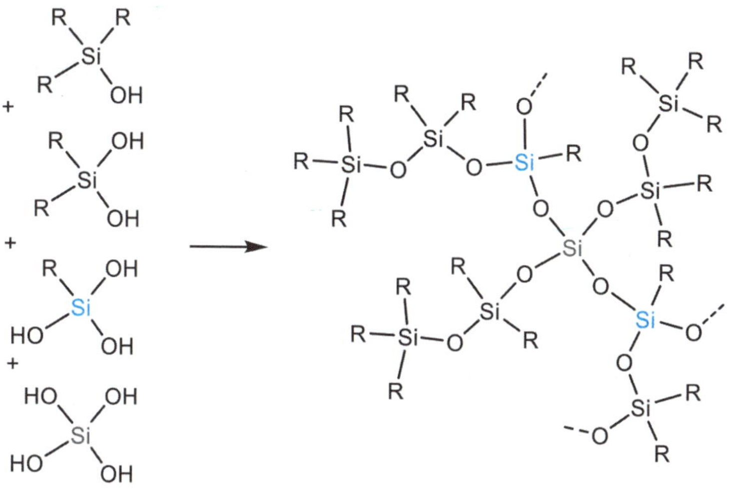

(4.18)

Na prática, os cloroalquilsilanos são substituídos pelos alcoxialquilsilanos, e acetatoalquilsilanos, que geram álcoois e ácido acético durante a hidrólise, em vez de HCl, tornando o processo mais seguro e menos tóxico. A versatilidade é uma das grandes características das siliconas. Por isso, têm sido empregadas para melhorar a funcionalidade de produtos como tintas, tecidos, revestimentos e borrachas. A borracha de silicona é bastante flexível, elástica e tátil; tem aparência translúcida e relativa inércia química, sendo adequada para aplicações médicas, incluindo próteses e materiais ortopédicos. Resiste a temperaturas na faixa entre –100 °C e +250 °C. Proporciona ainda excelentes materiais de vedação e colas para as mais diversas aplicações.

O **PDMS**, ou **polidimetilsiloxano**, é uma mistura de polímero lineares de dimetilsiloxano, $(CH_3)_2SiO$, estabilizadas por unidades terminais $(CH_3)_3SiO$. Também é conhecido como óleo de silicona ou dimetilsilicona. O PDMS é usado na graxa de silicona, em fluidos de amortecimento e de transferência de calor e como óleo para processamento de alimentos, como as batatas fritas e os *nuggets* de frango do McDonald's. A dimeticona ou simeticona é uma mistura de PDMS e sílica, usada como medicamento, agente antiespumante e na indústria de cosméticos como hidratante da pele e condicionador de cabelo.

Polímeros condutores

Os polímeros condutores formam uma classe especial de material com novas propriedades decorrentes da deslocalização eletrônica na cadeia e da existência de níveis eletrônicos incompletos, que respondem pela condutividade e pela existência de cores. Os estudos iniciais foram conduzidos por A. J. Heeger, A. G. MacDiarmid e H. Shirakawa, que receberam o Nobel de Química em 2000.

Esses polímeros apresentam alta conjugação eletrônica, e os exemplos típicos são derivados do poliacetileno e de compostos como anilina, pirrol e tiofeno. O poliacetileno é o polímero derivado do acetileno, que está no esquema a seguir:

$$n\ H-C\equiv C-H \longrightarrow \text{poliacetileno} \qquad (4.19)$$

acetileno poliacetileno

A polimerização direta não é conveniente, porque forma muitos produtos e é difícil de controlar. Por isso, geralmente se faz a polimerização a partir do ciclo-octatetraeno, mediante abertura do anel. Os elétrons ficam deslocalizados sobre as cadeias conjugadas pela superposição dos orbitais p, levando a um sistema π estendido, com uma banda de valência cheia. A introdução de cargas, ou dopagem, provoca vacâncias e aumenta a condutividade do polímero.

O **polipirrol** (**PPy**) pode ser formado pela oxidação eletroquímica do pirrol, criando uma espécie radicalar que se dimeriza rapidamente com perda de prótons. Também pode ser reduzido novamente, formando cadeias estendidas, como neste esquema:

$$\text{pirrol} \xrightarrow{-e^-} \text{radical } (N-H^+) \xrightarrow[-2H^+]{2x} \text{dímero} \xrightarrow[nx]{-e^-} \cdots \longrightarrow \text{polipirrol} \qquad (4.20)$$

A reação pode ser realizada em meio aquoso ou em solventes orgânicos, como a acetonitrila, na presença de um eletrólito. O polímero é formado no estado oxidado, com cerca de 25% dos anéis pirróis na forma catiônica, dependendo das condições e do eletrólito empregado.

A **polianilina** (**PANI**) é obtida pela polimerização oxidativa da anilina em meio aquoso e pode apresentar uma variedade de cores, em função do estado de oxidação envolvido e do pH, como mostrado:

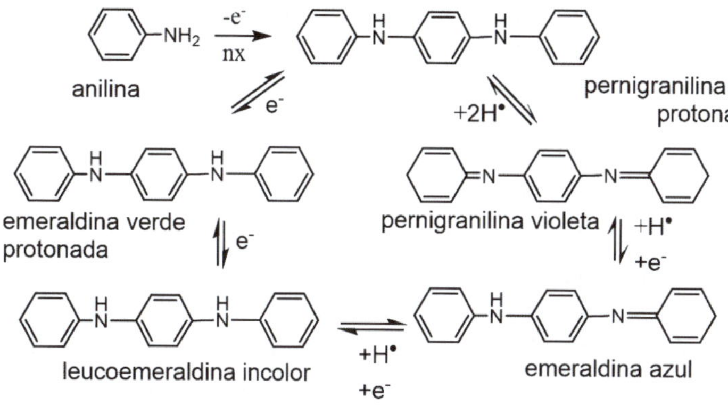

$-NH_2$ $\xrightarrow[nx]{-e^-}$

anilina

e^-

$+2H^\bullet$

pernigranilina azul protonada

emeraldina verde protonada

e^-

pernigranilina violeta

$+H^\bullet$

$+e^-$

leucoemeraldina incolor

$+H^\bullet$

$+e^-$

emeraldina azul

(4.21)

O **politiofeno**, por sua vez, é obtido pela polimerização química ou eletroquímica do tiofeno.

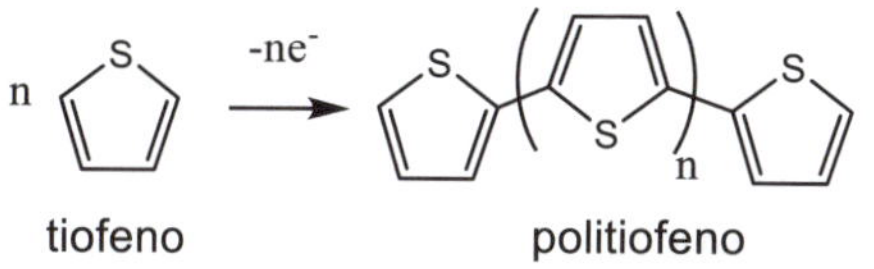

$$n \text{ tiofeno} \xrightarrow{-ne^-} \text{politiofeno} \quad (4.22)$$

tiofeno

politiofeno

A condutividade e as cores do polímero dependem das cargas presentes e do potencial aplicado. Removendo-se elétrons do polímero, por exemplo, pela colocação de um agente dopante, como o iodo, são geradas vacâncias, formando unidades carregadas eletricamente, denominadas bipólarons, como indicado no esquema:

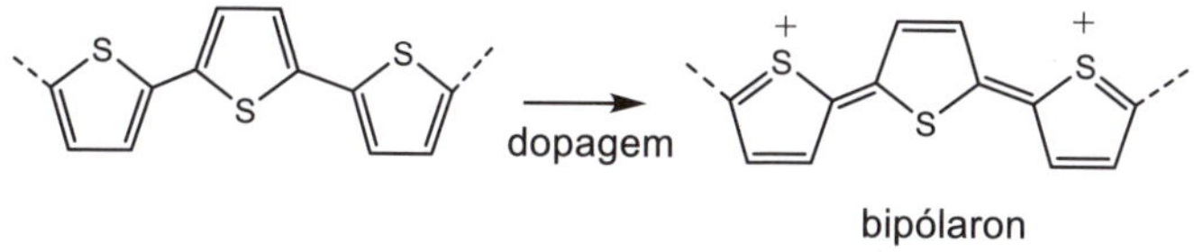

dopagem

bipólaron

(4.23)

A dopagem aumenta acentuadamente a condutividade do polímero, podendo chegar a 1000 S cm^{-1}, o suficiente para gerar aplicações tecnológicas, apesar de ser bem menor que a condutividade do cobre metálico ($5{,}96 \times 10^5$ S cm^{-1}).

Um material muito interessante é conhecido como **PEDOT:PSS**. Trata-se de uma mistura de dois ionômeros de poli(3,4-etilenodioxitiofeno) (**PEDOT**), que têm cargas positivas localizadas sobre os grupos tiofenos, com poliestirenossulfonato (**PSS**), que tem cargas negativas sobre os grupos sulfônicos. Essas duas espécies carregadas formam um sal macromolecular que é geralmente usado como uma dispersão de partículas e forma um gel em água. Uma película condutora pode ser formada por gotejamento sobre vidro e secagem. O PEDOT:PSS é usado como polímero transparente e condutor, tem alta flexibilidade e muitas aplicações, incluindo o uso como agentes antiestáticos para evitar acúmulo de cargas elétricas sobre a superfície. Também é utilizado como eletrodo transparente em telas de toque (*touchscreens*) e em dispositivos orgânicos emissores de luz (OLEDs). Por conta de sua alta condutividade (10^3 S cm^{-1}), pode ser usado como catodo em capacitores ou como eletrólito polimérico.

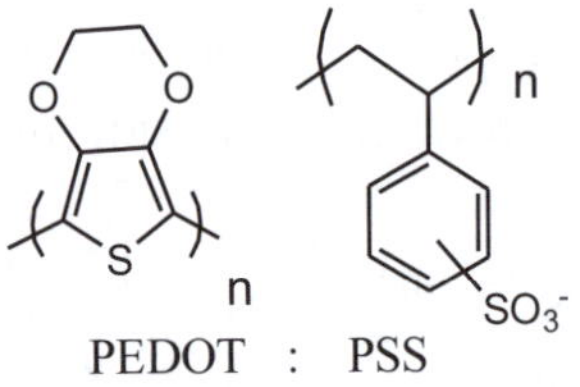

(4.24)

Outro tipo importante de polímero condutor é baseado no poli(fenilenovinileno) (**PPV**), e seus derivados são **MEH-PPV** e **CN-PPV**, como mostrado no esquema:

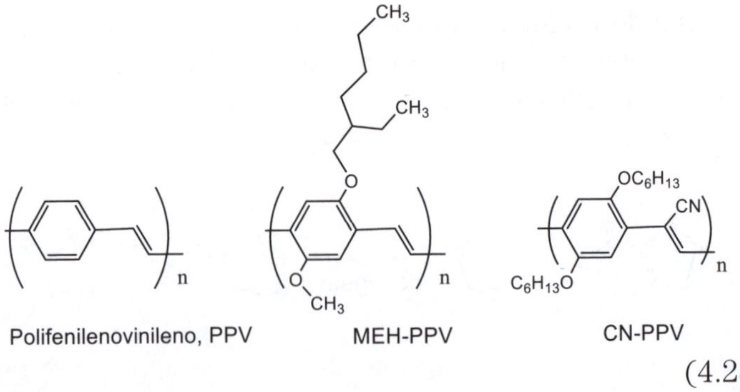

(4.25)

Esses polímeros apresentam níveis HOMO e LUMO relativamente acessíveis. Eles vêm sendo utilizados em células orgânicas fotovoltaicas para conversão de energia solar em energia elétrica (Capítulo 9).

Ionômeros

Os polímeros podem apresentar substituintes carregados eletricamente, com grupos aniônicos do tipo carboxilato e sulfona, ou catiônicos, como os derivados de aminas quaternárias. Uma de suas características importantes é o comportamento de polieletrólito, que possibilita a condução de íons em seu interior na forma líquida ou, em alguns casos, em fase sólida. Quando o teor de grupos iônicos é elevado, podem incorporar grande quantidade de água em seu interior.

Um exemplo importante de ionômero é o plástico Surlyn®, fabricado pela DuPont. Esse plástico é um copolímero de etileno com pequenas quantidades de ácido metacrílico, que foi neutralizado com NaOH para gerar o sal de sódio. O material obtido tem um aspecto límpido, cristalino e um comportamento duplo de fusão, que começa primeiro para as cadeias menores e menos ordenadas, evoluindo para uma segunda etapa que envolve cadeias maiores e mais ordenadas. Essa característica, ao lado da presença dos grupos iônicos, proporciona alta aderência do Surlyn à superfície de materiais como o vidro, propiciando um agente selante bastante efetivo para uso em embalagens e dispositivos.

As resinas de troca iônica são sintéticas, geralmente obtidas pela copolimerização do estireno com divinilbenzeno. A introdução de grupos aniônicos (sulfônicos, carboxílicos) ou catiônicos (alquilamônio) é feita posteriormente por processamento químico. Esses grupos podem atuar como resinas catiônicas fortes ou fracas e resinas aniônicas fortes ou fracas. Também existem resinas quelantes. Geralmente são produzidos na forma finamente granulada, para permitir o empacotamento nas colunas trocadoras de íons. Os grãos são formados por polímeros reticulados e geram alta porosidade, que permite a permeação de líquidos em seu interior, como mostra a Figura 4.3. Por sua capacidade de interagir com espécies iônicas em solução, a principal aplicação das resinas trocadoras de íons está no tratamento de água.

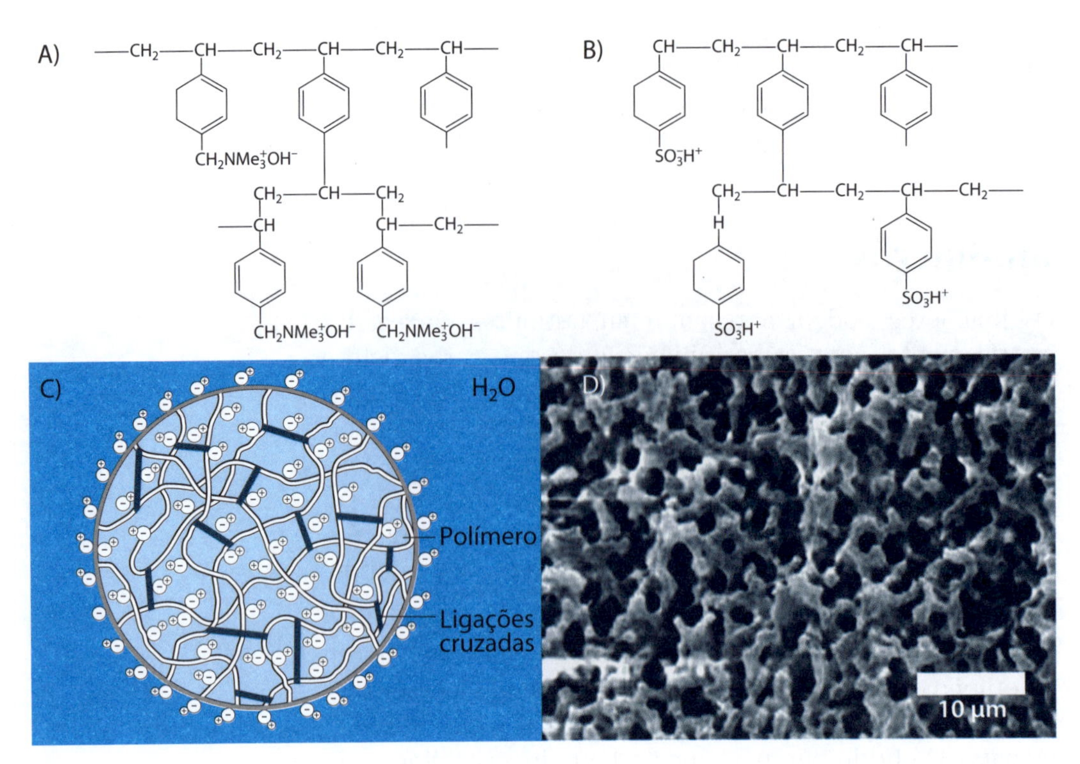

Figura 4.3
Resinas de troca iônica (A) aniônica e (B) catiônica, formando microesferas com cadeias poliméricas interligadas por ligações cruzadas (C), gerando estruturas bastante porosas (D).

O **Nafion®** é um polímero que foi desenvolvido pela DuPont no final da década de 1960, pela copolimerização do tetrafluoretileno ($F_2C{=}CF_2$) com éteres vinílicos fluorados que apresentam um grupo terminal —SO_2F, o qual será posteriormente convertido no grupo sulfônico (—SO_3H). Sua estrutura, conforme indicada no esquema a seguir, é bastante complexa, apresentando domínios hidrofílicos e hidrofóbicos. A cadeia principal é parecida com a do PTFE (Teflon®), com uma organização quase cristalina, que dá grande estabilidade ao polímero. Os grupos sulfonas oferecem características hidrofílicas e participam da hidratação e da mobilidade dos prótons, atuando como ácido sulfônico. Formando uma rede de agregados iônicos, o Nafion® atua como eletrólito polimérico e é utilizado como membrana transportadora de prótons em células de combustível (Capítulo 9). Um aspecto interessante é que essa membrana não permite a passagem de ânions nem de elétrons.

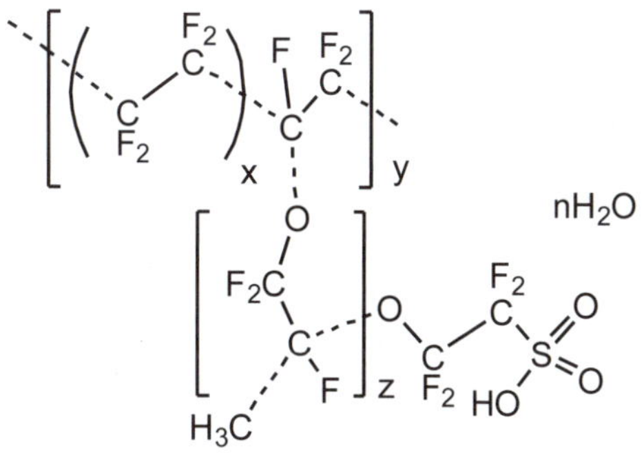

nH_2O (4.26)

$x = 5 - 13 \quad y \sim 1000 \quad z = 1 - 3$

Náfion®

Tintas e vernizes

As tintas de látex e acrílico usadas na pintura de paredes são formadas de polímeros do tipo poliacetato de vinila ou de acrílico, com pigmentos de diversos tipos, como o dióxido de titânio (TiO_2), usado em tintas brancas. Esse pigmento, em particular, além do alto poder de recobrimento, tem outras propriedades interessantes, como interação com a luz e capacidade de degradar compostos aderidos à superfície (sujeira) por meio de reações fotoquímicas. Nas tintas, à medida que a água evapora, os pigmentos ficam ocluídos no interior do filme de polímero formado. Esses polímeros são resistentes a luz e formam filmes laváveis, facilitando os trabalhos de limpeza e manutenção.

As tintas para pintura a óleo utilizam óleos insaturados como os extraídos da soja, da linhaça e do coco, que são na realidade triglicerídeos. Durante a secagem, o oxigênio do ar promove a oxidação[1] parcial das cadeias de hidrocarboneto, formando ligações cruzadas, do tipo pontes de éter (—CH—O—CH—), que levam à polimerização e ao endurecimento da tinta, com os pigmentos em seu interior.

[1] Consultar volume 5 desta coleção.

Biopolímeros e plásticos de natureza biológica

A **borracha natural** é extraída da seringueira (*Hevea brasiliensis*) sob a forma de emulsão, ou látex. É formada por cadeias poliméricas derivadas da polimerização do isopreno ou 2-metilbutadieno:

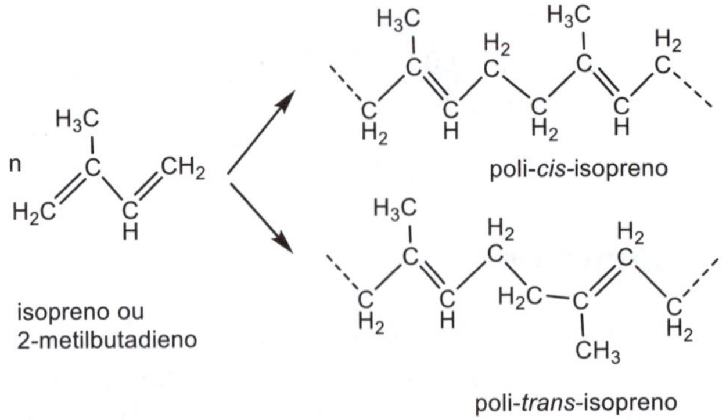

$$n\ H_2C{=}C(CH_3){-}CH{=}CH_2 \longrightarrow \text{poli-}cis\text{-isopreno} \ \text{ou} \ \text{poli-}trans\text{-isopreno} \qquad (4.27)$$

isopreno ou
2-metilbutadieno

poli-*cis*-isopreno

poli-*trans*-isopreno

Um ponto interessante na estrutura da borracha é a existência de insaturação na cadeia polimérica, que pode dar origem a configurações *cis* e *trans*. O látex que escorre do caule da seringueira apresenta a configuração *cis*. Quando coagula, forma uma massa pegajosa, hidrofóbica e elástica. A forma *trans* também ocorre na planta, principalmente nas folhas e na casca, e é conhecida como guta-percha.

O uso mais importante da borracha está na fabricação de pneus. Para isso, o material deve apresentar boa resistência mecânica e elasticidade, que é a capacidade do material voltar a sua forma original, quando submetido a uma tensão. A modificação da borracha, que permitiu seu uso em pneus, foi elaborada por Goodyear em 1839. O processo empregado foi denominado **vulcanização**, como mostra o esquema a seguir, e consiste no tratamento da borracha (poli-isopreno) com enxofre (S_8). Nesse processo, a cadeia cíclica de enxofre se rompe e os átomos terminais atacam as duplas ligações existentes no polímero, formando ligações cruzadas entre as cadeias de carbono. Essas ligações fazem com que as cadeias poliméricas fiquem alinhadas e que a forma original se mantenha após o material ter sido submetido a um esforço mecânico.

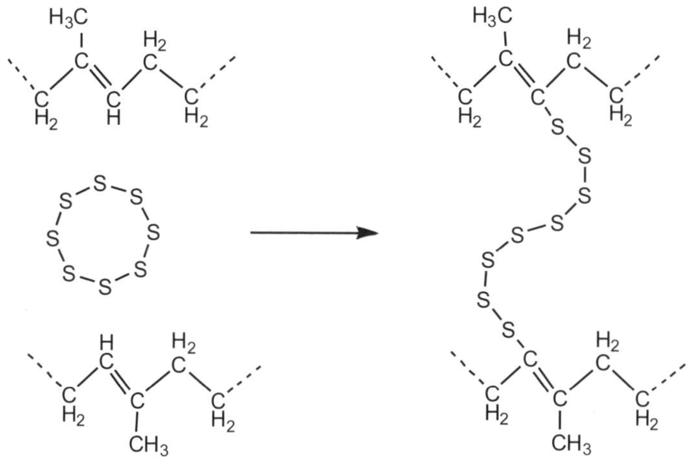

(4.28)

Além do enxofre, os pneus incorporam um alto teor de nanopartículas de carbono, que chega a 20% da massa global, sob a forma do negro de carbono (ou negro do fumo). Essas partículas são geralmente obtidas pela queima de hidrocarbonetos em fornalhas, com diâmetro médio de 19 nm, e formam compósitos (ver Capítulo 7), proporcionando maior resistência mecânica à borracha para que os pneus possam ter alto desempenho na rodagem. Elas aumentam em mais de dezesseis vezes a vida útil do pneu. Em geral, quanto menor o tamanho da partícula de carbono, melhores são as propriedades mecânicas obtidas, porém isso também torna mais difícil o processamento da borracha.

Sob o ponto de vista histórico e socioeconômico, a expansão da indústria automobilística fez com que a economia associada à exploração da borracha progredisse rapidamente, tornando-se um fator importante no desenvolvimento da região amazônica no século passado. Infelizmente, esse ímpeto acabou cessando após o início do cultivo da *Hevea brasiliensis* na Malásia, iniciada a partir de sementes contrabandeadas do Brasil por exploradores britânicos. É curioso que, atualmente, a maior parte da produção da borracha tenha se deslocado da região amazônica para o estado de São Paulo, onde a seringueira foi introduzida como árvore auxiliar na proteção da lavoura cafeeira. Lamentavelmente, a exploração da borracha amazônica continua enfrentando sérios problemas, perdendo competitividade ante outros mercados.

A borracha sintética é constituída de **polibutadieno**, que é obtido pela polimerização do butadieno.

n butadieno → polibutadieno

(4.29)

Também provém do **neopreno**, que tem origem a partir da polimerização do 2-clorobutadieno.

n 2-clorobutadieno → policlorobutadieno ou isopreno

(4.30)

Apesar da importância das borrachas sintéticas, o produto natural derivado do látex da seringueira ainda continua sendo o material preferido para a fabricação de pneus, pela melhor qualidade e desempenho proporcionado.

Os **bioplásticos**, ou plásticos de natureza biológica, são constituídos de derivados de celulose e biopolímeros provenientes de fontes renováveis, como produtos agrícolas e biomassa, que são encontrados em óleo, amido e produtos da microbiota. Alguns bioplásticos são valorizados por serem degradáveis em condições aeróbicas ou anaeróbicas, porém isso não pode ser generalizado e seu uso deve ser sempre colocado no devido contexto.

Atualmente, existe um interesse crescente em aplicar bioplásticos em utensílios domésticos, embalagens de alimentos, garrafas, canudos e recipientes em geral, para artigos de consumo e descarte. Isso também se estende a produtos não descartáveis, como eletrônicos, carpetes, isolamento em interior de carros e encanamentos. Algumas aplicações são particularmente notáveis, como implantes e produtos médicos que acabam sendo absorvidos pelo organismo, dispensando sua remoção ou uma segunda cirurgia.

Os bioplásticos, em sua maioria, têm propriedades termoplásticas, isto é, podem ser moldados com o calor. Biopolímeros baseados em amido estão sendo combinados com poliésteres (policaprolactona) ou adipato-co-tereftalato de polibutileno para gerar blendas de interesse tecnológico, cujo descarte pode ser aproveitado em compostagem. Plásticos baseados em celulose, como o acetato de celulose, também têm características de bioplásticos, em termos de compatibilidade e degradação.

Bioplásticos importantes podem ser derivados de poliésteres alifáticos, como os poli-hidroxialcanoatos, mostrados no esquema seguinte. Os exemplos mais conhecidos são poli-3-hidroxibutirato (PHB), poli-hidroxivalerato (PHV) e poli(hidroxi)hexanoato (PHH). O PHB é um poliéster produzido por certas bactérias que processam açúcar, amido do milho ou águas de descarte. Suas características são semelhantes às do polipropileno, com vantagens de formar filmes transparentes em ponto de fusão acima de 130 °C. Também são completamente biodegradáveis.

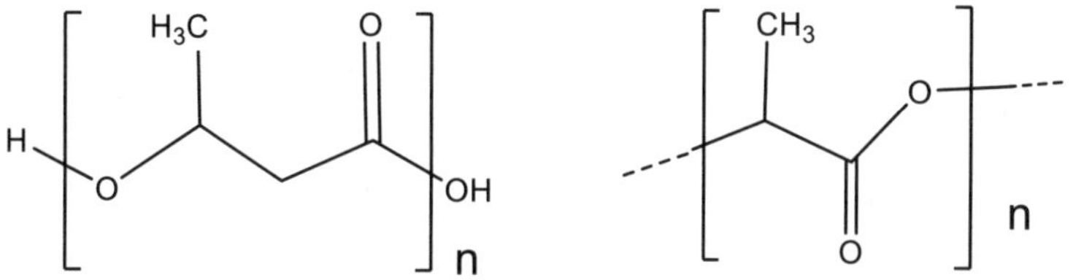

poli-3-hidroxibutirato　　　　ácido polilático

(4.31)

Outra variação é formada pelo ácido polilático (**PLA**), que dá origem a um plástico transparente e que pode ser obtido do açúcar do milho ou dextrose. Suas características são semelhantes às dos plásticos petroquímicos – como PET, PS e PE – e isso permite que sejam processados da mesma forma que os plásticos convencionais. Geralmente, são produzidos na forma de pastilhas ou granulados, que podem ser misturados no processo de extrusão para geração de filmes, fibras e recipientes.

Atualmente, o PLA está sendo bastante utilizado em sacos descartáveis de supermercados, apresentando diversos rótulos, para produtos recicláveis (verde), compostáveis (marrom) e não aproveitáveis (cinza). O apelo verde dos bioplásticos não se deve apenas ao fato de alguns serem biodegradáveis, mas também ao de estarem substituindo os plásticos petroquímicos originados de fontes não renováveis, contribuindo para a economia do carbono. Entretanto, muitos cientistas já argumentam que o crescimento global da bioeconomia para gerar bioplásticos também pode representar ameaça em termos da retirada da biomassa ambiental, reduzindo florestas, provocando erosão e lixiviação do solo e consequente poluição dos recursos hídricos.

Os **sacarídeos** são compostos de C, H e O, com grupos —OH (álcoois), —CHO (aldeído) ou >C=O (cetona). São as espécies mais simples da classe dos carboidratos. Existem cerca de setenta monossacarídeos conhecidos, dos quais vinte participam dos sistemas biológicos. Os monossacarídeos existem na forma de cadeia aberta e cíclica, em equilíbrio. Sua forma predominante é cíclica. Como exemplos típicos de monossacarídeos podem ser citadas a glucose e a frutose, ambas de composição $C_6H_{10}O_6$ ou $\{CH_2O\}_6$.

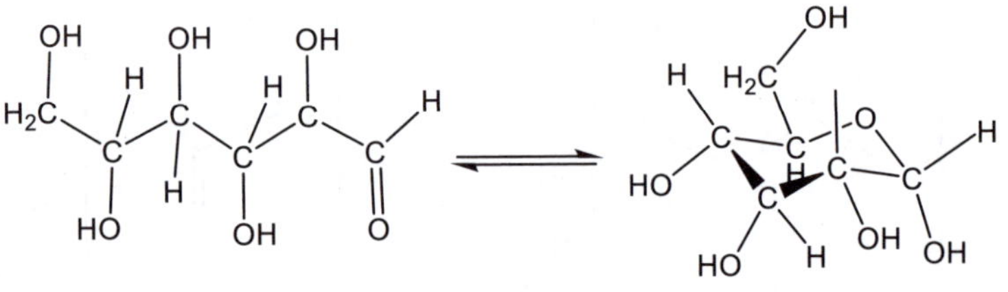

glucose

(4.32)

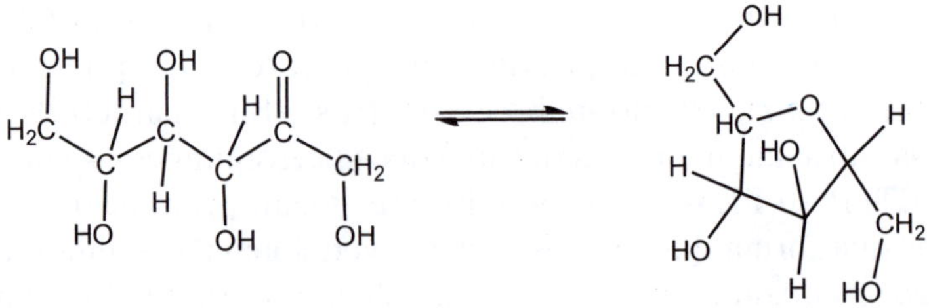

frutose

(4.33)

A **glucose** apresenta, na forma linear, um grupo aldeído, sendo por isso considerada uma aldose; ao passo que a frutose apresenta um grupo cetona e é classificada como cetose. Em razão da presença de vários grupos —OH na molécula, os monossacarídeos são bastante solúveis em água, pois interagem fortemente com o solvente, formando ligações de hidrogênio. Um diferente posicionamento dos grupos —OH, em relação ao plano do pentágono, pode dar origem a isômeros conhecidos como α e β. A glucose também é conhecida como dextrose, constituindo uma fonte imediata de energia para a célula; por essa razão, é administrada como soro intravenoso em situações de emergência médica. A frutose é encontrada em muitas frutas e usada na alimentação.

Os dissacarídeos são formados pela união de dois monossacarídeos, com eliminação de uma molécula de água. Entre os exemplos mais simples está a sacarose, encontrada na cana-de-açúcar. Na sacarose tem-se uma unidade de glucose ligada a uma unidade de frutose, como se vê no esquema a seguir. A maltose, encontrada no amido, é outro exemplo de dissacarídeo constituído de duas unidades de glucose. A lactose, encontrada no leite, consiste de uma unidade de glucose ligada a outro isômero óptico de glucose, conhecido como galactose.

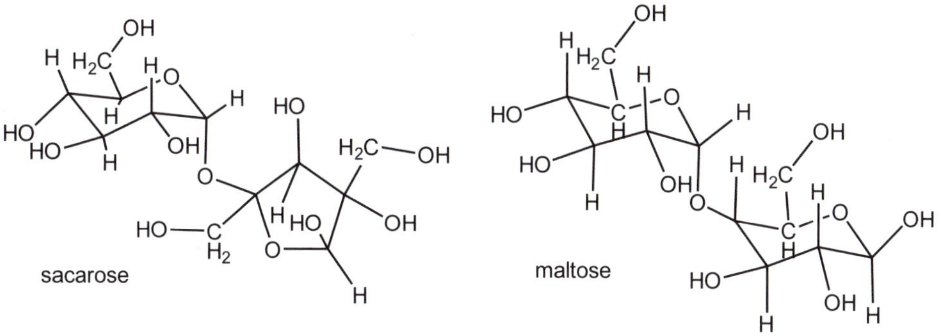

sacarose

maltose

(4.34)

Os polissacarídeos apresentam centenas ou milhares de unidades de monossacarídeos, principalmente glucose, e são encontrados sob várias formas na natureza, como, por exemplo, amido, glicogênio e celulose.

O **amido** constitui uma reserva energética para as plantas. Está concentrado principalmente nos grãos de cereais e apresenta uma forma solúvel em água quente (amilose) e outra pouco solúvel (amilopectina). A amilose é um polímero linear formado por cerca de duzentas unidades de α-D-glucose e produz uma coloração azul característica na presença de iodo/iodeto. A amilopectina tem cerca de mil unidades de α-D-glucose, em arranjo ramificado, e produz uma coloração vermelha com iodo/iodeto. Quando hidrolisada parcialmente, a amilopectina produz unidades poliméricas menores, conhecidas como **dextrinas**, bastante usadas como aditivos na alimentação e no acabamento de papel e tecido. O glicogênio constitui uma reserva energética para os animais e apresenta cadeias de -D-glucose ramificadas, como na amilopectina.

A **celulose** é formada por milhares de unidades de D--glucose na forma β (Esquema 4.35). É interessante notar que, no amido e no glicogênio, as unidades estão na forma α. As diferenças de estrutura entre os polímeros α e β são responsáveis pelo fato de os primeiros sofrerem digestão, ao contrário da celulose, que não é digerível pelo organismo humano. O homem não tem enzimas capazes de digerir a celulose, diferentemente dos seres herbívoros.

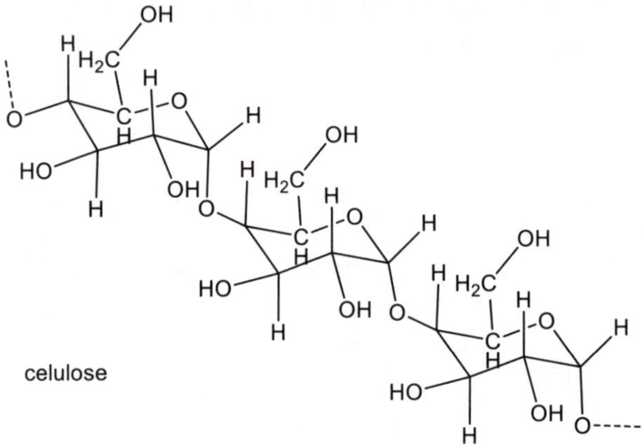

celulose (4.35)

Os produtos conhecidos que contêm celulose são o papel, o celofane e o algodão. No algodão são encontradas cadeias com 2000 a 9000 unidades de D-glucose, que se associam por meio de ligações de hidrogênio umas com as outras, em grupos —OH. As microfibrilas resultantes apresentam uma complexa rede de pontes de hidrogênio capaz de absorver grande quantidade de água em seu interior, proporcionando as características absorventes do algodão.

O **acetato de celulose** (CA) é um plástico que combina dureza e transparência óptica com boas qualidade sensoriais. Tem um toque quente e agradável. É usado na fabricação de lentes e óculos de sol. Seu processo utiliza dois ingredientes: a celulose extraída da polpa da madeira e o ácido acético. O nitrato de celulose foi um dos primeiros plásticos biodegradáveis comercializados no século passado e recebeu o nome de celuloide, mas acabou perdendo mercado em virtude de ser altamente inflamável. O acetobutirato de celulose (CAB) tem um ponto de amolecimento mais elevado que o acetato de celulose, o que favorece aplicações em ambientes externos.

Outro derivado interessante da celulose apresenta grupos carboximetil, como indicado no esquema. Esse polímero, conhecido como **carboximetilcelulose (CMC)**, tem um caráter aniônico e é bastante solúvel em água. Tem grande importância como agente floculante e espessante na indústria de alimentos e cosméticos.

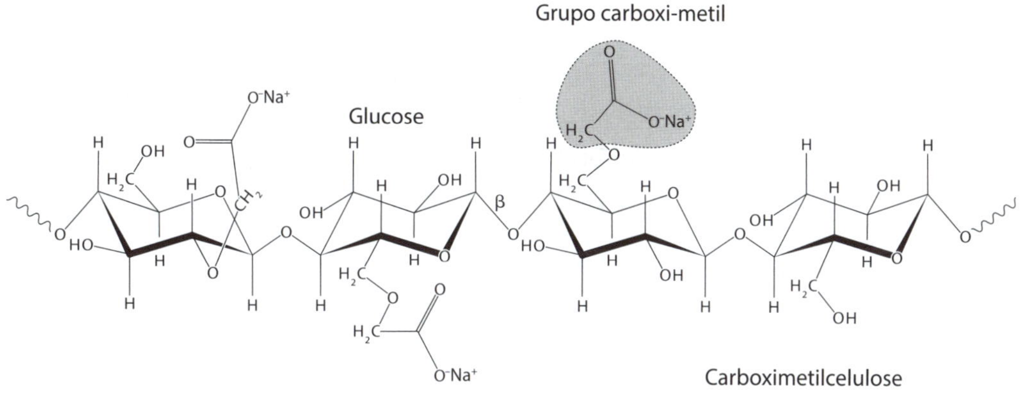

Grupo carboxi-metil

Glucose

Carboximetilcelulose

(4.36)

As **proteínas** são polímeros naturais formados por aminoácidos, de fórmula geral.

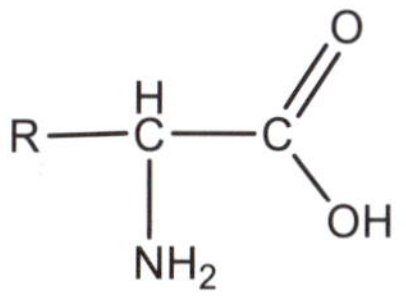

$$R-CH(NH_2)-COOH \quad (4.37)$$

No esquema, R é um grupo característico, as unidades constituintes dos peptídeos e proteínas.

Existem cerca de vinte aminoácidos que participam na constituição das proteínas, cuja formulação e simbologia podem ser vistas na Tabela 4.2. Desse grupo, treonina, valina, leucina, isoleucina, metionina, lisina, arginina, fenilalanina, triptofano e histidina são considerados essenciais na dieta humana, pois, ao contrário dos demais, não são sintetizados pelo organismo.

Tabela 4.2 – Principais aminoácidos: fórmula geral R-CH(NH_2)COOH

Aminoácidos	Símbolo	Letra	Grupo R	pKa —COOH	pKa $—NH_3^+$	pKa R	P. Iso*
Glicina	gly	G	—H	2,34	9,60		5,97
Alanina	ala	A	$—CH_3$	2,34	9,69		6,00
Valina	val	V	$—CH(CH_3)_2$	2,32	9,62		5,96
Leucina	leu	L	$—CH_2—CH(CH_3)_2$	2,36	9,60		5,98
Isoleucina	ile	I	$—CH(CH_3)—CH_2—CH_3$	2,36	9,60		6,02
Serina	ser	S	$—CH_2OH$	2,21	9,15		5,68
Treonina	thr	T	$—CH(OH)\text{-}CH_3$	2,09	9,10		5,60
Cisteína	cys	C	$—CH_2SH$	1,96	10,28	8,18	5,07
Metionina	met	M	$—CH_2—CH_2—S—CH_3$	2,28	9,21		5,74
Ácido aspártico	asp	D	$—CH_2CO_2H$	1,88	9,60	3,65	2,77
Asparagina	asn	N	$—CH_2—C(O)NH_2$	2,02	8,80		5,41
Ácido glutâmico	glu	E	$—CH_2—CH_2—CO_2H$	2,19	9,67	4,25	3,22
Glutamina	gln	Q	$—CH_2—CH_2—C(O)NH_2$	2,17	9,13		5,65
Lisina	lis	K	$—(CH_2)_4—NH_2$	2,18	8,95	10,5	9,74
Arginina	ar	R	NH, H_2C, H_2C, H_2C, N H, NH_2 — Arginina	2,17	9,04	12,5	10,7
Fenilalanina	phe	F	$—\overset{H_2}{C}—$ Fenilalanina	1,83	9,13		5,48

Tabela 4.2 – Principais aminoácidos: fórmula geral R-CH(NH_2)COOH							
Amino-ácidos	**Símbolo**	**Letra**	**Grupo R**	**pKa —COOH**	**pKa —NH_3^+**	**pKa R**	**P. Iso***
Tirosina	tyr	Y	$-CH_2-C_6H_4-OH$ Tirosina	2,20	9,11	10,0	5,66
Triptofano	trp	W	$-CH_2-$(indol, NH) Triptofano	2,83	9,39		5,89
Histidina	his	H	$-CH_2-$(imidazol, NH, N) Histidina	1,82	9,17	6,00	7,59
Prolina	pro	P	(pirrolidina, NH)–C(=O)OH Prolina	1,99	10,60		6,30

* P.Iso = ponto isoelétrico.

Os aminoácidos existem na forma de íon-duplo (zwiteríon), em que o hidrogênio ácido da carboxila é captado pelo nitrogênio básico da amina, como em:

$$R-CH(H_2N)-C(=O)OH \longrightarrow R-CH(^{+}H_3N)-C(=O)O^{-} \qquad (4.38)$$

Dois aminoácidos podem se ligar formando ligações peptídicas e, no processo, ocorre saída de uma molécula de água.

$$R-CH(HN)-C(=O)-OH + H_2N-CH(R)-C(=O)OH \xrightarrow{-H_2O} R-CH(HN)-C(=O)-HN-CH(R)-C(=O)OH$$

(4.39)

Cada extremidade do dipeptídeo pode formar uma nova ligação peptídica, possibilitando a ampliação da cadeia. Dessa forma, com quatro aminoácidos distintos, é possível efetuar $4! = 4 \times 3 \times 2 \times 1 = 24$ combinações. Com dez aminoácidos, pode-se gerar 3,6 milhões de peptídeos distintos; com vinte aminoácidos, tem-se $2{,}4 \times 10^{18}$ possibilidades, obtidas por simples permutação. Esses números astronômicos refletem a variedade inesgotável das características individuais dos seres vivos.

Uma proteína é formada por centenas ou milhares de aminoácidos, com as mais diversas composições. A sequência de aminoácidos determina o que se costuma chamar **estrutura primária da proteína**. As dobras conformacionais ao longo da cadeia proteica determinam a **estrutura secundária** da proteína, como a do tipo hélice, que é mantida por meio de pontes de hidrogênio entre os grupos NH e os oxigênios carbonílicos. Os grupos R dos aminoácidos constituintes também podem interagir por meio de ligações do tipo dissulfeto (—S—S—), ligações de hidrogênio(—NH····O=C), interações iônicas do tipo —NH_3^+····$^-$O—C(O)R e forças de van der Waals entre os grupos hidrocarbonetos hidrofóbicos. Essas interações determinam o formato da cadeia proteica, isto é, sua **estrutura terciária**. A cadeia proteica, por vez, pode se associar a outras unidades e formar agregados, cuja disposição é conhecida como **estrutura quaternária**.

A pele, os cabelos e as unhas são constituídos de proteínas. A parte superficial da pele é composta de células mortas, onde se concentra um tipo de proteína, denominada queratina, que é formada por cerca de vinte aminoácidos diferentes. Os cabelos também são constituídos de queratina, porém têm um teor bastante elevado de cistina (17%), comparado com 3% na queratina da pele. A cistina é um produto da oxidação de duas moléculas de cisteína e apresenta uma ponte dissulfeto.

$$2\; HS{-}CH(NH_2){-}C(=O)OH \xrightarrow{\text{Oxid}} HO(O=)C{-}CH(NH_2){-}S{-}S{-}CH(NH_2){-}C(=O)OH \qquad (4.40)$$

Essa ponte faz a ligação entre diferentes cadeias de proteínas e contribui para as características físicas da pele e dos cabelos. As ligações iônicas entre os grupos carboxilatos e as aminas protonadas também contribuem para a estrutura da queratina, de tal forma que acima de pH 4 vários grupos que participam de interações iônicas separam-se por causa da desprotonação e a proteína expande-se, explicando o fato de os cabelos tornarem-se mais volumosos e macios. As unhas são formadas por um tipo mais denso de queratina.

A indústria de cosméticos movimenta anualmente dezenas de bilhões de dólares em produtos para pele e cabelo.

As propriedades do cabelo refletem bem sua composição proteica. Quando os cabelos estão molhados, parte das ligações iônicas são rompidas e a queratina se expande. Assim, os fios molhados podem ser estirados a mais que o dobro de seu comprimento quando secos. Com a perda de água, os fios de cabelo se contraem. Essa propriedade é usada em equipamentos simples de medição de umidade relativa do ar (higrômetros). A aplicação do calor que muda a orientação, como no enrolamento, também é baseada nessa propriedade, permitindo dar forma aos cabelos. A modificação da forma do cabelo também pode ser obtida de maneira persistente por meio do processo chamado "permanente", que utiliza inicialmente um agente redutor, como o ácido tioglicólico, para provocar a ruptura das várias pontes de dissulfeto originais. Os cabelos, depois de orientados convenientemente, podem ser submetidos a um tratamento oxidativo para formar novamente as pontes de dissulfeto, mantendo a nova orientação das cadeias proteicas. Os agentes oxidantes mais usados são peróxido de hidrogênio, perboratos ou bromatos.

Os **ácidos nucleicos** são formados pela união de nucleotídeos envolvendo ácido fosfórico, um açúcar e uma base N-heterocíclica, como mostra este esquema:

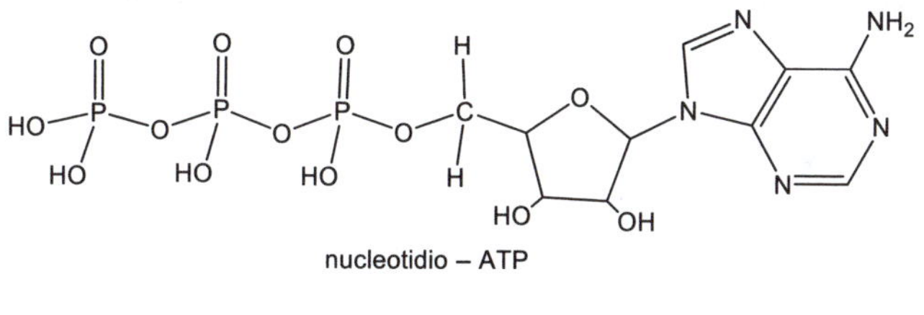

(4.41)

nucleotidio – ATP

O açúcar que participa dos nucleotídeos é a ribose ou seu derivado, sem um átomo de oxigênio, isto é, a 2-desoxiribose.

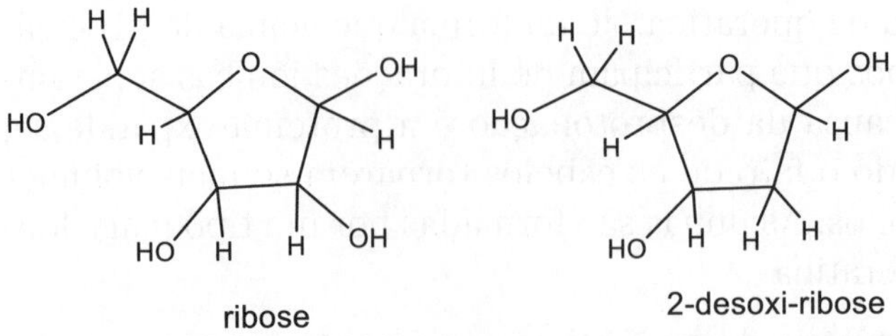

ribose 2-desoxi-ribose (4.42)

As bases N-heterocíclicas típicas são adenina, guanina, citosina e timina, bem como uracil, que está no esquema a seguir. As bases adenina e timina, assim como guanina e citosina, podem se associar por meio de pontes de hidrogênio, como se fossem complementares.

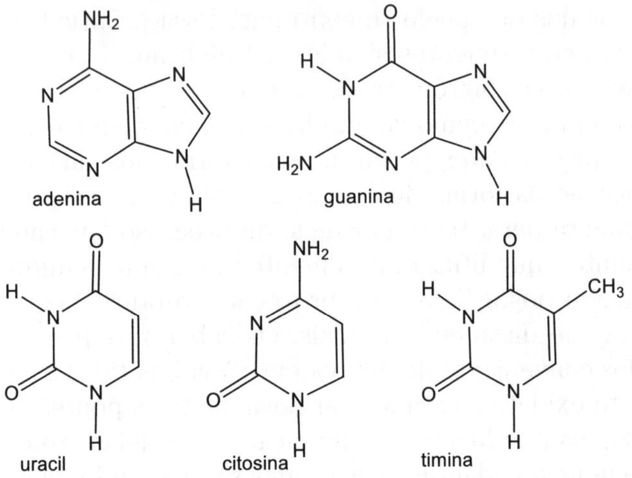

adenina guanina

(4.43)

uracil citosina timina

As bases nucleicas também participam dos dinucleotídeos que incorporam mais uma base heterocíclica nitrogenada, como a nicotinamida. Um exemplo típico é o NADH ou a nicotinamida adenina dinucleotídeo, que tem um papel importante em processos redox em sistemas biológicos.

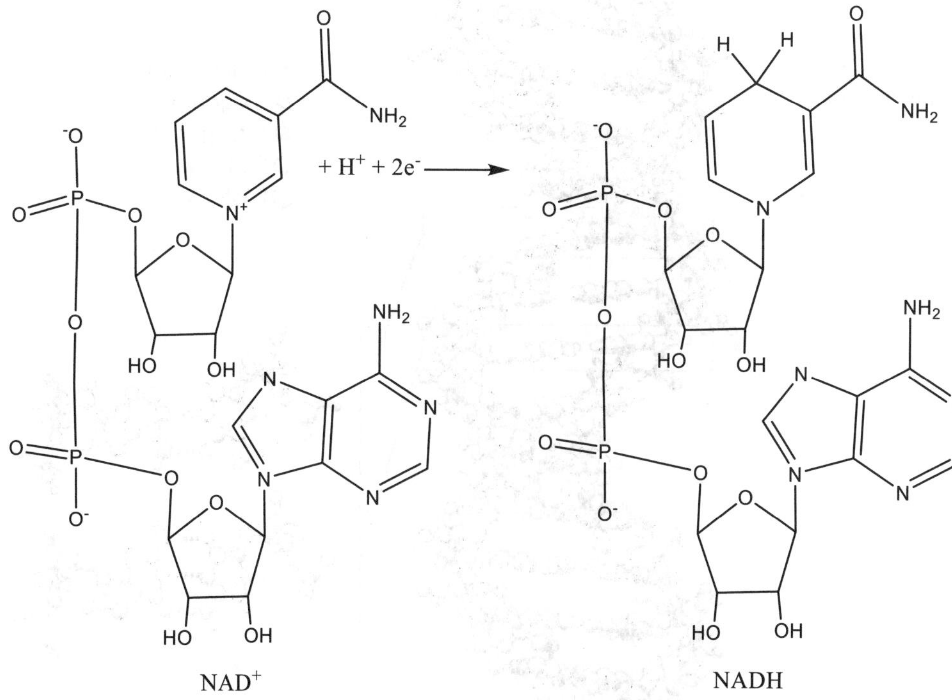

$+ H^+ + 2e^- \longrightarrow$

NAD^+ NADH

(4.44)

Os ácidos nucleicos são polinucleotídeos encontrados praticamente em todas as células vivas, com exceção das hemácias (glóbulos vermelhos do sangue). O DNA concentra-se no núcleo da célula, onde forma os cromossomos e apresenta a 2-desoxiribose como açúcar, daí o nome ácido desoxirribonucleico. O RNA, ou ácido ribonucleico, apresenta a ribose como açúcar em sua constituição e é encontrado no citoplasma. O RNA apresenta uma única cadeia helicoidal de polinucleotídeos.

A estrutura do DNA foi elucidada em 1953 por J. Watson e F. Crick. Ela apresenta uma dupla-hélice mantida por meio de ligações de hidrogênio e formada por pares de bases nucleicas – adenina-timina (A-T) e guanina-citosina (G-C) –, conforme a Figura 4.4:

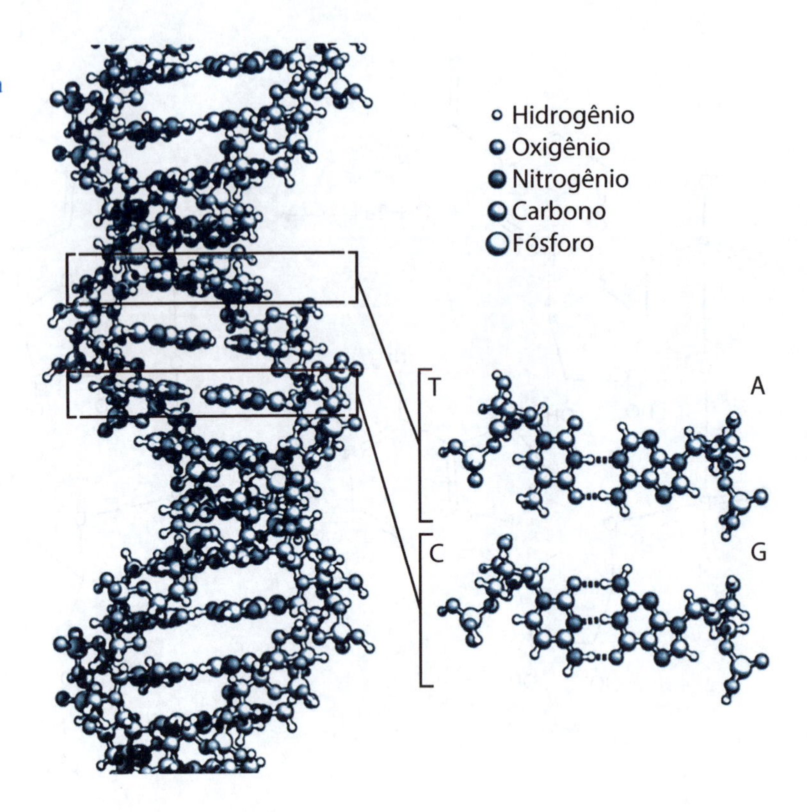

Figura 4.4
DNA: polinucleotídeos com fitas duplas unidas pelos pares de bases nucleicas.

As fitas duplas de DNA dão origem aos 46 cromossomos do homem. Os cromossomos apresentam regiões que armazenam informações de hereditariedade, denominadas **gens**. Cada gen é isolado por meio de outras sequências, que aparentemente não têm função de codificação de informações. A transferência de informações codificadas nos gens começa com a replicação do DNA e prossegue com a síntese programada de proteínas; depois passa para a formação dos tecidos e componentes celulares. Os núcleos celulares apresentam praticamente a mesma composição cromossômica adquirida de uma única célula no início da vida. A estrutura do DNA é copiada com exatidão durante a divisão celular (mitose). No processo de replicação, as duplas fitas de DNA desenrolam-se, sendo que cada fita serve de molde para a formação de outra fita complementar com a qual vai emparelhar-se. No caso de células reprodutivas ocorre a meiose, em que apenas a metade, correspondendo a uma fita simples, é copiada[2].

[2] Consultar volume 5 desta coleção.

CAPÍTULO 5

O ESTADO SÓLIDO

Sólidos cristalinos: difração de raios X

Existem dois tipos de sólidos: os cristalinos e os amorfos (ou pouco cristalinos).

Os cristalinos exibem uma aparência geométrica externa bem definida, mostrando faces características, que conferem um padrão de regularidade. O chamado *hábito cristalino* resulta do arranjo ordenado dos átomos ou moléculas em seu interior. No sólido cristalino, é possível, por meio de medidas de difração de raios X, identificar unidades repetitivas ou células unitárias. Essas células são características da estrutura cristalina e podem ser agrupadas em sete classes: cúbica, tetragonal, hexagonal, ortorrômbica, romboédrica, monoclínica e triclínica (Figura 5.1). As características geométricas de cada sistema cristalino estão reunidas na Tabela 5.1, adiante. Dentro de cada classe existem variações em arranjos primitivos, centradas nas faces ou no corpo, levando a catorze retículos cristalinos conhecidos como redes de Bravais[1].

---

[1] Mais detalhes sobre os sólidos cristalinos podem ser encontrados no volume 2 desta coleção.

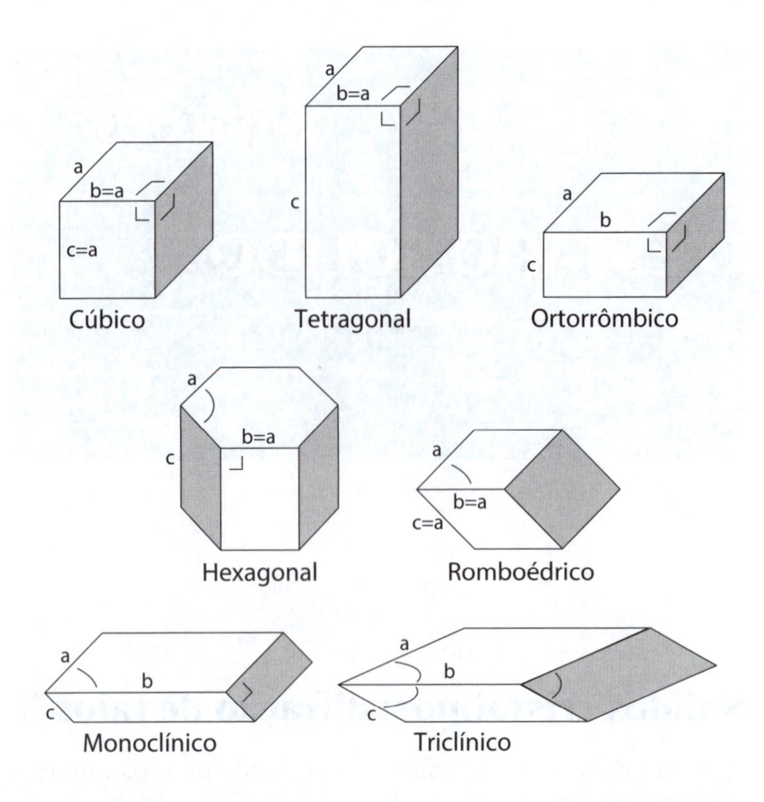

Figura 5.1
As sete classes de sistemas cristalinos.

Tabela 5.1 — Características das sete classes de sistemas cristalinos

Classe	Dimensões	Ângulos	Exemplos
cúbico	a = b = c	$\alpha = \beta = \gamma = 90^o$	NaCl
tetragonal	a = b ≠ c	$\alpha = \beta = \gamma = 90^o$	MgF_2
ortorrômbico	a ≠ b ≠ c	$\alpha = \beta = \gamma = 90^o$	$HgCl_2$
romboédrico	a = b = c	$\alpha = \beta = \gamma \neq 90^o$	Al_2O_3
hexagonal	a = b ≠ c	$\alpha = \gamma = 90^o, \beta = 120^o$	CuS
monoclínico	a ≠ b ≠ c	$\alpha = \gamma = 90^o, \beta \neq 90^o$	$KClO_3$
triclínico	a ≠ b ≠ c	$\alpha \neq \beta \neq \gamma \neq 90^o$	$CuSO_4 \cdot 5H_2O$

A técnica de difração de raios X é essencial na caracterização estrutural dos compostos e dos materiais. Seus fundamentos têm origem na reflexão coerente da radiação eletromagnética pelos planos atômicos, descritos pela lei de Bragg, que pode ser resumida na equação clássica $n\lambda = 2d.\text{sen}\theta$, já descrita no Capítulo 1. No caso da luz visível, os comprimentos de onda (λ) caem na faixa de 400 nm a 760 nm, e é por isso que apenas os espaçamentos cristalinos dessa dimensão (d) conduzem ao fenômeno de difração, dando origem às cores nanométricas. Isso só acontece quando a observação é feita no ângulo θ de incidência da luz, gerando um efeito conhecido como dicroísmo, isto é, as cores só aparecem em dada orientação. No caso dos raios X, os comprimentos de onda são da ordem dos espaçamentos atômicos existentes nos cristais e sofrem difração de forma ordenada pelos planos internos, em função do ângulo θ. O gráfico de distribuição dos picos de difração *versus* θ apresenta um padrão típico e é conhecido como difratograma. Ele permite a identificação dos sólidos cristalinos com bastante precisão (Figura 5.2).

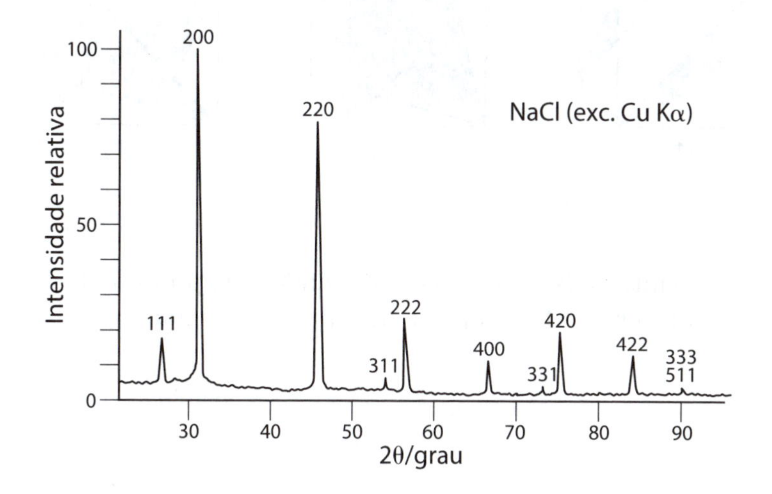

Figura 5.2
Difratograma de raios X para NaCl sob a forma de pó, obtido pela varredura da intensidade medida para uma radiação excitante da linha K_α, emitida por um filamento de cobre, em função do ângulo 2θ. Os números representam os índices de Miller, que caracterizam o plano responsável pelo pico de difração.

Os picos observados estão associados aos planos cristalinos, os quais são identificados pelos índices h, k, l propostos por Miller. Esses índices são definidos pela intersecção dos eixos de coordenadas x, y e z, respectivamente, com os planos atômicos existentes na célula cristalina (Figura 5.3). São sempre números inteiros, representados pelo inverso da fração de intersecção. Assim, se o plano for paralelo a um dos eixos, o índice correspondente será zero. Se o plano interceptar em ponto igual a uma fração do parâmetro de rede, o índice de Miller resultará fracionário. Nesse caso, multiplicam-se todas as frações pelo menor fator numérico capaz de convertê-las nos inteiros mais simples.

Figura 5.3
Planos cristalográficos em um retículo cúbico, com os respectivos índices de Miller.

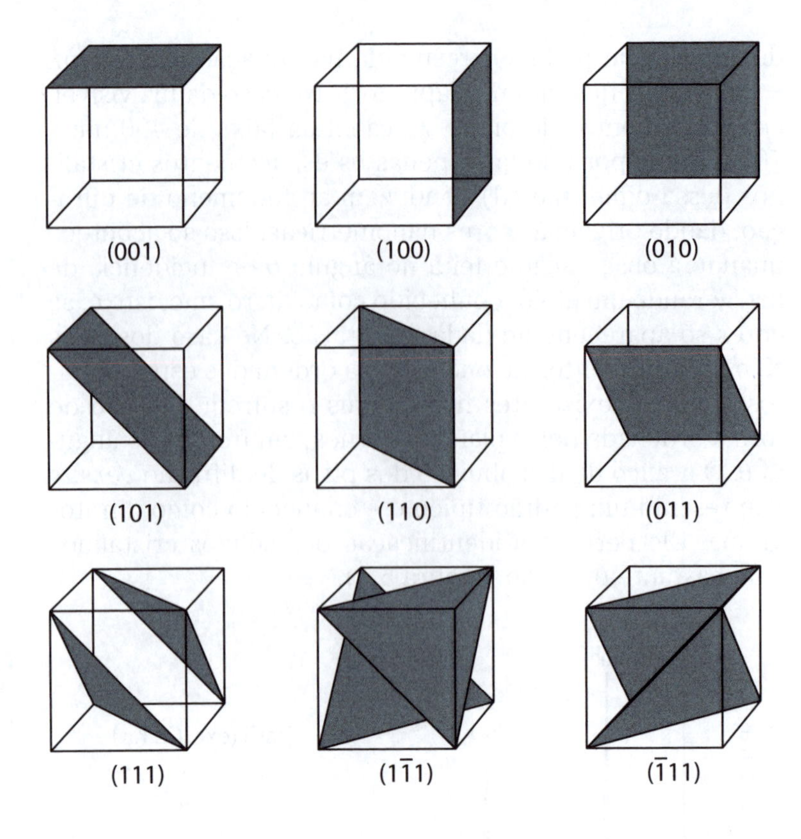

As intensidades dos picos dependem do produto de vários fatores que fazem parte da equação a seguir:

$$I = \left[\sum_n f_n e^{2\pi i(hu+kv+lw)}\right]^2 p\left[\frac{1+\cos^2 2\theta}{\text{sen}^2\theta\cos\theta}\right] \qquad (5.1)$$

Nela, está incluído o fator de espalhamento atômico f, que é uma característica de cada elemento e pode ser encontrado na literatura em algumas tabelas. Esse termo faz parte do fator de estrutura do cristal e é multiplicado por uma exponencial que descreve o posicionamento (u,v,w) dos átomos ao longo dos planos (h,k,l) dados pelos índices de Miller. Também deve ser levada em conta a multiplicidade de planos (p) que difratam no mesmo ângulo, bem como o fator de Lorentz acoplado aos efeitos de polarização atômica que influenciam a distribuição da densidade eletrônica dos átomos que difratam a radiação. Esses efeitos variam segundo o termo $(1+\cos^2 2\theta)/\text{sen}^2\theta\cos\theta$ da Equação (5.1).

Dessa forma, é possível extrair informações precisas dos difratogramas e, no caso de medidas com monocristais, pode-se chegar até a estrutura molecular. No caso de amostras policristalinas, é possível utilizar o **método de Rietveld** para refinar os cálculos teóricos, ajustando os parâmetros instrumentais, estruturais e morfológicos, com base em análise estatística, otimizando a concordância com os dados experimentais. Esse método não resolve uma estrutura desconhecida, mas é útil para testar os modelos estruturais empregados no cálculo.

Os sólidos formados por camadas, ou lamelas, apresentam um grau de cristalinidade determinado pela regularidade dos planos empilhados ao longo do eixo z e podem dar origem a difração de várias ordens (n), como previsto pela equação de Bragg ($n\lambda = 2d\text{sen}\theta$). O difratograma correspondente apresenta uma progressão de picos, com espaçamentos múltiplos da distância interlamelar, gerando um perfil característico que geralmente é utilizado para caracterizar os materiais lamelares. Um exemplo típico são os materiais formados por deposição e secagem de géis de óxidos de vanádio (V). Esses materiais são denominados xerogéis (*xero* = seco). O primeiro pico (001) é o mais intenso e fornece o espaçamento interlamelar. O perfil de difração também é dependente do grau de ordem nas lamelas e, por isso, nem sempre são observados todos os picos de maior ordem.

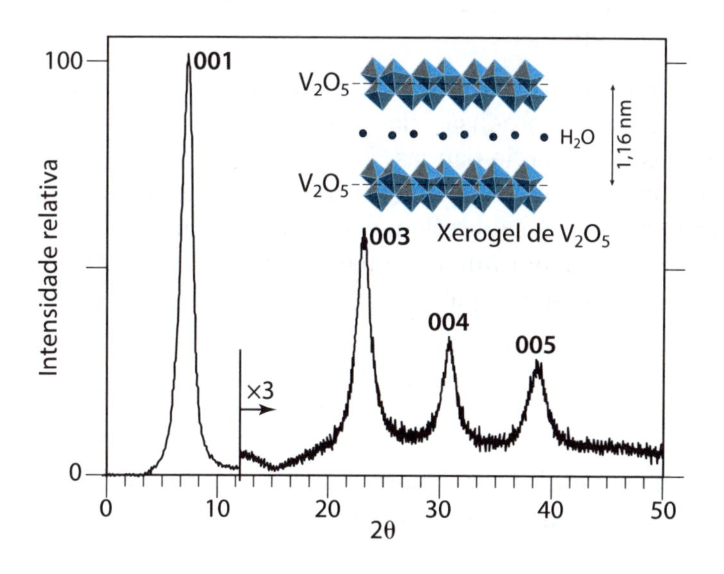

Figura 5.4
Difratograma típico do xerogel de V_2O_5, material formado por camadas de V_2O_5 unidas por moléculas de água e íons presentes no espaçamento interlamelar. Os índices referem-se às várias ordens de difração.

Os picos observados nos difratogramas apresentam uma largura de banda, em vez de uma linha, refletindo flutuações nos fatores de estrutura e de polarização relacionados com os tamanhos dos cristalitos, que difratam os raios X. Conforme mostrado por Scherrer, a largura da banda (b), medida no ângulo θ, na metade de sua altura, permite estimar o tamanho dos domínios cristalinos (d), expresso pela equação:

$$d = \frac{K\lambda}{b\cos\theta} \tag{5.2}$$

Nessa equação, λ é o comprimento de onda da radiação, K representa um fator de forma, geralmente próximo de 0,9. Essas medidas podem ser influenciadas pelos parâmetros instrumentais, mas servem para avaliar o grau de cristalinidade da amostra. Os materiais amorfos, como vidros e plásticos, apresentam um padrão de difração difuso, com uma banda larga cobrindo todo o espectro de varredura de ângulo.

Teoria de bandas

A estrutura eletrônica dos sólidos é um assunto bastante complexo e envolve uma linguagem própria, baseada na aplicação das teorias quânticas na distribuição espacial dos átomos no cristal. As considerações espaciais derivam da cristalografia, utilizando o espaço recíproco para descrever os planos atômicos.

Conceitualmente, uma teoria tem sido particularmente útil na compreensão das propriedades eletrônicas dos sólidos: a teoria de bandas. Ela descreve o movimento dos elétrons por meio de funções de onda, que envolvem os orbitais atômicos do retículo cristalino de dimensão **a** e são descritas por um número quântico (**k**), como no caso do átomo de Bohr, tal que:

$$k = \pm\frac{2\pi}{\lambda} \tag{5.3}$$

Nesse modelo, os elétrons se deslocam como ondas de comprimento igual a λ. Quando λ = 2a, ou seja, duas vezes o espaçamento atômico em um retículo cristalino, a Equação (5.3) reduz se a $k = \pi/a$. Para um valor de $\lambda = \infty$, simbolizando o elétron em uma órbita contínua, infinita, o vetor onda k será igual a 0. Por isso, a correlação entre λ e k segue uma reciprocidade inversa. Assim, quando os valores de k situam-se entre π/a e 0, os valores correspondentes de λ variam de 2a até o infinito, representando o elétron confinado no retículo de dimensão 2a ou em toda a superfície do cristal.

No estado sólido, as funções de onda, de modo semelhante à construção dos orbitais moleculares[2], podem ser descritos pela combinação dos **n** orbitais atômicos de A e B, levando genericamente a orbitais ligantes (Equação 5.4) e antiligantes (Equação 5.5), mais bem descritos em seu conjunto, como bandas.

$$\text{ligante} \qquad \psi_k = \Sigma_n e^{ikna}\left[\alpha_k \psi_{(A)n} + \beta_k \psi_{(B)n}\right] \qquad (5.4)$$

$$\text{antiligante} \qquad \psi_k = \Sigma_n e^{ikna}\left[\beta_k \psi_{(A)n} - \alpha_k \psi_{(B)n}\right] \qquad (5.5)$$

O orbital ocupado (ligante) de maior energia e o vazio (antiligante) de menor energia podem ser associados às bandas de valência (cheias) e de condução (vazio), com uma diferença de energia, igual a *band gap* ou ΔE_g. Essa é a energia necessária para promover o elétron de uma banda cheia para a banda vazia mais próxima, gerando a condução eletrônica.

Considerando uma única dimensão espacial expressa pelo vetor k, as energias dos elétrons (E) podem ser representadas por:

$$E = \frac{h^2}{8\pi^2 m}k^2 \qquad (5.6)$$

Nela são envolvidas as constantes universais descritas anteriormente. A Equação (5.6) descreve uma função parabólica em relação a k (Figura 5.5) no espaço recíproco que varia de 0 a $2\pi/a$. Em virtude da natureza dos orbitais moleculares envolvidos, essa função sofre uma descontinuidade ao passar do nível ligante para o nível antiligante, envolvendo a banda de valência e a banda de condução.

---

[2] Mais informações no volume 4 desta coleção.

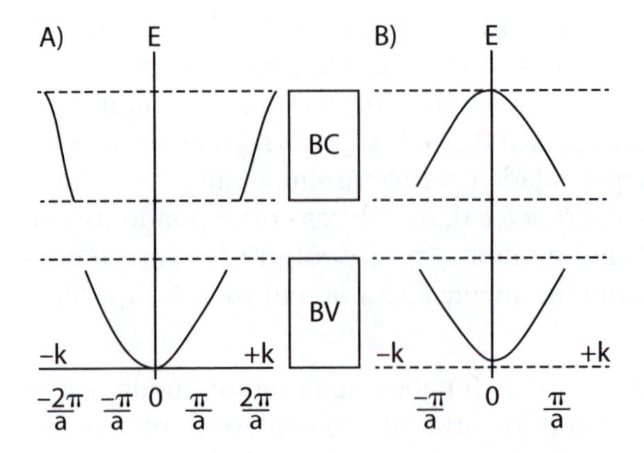

Figura 5.5
(A) Variação da energia E em função de k, com uma região proibida (*band gap*) separando as bandas de valência (BV) e a de condução (BC). (B) uma representação alternativa, na forma dobrada, para fins didáticos.

Considerando o espaço tridimensional, a representação das bandas fica mais difícil de ser percebida ou visualizada, exigindo alguma familiaridade com um modelo mais elaborado, baseado no espaço recíproco, expresso pela Equação (5.3) nas três direções. Esse é o modelo matemático usado na cristalografia e pode ser visto, de forma simplificada, no Apêndice 2.

Outra abordagem didática, mais usada na química, faz a extensão da teoria dos orbitais moleculares[3] para os sólidos, com a combinação dos N orbitais atômicos para dar origem a N orbitais moleculares superpostos, gerando bandas, como na Figura 5.6.

Os níveis mais internos geralmente permanecem discretos, isto é, localizados em cada átomo, por não participarem diretamente das ligações com a vizinhança. Os níveis mais externos sofrem maior alargamento (W) à medida que aumenta o número de ligações, tendendo a uma interpenetração das bandas, fato que caracteriza o estado metálico. O alargamento das bandas é um aspecto importante a ser considerado na descrição das propriedades eletrônicas dos sólidos.

A situação mais simples no diagrama corresponde à do átomo isolado (n = 1), ou de moléculas pequenas (n = 2, 3, ...), em que todos os níveis são discretos. Com o aumento do número de átomos, formam-se bandas que podem estar separadas umas das outras, como no caso dos elementos não metálicos que formam cadeias, como o C, Si, Ge etc.

[3] Consultar volumes 1 e 4 desta coleção.

Nesses elementos, o último nível com elétrons está completo e encontra-se separado do nível vazio mais próximo por uma diferença significativa de energia (E), como na figura. A condução eletrônica precisa da promoção dos elétrons da banda cheia para a banda vazia (banda de condução), à custa, por exemplo, de energia térmica ou de luz. Assim, em princípio, um elemento não metálico pode tornar-se condutor. Quando a separação ou *gap* de energia não é muito grande, por exemplo < 3 eV, os sistemas são considerados semicondutores.

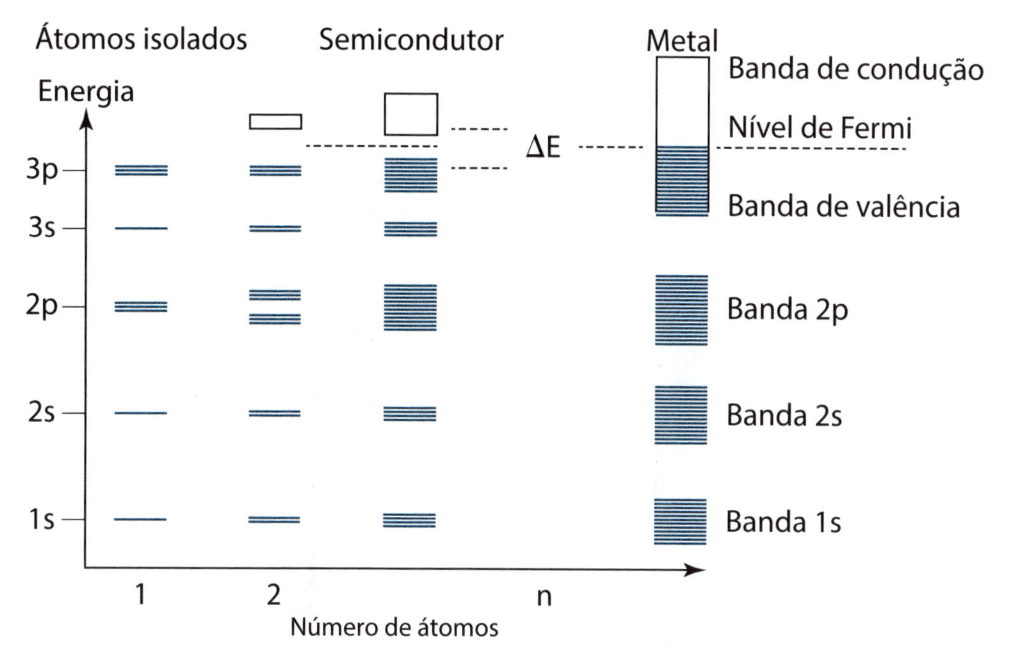

Figura 5.6
Extensão dos orbitais moleculares mostrando a multiplicação dos níveis com o aumento do número de átomos, até formar bandas de orbitais moleculares.

No estado metálico (Figura 5.6), ocorre forte superposição entre a banda cheia e a banda vazia superior, de modo que a passagem do elétron para a banda de condução exige uma quantidade insignificante de energia ($\Delta E \approx 0$). Também é possível que a última banda eletrônica esteja apenas parcialmente preenchida, apresentando vacância para condução, sem necessidade da interpenetração energética no nível vazio superior. Nesse caso, também se observa um caráter metálico.

Sob o ponto de vista estatístico, os elétrons se distribuem dentro de uma banda como se fossem um fluido dentro de um poço. O limite de separação entre a parte ocupada e a vazia seria equivalente à superfície do líquido. Essa descrição considera um nível de ocupação bem definido, mas isso só é rigorosamente válido a 0 K. Em qualquer caso, o ponto médio entre o nível de energia preenchido e o nível vazio mais próximo é denominado nível de Fermi (E_F). Na analogia feita, o aumento de temperatura intensifica a passagem das moléculas do líquido para o ambiente gasoso (evaporação). Considerando os elétrons, o aumento da temperatura provoca uma redistribuição estatística da ocupação nas bandas, que pode ser expressa pela equação de Fermi-Dirac:

$$f(E) = \frac{1}{1 + e^{(E-E_F)/kT}} \tag{5.7}$$

Nessa equação, E_F é a energia do nível de Fermi e k representa a constante de Boltzmann $1{,}38 \times 10^{-23}$ J K^{-1}, ou $8{,}62 \times 10^{-5}$ eV J K^{-1}.

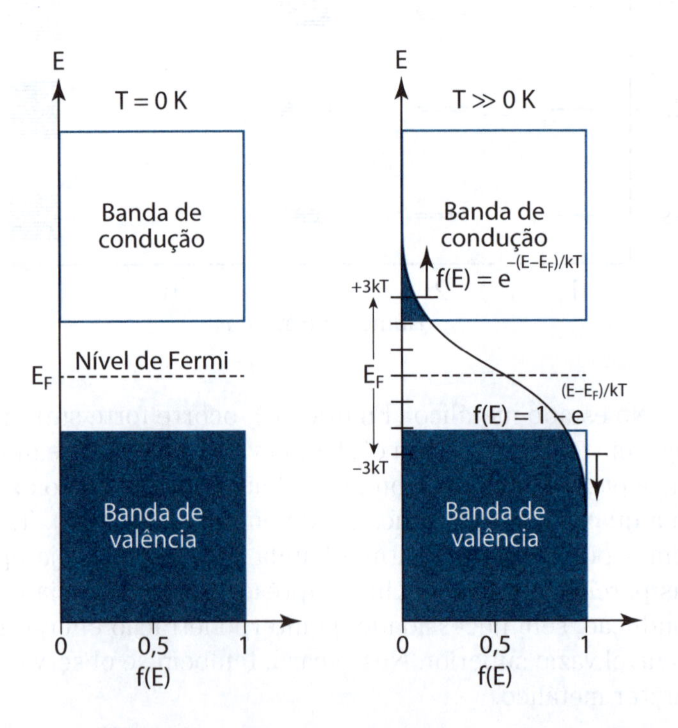

Figura 5.7
Distribuição da população eletrônica entre a banda de valência e a banda de condução a 0 K e a uma temperatura mais elevada.

Assim, como mostrado na Figura 5.7, a flutuação térmica no intervalo de ±3 kT leva a uma partição ou transferência de população entre a banda de valência e a banda de condução, expressa por $\exp(E-E_F)/kT$.

Nos sólidos podem ocorrer imperfeições causadas pela ausência de átomos da matriz ou pela presença de átomos de impurezas. Alguns átomos da matriz também podem estar colocados em lugar indevido, não existente no cristal perfeito. Em sólidos iônicos, quando um cátion está deslocado de seu sítio normal, cria-se uma lacuna catiônica e sua colocação em outro lugar acaba gerando um par de defeitos associados (uma lacuna catiônica e um cátion intersticial). Isso é conhecido como **imperfeição de Frenkel**. Quando uma lacuna catiônica é associada a uma lacuna aniônica, em vez de um cátion intersticial, o par (lacunas aniônica e catiônica associadas) é chamado **imperfeição de Schottky**.

Semicondutores

Uma forma de aumentar a condutividade dos semicondutores é por meio da introdução, na espécie original hospedeira, de impurezas convenientes, ou dopantes, que apresentam níveis de energias intermediários entre a banda cheia e a vazia, como na Figura 5.8.

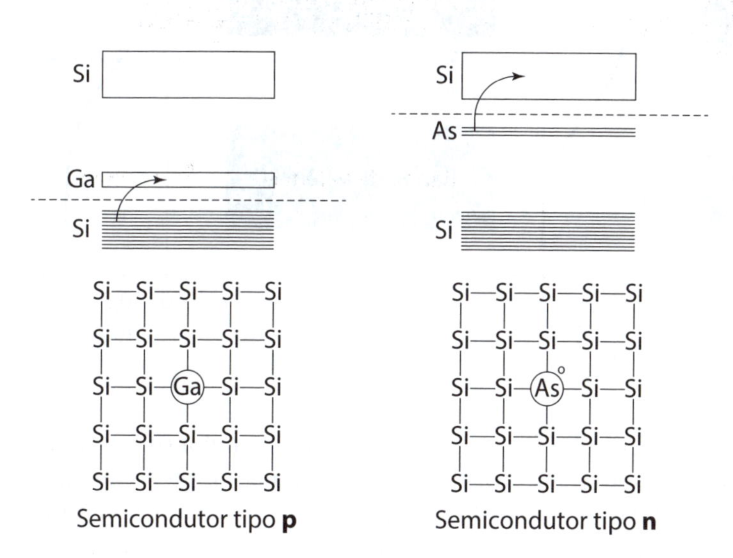

Figura 5.8
Representação de um semicondutor **p** de Si (família IVA) dopado com Ga (IIIA) e de um semicondutor tipo **n** de Si (IVA) dopado com As (VA). A linha tracejada corresponde ao nível de Fermi.

Quando a matriz for formada pelo silício, que é da família IVA (ou grupo 14), e o dopante for um elemento da família VA (ou grupo 15), como o As, haverá uma "sobra" de elétrons na rede, ocupando uma pequena banda eletrônica energeticamente mais próxima da banda de condução. A energia necessária para promover esses elétrons para a banda de valência é bastante pequena (por exemplo, 0,1 eV). Esse tipo de semicondutor, apesar de ser eletricamente neutro, apresenta excesso de elétrons na estrutura e é denominado tipo **n**. Quando o elemento dopante pertencer à família IIIA (ou grupo 13), como o Ga, haverá uma deficiência de elétrons na rede, que, ao se manter eletricamente neutra, acaba formando uma banda vazia bastante próxima da banda preenchida. Esse tipo de semicondutor é do tipo **p**.

Na Figura 5.9, pode-se observar que a presença dos níveis dopantes doadores e receptores provoca um deslocamento dos níveis de Fermi dos semicondutores, ficando entre a banda de valência e a banda receptora do dopante ou entre a banda doadora do dopante e a banda de condução.

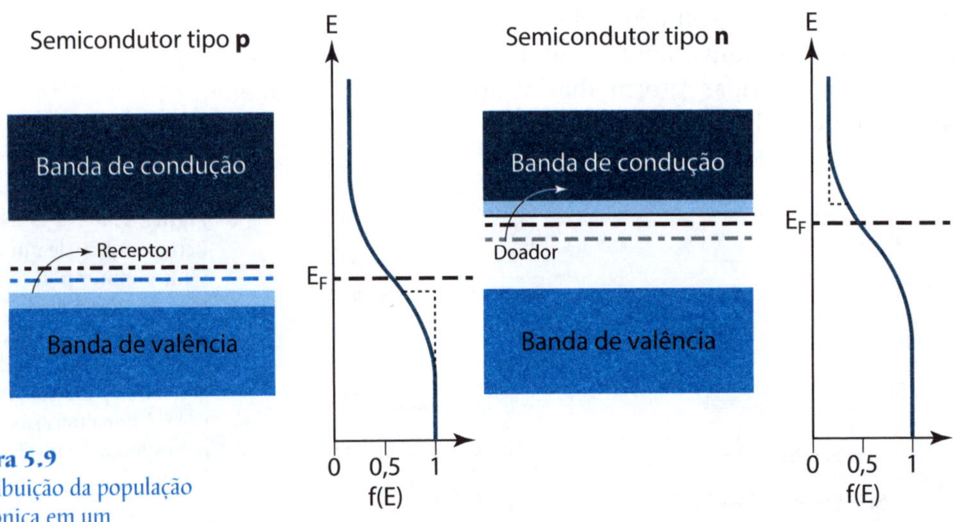

Figura 5.9
Distribuição da população eletrônica em um semicondutor dopado do tipo **p** e do tipo **n**.

Quando se faz a união entre um semicondutor do tipo **p** e um semicondutor do tipo **n**, há uma migração de cargas até igualar os níveis de Fermi (E_F). Isso gera certo acúmulo de cargas na junção que passa a atuar como uma barreira (V_o), interrompendo o processo de migração de elétrons da banda de condução de **n** para a banda de condução de **p**, conforme a Figura 5.10. Para que o fluxo de elétrons continue, é necessário aplicar um potencial (V) para diminuir a altura dessa barreira, colocando mais elétrons na banda de condução de **n**. Esse processo é acompanhado pela migração das vacâncias, ou buracos, no sentido **p → n**.

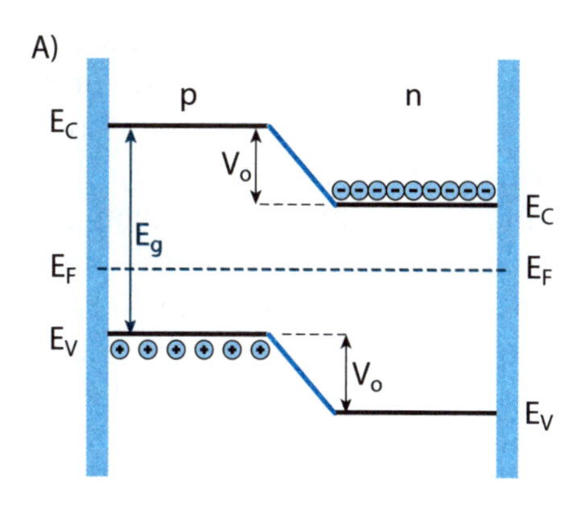

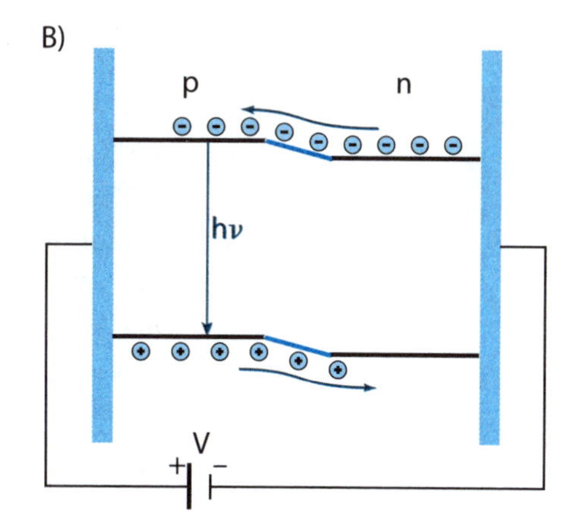

Figura 5.10
Representação energética de uma junção p-n em repouso (A), mostrando o bloqueio de corrente exercido pela barreira V_o, e (B) depois da aplicação de um potencial V, provocando a passagem de corrente na banda de condução e a migração das vacâncias no sentido inverso, isto é, na banda de valência.

Dessa forma, a corrente, que inicialmente é baixa, cresce rapidamente quando se atinge o potencial de condução (Figura 5.11). O comportamento de corrente *versus* voltagem torna-se bastante diferente da variação linear observada em um condutor convencional, expressa pela lei de Ohm.

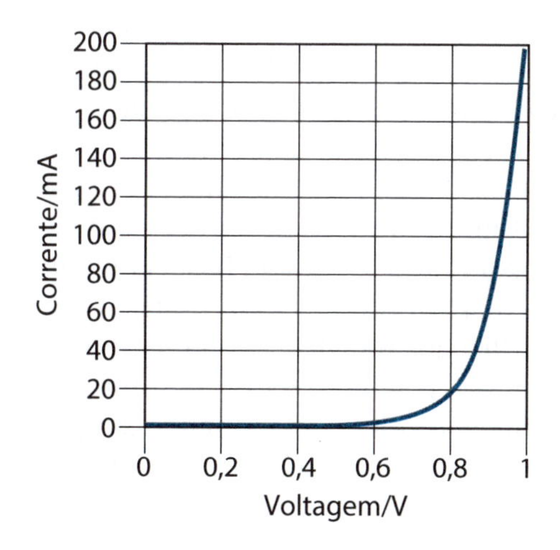

Figura 5.11
Curva corrente *versus* voltagem para um diodo semicondutor. Vê-se o bloqueio até um potencial-limite, após o qual a corrente cresce rapidamente.

Quando se inverte o potencial, a barreira é restabelecida e a corrente cessa. Por isso, uma junção **p-n** atua como filtro, deixando fluir a corrente em um único sentido. Essa propriedade é usada em **diodos** para controlar o sentido de fluxo de corrente ou para fazer sua retificação, transformando uma corrente alternada em pulsos de corrente direta.

Outro aspecto interessante indicado na Figura 5.11 é a recombinação elétron-buraco na região ao redor da junção **p-n**, que pode provocar emissão de luz. Por isso, os elementos das famílias IIIA, ou grupo 13 (Al, Ga, In), e VA, ou grupo 15 (P, As, Sb), quando combinados, formam materiais semicondutores de grande utilidade prática, principalmente em dispositivos eletro-ópticos, como os LEDs (*light emitting diodes*), que convertem energia elétrica em energia luminosa, ou as células solares de estado sólido, que fazem o processo inverso.

O arseneto de gálio (GaAs), por exemplo, tem um valor de E_g de 138 kJ/mol. Quando ele conduz corrente sob ação de um potencial acima desse valor, os elétrons da banda de condução podem decair para a banda de valência com emissão de luz. Nesse exemplo, o comprimento de onda emitido é de 870 nm (infravermelho próximo). Esse comportamento é a base dos LEDs e também dos *lasers* semicondutores.

Por meio da introdução de dopantes, como o P, formam-se compostos ternários do tipo $GaAs_{1-x}P_x$, cujos valores de E_g são substancialmente alterados, como, por exemplo, para 184 kJ (x = 0,4), chegando a 218 kJ no caso extremo. Isso desloca o comprimento de onda da luz emitida para em 650 nm (vermelho) e 550 nm (verde), respectivamente. Usando o nitreto de gálio, consegue-se fazer a emissão no azul, em 430 nm. Com outros dopantes, consegue-se cobrir toda a faixa visível. Contudo, basta combinar vermelho, verde e azul para reproduzir luz branca. Atualmente, os diodos são utilizados em visores alfanuméricos, painéis de controle e em praticamente todos os equipamentos eletrônicos existentes no comércio, incluindo lâmpadas, que têm melhor desempenho e durabilidade e são mais econômicas.

Outra combinação importante utiliza duas junções **p-n** em série, que podem ser do tipo PNP ou NPN, como na Figura 5.12.

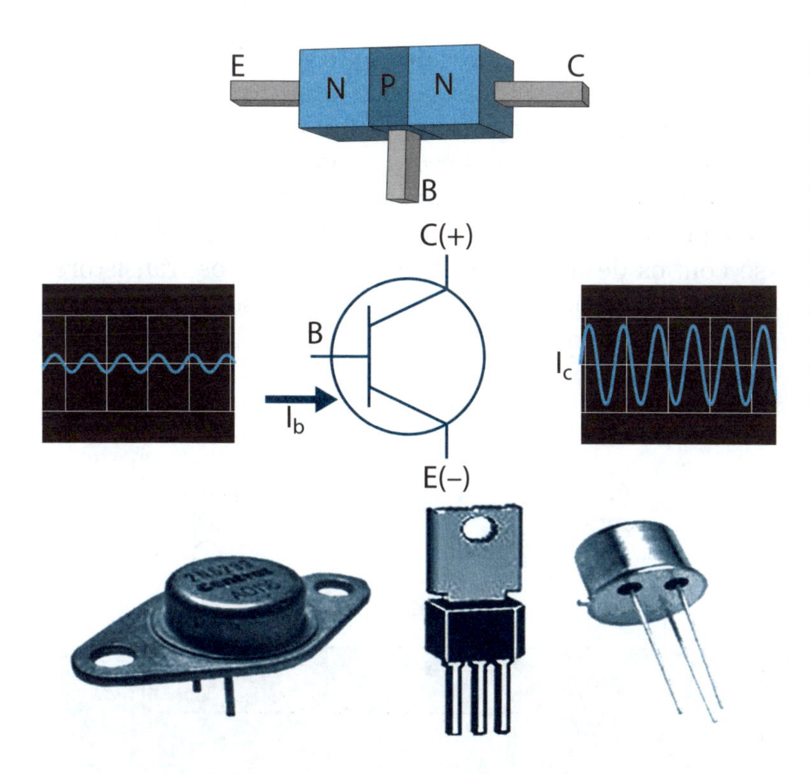

Figura 5.12
Transistores formados por junções n-p-n, funcionando com três terminais: emissor (E), base (B) e coletor (C). Esses dispositivos estão disponíveis nos mais diferentes formatos, e neles o sinal introduzido na base controla a amplificação da corrente que chega ao coletor.

Essa montagem é a base do transistor bipolar. Os transistores **n-p-n** são mais comuns, pois têm a vantagem de a mobilidade dos elétrons ser maior que a mobilidade das vacâncias. Eles atuam com três terminais: E (emissor), B (base) e C (coletor). Ajustando-se a tensão entre dois terminais E e B, é possível controlar o fluxo de corrente no terceiro terminal. O potencial aplicado na base tem o mesmo efeito descrito para o diodo, facilitando a passagem dos elétrons nas junções **p-n**. Dessa forma, o transistor amplifica o sinal que chega à base, multiplicando a corrente gerada no coletor.

Além do transistor dipolar, existe o fototransistor, cujo funcionamento se assemelha ao do transistor dipolar. O impulso na base é acionado pela luz, promovendo os elétrons para a banda de condução, como nos LEDs.

Existem ainda os transistores de efeito de campo, ou *field effect transistor* (FET), que podem ser de junção unipolar, e os conhecidos como *metal oxide semiconductor field effect transistor* (MOSFET) e *complementary MOSFET* (CMOS), os quais são muito usados nos circuitos integrados. Os transistores de efeito de campo utilizam um campo elétrico para controlar a condutividade de um canal de transporte de cargas entre a fonte (S) e o dreno (D), por meio de uma ponte G (*gate*), conforme a Figura 5.13. A condutividade do canal é função do potencial aplicado entre a ponte e a fonte. Os terminais S, D e G correlacionam-se com os de notação B, E, C usada para os transistores bipolares. Um tipo bastante comum faz uso de óxidos metálicos adicionados à ponte.

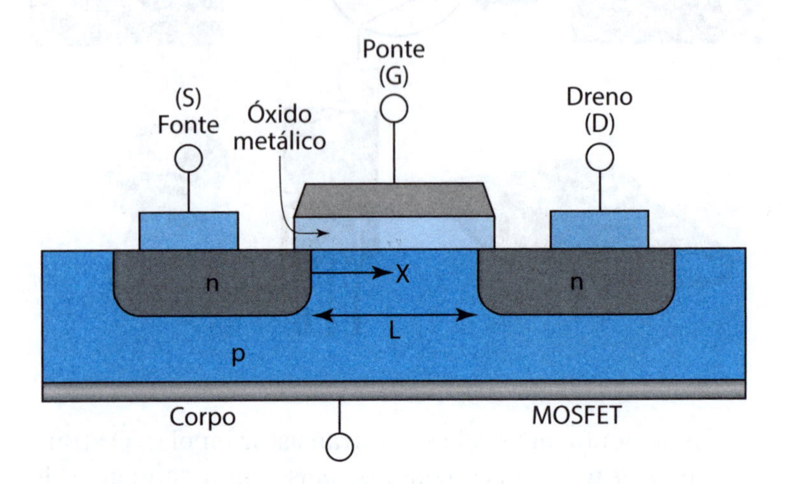

Figura 5.13
Ilustração de um transistor de efeito de campo, com fonte (S) e dreno (D), conectados a uma ponte G por meio de uma camada de óxido metálico. A voltagem aplicada na ponte faz o controle da resistência X do canal entre S e D, separados por uma distância L.

O terminal de ponte (G) determina a abertura e o fechamento do canal de passagem de elétrons entre a fonte e o dreno. Mudando-se a voltagem da ponte, a resistência do canal é afetada e a corrente torna-se proporcional à voltagem entre a fonte e o dreno. Entretanto, se a voltagem entre a fonte e o dreno for aumentada além de dado limite, poderá alterar a forma do canal de condução em consequência do gradiente de potencial acentuado, dando origem a um novo comportamento, conhecido como saturação. Nessa situação, o FET comporta-se como uma fonte de corrente constante e pode ser usado como amplificador de voltagem.

A construção de **transistores** com moléculas vem sendo perseguida pelos cientistas, pois a miniaturização à dimensão das moléculas e até dos átomos vai permitir um aumento significativo no número de transistores por *chip*, elevando o poder de processamento. Esse assunto é discutido no Capítulo 9.

Óxidos metálicos condutores e supercondutores

Além dos semicondutores já mencionados, existe uma classe muito importante de materiais na eletrônica: os óxidos metálicos. A condutividade desses materiais varia de mais de vinte ordens de grandeza, caracterizando isolantes, semicondutores, condutores e supercondutores (Figura 5.14).

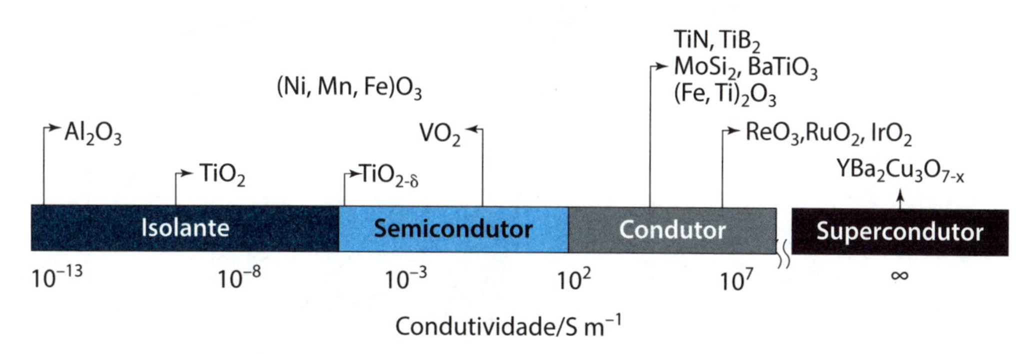

Figura 5.14
Faixa típica de condutividade de materiais isolantes, semicondutores, condutores e supercondutores.

Esse comportamento está diretamente relacionado com a estrutura de bandas dos óxidos metálicos. É possível distinguir pelo menos três situações:

a) óxidos de metais de camada cheia, como Na_2O, MgO, Al_2O_3, ZrO_2, TiO_2;

b) óxidos de metais de transição com camada incompleta, como TiO, NiO, MnO;

c) óxidos de metais de transição com ligantes doadores de elétrons, como CuS, V_2O_5.

Um quadro geral que mostra a condutividade dos óxidos metálicos pode ser visto na Figura 5.15. Os óxidos metálicos têm sua condutividade diminuída com o aumento da temperatura, em virtude dos efeitos de desordem térmica decorrentes. Por outro lado, os óxidos semicondutores têm um comportamento inverso, tornando-se mais condutores em temperaturas mais altas por conta da partição de população entre os níveis de valência e de condução.

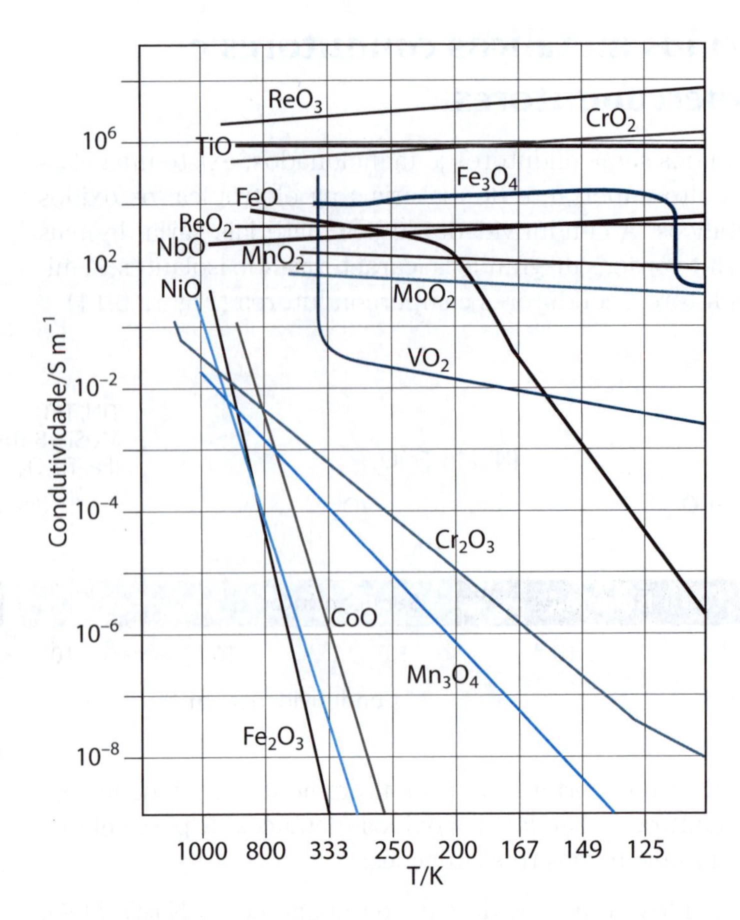

Figura 5.15
Variação da condutividade com a temperatura para os óxidos inorgânicos.

Os óxidos de metais de camada cheia apresentam bandas isoladas, com uma separação energética ΔE_g muito alta, e comportam-se como isolantes típicos. Entretanto, a dopagem dos óxidos com impurezas carreadoras de carga pode modificar esse quadro, levando a um comportamento semicondutor.

Os óxidos de metais de transição de camada incompleta formam bandas eletrônicas por meio da interação direta entre os orbitais d (Figura 5.16).

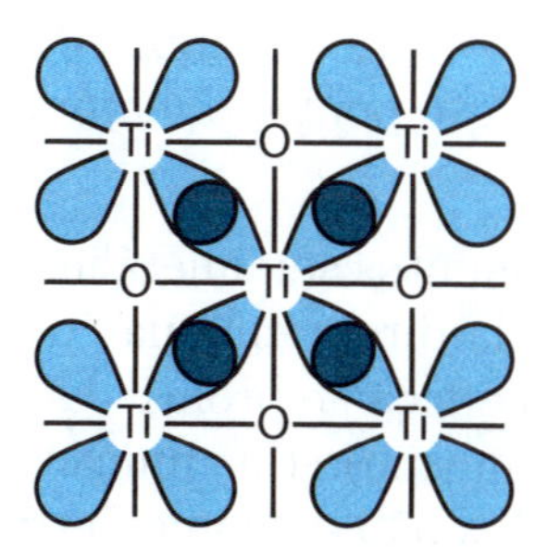

Figura 5.16
Superposição dos orbitais na rede metálica formada pelo $Ti^{II}O$.

Em princípio, essa combinação de orbitais moleculares deveria gerar orbitais com vacância e, portanto, levar a um comportamento metálico. Entretanto, isso nem sempre ocorre. Por exemplo, enquanto o TiO ($Ti^{2+} = 3d^2$) tem um comportamento metálico, os análogos NiO ($Ni^{2+} = 3d^8$) e CoO ($Co^{2+} = 3d^7$) são isolantes. Na realidade, os elétrons que se deslocam nas camadas d estão sujeitos a uma energia de correlação (U) proposta por Hubbard, que envolve a repulsão intereletrônica provocada pela transferência de elétrons entre átomos adjacentes (Figura 5.17).

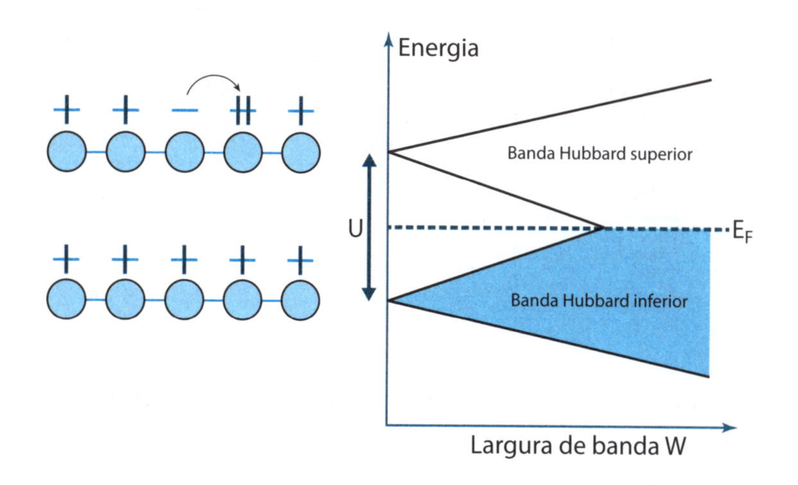

Figura 5.17
Banda de orbitais moleculares superpostas segundo o modelo de Hubbard.

Quando a energia de correlação U for maior que a largura (W) da banda envolvendo os orbitais d, ela desdobra-se em duas sub-bandas, criando uma lacuna energética que deve ser transposta para que o elétron passe para a banda de condução. Assim, tem-se um comportamento de isolante ou semicondutor. Quando a largura de banda for maior que o efeito da separação energética (U), haverá uma superposição entre as bandas de valência e de condução e, a partir desse ponto, o material terá um comportamento metálico.

Como os elementos semimetálicos, a dopagem dos óxidos tem influência direta em sua condutividade, influindo nos estados de oxidação e propriedades decorrentes, como a cor (eletrocromismo). Em função da dopagem, podem ser gerados óxidos não estequiométricos, como exemplificado na Tabela 5.2.

Tabela 5.2 – Alguns óxidos metálicos não estequiométricos

Óxido	Composição aproximada	Faixa de variação
TiO_x	TiO	0,65 < x < 1,25
	TiO_2	1,998 < x < 2,000
Mn_xO	MnO	0,848 < x < 1,000
Fe_xO	FeO	0,833 < x < 0,957
Co_xO	CoO	0,988 < x < 1,000
Ni_xO	NiO	0,999 < x < 1,000
ZrO_x	ZrO_2	1,700 < x < 2,004
$Li_xV_2O_5$		0,2 < x
Li_xWO_3		0 < x < 0,50

Muitos metais apresentam **supercondutividade** em temperaturas próximas de 0 K, mas alguns óxidos supercondutores, como o $YBa_2Cu_3O_{7-x}$, inventado por Bednorz e Müller, da IBM (Nobel de Física em 1987), apresentam essa propriedade em temperaturas mais elevadas, como 92 K. Isso abriu grandes perspectivas e tornou possível a aplicação da supercondutividade em condições mais acessíveis nos laboratórios convencionais. A primeira síntese foi feita pelo aquecimento dos sais de carbonato em atmosfera de oxigênio, na faixa de 1000 K a 1300 K, embora também possam ser usados óxidos e nitratos dos elementos.

$$4\ BaCO_3 + Y_2(CO_3)_3 + 6\ CuCO_3 + (1/2 - x)\ O_2 \rightarrow$$
$$2\ YBa_2Cu_3O_{7-x} + 13\ CO_2 \qquad (5.8)$$

As propriedades supercondutoras do composto $YBa_2Cu_3O_{7-x}$ são sensíveis aos valores de x, que especificam o teor de oxigênio. Esses valores devem ser mantidos entre 0 e 0,65, para não perder a propriedade supercondutora. Quando x = 0,07, a supercondutividade pode ser observada em temperaturas de 95 K.

A célula unitária do $YBa_2Cu_3O_{7-x}$ é semelhante ao arranjo cúbico da perovskita (Figura 5.18).

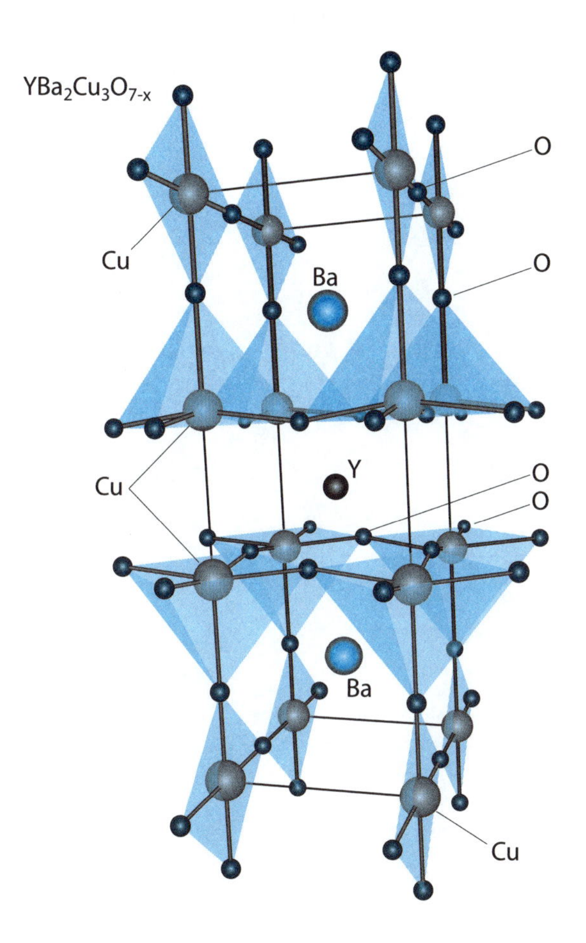

Figura 5.18
Estrutura da célula unitária do supercondutor $YBa_2Cu_3O_{7-x}$. Vê-se a disposição dos íons de Ba e Y e a estrutura pouco comum dos centros de cobre alternados.

Um fato curioso é que, em duas décadas de pesquisa, já foram publicados mais de 100 mil artigos a respeito desse tipo de material e, mesmo assim, ainda não existe uma teoria definitiva capaz de explicar suas propriedades.

A teoria mais aceita é baseada no modelo proposto por Bardeen, Cooper e Schrieffer (Nobel em 1972), denominado BCS. Esse modelo é inspirado na física nuclear e considera o envolvimento de pares conjugados de elétrons, que se propagam sem perda de energia no retículo e geram a supercondutividade.

Desde a descoberta do $YBa_2Cu_3O_{7-x}$, foram relatados inúmeros sistemas de óxidos mistos de cobre com Bi, Sr, Ca, Tl e Hg, e a maioria tem estrutura tetragonal, aumentando a temperatura crítica até 134 K. Uma das características desses óxidos é a propriedade diamagnética exacerbada, que faz os cristais levitarem na presença de um campo magnético.

CAPÍTULO 6

NANOPARTÍCULAS

Muito conhecidas na química coloidal, as nanopartículas ganharam nova perspectiva com a nanotecnologia. Isso se deu por meio de avanços na capacidade de monitoramento que permitiram chegar ao nível individual de observação, ou seja, uma única partícula. Ao mesmo tempo, desenvolveu-se a possibilidade de trabalhar suas propriedades, conjugando-as com os sistemas químicos ligados à sua superfície.

A dimensão nanométrica confere às partículas uma série de propriedades especiais pelo fato de já estarem próximas da dimensão atômico-molecular, na qual se mesclam fenômenos e conceitos da física clássica e quântica. É interessante notar que um cubo com 1 nm de aresta pode abrigar até sete átomos em cada linha, ou $7 \times 7 \times 7 = 343$ átomos em seu volume, dos quais 210 estão localizados na superfície. Isso significa que, em uma partícula de 1 nm, 60% dos átomos estão na superfície.

Os átomos superficiais, por sua vez, são diferentes daqueles localizados no interior, já que metade do hemisfério em que se localizam está voltado para o exterior, podendo ser preenchido por outros átomos ou moléculas, tanto por adsorção física como por formação de ligações químicas de natureza eletrostática ou covalente. São esses átomos que precisam ser trabalhados quimicamente para gerar novas propriedades e compatibilidades com o meio exterior, visando aplicações tecnológicas.

Um cubo de 1 cm de aresta tem uma área total de 6 cm^2. Se esse cubo fosse dividido em cem partes, os minicubos de 0,1 mm de aresta teriam uma área somada de 600 cm^2. Fazendo a divisão em 10 mil partes, os cubos formados com 1 μm de aresta teriam uma área de 6 m^2. Na divisão em 10 milhões partes, haveria cubos de 1 nm de aresta, gerando uma área de 60000000 cm^2 ou 6000 m^2. Essa progressão demonstra um aumento exponencial da área superficial com redução do tamanho das partículas nos materiais.

Ao lado da grande área superficial proporcionada pelos sistemas nanométricos, o tamanho diminuto favorece o movimento browniano, conferindo mobilidade às partículas no meio em que estão. Mesmo assim, é necessário lidar com as forças na superfície para evitar que aglomerem e formem agregados maiores, que por fim se precipitam. Isso pode ser feito por meio de modificações químicas, que proporcionam maior estabilidade às nanopartículas e geram novas funcionalidades.

Quando a luz atinge as nanopartículas, o fenômeno típico observado é o espalhamento difuso, que dá origem ao efeito Tyndall. Esse efeito é muito útil, pois permite visualizar a propagação dos raios de luz em uma suspensão ou solução coloidal. Entretanto, em alguns tipos de nanopartículas, o espalhamento da luz ocorre de forma anômala, em virtude de interações de natureza eletromagnética localizadas na superfície.

Alguns elementos metálicos, como ouro (Au), prata (Ag) e cobre (Cu), apresentam configuração eletrônica com camadas internas completas e uma camada externa bastante acessível energeticamente, com apenas um elétron. A luz visível tem energia suficiente para promover a passagem de elétrons entre os níveis eletrônicos, conferindo coloração e brilho típico a esses metais. Além disso, quando as partículas metálicas são bem menores que o comprimento de onda da luz incidente, seus elétrons podem acoplar harmonicamente ao campo eletromagnético oscilante, gerando uma espécie de onda, denominada plasmônica. Esse acoplamento é responsável pelo aparecimento de novas cores nas nanopartículas, muito distintas das cores dos metais na forma original. Por exemplo, as nanopartículas de ouro em solução têm tonalidade avermelhada típica, sem o brilho dourado característico do ouro metálico. As ondas plasmônicas são muito importantes e sua exploração permite aplicações inusitadas na ciência, como discutido neste capítulo.

Espalhamento dinâmico de luz (DLS)

Após a invenção do *laser* em 1961, uma de suas primeiras aplicações foi em medidas de espalhamento de luz. Em razão do movimento browniano, as partículas espalham a luz de um modo não uniforme e chegam ao detector com frequências ligeiramente diferentes da luz incidente, por causa do efeito Doppler. As partículas que se movimentam mais rapidamente são detectadas com uma frequência mais elevada. A intensidade da luz espalhada depende da frequência (ω) e da magnitude do vetor de espalhamento (q) acoplado à partícula em movimento. A velocidade da partícula, por sua vez, é dada por uma constante de difusão (D), que é o objeto da medida, relacionado com o raio da partícula (r). Isso é obtido pela equação de Stokes-Einstein:

$$r = \frac{k \cdot T}{6\pi\eta D} \quad (6.1)$$

Na equação, k é a constante de Boltzmann, T significa a temperatura e η representa a viscosidade do meio. Essa equação pressupõe uma partícula esférica e fornece o raio hidrodinâmico, ou raio difusional, englobando não apenas o núcleo da partícula como também seu envoltório. Por isso, o raio obtido é sensível à presença de espécies adsorvidas na superfície ou que estão presentes na dupla camada elétrica.

Existem várias configurações experimentais, dependendo do tipo de equipamento, porém, em geral, a luz incidente (de frequência ω) é transportada por uma fibra óptica até a amostra, e uma pequena fração é desviada para o detector para fornecer uma intensidade de referência (i_o). A luz espalhada pela amostra de partículas cobre uma faixa de energias em razão do efeito Doppler e é representada por <i_a>. O fator de espalhamento (γ) é a grandeza avaliada experimentalmente de várias formas. Uma delas baseia-se na expressão da intensidade de luz que chega ao detector, P(ω), que depende de i_o, <i_a>, ω e γ (Figura 6.1). A partir do fator $\gamma = D.q^2$ e dos valores de q = (kT/h)sen(θ/2), obtém-se D e, finalmente, o valor do raio hidrodinâmico r. Assim, com base na análise computacional da luz espalhada, pode-se projetar a distribuição do tamanho das partículas. Uma distribuição estreita é indicativa de partículas monodispersas ou de tamanhos próximos.

Figura 6.1
Técnica de espalhamento de luz *laser* por partículas em movimento browniano. Vê-se um equipamento típico com sonda de fibra óptica de imersão ao lado de um perfil estatístico de distribuição de tamanhos. Também há equações que relacionam a intensidade da luz, P(ω), com o tamanho das nanopartículas.

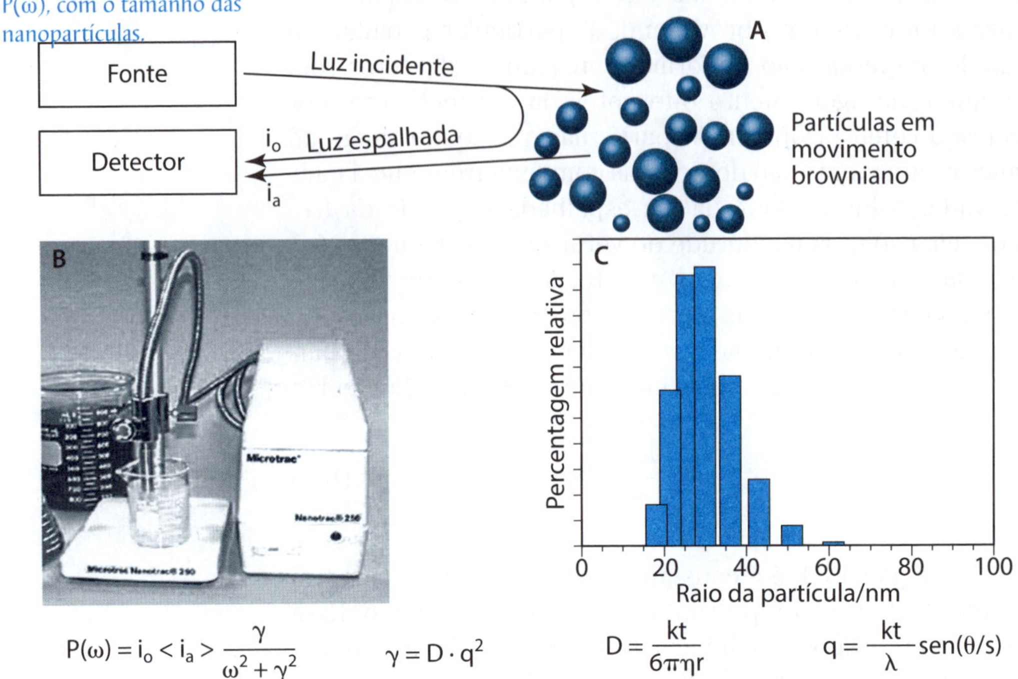

Estabilidade das nanopartículas em solução

A estabilidade das soluções coloidais depende da distribuição de cargas e das forças que atuam na superfície das nanopartículas. É um ponto de fundamental importância quando se tem em mente as aplicações, principalmente em formulações farmacêuticas.

Em solução, a carga presente nas nanopartículas é imediatamente contrabalançada pela adsorção de íons de carga oposta, formando uma camada iônica fortemente ligada à partícula, chamada camada de Stern, que se move com ela. Esse movimento é acompanhado pelo deslizamento de outra camada iônica ligada mais fracamente, com a qual está em contato, gerando uma espécie de plano de cisalhamento, que determina o potencial elétrico efetivo na superfície da dupla camada, também conhecido como potencial zeta. Com o distanciamento gradual, as camadas ficam mais difusas até se confundirem com a própria solução. A representação desse modelo está na Figura 6.2.

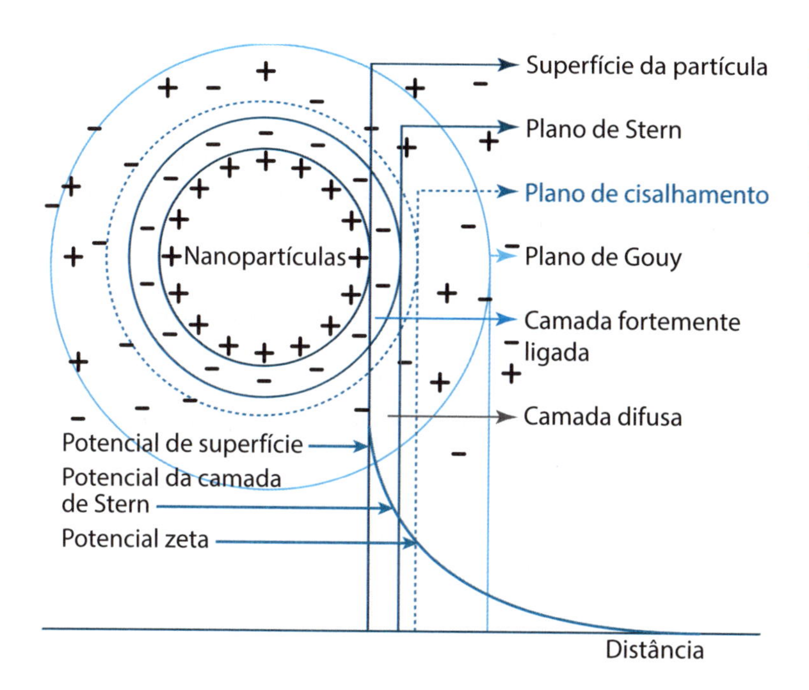

Figura 6.2
Distribuição das cargas elétricas nas nanopartículas em solução, com as respectivas camadas, e a curva de potencial correspondente em função da distância.

A estabilidade dos sistemas coloidais tem sido descrita pela teoria DLVO, proposta por Derjaguin, Landau, Verwey e Overbeek, em 1948. Essa teoria leva em conta o balanço entre nanopartículas com forças atrativas de Van der Waals e forças repulsivas, de natureza coulombiana e estérica (Figura 6.3).

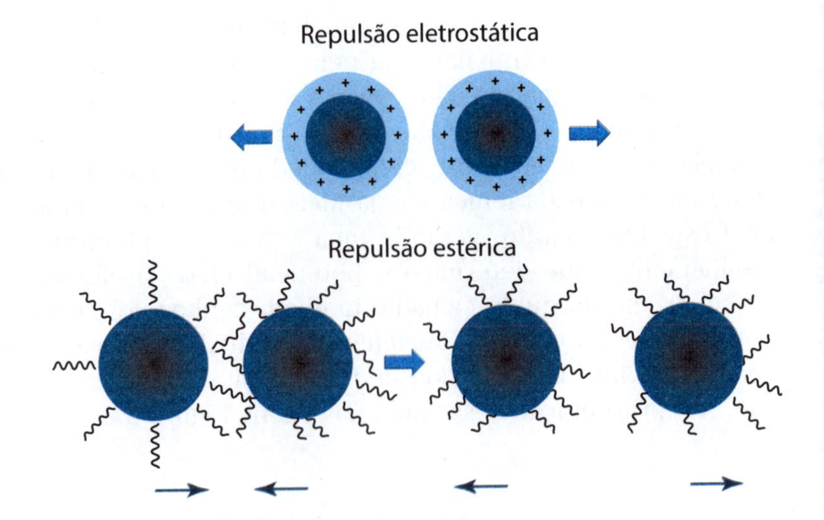

Figura 6.3
Repulsão eletrostática entre nanopartículas carregadas eletricamente e repulsão estérica entre nanopartículas recobertas por surfactantes ou polímeros.

O potencial de repulsão eletrostática (V_{elec}) entre duas nanopartículas depende do potencial elétrico de superfície (ψ_o), de seu raio (R_1, R_2) e da espessura da dupla camada. Ele é expresso pela equação a seguir:

$$V_{elec} = 4\pi\varepsilon\psi_0^2 \frac{R_1R_2}{(R_1+R_2)} \ln[1+\exp(-\kappa x)] \qquad (6.2)$$

Nessa equação, κ é o fator de Debye, que pode ser obtido por:

$$\kappa = \left[\frac{1000e^2 N_A(2I)}{\varepsilon k_B T}\right]^{1/2} \qquad (6.3)$$

em que I representa a força iônica ($I = 1/2(\Sigma c^i Zi^2)$), e é a carga elétrica, N_A significa número de Avogadro, Z_i representa a carga elétrica do íon, k_b é a constante de Boltzmann, ε indica a constante dielétrica e T apresenta a temperatura Kelvin.

O potencial de atração de Van der Waals (V_{vdw}) é expresso por esta equação:

$$V_{vdw} = \frac{A_H}{6}\left[\frac{2R_1R_2}{d^2-(R_1+R_2)^2} + \frac{2R_1R_2}{d^2-(R_1-R_2)^2} - \ln\frac{d^2-(R_1+R_2)^2}{d^2-(R_1-R_2)^2}\right] \qquad (6.4)$$

Nela, d é a distância de separação medida entre os centros e A_H é conhecida como constante de Hamaker, igual a $2{,}5 \times 10^{-19}$ J.

Espécies derivadas de ácidos carboxílicos, como os íons citratos, conseguem interagir com os átomos de ouro na superfície, formando partículas com alta densidade de carga negativa, que se repelem mutuamente e, dessa forma, previnem a formação de agregados. Quanto maior for o potencial zeta, maior será a repulsão eletrostática entre as partículas e, portanto, mais estável será a emulsão. De fato, existem aparelhos que medem o espalhamento da luz pelas partículas na presença de um campo elétrico, ou potencial, que é aplicado para induzir o deslocamento em função de suas cargas. Variando o potencial aplicado, é possível obter potencial zeta das partículas em movimento.

No caso de nanopartículas recobertas por surfactantes e polímeros, as cadeias expostas ao solvente exercem uma espécie de bloqueio estérico ao redor dos núcleos metálicos, preenchendo o espaço necessário para a aproximação e a interação entre eles (Figura 6.3). Dessa forma, os efeitos estéricos impedem uma interação mais forte entre as nanopartículas, evitando a formação de agregados.

Assim, para manter as nanopartículas suspensas, formando uma solução coloidal estável, é necessário controlar as forças que atuam na superfície e são influenciadas por cargas, força iônica, pH e efeitos repulsivos. Também é possível modificá-las quimicamente, introduzindo agentes estabilizantes adequados que incluem agentes catiônicos ou aniônicos e surfactantes. Se a proteção não for efetiva, as nanopartículas tendem a agregar-se, podendo formar precipitados.

As argilas, assim como outros minerais, também formam soluções coloidais relativamente estáveis. Quando são levadas pelos rios até encontrarem a água do mar, a mudança repentina de salinidade ou de força iônica acaba provocando a desestabilização das partículas. Dessa forma, foram se acumulando os depósitos que, com o tempo, acabaram dando origem às ilhas sedimentares observadas nos estuários marinhos.

Nanopartículas plasmônicas

Elementos metálicos como o cobre, a prata e o ouro apresentam uma configuração eletrônica com os níveis internos $(n-1)s^2, p^6, d^{10}$ completos e um elétron no nível externo (ns^{-1}) fracamente ligado, participando de uma banda de condução metálica ao nível da superfície. Os elétrons dessa banda podem ser excitados pela luz e, ao mesmo tempo, provocar sua emissão no comprimento de onda em que mais absorvem, conforme discutido no Capítulo 2, dando origem a suas cores metálicas características.

Quando esses elementos se encontram na forma nanométrica, as partículas apresentam dimensões bem menores que o comprimento de onda da luz visível e, por isso, os elétrons mais externos podem oscilar em ressonância com a radiação eletromagnética, comportando-se como plásmons de superfície.

Um campo elétrico aplicado (E_o) pode induzir o deslocamento dos plásmons e gerar um dipolo p, dado pelas equações a seguir:

$$p = \varepsilon \alpha E_o \quad (6.5)$$

sendo:

$$\alpha = 4\pi\varepsilon_0 R^3 \frac{(\varepsilon - \varepsilon_m)}{(\varepsilon + 2\varepsilon_m)} \quad (6.6)$$

Nessas equações, **R** é o raio da partícula, ε_0 é a constante dielétrica do vácuo, ε_m é a constante dielétrica do meio e ε representa a constante dielétrica do metal.

No caso da luz, o campo elétrico oscilante pode excitar os plásmons em função da frequência da radiação (ω), como na Figura 6.4.

A constante dielétrica do metal também é função da frequência ω. Ela também é composta por uma parte real (ε_1) e outra imaginária ($\mathbf{i} \cdot \varepsilon_2$), relacionando-se com o índice de refração η e absortividade κ por meio da Equação (6.7).

$$\varepsilon = \varepsilon_1(\omega) + i\varepsilon_2(\omega) = (\eta + i\kappa)^2 \quad (6.7)$$

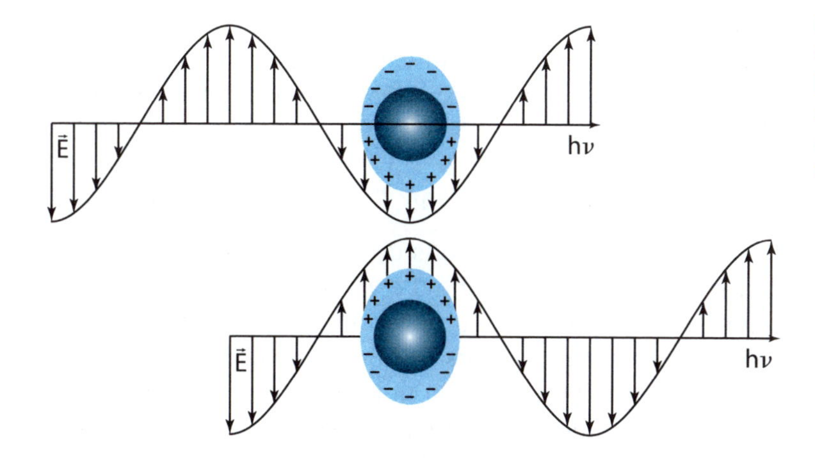

Figura 6.4
Oscilação dos plásmons localizados nas nanopartículas pelo campo elétrico oscilante da radiação eletromagnética.

Assim, a excitação dos plásmons pela luz pode ser seguida pela dissipação da energia por decaimento radiativo (espalhamento) ou não radiativo (absorção). Isso pode ser calculado por uma medida simples de absorbância (A), como geralmente é feito para amostras em solução, em função da distância do caminho óptico (**d**), da concentração (**N**) e do coeficiente de extinção (σ_{ext}), o qual incorpora tanto o espalhamento como a absorção da luz.

$$A = N \cdot \sigma_{\text{ext}} \cdot d/2{,}303 \tag{6.8}$$

O coeficiente de extinção tem esse nome porque expressa a fração da luz incidente que deixou de chegar ao detector, quando foi espalhada ou absorvida pelas espécies. A eficiência com que as nanopartículas espalham ou absorvem a luz incidente está relacionada com a resposta dos elétrons ou plásmons em relação ao campo elétrico oscilante, expressa pela equação a seguir, que foi derivada pela primeira vez por Gustav Mie, em 1908.

$$\sigma_{\text{ext}} = 9\left(\frac{\omega}{C}\right)\varepsilon_m^{3/2} V\left(\frac{\varepsilon_2(\omega)}{\left[\varepsilon_1(\omega)+2\varepsilon_m\right]^2+\left[\varepsilon_2(\omega)\right]^2}\right) \tag{6.9}$$

Nessa equação, V corresponde ao volume médio da nanopartícula, dada por $(4/3)\pi r^3$.

A intensidade de interação da radiação com os plásmons está relacionada com o dipolo oscilante (p), que por sua vez depende do fator α na Equação (6.6). O denominador dessa equação ($\varepsilon + 2\varepsilon_m$) tende a um mínimo quando $\varepsilon_1(\omega) = -2\varepsilon_m$, que leva a um valor máximo da intensidade de interação com a luz. Essa igualdade estabelece a condição da ressonância plasmônica, tanto para a absorção como para o espalhamento da luz, envolvida no espectro de extinção, como na figura a seguir.

A oscilação dos plásmons de superfície depende tanto da forma como do tamanho das nanopartículas. Partículas esféricas com até 100 nm apresentam ressonâncias dipolares, com uma única banda, que se desloca tipicamente na faixa entre 500 nm e 600 nm com o aumento do tamanho, gerando uma coloração que varia do vermelho-laranja ao vermelho-violeta. Partículas maiores podem apresentar quadrupolos que dão origem a outra banda de extinção em comprimentos de onda mais altos. No caso de partículas anisotrópicas, como bastonetes e prismas, ocorrem bandas associadas à ressonância dos plásmons na direção transversal, em menores comprimentos de onda (por exemplo, 520 nm), e na direção longitudinal, em comprimentos de onda maiores, geralmente acima de 700 nm, como mostra a Figura 6.6.

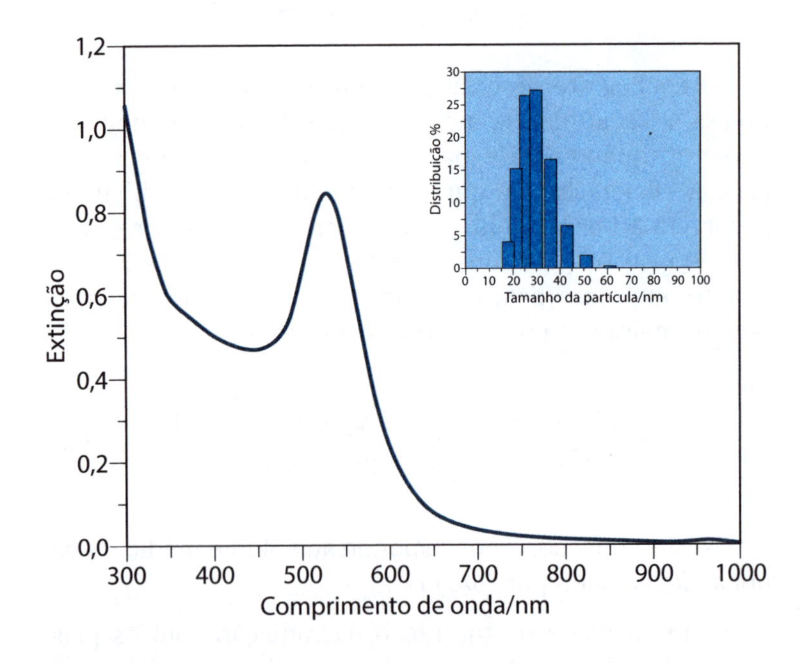

Figura 6.5
Espectro de extinção de nanopartículas de ouro estabilizadas com citrato, em meio aquoso. Na figura menor, a correspondente distribuição de tamanhos, com valor médio de 30 nm, medido pela técnica de espalhamento dinâmico de luz.

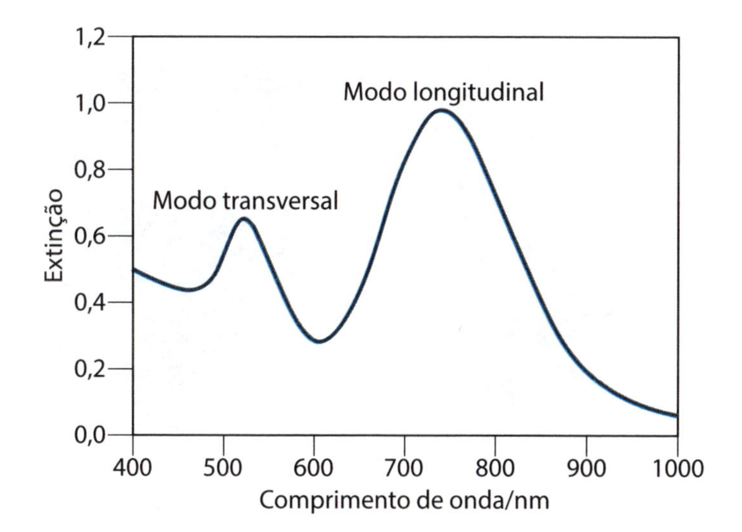

Figura 6.6
Espectro de extinção típico de partículas não esféricas. São observadas as bandas atribuídas aos modos de ressonância plasmônica transversal e longitudinal.

As nanopartículas plasmônicas mais empregadas atualmente são as de ouro e de prata. Embora o cobre também tenha características plasmônicas acessíveis na região espectral do visível, a maior reatividade química, principalmente a maior facilidade de oxidação, torna sua utilização bastante problemática. As nanopartículas de prata, apesar de muito usadas, também sofrem essa limitação. Dessa forma, a maior parte das aplicações está centrada nas nanopartículas de ouro, pois elas oferecem maior estabilidade e permitem trabalhar em condições ambientes, tanto em meio aquoso como em ambiente hidrofóbico. Porém, de modo geral, os procedimentos utilizados para gerar e utilizar nanopartículas de ouro e de prata são semelhantes.

Síntese de nanopartículas de ouro

Nanomateriais, como as nanopartículas de ouro, podem ser encontrados em cerâmica e vidros desde o Império Romano, caso do copo de Lycurgus (Figura 6.7). Esse copo, atualmente exposto no Museu Britânico, chama a atenção do observador pelo aspecto dicroico que apresenta: ele muda de cor conforme o ângulo de visão e da iluminação, passando de verde (iluminação frontal) para vermelho (iluminação vertical). O vidro contém nanopartículas de prata e ouro, responsáveis pelo efeito cromático.

Figura 6.7
O copo de Lycurgus, com seus tons dicroicos, tem coloração verde, se visto na iluminação frontal (reflexão), e vermelha ao ser iluminado verticalmente (absorção/transmissão). Os detalhes da peça retratam a lenda do rei Lycurgus (800 a.C.), da antiga Trácia (região sudeste da Europa, formada por Turquia, Grécia e países vizinhos). Segundo essa lenda, Lycurgus, com seu gênio intempestivo, ofendeu a Dionísio (deus do vinho). Ambrósia, uma das fiéis mais devotas do deus, reagiu e recorreu à Mãe Terra, que a transformou em videira. Enrolando-se no rei, ela conseguiu mantê-lo preso em suas eras para que Dionísio e seus sátiros o torturassem e o castigassem. (Foto de Cristiana S. Toma, tirada no Museu Britânico, Londres, Inglaterra)

As nanopartículas metálicas também estão presentes nos belíssimos vitrais das igrejas medievais encontradas em toda a Europa. Esses trabalhos foram feitos por artesãos competentes, que, mesmo não tendo noção da natureza nanométrica dos materiais que usavam, guiaram-se corretamente por seus efeitos cromáticos. Assim, ainda que expostas ao sol e às intempéries, as cores das obras persistem, graças à estabilidade das nanopartículas plasmônicas.

O primeiro estudo que isolou e caracterizou as nanopartículas de ouro como sistemas coloidais foi realizado por Michael Faraday, em 1847, na Inglaterra. Partindo de uma solução de cloreto de ouro, Faraday fez a redução do íon metálico com fósforo, usando como solvente o dissulfeto de carbono (CS_2). Ele obteve uma solução intensamente vermelha, que atribuiu ao ouro coloidal por sua capacidade de espalhar o feixe de luz (efeito Tyndall). Muitas de suas preparações estão preservadas e expostas na Royal Institution, em Londres, Inglaterra (Figura 6.8).

Figura 6.8
(A) Michael Faraday está entre os maiores cientistas de todos os tempos. Nascido na região de Surrey (Inglaterra), em 1791, de origem humilde, Faraday iniciou sua vida científica auxiliando Humphry Davy, notável químico da Royal Institution, a quem substituiu após sua morte. Suas descobertas sobre eletromagnetismo levaram ao desenvolvimento do motor elétrico e inspiraram os trabalhos de Maxwell nesse campo. Descobriu os efeitos da magneto-óptica e as leis da eletrólise, chegando ao estabelecimento das massas atômicas por meio dos equivalentes. Seu importante legado para a nanotecnologia foi a síntese das nanopartículas de ouro, que descreveu corretamente como sendo soluções coloidais. Seu material de pesquisa permanece intacto até hoje na Royal Institution. Na imagem, observa-se o frasco com nanopartículas sobre a mesa e a caixa com lamínulas (B), bem como o destaque individual de uma delas (C), com a coloração vermelha típica. Faraday foi um notável conferencista que cativou plateias. Talvez sua palestra mais famosa seja a de Natal em que descrevia curiosos ensaios com uma simples vela. Foi bastante reconhecido pela sociedade, mas, por conta de sua postura humilde, recusou todas as homenagens importantes. Faleceu em 1867. (Foto de Cristiana S. Toma, feita na Royal Institution, 2015)

Um século e meio depois, essa síntese foi reinventada por Brust, tornando-se o processo mais empregado em trabalhos em meio orgânico. Segundo esse método, o complexo $H[AuCl_4]$ é dissolvido em água e transferido para uma fase orgânica, como o tolueno, com o auxílio de um agente de transferência, como o brometo de tetraoctilamônio. A adição de uma solução aquosa de boro-hidreto de sódio ($Na[BH_4]$), a introdução de um organotiol, como o dodecanotiol, e posterior agitação do sistema bifásico leva à formação das nanopartículas de ouro, perceptíveis pela tonalidade avermelhada da fase orgânica. O tamanho da partícula pode ser controlado pela quantidade do agente organotiol que se liga à superfície das nanopartículas de ouro e promove sua estabilização em solução. As nanopartículas obtidas pelo método de Brust podem ser isoladas em estado sólido e depois redispersadas facilmente em solventes orgânicos.

Outro método bastante empregado, principalmente em trabalhos em meio aquoso, foi desenvolvido por Turkevich e outros pesquisadores em 1951. Esse método baseia-se na redução dos sais de ouro ou $H[AuCl_4]$ com ácido cítrico, em meio aquoso.

Brust mostrou que o tamanho das partículas pode ser controlado pela concentração do ácido cítrico e pela temperatura da reação. O procedimento convencional conduz a nanopartículas na faixa de 15 nm a 50 nm, ao passo que no método de Brust são obtidas partículas com menor variação de tamanho, mas geralmente com dimensões muito reduzidas (< 10 nm). Para aplicações em sensoriamento, as partículas maiores são mais interessantes por permitir a exploração dos efeitos plasmônicos acoplados à espectroscopia Raman. Apesar de mais antigo que o método de Brust, os mecanismos envolvidos no método de Turkevich ainda são investigados. Um provável mecanismo pode ser visto a seguir:

$2\,[Au^{III}Cl_4]^- + 3$ citrato $\xrightleftharpoons{\text{complexação}}$ $2\,[Au^{III}Cl_3(C_6H_5O_7)]^{3-} + 2Cl^-$

$\xrightarrow{+\text{ citrato}}$ 3 dicarboxicetona $+ 2Au^0 + 3CO_2 + 3H^+ + 8Cl^-$

equilíbrio ceto-enólico

dicarboxicetona ⇌ forma enólica $\xrightarrow{Au^0}$ AuNp (intermediário com dicarboxicetona)

intermediário com dicarboxicetona $\xrightarrow{+\text{ citrato em excesso}}$ AuNP cit-AuNPs

(6.10)

O produto primário da oxidação do ácido cítrico pelos íons de Au(III) é uma dicarboxicetona, geralmente instável nas temperaturas relativamente altas empregadas no processo e que se decompõe antes de poder ser observada. Entretanto, na ausência de excesso de ácido cítrico, a dicarboxicetona permanece ligada às nanopartículas de ouro, interagindo de forma sinergística com elas. Dependendo do procedimento utilizado, essa forma pode permanecer em solução, mudando o comportamento das nanopartículas de ouro em razão de sua maior estabilidade química. Na presença de excesso de ácido cítrico, em altas temperaturas, os equilíbrios estabelecidos acabam deslocando a dicarboxicetona, que resulta em sua decomposição. Nessas condições, o citrato torna-se a espécie dominante no recobrimento superficial das nanopartículas de ouro.

Nanopartículas de ouro também têm sido preparadas em sistemas micelares. O caráter anisotrópico do meio afeta o crescimento das nanopartículas e gera novas formas, como bastões, triângulos, discos, cubos e estrelas. Nesses sistemas, são utilizadas nanopartículas esféricas pequenas, como sementes, adicionadas ao meio de reação. A redução dos íons de ouro, Au(III), é feita com redutores fracos, como o ácido ascórbico, e processada na presença das sementes e de um surfactante adequado, como o brometo de cetiltrimetilamônio (CTAB), para levar ao crescimento anisotrópico das partículas. Outros métodos sintéticos utilizam processos eletroquímicos, sonoquímicos, térmicos e fotoquímicos acoplados ao processo de redução dos sais de ouro.

Um procedimento bastante interessante para a obtenção de nanopartículas heterometálicas e nanopartículas ocas utiliza a substituição galvânica, dirigida pela diferença de potencial eletroquímico. Por exemplo, pode-se partir de nanopartículas de prata, pré-formadas, e depois colocá-las em contato com íons $[AuCl_4]^-$, que transferem elétrons para dar origem a átomos de ouro metálico, liberando íons de prata nesta solução:

$$2Ag(s) + [AuCl_4]^- (aq) \rightarrow Au(s) + 3Ag^+ (aq) + 4\,Cl^-(aq) \qquad (6.11)$$

Nesse processo, as nanopartículas de prata atuam como agentes de sacrifício. Os átomos de ouro se depositam sobre a superfície da nanopartícula de prata, formando uma casca que se torna mais espessa à medida que o interior é consumido, até formar uma partícula oca. Esse procedimento é aplicado a outros tipos de geometrias e, na presença de polímeros e agentes surfactantes, pode gerar partículas com formatos exóticos, variados. Quando conduzido de forma controlada, é possível gerar nanopartículas bimetálicas com várias composições, apresentando propriedades inusitadas.

Funcionalização e agregação

Quando duas nanopartículas plasmônicas se aproximam a uma distância pelo menos cinco vezes menor que seus respectivos raios, a radiação eletromagnética, ao excitar os plásmons de superfície, pode provocar seu acoplamento, no sentido longitudinal, gerando uma nova banda ressonante em regiões de maior comprimento de onda (> 700 nm), ao mesmo tempo que a banda original é preservada, como na Figura 6.9. O surgimento dessa banda de acoplamento plasmônico é perceptível pela mudança de cor, do vermelho para o azul, sinalizando o fenômeno de agregação.

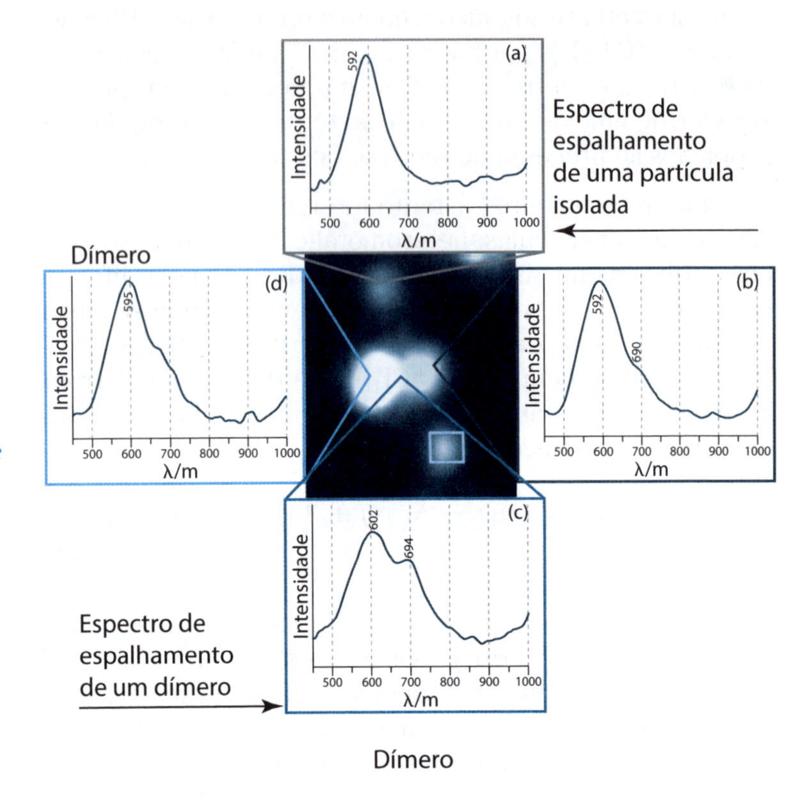

Figura 6.9
Imagem hiperespectral (Cytoviva) de duas nanopartículas de ouro associadas, formando um dímero; ao fundo, duas nanopartículas isoladas. O espectro de espalhamento do dímero mostra uma nova banda surgindo na junção das partículas, que pode ser manifestação da ressonância longitudinal por conta do acoplamento dos plásmons. (Cortesia de Daniel Grasseschi)

A agregação induzida pelo aumento da força iônica dá origem a um espectro bastante diferente, com predomínio das bandas de acoplamento plasmônico acima de 700 nm (Figura 6.10).

O acoplamento de duas nanopartículas também pode ser provocado quimicamente com a substituição da camada complexante eletricamente carregada por outra neutra, ancorada mais fortemente sobre a superfície do ouro por meio de grupos —SH (tióis), —S^- (tiolatos) ou outras bases sulfuradas coordenantes.

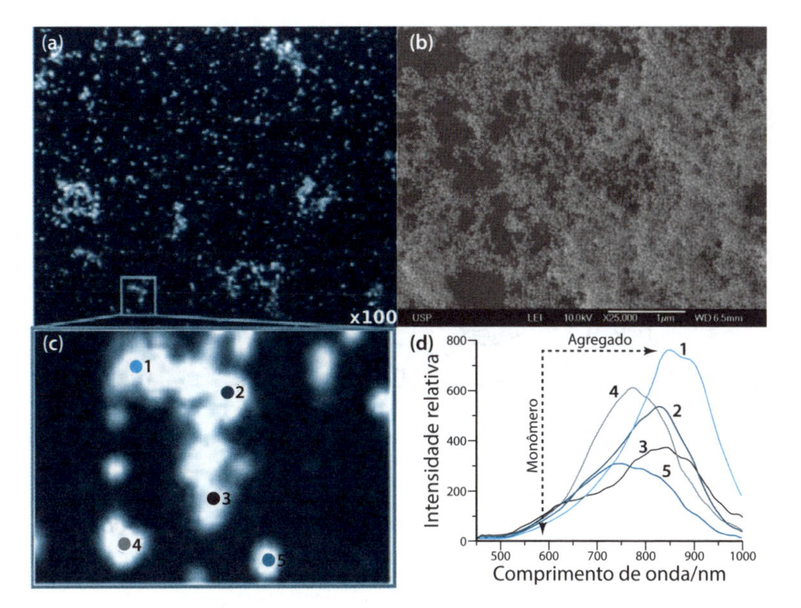

Figura 6.10
(A) Imagem óptica de campo escuro; (B) imagem por microscopia eletrônica de varredura; (C) imagem hiperespectral de região expandida; e (D) espectros de espalhamento das regiões indicadas por números, mostrando o deslocamento das bandas em relação às partículas não agregadas. (Cortesia de Daniel Grasseschi)

Um exemplo é dado pela reação de cit-AuNPs com 4-mercaptopirazina (pzSH) (Figura 6.11). Essa reação é acompanhada pela mudança da cor vermelha para a azul, rapidamente, indicando a troca dos íons citrato por 4-pzSH. É também comandada pela forte afinidade dos grupos SH pelos átomos de ouro. A nanopartícula substituída perde a estabilidade eletrostática e sofre agregação, com o surgimento da banda de acoplamento plasmônico. Depois de algum tempo, os agregados acabam precipitando, diminuindo a cor típica da suspensão das nanopartículas.

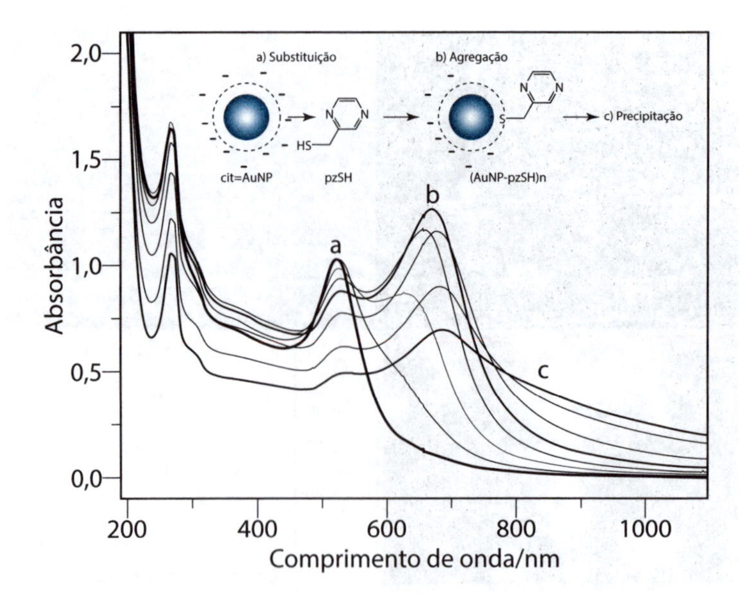

Figura 6.11
Mudanças espectrais durante a ligação da mercaptopirazina a nanopartículas de ouro estabilizadas com citrato (a), levando à formação de agregados com o surgimento de uma banda de acoplamento plasmônico por volta de 660 nm, por sua vez seguido de precipitação (c), que é evidenciada pelo decaimento das bandas.

As mudanças espectrais associadas com a agregação das nanopartículas têm inspirado uma série de testes para detecção de DNA e biomarcadores para câncer e outras doenças. Por exemplo, ensaios do tipo *enzyme-linked immunosorbent assay* (ELISA) com nanopartículas de ouro permitiram a detecção visual de biomarcadores, como o *prostate specific antigen* (PSA) e o antígeno p24 do HIV-1, em quantidades tão baixas quanto 1×10^{-18} g mL^{-1}, muito abaixo do limite de resposta dos ensaios convencionais. Esses ensaios são baseados no esquema da Figura 6.12.

Nesse procedimento, os anticorpos de captura das moléculas-alvo são ancorados no substrato ou na placa de observação e os anticorpos primários são ligados à enzima catalase. Na presença das moléculas-alvo os dois sistemas se conectam e a catalase sinaliza a resposta por meio da decomposição do H_2O_2. No ensaio plasmônico, a presença de H_2O_2 é usada para gerar nanopartículas por meio da redução do cloreto áurico, Au(III). Essa reação conduz a nanopartículas esféricas, que conferem tonalidade avermelhada à solução. Na presença da catalase, o teor de H_2O_2 é reduzido, e a redução dos íons Au(III) ocorre mais lentamente, gerando agregados de nanopartículas com tonalidade azul.

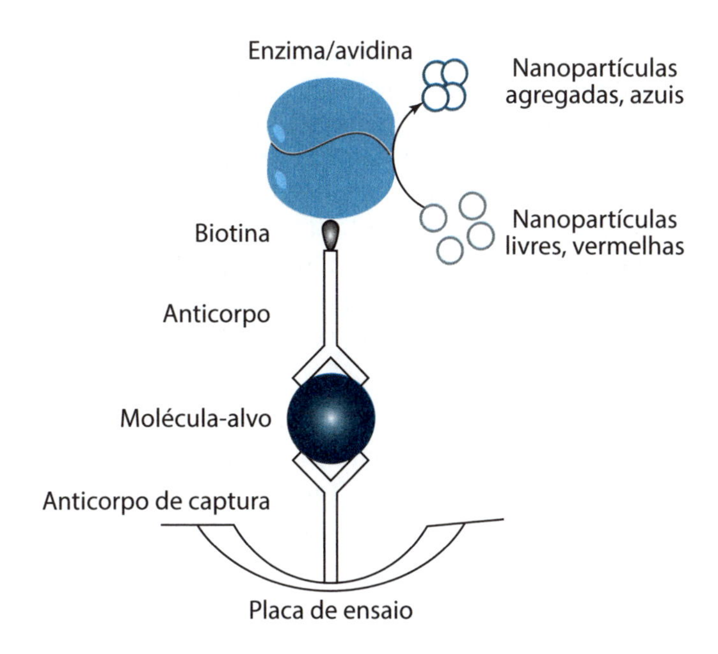

Figura 6.12
Ensaios do tipo ELISA para detecção de antígenos como PSA e HIV, associados ao sistema imune da próstata e da AIDS, utilizando o efeito de agregação de nanopartículas induzido pela catalase ligada aos anticorpos (ver explicação no texto).

Espectroscopia Raman e efeito SERS

As moléculas associadas às nanopartículas plasmônicas apresentam ainda outro efeito especial conhecido como SERS, ou *surface enhanced Raman scattering*. A polarização dos plásmons pela excitação óptica pode gerar um campo elétrico superficial bastante intenso. Uma molécula adsorvida na superfície tem sua polarizabilidade afetada pelo campo da radiação excitante, que se comporta como um dipolo oscilante, cuja frequência distinta em relação à radiação excitante leva ao espalhamento inelástico que caracteriza o efeito Raman. A intensidade do espalhamento cresce com o campo elétrico gerado e o mecanismo atuante é conhecido como eletromagnético (EM).

No caso de nanopartículas não esféricas, ou anisotrópicas, o campo elétrico associado aos plásmons concentra-se, principalmente, em suas pontas ou extremidades. Da mesma forma, efeitos de borda em superfícies corrugadas, nanoestruturas e nanocavidades também levam a campos elétricos intensificados.

Nanopartículas com diferentes geometrias vêm sendo desenvolvidas para aplicações em SERS, incluindo bastonetes, triângulos, bipirâmides, discos, cubos, icosaedros, estrelas e esferas ocas. A influência da geometria pode estar relacionada com a anisotropia das nanopartículas, gerando dipolos e quadrupolos elétricos nos sentidos transversal e longitudinal, com aparecimento de mais de uma banda plasmônica. Além disso, os campos elétricos plasmônicos concentram-se principalmente nas pontas, criando *hot spots* que intensificam bastante os sinais SERS. Já existe uma ampla variedade de sondas SERS no mercado, em geral adaptadas para uma instrumentação portátil ou de pequeno porte, dedicada a esse tipo de análise e com baixo custo.

Quando as nanopartículas se aglomeram, o acoplamento plasmônico longitudinal, em sua região de confluência, dá origem a um campo bastante forte, conhecido como *hot spot*, que intensifica os sinais Raman das moléculas localizadas no local.

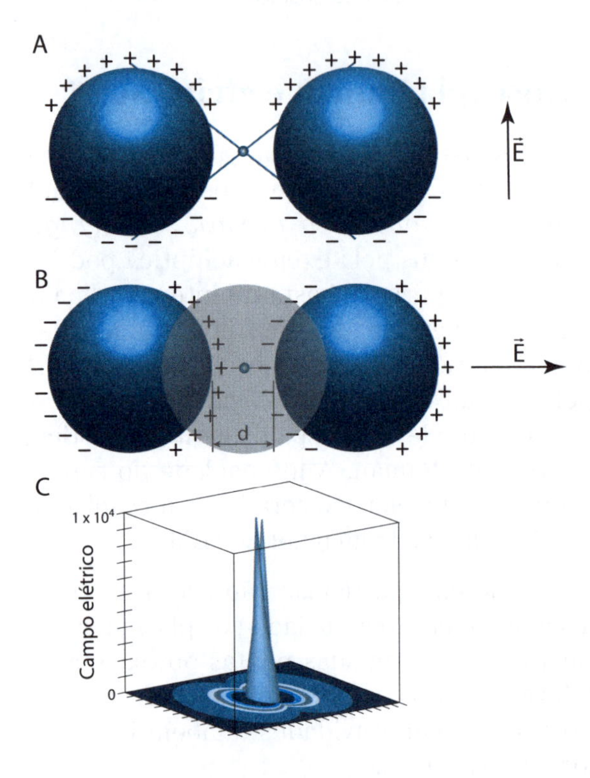

Figura 6.13 Oscilação dos plásmons de superfície no sentido transversal (A) e longitudinal (B). Na interface entre as duas partículas, o campo elétrico é bastante intensificado, formando um *hot spot* (C).

Assim, todos os fatores que influenciam a intensidade do campo elétrico plasmônico e o espectro de extinção das nanopartículas são importantes para entender o comportamento SERS das moléculas adsorvidas. A intensificação pelo efeito eletromagnético atinge o valor máximo quando a frequência da radiação coincide com o pico observado no espectro de extinção da nanopartícula. Quando os demais fatores não forem relevantes, esse fator pode ser o único atuante.

Entretanto, além do efeito eletromagnético (EM), a radiação excitante também pode interagir com os níveis eletrônicos das moléculas adsorvidas e com aqueles oriundos da interação molecular com a interface metálica. Quando o efeito Raman ressonante (RR) acontece com as moléculas expostas ao campo eletromagnético plasmônico, o sinergismo dos efeitos RR e EM leva a um aumento muito grande de intensidade, e o mecanismo passa a ser denominado SERRS, ou SERS ressonante. Esse efeito atinge o valor máximo quando a frequência da radiação excitante coincide com a banda de absorção da molécula e é muito semelhante ao efeito Raman ressonante. Porém, o espalhamento é mais intenso por ocorrer sob influência do campo eletromagnético de superfície.

Quando as moléculas interagem quimicamente com as nanopartículas, a transferência de densidade eletrônica que acompanha a ligação química é função da diferença de energia entre os orbitais moleculares doadores ou ocupados (HOMO) e o nível de Fermi da molécula, ou entre esse nível e os orbitais moleculares vazios ou receptores. Esse processo é denominado transferência de carga (TC). Como o mecanismo RR, a excitação de transferência de carga também pode ser ressonante com o campo plasmônico, provocando grande intensificação do efeito SERS. Esses três efeitos, que são simultaneamente intensificados pelo campo elétrico, podem ser vistos na Figura 6.14.

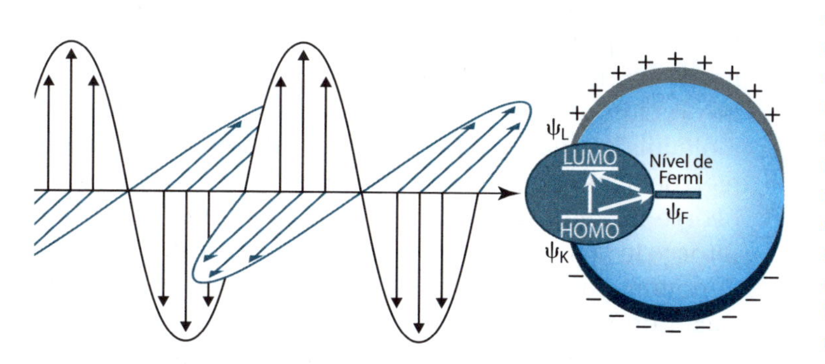

Figura 6.14
A radiação eletromagnética interagindo com os plásmons de superfície pode gerar um espalhamento Raman intensificado pelo campo elétrico gerado (efeito eletromagnético), pela excitação dos níveis ocupados (HOMO) e vazios (LUMO) da molécula adsorvida (efeito ressonante), ou pela excitação de transferência de carga entre a molécula adsorvida e o nível de Fermi da partícula (efeito de transferência de carga).

Os três mecanismos (EM, RR e CT) podem atuar em conjunto, como expresso pelo modelo unificado proposto por Lombardi e Birke na equação a seguir, em termos da polarizabilidade (R) envolvida no momento de transição, que é responsável pela intensidade do sinal Raman:

$$R_{IFK}(\omega) = \frac{\mu_{KI}\mu_{FK}h_{IF}\langle i|Q_k|f\rangle}{\left[(\varepsilon_1(\omega)+2\varepsilon_m)^2+\varepsilon_2^2\right](\omega_{FK}^2-\omega^2+\gamma_{FK}^2)(\omega_{IK}^2-\omega^2+\gamma_{IK}^2)} \quad (6.12)$$

O numerador dessa equação descreve a dependência da intensidade SERS com relação ao acoplamento entre os estados eletrônicos ressonantes (mecanismo RR), por meio do operador de momento de dipolo, e ao acoplamento do estado fundamental (I) com os estados eletrônicos (K) da molécula e o nível de Fermi (F) da nanopartícula (mecanismo CT). Esse denominador é dado pelo produto de três fatores:

a) Fator eletromagnético: atinge o valor máximo quando a frequência da radiação coincide com o pico observado no espectro de extinção da nanopartícula, dado por $[\varepsilon_1(\omega)-2\varepsilon_m]^2+\varepsilon_2^2$. Esse fator pode ser o único atuante, quando os demais fatores não forem relevantes.

b) Fator RR: atinge o valor máximo quando a frequência da radiação excitante coincide com a banda de absorção da molécula. Esse fator, dado por $(\omega_{FK}^2-\omega^2+\gamma_{FK}^2)$, é semelhante ao do efeito Raman ressonante normal, mas incorpora a influência do fator eletromagnético de superfície, atuante.

c) Fator CT: atinge o valor máximo quando a frequência da radiação coincide com a excitação de transferência de carga dos elétrons da molécula para o nível de Fermi da partícula, ou desta para os orbitais vazios da molécula. Esse fator, controlado por $(\omega_{IK}^2-\omega^2+\gamma_{IK}^2)$, é favorecido pela covalência da ligação formada entre a molécula e a nanopartícula, sob a influência do campo eletromagnético que atua na superfície. Assim como ocorre no mecanismo RR, é necessário introduzir um fator γ de amortecimento para evitar a possibilidade do denominador tornar-se nulo. A observação dessa interação de transferência de carga ainda é especulativa, pois, em geral, as bandas eletrônicas são muito menos intensas em relação à banda de ressonância plasmônica e permanecem escondidas ou dão origem a "ombros" pouco definidos no espectro.

Além dos mecanismos intensificados pelo campo elétrico, existe um mecanismo independente, relacionado com o aumento intrínseco da polarizabilidade da molécula ligada à nanopartícula, em virtude das interações químicas com a superfície. Acredita-se que esse efeito, de natureza química, possa levar a uma intensificação de até três ordens de grandeza no espalhamento Raman.

Quando todos os fatores descritos atuam simultaneamente, a intensificação dos sinais Raman pelo efeito SERS pode chegar a catorze ordens de grandeza em relação ao espalhamento convencional. Nessas condições, pode ser possível detectar uma única molécula, ancorada na superfície. Um bom critério para saber se esse limite está sendo atingido é verificar a mudança do regime estatístico coletivo para o dos fenômenos singulares. Verifica-se, nesse caso, que o espectro SERS da molécula isolada muda constantemente, refletindo o equilíbrio dinâmico entre os vários modos possíveis de interação com a superfície.

As espécies ancoradas sobre as nanopartículas de ouro podem ser usadas como sondas SERS, explorando as mudanças nos espectros Raman que são induzidas por substratos ou analitos presentes em seu redor. As sondas SERS geralmente são constituídas de moléculas aromáticas pequenas com grupos tióis, como os derivados de benzenotiofenol ($R\text{-}C_6H_4\text{-}SH$), mercaptopiridina ($NC_5H_5SH$) e trimercaptotriazina (TMT ou $C_3N_3(SH)_3$).

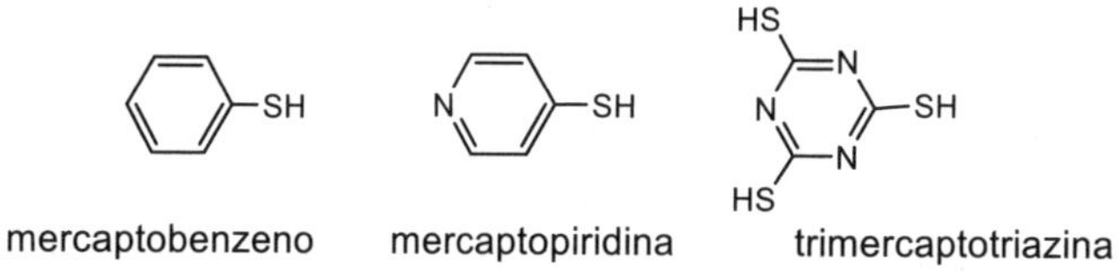

SH — mercaptobenzeno; N, SH — mercaptopiridina; HS, N, N, SH, N, HS — trimercaptotriazina (6.13)

Essas moléculas apresentam sinais SERS bastante intensos e definidos e servem de marcadores biológicos muito apropriados. No caso do TMT, a ligação da molécula com a superfície de ouro deixa grupos nitrogenados e tióis livres para interagir com outros metais. Dessa maneira, permitem a análise de íons de metais tóxicos, como Hg^{2+} e Cd^{2+}, com alta sensibilidade, e de forma bastante prática, como na Figura 6.15.

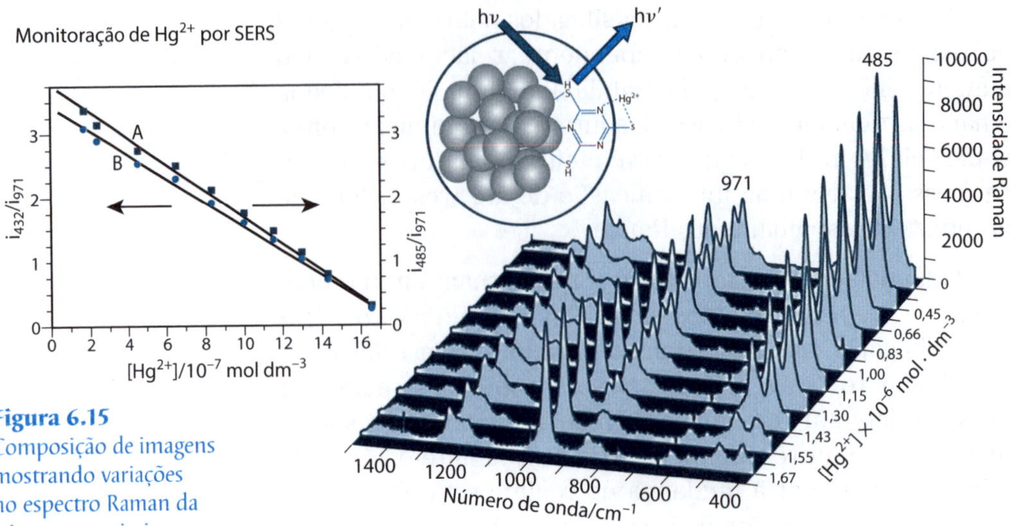

Figura 6.15
Composição de imagens mostrando variações no espectro Raman da trimercaptotriazina ancorada em nanopartículas de ouro, na presença de íons de Hg^{2+} e na correlação linear da relação de intensidade de duas bandas típicas, com concentração do metal pesado. (Cortesia de Vitor Zamarion)

Esse exemplo, em particular, é muito interessante, pois o padrão espectral SERS varia em função da concentração dos íons metálicos, refletindo diferentes conformações da sonda ao redor da partícula. Dessa forma, com base na linearidade das respostas Raman com a concentração, pode-se tomar diretamente a relação das intensidades entre dois picos (por exemplo, 432/971 cm^{-1}) para fazer a análise sem necessidade de usar padrão interno (Figura 6.15). O método é bastante simples e utiliza apenas uma gota da solução.

O emprego de sondas SERS pode ampliar consideravelmente a sensibilidade dos testes clássicos desenvolvidos por Feigl na metade do século passado. Esses testes, conhecidos como *spot tests*, têm uma utilidade imensa em pesquisas de campo e ensaios forênsicos e podem ser executados ao se aplicar apenas uma gota da amostra sobre um papel de filtro impregnado com o reagente analítico adequado. Um exemplo típico são os ensaios com ditizona, um importante reagente complexante para íons metálicos. Quando aplicado em papel, a cor alaranjada do reagente adquire um tom avermelhado ou violeta, fornecendo uma resposta colorimétrica para o teste. Esse mesmo ensaio pode ser monitorado na presença de nanopartículas de ouro aplicadas à superfície do papel, registrando-se os sinais SERS do reagente complexante aplicado (Figura 6.16).

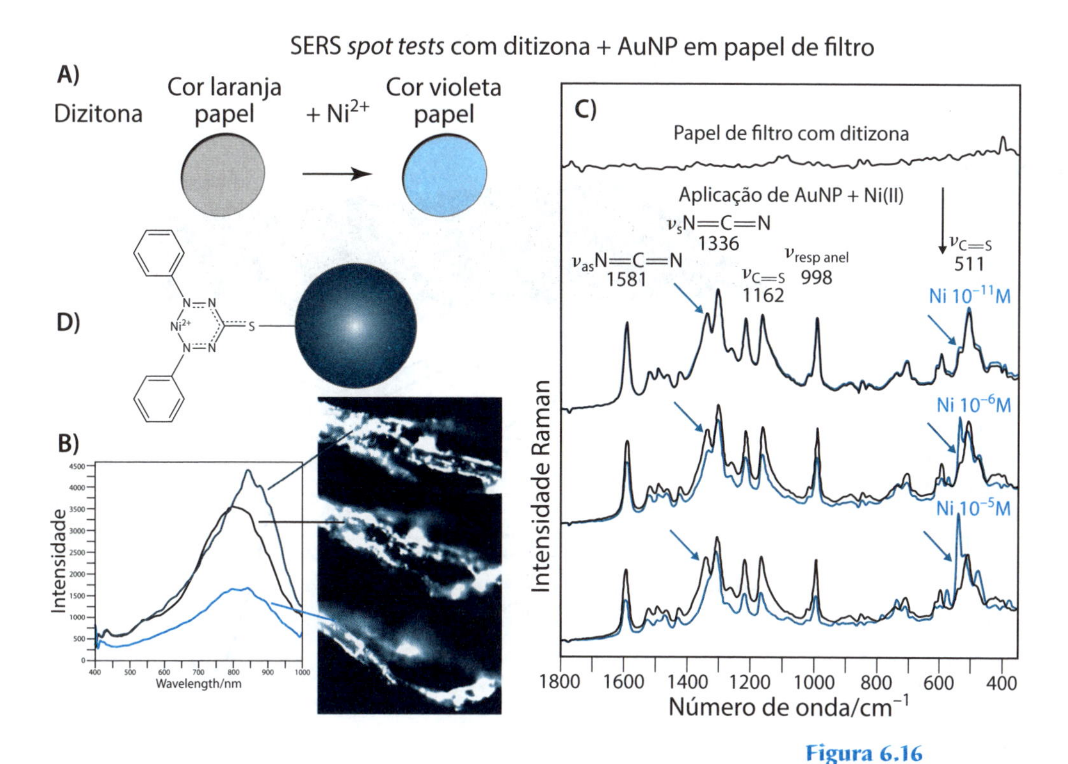

Figura 6.16
Quadro de um *spot test* para íons de Ni(II) em papel de filtro impregnado com ditizona: (A) estilo clássico; (B) aplicação de nanopartículas de ouro depositadas como pontos brilhantes sobre as fibras de celulose e sua visualização por hipermicroscopia de campo escuro; (C) espectro Raman do papel reagente e após a aplicação das nanopartículas, com o Ni(II) variando de 10^{-11} mol L^{-1} a 10^{-5} mol L^{-1}, mostrando as mudanças nos picos vibracionais na região de 1330 cm^{-1} e 500 cm^{-1} em razão da complexação com o reagente (D). (Cortesia de Jorge S. Shinohara)

Observa-se uma enorme intensificação dos sinais SERS, por conta da presença das nanopartículas. Os picos vibracionais associados aos cromóforos N═C e C═S acoplados, na região de 1330 e 510 cm^{-1}, passam a responder à complexação com o íon metálico, aumentando a sensibilidade dos *spot tests* em relação à forma clássica.

Ressonância plasmônica de superfície (SPR)

Os nanofilmes de ouro constituem estruturas bidimensionais de espessura nanométrica. Os elétrons na superfície desses filmes também se comportam como plásmons na presença de um campo elétrico oscilante, em um meio de constante dielétrica ε_m. A luz, com seu campo elétrico oscilante, propaga-se segundo um vetor de onda característico que depende do índice de refração do meio (ε_2) e deve coincidir com o vetor de onda de propagação dos plásmons de superfície, para que possa ser absorvida por eles. Isso só é possível se o vetor onda da radiação incidente for alterado por meio da mudança da constante dielétrica – por exemplo, com o emprego de um prisma – e do ângulo θ, como na Figura 6.17.

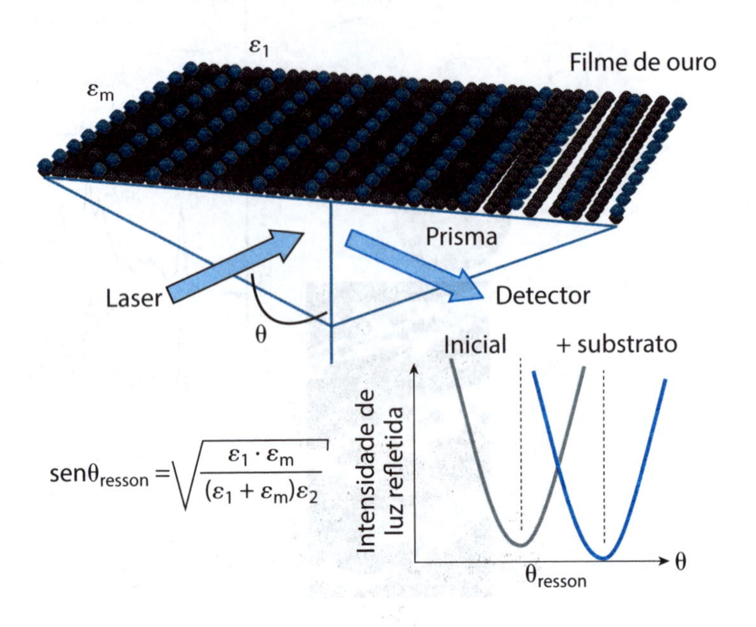

Figura 6.17
Esquema de um filme de ouro excitado com luz, em montagem segundo Kretchsmann, utilizando um prisma colocado em contato com a superfície plasmônica. A intensidade da luz refletida é monitorada em função do ângulo de incidência (θ), cuja variação permite ajustar o vetor de onda da radiação com o vetor de onda dos plásmons de superfície, de acordo com a equação interna. A presença de espécies adsorvidas ou nas proximidades da superfície plasmônica altera o dielétrico e o ângulo de ressonância, permitindo detectar variações equivalentes a 10^{-12} g de material adsorvido.

O arranjo descrito foi proposto por Kretchsmann. Segundo ele, existe um ângulo específico no qual a luz incidente passa a ser absorvida pelos plásmons de superfície, diminuindo a intensidade do feixe refletido. Esse ângulo depende da relação $\{\varepsilon_1 \cdot \varepsilon_m/(\varepsilon_1 + \varepsilon_m)\varepsilon_2\}^{1/2}$ e é conhecido como ângulo de ressonância, podendo ser monitorado no ponto de mínima, acompanhando o sinal captado pelo detector durante a varredura do ângulo de incidência da luz. O ângulo de ressonância é muito sensível aos valores das constantes dielétricas. Quando um substrato é depositado sobre o filme plasmônico, a constante dielétrica ε_1 é alterada, provocando um desvio acentuado no ângulo de ressonância. Dessa forma, é possível detectar quantidades da ordem de picogramas (10^{-12} g) de substrato depositado sobre o filme e monitorar processos que acontecem sobre a superfície do filme de um intervalo de tempo.

A SPR é uma técnica plasmônica bastante útil para a caracterização de fenômenos de superfície, como os processos eletroquímicos. Também tem sido empregada em estudos de associação de drogas e agentes químicos com DNA.

O exemplo da Figura 6.18 descreve o processo de associação de uma porfirina tetrarrutenada (Capítulo 8) com o DNA, previamente ancorado sobre uma superfície de ouro.

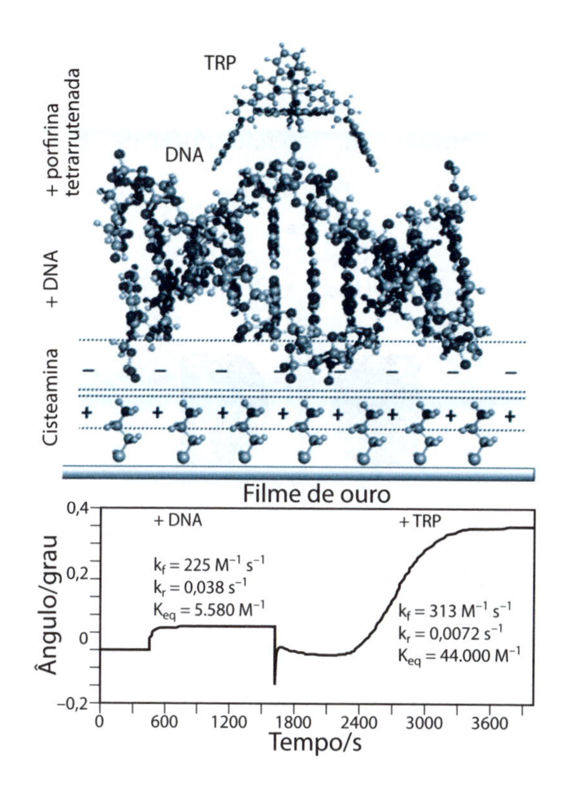

Figura 6.18 Variações no ângulo de SPR de um filme de ouro, modificado superficialmente com cisteamina ($NH_2CH_2CH_2SH$) e exposto inicialmente a uma solução de DNA e depois a uma solução de porfirina tetrarrutenada (Capítulo 8). O equacionamento das curvas cinéticas em função das concentrações e do tempo permite obter as constantes de velocidade e de equilíbrio para cada etapa.

Nanopartículas superparamagnéticas

Quando um campo magnético H_0 atua sobre um corpo, ocorre uma indução magnética B que altera o campo em seu interior por um fator igual a $4\pi I$.

$$B = H_0 + 4\pi I \quad \text{onde } I = \chi H_0 \text{ (d = densidade)} \tag{6.14}$$

Esse efeito é proporcional à intensidade do campo aplicado ($I = \chi H_0$), sendo a constante de proporcionalidade χ denominada **susceptibilidade magnética**. A unidade oficial (SI) de campo magnético H é o oersted (Oe = ampère/m), ao passo que a unidade de indução magnética $B = H + 4\pi I$ é dada em gauss ($1\ G = 10^{-4}$ tesla). Como B e H estão correlacionados, é comum a utilização da notação gauss para referir-se ao campo magnético. Genericamente, também são usadas unidades cgs, que são equivalentes ao gauss, e o momento magnético é expresso em emu (*electromagnetic unit*).

A grandeza que geralmente se mede nos experimentos é χ. Pode-se fazer essa medida colocando a amostra no interior de um campo magnético não uniforme (Figura 6.19).

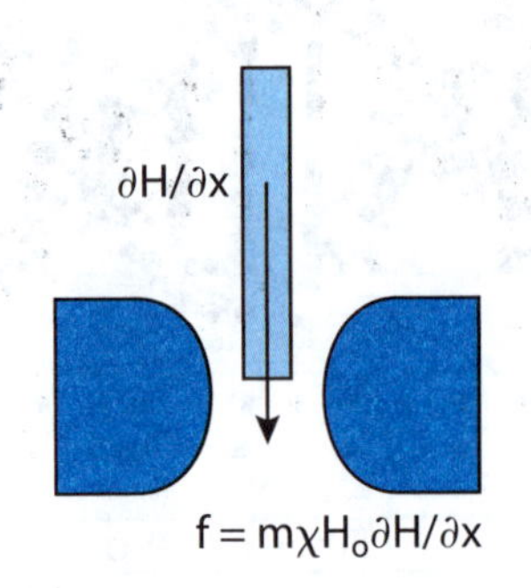

Figura 6.19
Determinação da susceptibilidade magnética por meio da força exercida pelo ímã e na presença de um gradiente de campo $\partial H/\partial x$.

Existem arranjos experimentais em que o gradiente de campo é variável, como é feito no método de Gouy, ou então mantido constante, como no método de Faraday. Neste último caso, as cabeças dos polos magnéticos são desenhadas com uma curvatura predeterminada para gerar um gradiente de campo magnético praticamente constante. Isso intensifica a atuação magnética sobre a amostra em estudo, melhorando tanto a reprodutibilidade como a sensibilidade. Dessa forma, é possível reduzir por mais de uma ordem de grandeza a quantidade de amostra necessária. Atualmente, as medidas já podem ser feitas rotineiramente com o auxílio de balanças analíticas, utilizando pequenos ímãs comerciais de liga de $Nd_2Fe_{14}B$, os quais fornecem campos magnéticos intensos e podem chegar a 11 kOe.

A susceptibilidade magnética pode ter sinal positivo ou negativo, dependendo do tipo de estrutura eletrônica do material. Em função disso, as moléculas podem apresentar um comportamento **diamagnético** ou **paramagnético**, como indicado na Tabela 6.1.

Tabela 6.1 – Tipos de comportamento magnético

Tipo	Natureza	Orientação dos *spins*	Susceptibilidade χ/unid cgs
Diamagnetismo	*Spins* emparelhados, repelem as linhas de força do campo.		$-(10^{-6})$
Paramagnetismo	*Spins* desemparelhados aleatórios que se alinham no campo.		$+(0 \text{ a} 10^{-4})$
Ferromagnetismo	*Spins* fortemente acoplados em paralelo e alinhados com o campo.		$+(10^{-2} \text{ a } 10^{4})$
Antiferromagnetismo	*Spins* fortemente acoplados em antiparalelo, cancelando os momentos magnéticos.		$+(0 \text{ a } 10^{-4})$
Ferrimagnetismo	*Spins* antiparalelos não equivalentes, fortemente acoplados, cancelando parcialmente os momentos magnéticos.		$+(0 \text{ a } 10^{x})$

O diamagnetismo é uma propriedade universal presente em todos os corpos. Ele resulta da ação do campo magnético externo sobre a nuvem eletrônica. Como resultado dessa ação, o corpo diamagnético repele as linhas de força, provocando um efeito de levitação sobre o ímã. O sinal da susceptibilidade nesse caso é negativo, porém sua magnitude é muito pequena, da ordem de 10^6 unidades cgs.

Já o paramagnetismo é uma propriedade de sistemas com elétrons desemparelhados, os quais tendem a alinhar-se com as linhas de força do campo magnético, levando a um aumento da atração pelo ímã. A forma mais simples de pensar o paramagnetismo é considerar um elétron circulando em uma órbita de Bohr, ao redor do núcleo. O momento magnético clássico é chamado magnéton de Bohr (BM) e é dado por:

$$\mu_e = e \cdot h/4 \cdot \pi \cdot m = 0{,}927 \times 10^{-20} \text{ erg/gauss} = \text{BM} \qquad (6.15)$$

Esse valor é usado como uma unidade magnética (cgs). O sinal de susceptibilidade paramagnética é positivo, e sua magnitude é da ordem de 10^{-4} unidades cgs, portanto, duas ordens de grandeza superior à da contribuição diamagnética. Por isso, o diamagnetismo fica praticamente mascarado em sistemas paramagnéticos.

O efeito do campo magnético deve ser suficientemente forte para vencer as influências caóticas da agitação térmica que tendem a desalinhar os *spins*. Assim, a susceptibilidade diminui com o aumento da temperatura, como se vê na equação a seguir:

$$\chi = N^2\mu^2/\ 3kT \qquad (6.16)$$

Essa equação equivale à lei de Curie ($\chi = C/T$), em que a constante C é igual a $N^2\mu^2/3k$ e descreve a curva da Figura 6.20.

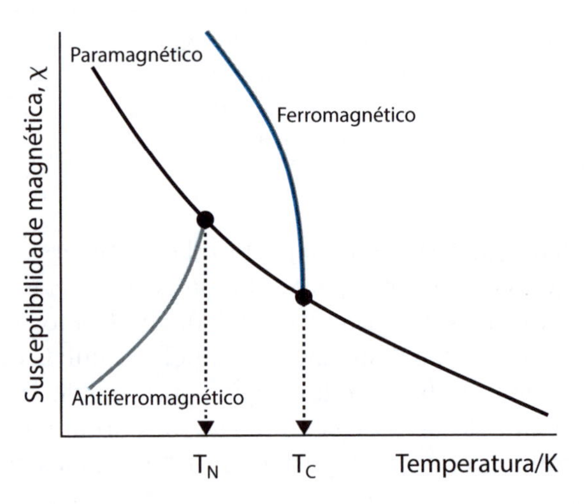

Figura 6.20
Variação da susceptibilidade com a temperatura (lei de Curie).

A equação de Curie apresenta algum desvio a baixas temperaturas e, geralmente, introduz um termo de correção θ, convertendo a equação em $\chi = C/(T + \theta)$. Essa relação descreve a lei de Curie-Weiss.

Experimentalmente, o momento magnético pode ser relacionado com sua susceptibilidade χ por meio da equação a seguir:

$$\mu = (3k\ \chi\ T/N^2)^{1/2} = 2{,}828\ [\chi \cdot T]^{1/2}\ MB \qquad (6.17)$$

A determinação da susceptibilidade é muito útil para o cálculo das propriedades magnéticas dos íons metálicos nos compostos. Porém, antes, é importante corrigir o valor da susceptibilidade medido experimentalmente pela contribuição diamagnética de todos os átomos presentes. Essa contribuição tem caráter aditivo e pode ser avaliada com a soma das contribuições atômicas envolvidas[1].

No caso de compostos em que participam apenas elementos leves, como os metais de transição da série 3d, é possível usar uma aproximação que considera apenas a contribuição que vem do momento de *spin* (S). Essa aproximação é conhecida como *spin only* ou μ_{so}. Assim, o momento magnético fica igual a:

$$\mu_{so} = 2[S(S + 1)]^{1/2} \text{ MB} \tag{6.18}$$

Na aproximação *spin only*, outra forma de expressar essa equação em termos do número de elétrons desemparelhados (**n**) é pela equação $S = \Sigma s_i = n(1/2)$. Portanto:

$$\mu_{so} = [n(n + 2)]^{1/2} \text{ MB} \tag{6.19}$$

No estado sólido, os *spins* não se comportam isoladamente como nas moléculas e o efeito coletivo pode envolver acoplamentos e sítios com diferentes orientações magnéticas. Na presença do campo magnético, os *spins* tendem a alinhar-se e a susceptibilidade cresce com o abaixamento da temperatura em razão da diminuição do efeito térmico, caótico, sobre os *spins*, até um ponto, que é a temperatura de Curie (T_C). A partir desse ponto, o desalinhamento térmico desaparece e o paramagnetismo converte-se em **ferromagnetismo**, quando o sistema torna-se ordenado, levando a grande aumento da susceptibilidade (Figura 6.20).

Quando, por razões estruturais, os *spins* estão acoplados com sentidos contrários, pode haver cancelamento ou redução drástica do momento magnético. Essa situação é conhecida como **antiferromagnetismo**. Como acontece no ferromagnetismo, a susceptibilidade aumenta com o abaixamento da temperatura até chegar a um ponto T_N, conhecido como temperatura de Néel. A partir desse ponto, a orientação dos *spins* em sentido contrário leva a um can-

[1] Mais detalhes podem ser encontrados no volume 4 desta coleção.

celamento brusco dos momentos magnéticos, e o regime passa de paramagnético para antiferromagnético (Figura 6.20). Existe ainda a situação em que os *spins* envolvidos não são equivalentes e o cancelamento torna-se apenas parcial. Nesse caso, o termo utilizado é **ferrimagnetismo**.

Os materiais de dimensões superiores a 1 μm podem apresentar vários sítios com orientações magnéticas distintas. Isso é conhecido como anisotropia magnética. Considerando como referência um eixo de fácil magnetização, a energia de orientação do *spin* vai depender do ângulo θ formado com esse eixo e da natureza anisotrópica do cristal, expressa pela constante **K** e pelo volume **V**, isto é:

$$E(\theta) = KV\,\text{sen}^2\theta \tag{6.20}$$

A mudança da orientação do *spin* na presença de um campo magnético envolve uma barreira energética $E_b = KV$. Essa barreira delimita cada região no material (Figura 6.21).

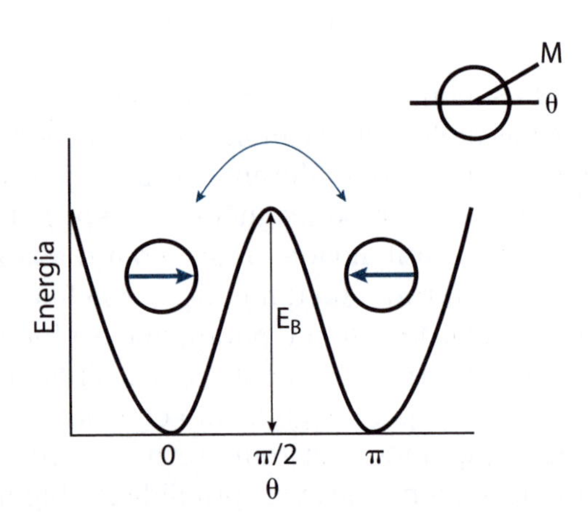

Figura 6.21
Barreira de conversão para orientação magnética em relação ao eixo de fácil magnetização.

A facilidade da passagem de uma configuração de *spin* para outra vai depender da temperatura e da barreira de conversão ao longo do eixo de mais fácil magnetização. Assim, quando a temperatura for suficiente para superar essa barreira, os *spins* vão se equilibrar rapidamente nos vários estados, adquirindo liberdade de orientação típica do regime paramagnético. Abaixo dessa temperatura, isso não vai acontecer. Por isso, a temperatura é conhecida como temperatura de bloqueio (T_B).

O campo magnético $\mathbf{H_o}$, atuando sobre o momento magnético μ das partículas, em um ângulo θ, introduzirá um fator energético $E = \mu H\cos\theta$, que tende a alinhar os *spins* até um valor limite, conhecido como magnetização de saturação. Esse comportamento vai depender da natureza das partículas e de seu diâmetro. Um diâmetro crítico ($\mathbf{D_c}$) pode ser estimado pela relação $D_c \approx (150\ kT/\pi K)^{1/3}$, para descrever um monodomínio magnético até um diâmetro máximo ($\mathbf{D_m}$). Nessa faixa que vai de D_c a D_m, as partículas podem comportar-se como monodomínios magnéticos. Acima de D_m as partículas passam a comportar-se como multidomínios. Alguns valores típicos de D_m são: Fe (14 nm), Co (70 nm), Ni (55 nm), Fe_3O_4 (128 nm) e γ-Fe_2O_3 (166 nm).

Nanopartículas metálicas – como as de Fe, Co e Ni – apresentam forte magnetização, porém são bastante reativas e sensíveis à oxidação. No caso do Fe, os valores de D_m são pequenos e as partículas maiores que 14 nm fogem do comportamento superparamagnético. As nanopartículas derivadas de óxidos de ferro, MFe_2O_4 (M = Mn, Fe, Co, Ni, Zn) e γ-Fe_2O_3, são conhecidas como ferritas. Elas também apresentam elevada magnetização e têm a vantagem de serem menos sensíveis à oxidação, com menor toxicidade em relação às nanopartículas metálicas.

Nanopartículas, como as de magnetita (Fe_3O_4) e maghemita (γ-Fe_2O_3), têm seus *spins* fortemente alinhados com o campo magnético, mesmo em temperatura ambiente, apresentando um comportamento típico de ferromagnetismo. Tal alinhamento só persiste durante a aplicação do campo magnético, e a intensidade resultante equivale à somatória de todos os sítios paramagnéticos existentes. Assim, o grau de magnetização pode tornar-se muito intenso e o comportamento é denominado superparamagnético.

As propriedades da magnetita e da maghemita estão reunidas na Tabela 6.2.

A magnetita é um dos materiais magnéticos mais abundantes na natureza. É constituída de um óxido de ferro com valência mista de composição Fe_3O_4, equivalente a $Fe^{II}O.Fe^{III}{}_2O_3$ em termos estequiométricos. Sua estrutura é derivada de um espinélio invertido (imagem (A) da Figura 6.22), onde os íons de Fe(II) estão localizados em sítios octaédricos (O_h) e os íons de Fe(III) se encontram tanto em sítios tetraédricos (T_d) como em octaédricos, conjugados, isto é: $Fe_3O_4 = [Fe^{III}]_{Td}[Fe^{III}Fe^{II}]_{Oh}O_4$ (imagem (C) da Figura 6.22). A estrutura cristalina da maghemita está na imagem (B) da Figura 6.22.

Tabela 6.2 – Propriedades físicas da magnetita e da maghemita

	Sistema cristalino	Tamanho célula/nm	Densidade /g cm^{-3}	Cor	Susc. Mag. /emu g^{-1}	Temperatura de Curie/K
Magnetita	cúbico	a = 0,839	5,26	preto	90-98	850
Maghemita	cúbico ou tetragonal	a = 0,834	4,87	marrom	76-81	820-986

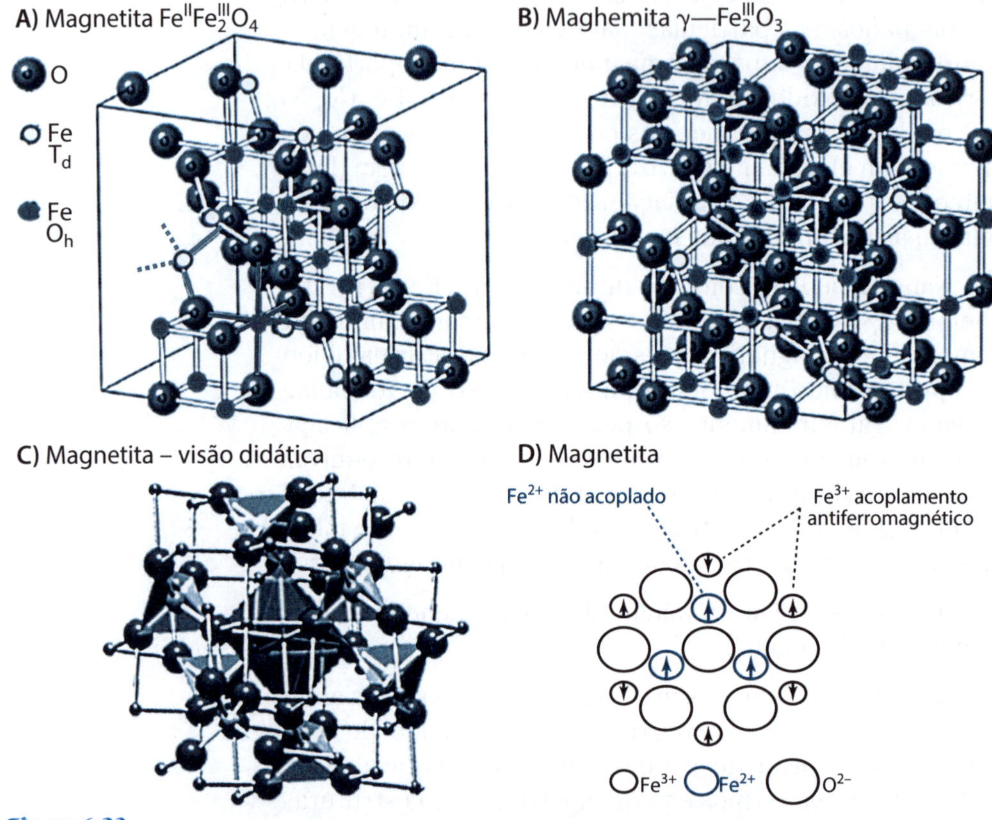

Figura 6.22
Retículo cristalino da magnetita (A) e da maghemita (B), com os íons de ferro em sítios octaédricos (esferas cheias) e tetraédricos (esferas ocas); (C) visão didática dos sítios tetraédricos ao redor do octaedro na magnetita; (D) acoplamento antiferromagnético dos íons de Fe(III) na estrutura da magnetita.

Uma representação didática dos *spins* associados na magnetita pode ser vista na imagem (D) da Figura 6.22. Os íons de Fe(III) apresentam cinco elétrons desemparelhados, porém os *spins* em sítios conjugados acabam se acoplando e cancelando sua contribuição para o momento magnético. Entretanto, os íons de Fe(II), com quatro elétrons desemparelhados, permanecem magneticamente isolados e respondem rapidamente à aplicação de um campo H_0, com uma forte magnetização M.

As medidas de magnetização são feitas em equipamentos conhecidos como magnetômetros. As curvas típicas de magnetização em função do campo têm um aspecto sigmoidal, como se vê na Figura 6.23. A magnetização global é dada pela soma de todos os momentos magnéticos e segue uma dependência inversa com a temperatura, expressa pela lei de Curie ou Curie-Weiss. Em virtude do tamanho reduzido, todos os momentos magnéticos individuais acoplam-se gerando um único momento magnético para a nanopartícula. Os momentos magnéticos das nanopartículas orientam-se rapidamente no campo magnético, levando a uma magnetização global que tende para um ponto de saturação, como na figura a seguir.

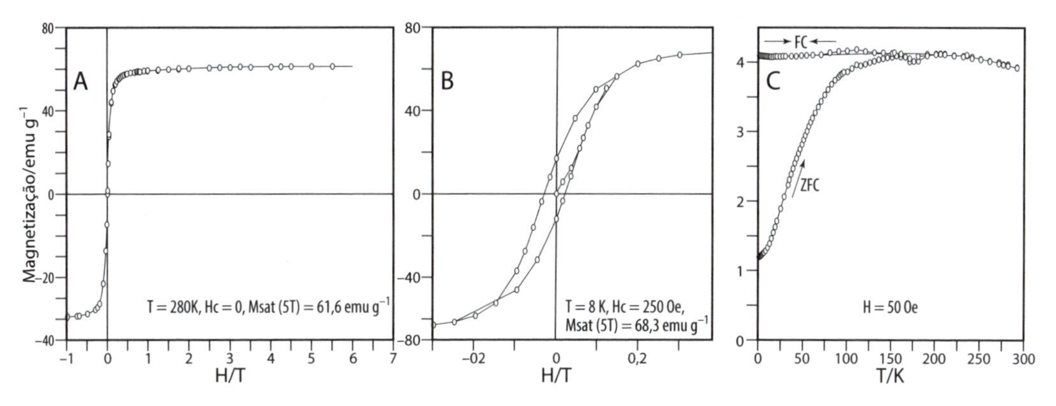

Figura 6.23
Curva de magnetização de nanopartículas superparamagnéticas recobertas com ácido oleico, medidas a 280 K (A), com varredura de campo nos dois sentidos, mostrando a ausência de histerese; a 8 K (B), com expansão de escala, revelando uma pequena histerese; e com curvas FC e ZFC (C) em um campo aplicado de 50 Oe. (Cortesia de Miguel A. Novak)

No ponto de saturação, praticamente todos os dipolos magnéticos das nanopartículas estão orientados da mesma maneira, em paralelo, levando a um nível de saturação de magnetização. No caso da magnetita pura, a magnetização de saturação é igual a 92 $Am^2\ kg^{-1}$ (ou 92 emu g^1 em unidades cgs). Na ausência do campo magnético, a orientação dos momentos magnéticos desaparece instantaneamente.

Após uma varredura de campo até a saturação, quando se faz a varredura de campo no sentido contrário, a curva de magnetização permanece idêntica, indicando que os *spins* orientam-se instantaneamente com o campo, praticamente sem barreiras de conversão de *spin*. Esse comportamento caracteriza o sistema como **superparamagnético**. Isso ocorre quando as partículas têm consistência de monodomínios magnéticos e passam a responder como se fossem íons metálicos livres, mas com uma intensidade de magnetização exponencialmente maior. O sistema magnético é dito sem histerese ou sem memória magnética. Esse comportamento típico de sistemas superparamagnéticos é uma característica importante, pois na ausência de campo as partículas podem ser dispersas e trabalhadas normalmente, sem estarem aderidas às superfícies metálicas.

Em temperaturas muito baixas, a energia térmica disponível para vencer a barreira de separação de *spins* pode ser limitada e as curvas de magnetização obtidas nos dois sentidos podem se apresentar defasadas. Nessa situação, na varredura inversa, quando H chega a zero, ainda há uma densidade de fluxo residual (ponto "b"). Para que M chegue a zero (ponto "c"), é necessário aplicar um campo negativo, chamado força coerciva. Se H continuar aumentando no sentido negativo, o material é magnetizado com polaridade oposta, atingindo nova condição de saturação. O atraso entre magnetização e campo magnético é chamado **histerese magnética**.

Outro traçado de curva de magnetização faz uso da variação da temperatura. Isso pode ser feito de dois modos, conhecidos como *field cooling* (FC) e *zero field cooling* (ZFC) (imagem (C) da Figura 6.23). No modo ZFC as medidas são conduzidas partindo de uma temperatura baixa. Nessa situação, a aplicação do campo não consegue desbloquear os *spins* das nanopartículas. No entanto, com o aumento gradual de temperatura, a magnetização começa a crescer até atingir o máximo na temperatura igual a T_B, ou temperatura de bloqueio. Acima dessa temperatura, as nanopartículas adquirem um comportamento superparamagnético. No modo FC, geralmente parte-se da temperatura ambiente e aplica-se um campo magnético. Nessa condição, mais próxima do regime superparamagnético, os *spins* orientam-se rapidamente e o abaixamento da temperatura mantém sua orientação, caminhando para a magnetização de saturação.

As temperaturas Curie da magnetita e da maghemita são bastante altas, apresentando um comportamento superparamagnético em uma ampla faixa de temperatura. A temperatura Curie para a maghemita é apenas aproximada, pois tende a converter-se em hematita acima de 713 K, dificultando sua medida.

Preparação de nanopartículas superparamagnéticas

Nanopartículas superparamagnéticas podem ser preparadas por diversos métodos, com diferentes tamanhos, formas e composições, e têm as mais diferentes aplicações. Um método bastante utilizado é baseado na coprecipitação de hidróxidos de Fe(II) e de Fe(III), misturados em proporções estequiométricas, em meio fortemente alcalino, sob aquecimento, agitação controlada e atmosfera inerte, segundo esta reação:

$$Fe^{2+} + 2Fe^{3+} + 8OH^{-} \rightarrow Fe_3O_4 + 4H_2O \qquad (6.21)$$

Esse método é bastante simples e eficiente para a produção de nanopartículas fortemente magnéticas. A distribuição de tamanhos é relativamente grande e, mesmo assim, adequada para a maioria das aplicações. Nesse processo, o produto precipita como um agregado preto, que pode ser facilmente confinado e processado por meio de um ímã colocado na área externa do frasco de reação, sem necessidade de filtração ou centrifugação.

Outro método bastante simples é baseado na oxidação controlada de sais de Fe(II), como o $FeSO_4$ hidratado, em soluções fortemente alcalinas, na presença de quantidades estequiométricas de $NaNO_3$ e sob forte agitação em ambiente aberto. A reação envolve a formação de $Fe(OH)_2$ e $Fe(OH)_3$, por meio da oxidação com O_2 atmosférico, em paralelo à oxidação por íon nitrato. A participação do íon nitrato no processo é pouco convencional, pois em sua atuação como oxidante acaba gerando NH_3 em vez de N_2, como seria esperado. Esse método leva à formação de nanopartículas grandes, mas com elevado grau de magnetização para uso prático na maioria das aplicações. O uso de aditivos estabilizantes, como CMC, pode reduzir o consideravelmente o tamanho das nanopartículas.

$$6Fe^{2+} + 3O_2 + 4OH^- \rightarrow 2Fe_3O_4 + 2H_2O \quad (6.22)$$

$$12Fe^{2+} + 23OH^- + NO_3^- \rightarrow 4Fe_3O_4 + NH_3 + 10H_2O \quad (6.23)$$

A estabilidade da magnetita é comprometida em ambiente ácido e na presença de ar. Parte dos íons de Fe(II) da magnetita acaba saindo da estrutura inicial, migrando para a solução ou provocando alguma reorganização estrutural com geração de vacâncias internas e mudança de cor, de preto para marrom. O produto formado é a **maghemita**, ou γ-Fe_2O_3. O rearranjo estrutural provoca o desacoplamento dos *spins* dos íons de Fe^{III} em sítios conjugados, anteriormente existente na magnetita, mantendo dessa forma o caráter superparamagnético da maghemita, com uma intensidade apenas ligeiramente inferior ao da magnetita (Tabela 6.2).

Outro método importante é baseado na decomposição térmica de compostos metalorgânicos – como os derivados de ácido oleico, esteárico, acetilacetonato, nitrosofenil-hidroxilamina, ácidos graxos e metalcarbonila – em solventes orgânicos de alto ponto de ebulição – como octadeceno, n-eicosano e tetracosano. O procedimento é feito na presença de surfactantes, como os ácidos graxos, sob atmosfera inerte e forte agitação. É necessário um controle rigoroso das condições, mas geralmente se obtém um produto com distribuição estreita de tamanhos, estabilizado por uma capa orgânica constituída de surfactante usado. Existem ainda métodos baseados em síntese hidrotérmica, sob alta pressão e temperatura, assim como métodos que utilizam meios micelares, principalmente para produção de nanopartículas anisotrópicas.

Proteção química e funcionalização

Em meio aquoso as nanopartículas de magnetita podem apresentar cargas positivas e negativas, dependendo do pH da solução. O ponto isoelétrico, onde as cargas se equilibram, é observado em pH 6,8. As nanopartículas, por sua vez, estão expostas às interações com o solvente e as moléculas presentes, podendo participar de reações redox, envolvendo principalmente o oxigênio molecular. Além disso, é importante manter as partículas estabilizadas em solução, evitando sua aglomeração e precipitação. Isso pode ser feito por meio de agentes químicos.

A modificação direta das nanopartículas mediante reação com fenóis, polímeros e outras espécies químicas é possível. Entretanto, para usos a longo prazo, é interessante aplicar uma cobertura de sílica, que vai fazer a nanopartícula reagir com tetraetoxi(silano), $(C_2H_5O)_4Si$, como na Figura 6.24. O produto obtido pode ser representado por $MagNP@SiO_2$. A presença de grupos Si—OH na superfície possibilita ainda realizar novas reações de silanização, utilizando organossilanos funcionalizados do tipo $(C_2H_5O)_3Si(C_3H_6R)$, em que R═NH_2, como em aminopropiltri(etoxi)silano (APTS), ou R═SH, exemplificado pelo mercaptopropiltri(etoxi)silano (MPTS), conforme Figura 6.24.

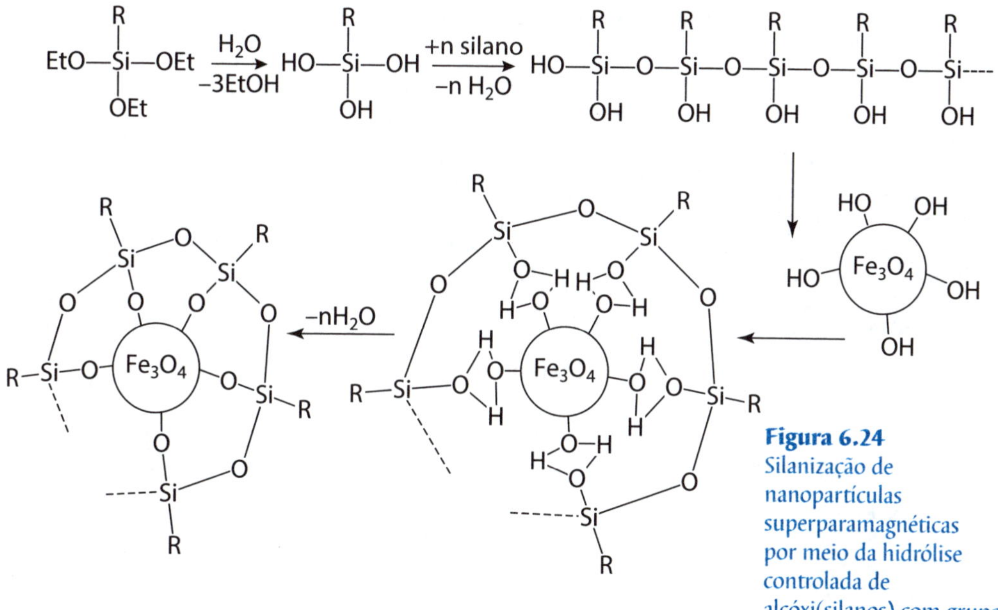

Figura 6.24 Silanização de nanopartículas superparamagnéticas por meio da hidrólise controlada de alcóxi(silanos) com grupos funcionais R.

O grupo R permite a ligação de outras espécies com as nanopartículas magnéticas, incluindo catalisadores e biomoléculas, e tem papel essencial no planejamento de sistemas bioconjugados, como visto no Capítulo 10.

Grafenos, fullerenos e nanotubos de carbono

A sequência de três descobertas sobre nanoespécies de carbono teve impacto marcante na nanotecnologia: fullerenos, por Harold Kroto e Richard Smalley, em 1985 (Nobel em 1996); nanotubos de carbono, por Sumio Iijima, em 1991; grafeno, por Constatin Novozelov e André Geim (Nobel em 2010).

Essas novas formas de carbono chamaram a atenção por suas propriedades mecânicas e elétricas diferenciadas. A estrutura básica provém do grafeno, que equivale a um plano simples do grafite, apresentando ligações σ do tipo sp^2-sp^2 e ligações do grafite π deslocalizadas entre os anéis conjugados de carbono. A partir desse plano, os vários anéis podem juntar-se, segundo orientações adequadas, como indicado na Figura 6.25, para gerar bolas (fullerenos) ou nanotubos de carbono. De fato, de acordo com o direcionamento específico dos anéis hexagonais, é possível chegar a configurações não equivalentes nos nanotubos, conhecidas como cadeira, zigue-zague e quiral.

Figura 6.25
Formas alotrópicas de carbono: grafite, grafeno, fullereno, nanotubo de carbono e diamante.

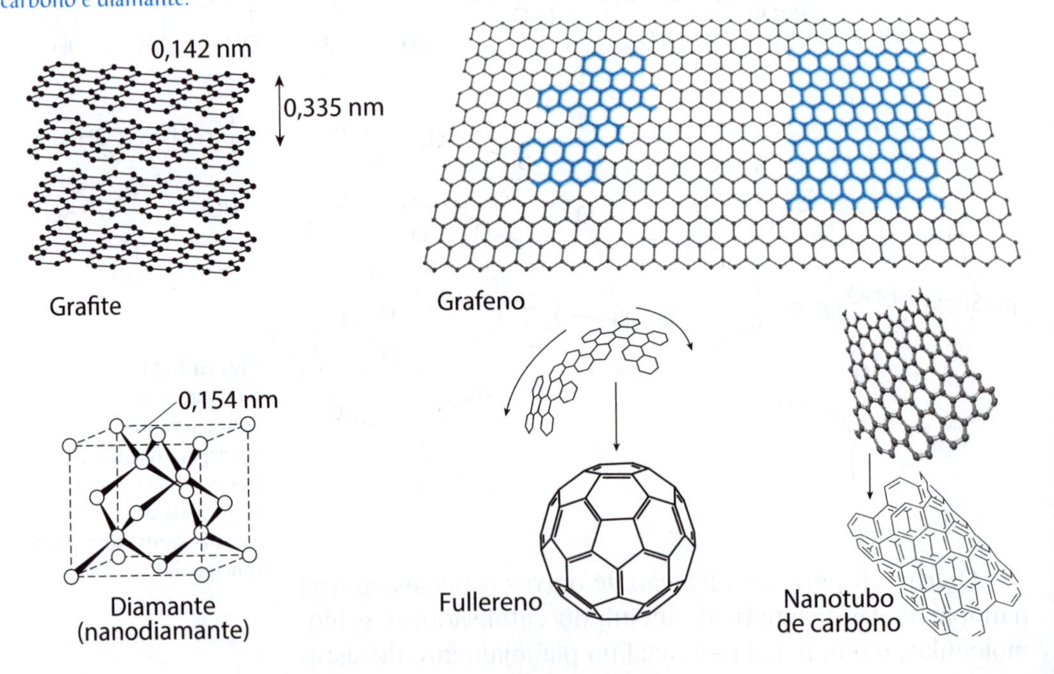

O fullereno apresenta anéis hexagonais e pentagonais acoplados, formando uma esfera, sendo a forma mais comum o C_{60}. Os nanotubos de carbono são as formas mais intensamente investigadas, em virtude de sua elevada resistência mecânica e condutividade. Porém, podem apresentar um comportamento variável, desde o semicondutor até o metálico, dependendo do arranjo dos anéis. Grafenos, fullerenos e nanotubos de carbono podem apresentar apenas uma camada de átomos, formando paredes simples, ou várias camadas superpostas, com paredes múltiplas.

É interessante notar que a densidade dos nanotubos de carbono é de apenas um sexto em comparação com o aço, porém eles conseguem suportar uma força de tensão bastante superior. Quando flexionados, mesmo em ângulos elevados, os nanotubos de carbono retornam à posição original, sem apresentarem fraturas nem deformações, como ocorre com os metais e as fibras de carbono. A capacidade de transporte de corrente elétrica é de 10^9 A cm^{-2}, algo surpreendente, pois os fios de cobre se rompem, por fusão, quando a corrente chega a 10^6 A cm^{-2}. A condutividade térmica dos nanotubos de carbono de parede simples é de 3500 W m^{-1} K^{-1}, superando, por exemplo, a do cobre metálico (385 W m^{-1} K^{-1}), que é um dos melhores condutores térmicos conhecidos. A estabilidade térmica é comparável à do diamante, resistindo até 3073 K sob vácuo e até 823 K quando aquecido na presença de ar.

A síntese desses materiais é feita por processos drásticos, envolvendo a aplicação de descargas elétricas ou feixes de *lasers*, em substrato de carbono contendo elementos metálicos como Fe, Co, Ni e Y, que atuam como catalisadores (Figura 6.26).

Os processos mais modernos utilizam a decomposição térmica de vapores químicos formados por hidrocarbonetos sobre catalisadores compostos de ligas metálicas, geralmente Al, Fe e Mo (imagem (C) da Figura 6.26). Em todos os casos, os materiais de carbono acabam sendo contaminados pelos elementos metálicos presentes nos catalisadores. O emprego das nanoformas de carbono na biologia deve levar em conta esse fato, visto que muitos dos problemas de toxicidade relatados na literatura podem, na realidade, ter origem na contaminação com elementos metálicos. O grafeno é a forma que tem despertado maior interesse recentemente, em virtude de suas possibilidades de aplicação na eletrônica. Suas aplicações na biotecnologia ainda são modestas, exceto na área de sensores.

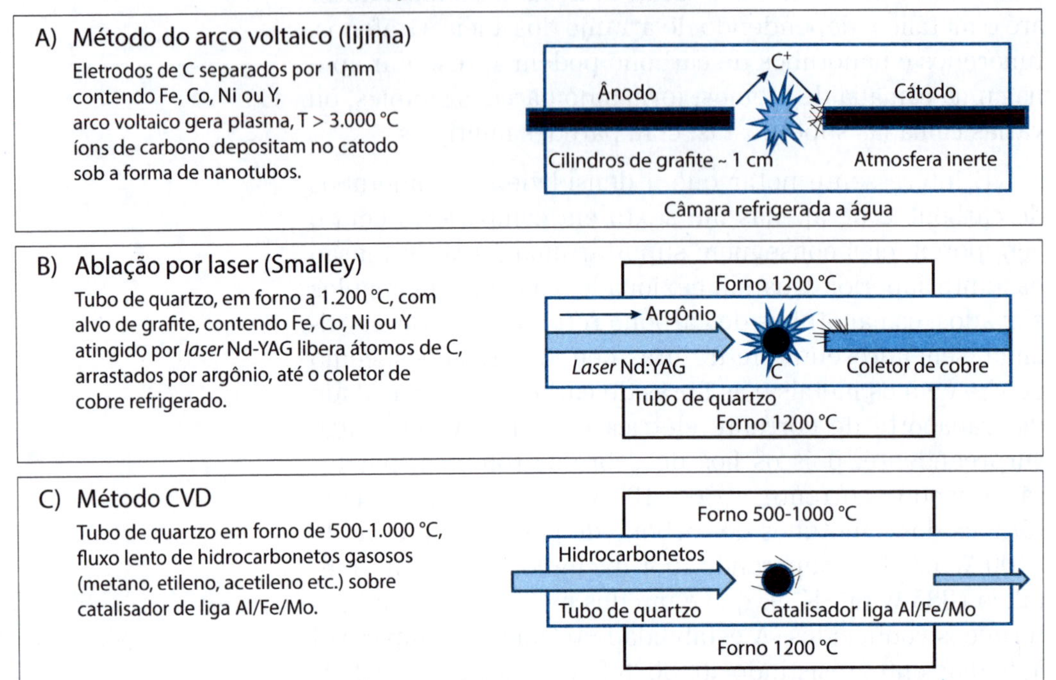

Figura 6.26
Quadro explicativo ilustrando os principais processos de obtenção de nanotubos de carbono: (A) o método do arco voltaico, (B) a ablação por *laser* e (C) o método CVD.

Outra forma de carbono utilizada em nanotecnologia é derivada do diamante, conhecida por sua grande dureza, com ligações C—C (sp^3-sp^3) de 0,154 nm. Na forma nanométrica, o diamante pode ser produzido em larga escala por meio de processos sintéticos de baixo custo e encontra aplicações na nanobiotecnologia, como sondas fluorescentes quando dopadas com nitrogênio e carreadores de drogas. Também tem sido reportada a existência de *quantum dots* de carbono, como será visto adiante.

Todas as nanoformas de carbono oferecem algumas limitações de ordem prática, como baixa solubilidade em água e na maioria dos solventes orgânicos, porém podem ser trabalhadas quimicamente por meio da introdução de grupos funcionais, como —NH_2, —OH e —COOH. Os conjugados gerados a partir das espécies funcionalizadas, acopladas a biomoléculas e anticorpos, vêm sendo testados como marcadores celulares e transportadores de drogas, como a dexametazona.

Os nanotubos também estão sendo usados como agentes de contraste óptico e de ressonância magnética. Nanoestruturas fibrosas que incorporam nanotubos de carbono têm sido usadas no crescimento de células, incluindo formas revestidas com hidroxiapatita, na bioengenharia reconstrutiva dos tecidos ósseos. Também na bioengenharia são revestidas com polímeros de tecidos neurais (Capítulo 10). Contudo, tem sido crescente a preocupação com a toxicidade dos nanotubos, principalmente se inalados, quando se alojam nos tecidos dos pulmões. Muitas aplicações têm sido descritas para os nanotubos de carbono em nanodispositivos, proporcionando estruturas para o desenvolvimento de biossensores ultrassensíveis, multiplexados, sensores resistivos, sensíveis à resposta envolvendo imuno/afinidade, sensores amperométricos para glucose e biossensores de DNA.

Os espectros Raman são bastante utilizados para a caracterização das várias formas de carbono. Eles podem ser observados na Figura 6.27. O grafeno e os nanotubos de carbono apresentam um padrão espectral semelhante ao do grafite, com bandas características ao redor de 1350 cm^{-1} (conhecidas como banda D) e ao redor de 1580 cm^{-1} (denominadas banda G), bem como a harmônica 2-D por volta de 2700 cm^{-1}. As intensidades relativas das bandas permitem diferenciar entre as várias formas de carbono. O fullereno, com sua estrutura esférica, apresenta um espectro Raman bastante diferenciado dos demais.

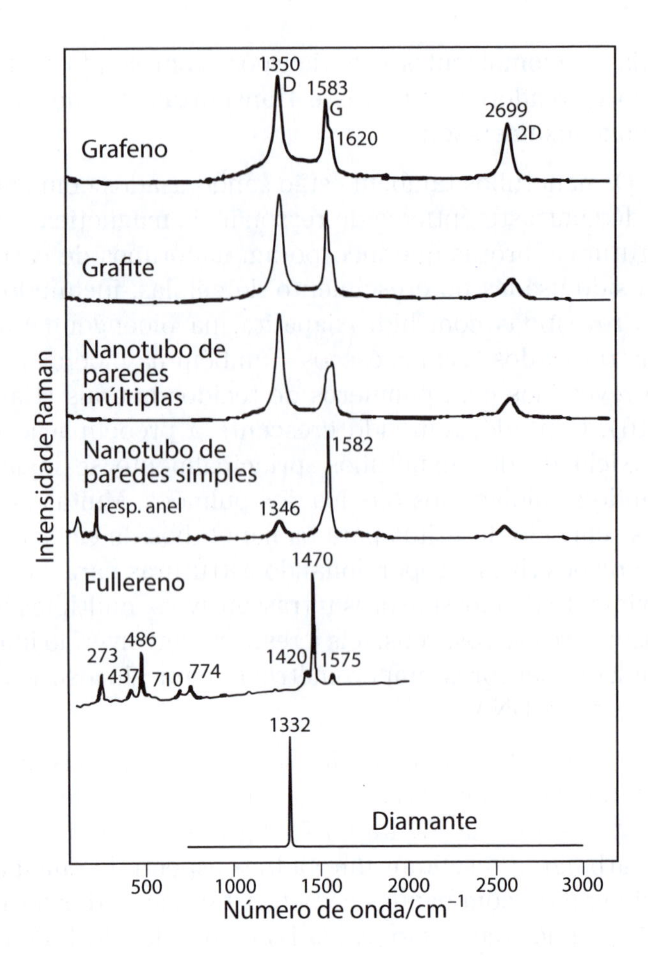

Figura 6.27
Espectros Raman de várias formas nanométricas de carbono.

Nanopartículas de dióxido de titânio (TiO_2)

O dióxido de titânio é um material semicondutor com grande separação energética entre a banda de condução (vazia) e a banda de valência (cheia), ΔE_g ou *band gap* da ordem de 3 eV. Sua excitação ocorre apenas no ultravioleta próximo, produzindo uma coloração branca bastante acentuada em razão do alto índice de refração (2,6). Por isso, tem sido o pigmento mais usado nas tintas brancas. Outros materiais semicondutores, como o Si, Ge, GaAs, InP, apresentam *band gaps* menores (Figura 6.28).

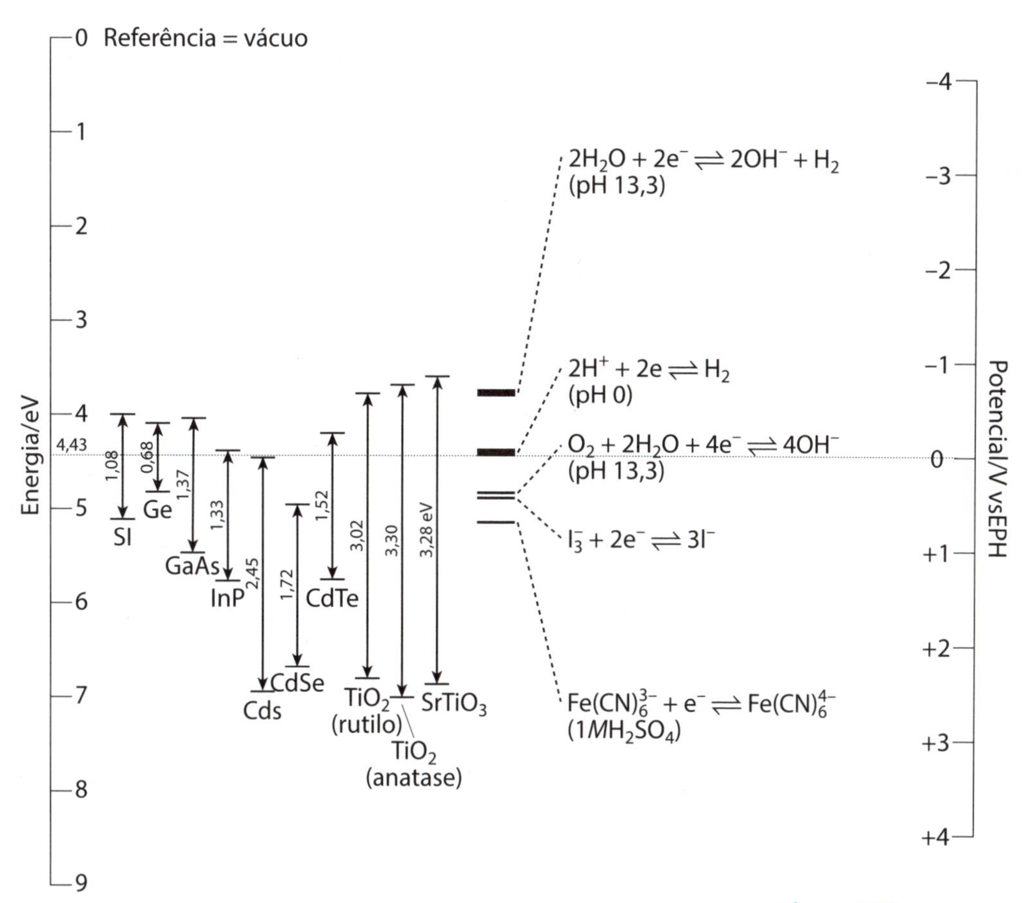

Figura 6.28
Energias das bandas de condução e de valência, com os respectivos valores de *band gap* e ΔE_g, em eV, em comparação com potenciais de alguns pares redox selecionados, que apresentam a correspondente correlação com a escala eletroquímica, referenciada no eletrodo padrão de hidrogênio (EPH).

O dióxido de titânio (TiO_2) na forma natural apresenta tonalidade escura, por causa da presença de impurezas de outros elementos. Na forma cristalina, dá origem a três polimorfos principais, conhecidos como rutilo, anatase e brookita. Esta última tem pouco destaque, pois se transforma em rutilo em baixas temperaturas. O rutilo e a anatase apresentam estruturas tetragonais, com os íons de Ti(IV) coordenados a seis ânions de oxigênio, diferenciando-se pelas distorções nas ligações. Uma tensão estrutural mais acentuada é observada na anatase (imagem interna da Figura 6.29), apresentando um maior desvio do ângulo teórico de 90°. Tanto o rutilo como a anatase apresentam distorções tetragonais nos comprimentos de ligação ao longo do eixo principal e do plano, resultando em espectros Raman bastante distintos, que podem ser usados para sua diferenciação ou caracterização. Seus índices de refração são, respectivamente, 2,61 e 2,56, com *band gaps* da ordem de 3,02 e 3,30 eV (Figura 6.28).

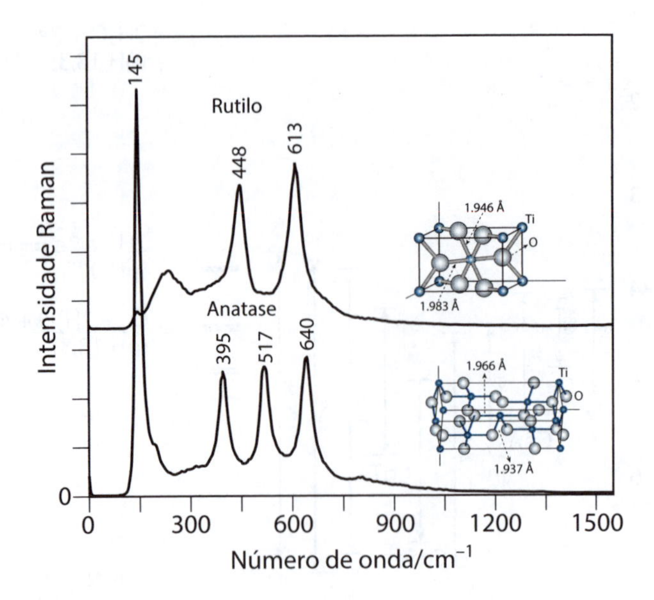

Figura 6.29
Espectros Raman de TiO_2 nas formas de rutilo e anatase, com os retículos cristalinos correspondentes.

A forma nanométrica é encontrada no comércio com o nome de P25 (Figura 6.30), composto de cerca de 80% de anatase e 20% de rutilo. Por conta do *band gap* de 3 eV, a passagem de elétrons da banda de valência para a banda de condução envolve excitação na faixa do ultravioleta (UV). Essa transição produz uma separação de cargas dentro da partícula, que podem migrar para a superfície ou sofrer recombinações, aniquilando-se mutuamente. As cargas na superfície também podem ser transferidas para outras espécies químicas presentes, como o solvente, provocando reações redox.

Na Figura 6.28, estas duas reações estão representadas:

$$2H_2O + 2e^- \rightleftharpoons 2OH^- + H_2 \quad (6.24)$$

$$2OH^- \rightleftharpoons H_2O + ½O_2 + 2e^- \quad (6.24)$$

Os potenciais redox dessas reações situam-se dentro da faixa do *band gap* do TiO_2. Isso despertou enorme interesse no uso desse pigmento na decomposição fotoquímica da água em hidrogênio e oxigênio. Em termos energéticos esse processo seria bastante vantajoso, pois a luz poderia ser usada na produção de um combustível limpo, que é o hidrogênio molecular, sem sofrer limitações de disponibilidade nem de sustentabilidade. Entretanto, a faixa espectral útil cai na região do ultravioleta, que é filtrada em sua maior parte pela atmosfera, reduzindo bastante a eficácia do processo de fotoconversão de energia.

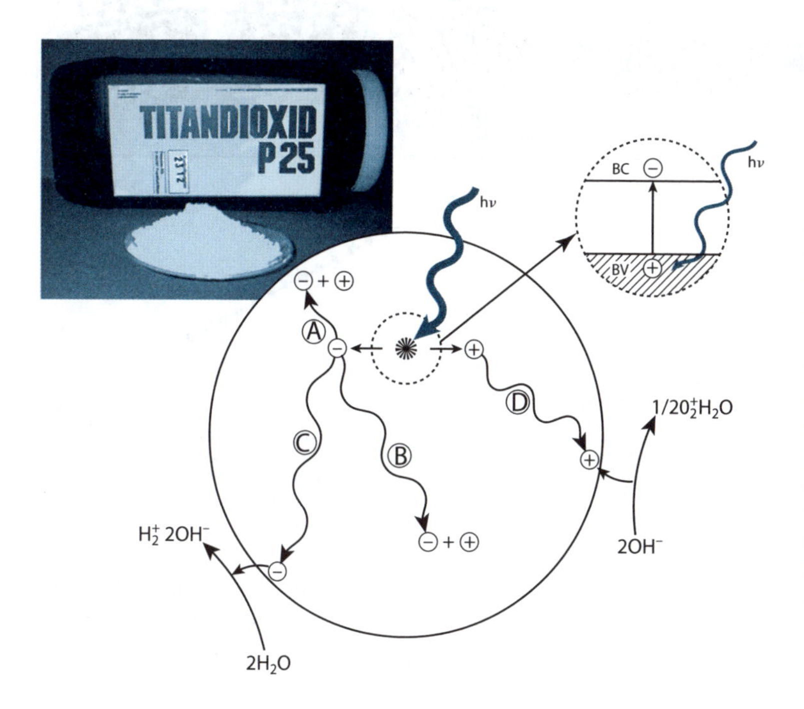

Figura 6.30
Dióxido de titânio, disponibilizado no comércio com o nome de P25. Destaque para o processo de fotoexcitação, que leva à transferência de elétrons da banda de valência para a banda de condução e posterior separação das cargas. Essas cargas migram pelas rotas A-D para o interior até sofrerem o aniquilamento por recombinação, ou migram para a superfície, onde podem provocar reações químicas, levando à fotodecomposição da água, por exemplo.

Em virtude da geração fotoquímica de cargas na superfície, as nanopartículas de TiO_2 conseguem transferir elétrons para moléculas orgânicas adsorvidas em sua superfície, por via oxidativa ou redutiva, ou gerar espécies ativas de oxigênio, levando a sua decomposição. Esse efeito foi explorado para elaborar sinalizadores e dosímetros de radiação ultravioleta, utilizando corantes baseados no complexo roxo de ferro(II) com ligantes terpiridínicos, ancorados em nanopartículas de TiO_2 revestidas com β-ciclodextrina. O corante exposto à luz ultravioleta, abaixo de 400 nm, sofre descoramento proporcional ao tempo de exposição – esse efeito pode ser visualizado em um crachá (Figura 6.31). Dessa forma, com uma escala de cores padronizadas, é possível avaliar o tempo de exposição à luz solar e prevenir os efeitos nocivos que podem levar, em última instância, ao câncer da pele.

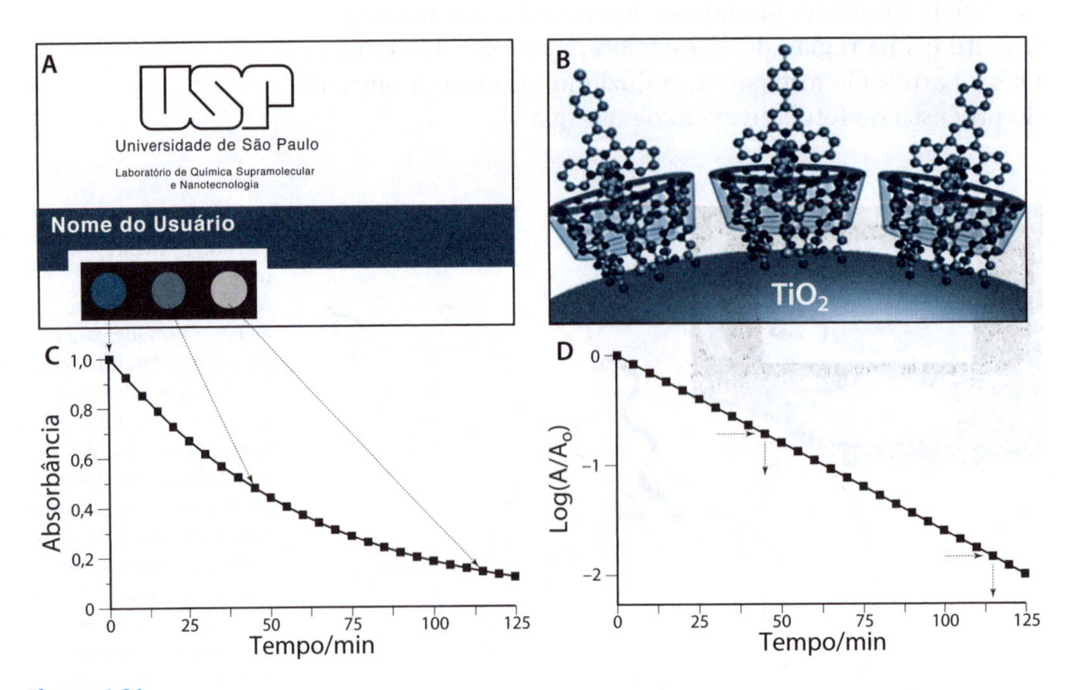

Figura 6.31
Dosímetro visual de radiação ultravioleta (A) baseado na fotoexcitação do TiO_2, recoberto com carboxi-β-ciclodextrina, que serve de hóspede para o corante de sacrifício (B), formado por um complexo de ferro(II) com terpiridina, de coloração roxa. O decaimento da cor medida por espectrofotometria é de primeira ordem (C) e sua variação linear na escala logarítmica, com o tempo de exposição, permite elaborar padrões quantitativos em dosimetria. (Cortesia de Sergio H. Toma)

As propriedades fotoquímicas do TiO_2 também têm sido exploradas na elaboração de vidros autolimpantes para janelas, como os produzidos pela Corning, que são revestidos por uma fina camada de TiO_2 nanocristalino. Os radicais gerados fotoquimicamente levam à degradação de compostos orgânicos e sujeiras adsorvidas, que podem ser removidos pela água da chuva, mantendo a superfície sempre limpa. Instalações comerciais de grande porte, como aeroportos, estádios e locais de exposições, já utilizam tetos autolimpantes, revestidos de tecidos de fibras fluoradas, semelhantes ao Teflon®, e impregnados com nanopartículas de TiO_2 (Figura 6.32). A combinação de superfícies fluoradas, hidrofóbicas, com nanopartículas dá origem a propriedades super-hidrofóbicas (ver efeito lótus, Capítulo 7), com capacidade de promover a fotodegradação da sujeira superficial.

Figura 6.32
Toldos autolimpantes de polímero fluorado contendo nanopartículas de TiO_2, empregados no Aeroporto Internacional de Denver (EUA).

Outra aplicação muito importante das nanopartículas de TiO_2 está no *design* de células solares sensibilizadas por corantes, como será discutido no Capítulo 9. Nanotubos de TiO_2 podem ser produzidos por via eletroquímica, a partir da corrosão de uma placa de Ti com fluoreto de amônio dissolvido em solução de etilenoglicol, sob aplicação de potencial (Figura 6.33). Nesse caso, o crescimento eletrolítico do TiO_2 ocorre em paralelo à ação do fluoreto de amônio, que age como complexante, dissolvendo a parte interna do bastão com a formação do complexo solúvel $[TiF_6]^{2-}$. Esse processo dá origem ao nanotubo.

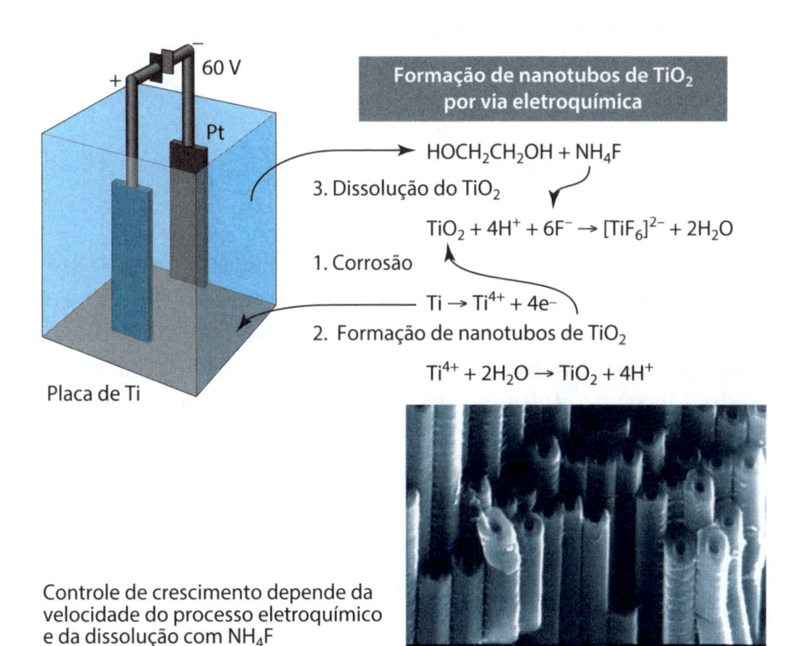

Figura 6.33
Processo eletroquímico que ilustra as etapas (1) de corrosão do Ti, gerando íons Ti^{4+}, que são rapidamente hidrolisados (2) para formar o óxido, o qual sofre ataque dos íons F^- (3) e dissolve-se em paralelo ao crescimento lateral, gerando nanotubos de TiO_2 (foto). (Cortesia de Ricardo Arditti)

Quantum dots ou pontos quânticos

Materiais semicondutores como CdS, CdSe, CdTe, PbS, PbSe, InAs e InP, em dimensões abaixo de 5 nm, têm sua estrutura de banda reduzida a níveis discretos de energia (Figura 5.5), como acontece nos sistemas atômicos e moleculares. Isso também é observado em nanopartículas de carbono extremamente pequenas. As propriedades desses sistemas lembram o comportamento das *partículas na caixa* usadas como modelo conceitual na mecânica quântica, razão pela qual foram denominadas *quantum dots*, ou pontos quânticos, por M. Reed. Os primeiros relatos de sua existência foram feitos por A. Ekimov em 1981 em matrizes vítreas; em 1985, L. E. Bruns encontrou-os em sistemas coloidais.

Em geral, os *quantum dots* são formados por nanocristais de dimensões muito reduzidas, onde o elétron comporta-se como uma partícula livre dentro de uma caixa nanométrica, apresentando comprimentos de onda e energias discretas, em função do número quântico n = 1, 2, 3 etc. (ver Capítulo 5). No nível n = 1, o elétron está sendo atraído pela vacância, ou buraco, com carga positiva, simulando o elétron e o núcleo na analogia matemática com o átomo de hidrogênio. Esse par elétron-buraco é chamado éxciton, e sua energia pode ser equacionada de forma semelhante ao átomo de Bohr.

$$E_{\text{confinamento}} = \frac{h^2}{2a^2}\left(\frac{1}{m_e} + \frac{1}{m_h}\right) = \frac{h^2}{2\mu a^2} \qquad (6.26)$$

Nessa equação, $\mathbf{m_e}$ é a massa dos elétrons, $\mathbf{m_h}$ significa a massa do buraco e **a** corresponde ao raio do éxciton ou do *quantum dot*. Essa expressão pode ser simplificada substituindo a soma dos inversos das massas pela massa reduzida μ. A excitação do éxciton, do nível n = 1 para os níveis superiores, pode ser equacionada de modo semelhante ao átomo de hidrogênio[2] e expressa pela equação de Rydberg. O éxciton no estado excitado pode decair para o estado fundamental, emitindo luz fluorescente. Como a energia do éxciton varia inversamente com o raio, os *quan-*

[2] Consultar volume 1 desta coleção.

tum dots maiores vão emitir energias menores, gerando bandas eletrônicas mais deslocadas para o vermelho na faixa espectral. Essa propriedade é muito interessante, já que permite que os *quantum dots* emitam em uma ampla faixa espectral em função de seus tamanhos, gerando um leque de tonalidades de cores (Figura 6.34). Além disso, a intensidade da banda atinge níveis vinte vezes maiores que os observados com os corantes fluorescentes convencionais. A estabilidade dos *quantum dots* também pode superar em cem vezes a dos compostos fluorescentes, em virtude da menor susceptibilidade a processos de fotodegradação.

A síntese dos *quantum dots* utiliza procedimentos semelhantes aos empregados para as nanopartículas, envolvendo processos físicos ou químicos diversos. A síntese coloidal (Figura 6.34) utiliza complexos precursores, e as reações são conduzidas sob condições controladas de estequiometria, tempo, agitação, temperatura, estabilizante e solvente. Geralmente a reação é feita em solventes orgânicos a altas temperaturas e na presença de surfactantes. Como as moléculas de surfactantes têm uma cabeça polar, ela liga-se preferencialmente ao núcleo inorgânico do *quantum dot*, deixando a cadeia hidrofóbica orientada para a fase orgânica. Isso diminui a solubilidade das partículas em água. Para essa finalidade, é preferível substituir o surfactante por espécies hidrofílicas ou polímeros compatíveis.

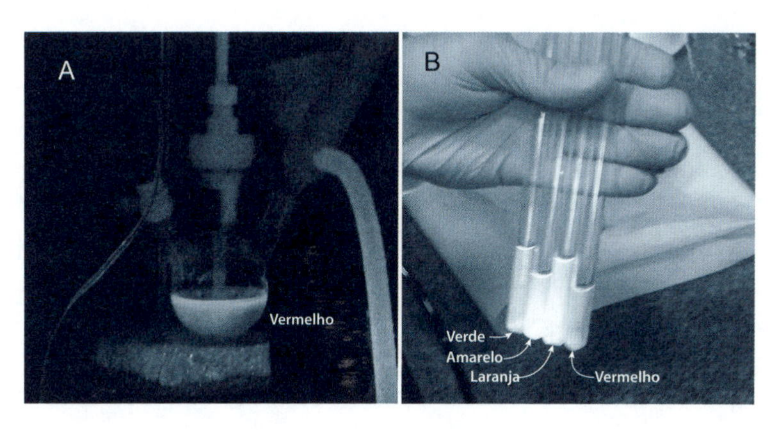

Figura 6.34
Quantum dots de CdTe visualizados sob excitação com luz ultravioleta. Apresentam tons avermelhados no frasco de reação e tonalidades diversas, variando do verde ao vermelho, em amostras coletadas em diferentes estágios de formação. (Cortesia de Fernando Menegatti de Melo)

Atualmente, os *quantum dots* estão voltados, principalmente, para a área biotecnológica e eletrônica, sendo utilizados como marcadores celulares e em monitores experimentais de alta resolução. O uso de *quantum dots* em computação quântica é promissor e está em desenvolvimento. Esses aspectos são novamente abordados nos capítulos seguintes.

CAPÍTULO 7

NANOFILMES, NANOCOMPÓSITOS E BIOMATERIAIS

A interface de um fluido tende a contrair-se espontaneamente até chegar a uma menor área exposta possível. É por isso que uma gota fica esférica quando está solta no ar. Essa tendência de contração expressa a tensão superficial ou interfacial (σ) da gota. Ela equivale à energia mecânica que deve ser aplicada para criar uma área superficial e é expressa em unidades cgs, como erg cm^{-2}, ou no sistema SI, como mN m^{-2} ou mJ m^{-2}. Os gases liquefeitos apresentam as menores tensões superficiais relativas ($<$ 3 mN m^{-2}), ao passo que as tensões dos líquidos orgânicos situam-se geralmente entre 20 mN m^{-2} e 30 mN m^{-2}. A água e o glicerol têm tensões superficiais de 72,7 mN m^{-2} e 63,4 mN m^{-2} (20 °C), respectivamente. Os metais no estado de fusão apresentam tensões superficiais extremamente elevadas, como exemplificado por Li = 394, Zn = 877 e Fe = 1700 mN m^{-2}.

A origem da tensão superficial está nas forças de coesão entre as moléculas, que variam desde as fracas interações de Van der Waals, ligações de hidrogênio, até as ligações metal-metal no estado de fusão. Quanto maior for a atração intermolecular, maior será a tensão superficial. Essa terminologia pode ser aplicada para a interface líquido-vapor, ao passo que para a interface líquido-líquido o termo tensão interfacial é mais apropriado. Líquidos muito diferentes tendem a formar uma interface; em cada um deles, as moléculas preferem ficar juntas formando o corpo interno (*bulk*), enquanto na região limítrofe da interface isso é rompido. Na interface água-óleo, as ligações de hidrogênio entre as moléculas de água são quebradas, e a resistência a essa ruptura manifesta-se sob a forma de tensão interfacial. Na interface água/butanol, água/benzeno, água/PDMS (silicone) e água/mercúrio, os valores de tensão interfacial são 1,8 mN m^{-2}, 35,0 mN m^{-2}, 44,3 mN m^{-2} e 415 mN m^{-2}, respectivamente. Em geral, a tensão interfacial entre dois líquidos corresponde à diferença entre as duas tensões superficiais individuais (lei de Antonow).

No caso da interface líquido-sólido, a força de adesão vai competir com a tensão superficial da gota, provocando sua deformação, que pode ser medida pelo ângulo de contato ilustrado na figura a seguir.

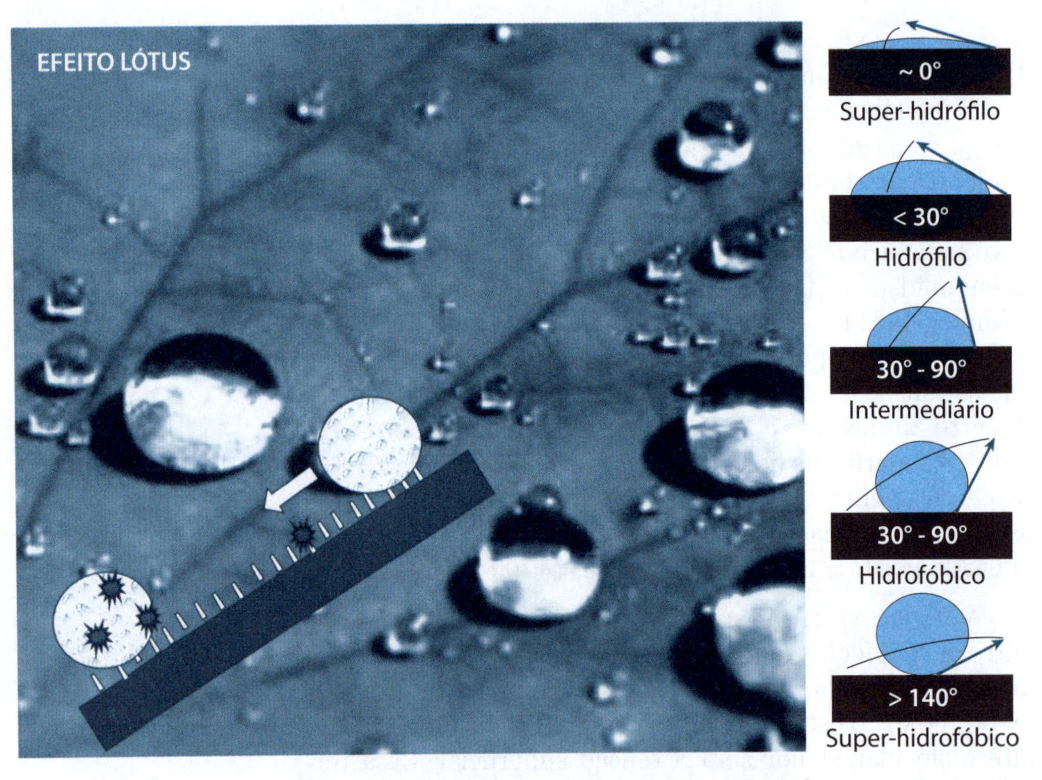

Figura 7.1
Ilustração do efeito lótus e da variação dos ângulos de contato da gota sobre uma superfície, do regime hidrofílico ao hidrofóbico. Observa-se também o efeito das nanoestruturas (pilosidades) que geram o caráter super-hidrofóbico, deixando a gota praticamente solta. A natureza usa essa propriedade para remover a sujeira superficial e manter a folha sempre limpa.

Pode ocorrer uma situação-limite em que o ângulo de contato é próximo de zero, e a gota praticamente desaparece quando depositada sobre a superfície. No caso da água, a elevada força de adesão acaba gerando um caráter super-hidrofílico, atribuindo uma máxima molhabilidade possível. A outra situação-limite é exatamente oposta. Quando a superfície é revestida por um material hidrofóbico, a força de adesão é pequena e a tensão superficial da gota mantém um formato quase esférico, gerando um ângulo de contato mais aberto, na faixa de 90° a 140°. Em um caso extremo, quando a adesão é praticamente nula, a partícula preserva seu formato esférico e gera ângulos de contato maiores que 140°. Esse comportamento é denominado super-hidrofóbico.

Isso pode ser observado na Figura 7.1, que mostra gotas de água sobre a folha do lótus. Essa planta é emblemática, sendo cultivada em templos religiosos por conta de sua associação com a pureza espiritual e o renascimento. Suas folhas despertam ao nascer do dia sempre cobertas por gotículas de água que cintilam e movem-se livremente sem molhar a superfície. Nesse movimento, retiram a poeira depositada sobre a superfície, mantendo-a sempre limpa. Por isso, o efeito lótus é associado à propriedade autolimpante e tem inspirado muitos produtos nanotecnológicos.

A explicação do efeito lótus considera a natureza hidrofóbica da superfície proporcionada por uma cera natural e a existência de nanorrugosidades ou nanoestruturas que acentuam o caráter repelente de água, diminuindo a área de contato com a gota. O comportamento super-hidrofóbico ilustrado na figura apresentada é reproduzido em vários produtos comerciais, combinando a aplicação de substâncias hidrofóbicas com o depósito de nanopartículas sobre a superfície, visando criar revestimentos autolimpantes.

Surfactantes e micelas

Alguns compostos, presentes em quantidades muito baixas ($< 0{,}01\ mol\ L^{-1}$), reduzem a tensão superficial da água de forma bastante expressiva. São denominados surfactantes ou anfifílicos. Uma característica comum dos surfactantes é a presença de um grupo funcional polar ou ionizado formando a cabeça e de uma cadeia alifática relativamente longa (de C_6 a C_{20}) que gera a cauda. As cabeças polares mais comuns apresentam grupos dos tipos: —OH, —COOH, $—COO^-$, $—SO_4^-$, $-SO_3^-$, $—H_2PO_4^-$, $—NH_2$, $—NH_3^+$, $—N(CH_3)_3^+$

e $—OCH_2CH_2OH$. Os exemplos mais conhecidos estão listados na tabela seguinte.

Tabela 7.1 – Surfactantes

Tipo de surfactante	Nome	Fórmula
Surfactantes aniônicos	estearato de sódio	$CH_3(CH_2)_{16}COO^- Na^+$
	dodecilsulfato de sódio (**SDS**)	$CH_3(CH_2)_{11}SO_4^- Na^+$
	dodecilbenzenossulfonato de sódio	$CH_3(CH_2)_{11}SO_3^- Na$
Surfactantes catiônicos	brometo de hexadeciltrimetilamônio ou brometo de cetiltrimetilamônio (**CTAB**)	$CH_3(CH_2)_{15}N^+(CH_3)_3 Br^-$
	cloreto de dodecilpiridínio	$CH_3(CH_2)_{11}py^+ Cl^-$
	cloreto de dodecilamônio	$CH_3(CH_2)_{11}NH_3^+ Cl^-$
Surfactantes não iônicos	Brij® (ICI América)	$C_nH_{2n+1}O—(CH_2CH_2O)_mH$
	Triton X® (Union Carbide)	$C_8H_{17}-C_6H_4-(OC_2H_4)_{9,5}OH$
	Tergitol® (Union Carbide)	dialquildipolióxido de etileno
	Pluronic® (BASF)	copolímero de polióxidos de etileno e propileno

Os principais usos dos surfactantes envolvem: (a) modificação da molhabilidade das superfícies, (b) estabilização de filmes finos, (c) formação e estabilização de emulsões, (d) solubilização de óleos em água, (e) formação e estabilização de soluções coloidais e (f) propriedades lubrificantes.

À medida que a concentração do surfactante aumenta, a tensão superficial diminui gradativamente até um ponto em que se observa uma quebra abrupta de comportamento, quando permanece constante. Esse fato é acompanhado por um aumento repentino de turbidez e queda de condutividade. Tal mudança repentina é atribuída à formação de agregados de moléculas de surfactantes, denominados micelas, que apresentam estruturas organizadas, automontadas. O tamanho e a forma dos agregados micelares são muito variados e podem conter centenas de moléculas dispostas com as caudas orientadas para o centro, isolando o conteúdo hidrofóbico do meio aquoso.

A concentração no ponto de quebra – que representa o início da formação das micelas – corresponde à concentração micelar crítica (**CMC**), que é característica do surfactante e do estado termodinâmico (T, P). Por exemplo, o $C_{10}H_{21}SO_4^-Na^+$ em água apresenta uma CMC igual a 33 mmol L^{-1} a 40 °C, envolvendo quarenta moléculas agregadas. Para o $C_{12}H_{25}SO_4^-Na^+$, a CMC é 8,6 mmol L^{-1}, com 54 moléculas agregadas. Em geral, o aumento do comprimento da cadeia hidrofóbica leva a uma diminuição proporcional da CMC. Os surfactantes não iônicos apresentam CMCs mais baixas que as respectivas formas iônicas, em virtude da ausência da repulsão eletrostática entre as cabeças adjacentes na superfície da micela.

A formação de micelas proporciona nanoambientes apolares dispersos em meio aquoso e aumenta a própria solubilidade do surfactante. Ao mesmo tempo, também aumenta a solubilidade de espécies orgânicas no meio, ao serem incorporadas no interior das micelas. Isso é facilmente perceptível adicionando corantes, que em soluções diluídas seriam pouco perceptíveis, porém têm sua cor intensificada na presença das micelas. Esse fato permite a determinação da CMC por um processo simples de titulação, com monitoramento colorimétrica. Substâncias iônicas ou altamente polares podem ser adsorvidas na superfície externa da micela, já que são de mesma natureza.

A estrutura das micelas depende do tamanho e da forma das moléculas de surfactante, que interfere na acomodação das caudas hidrofóbicas e das cabeças hidrofílicas, levando a uma faixa relativamente estreita de números de agregação (**n**). Para micelas esféricas de raio **R**, o número de agregação pode ser expresso pela área ocupada pelas cabeças hidrofílicas, e a disposição das caudas pode ser visualizada como em um arranjo cônico que se estreita no sentido do centro (Figura 7.2).

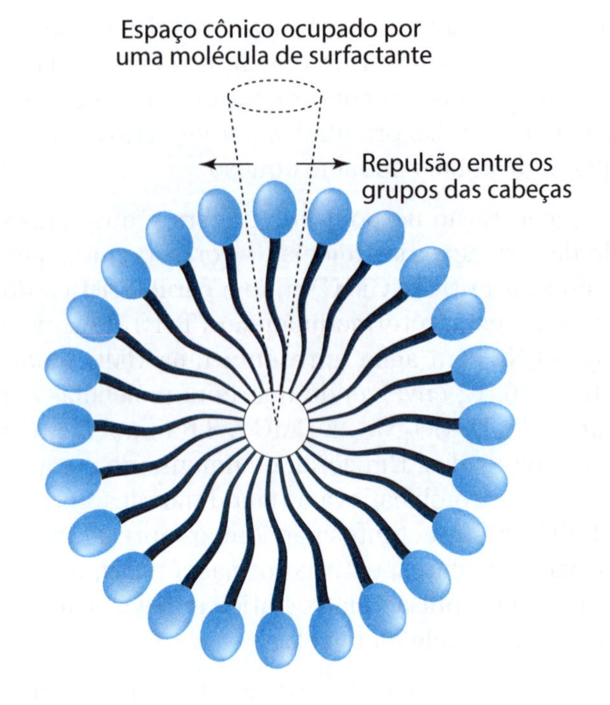

Figura 7.2 Representação didática de uma micela com seus constituintes.

Quando a área ocupada pelas cabeças é muito pequena, o arranjo das moléculas tende a formar uma estrutura de micela cilíndrica. Isso pode ser observado com a SDS e a CTAB (apresentadas na Tabela 7.1), em meio fortemente salino. No caso de surfactantes que apresentam duas caudas hidrofóbicas, como é o caso dos fosfolipídios, o empacotamento das cadeias leva a formação de bicamadas, que se organizam como vesículas ou lipossomos, podendo evoluir até a formação de túbulos.

Filmes de Langmuir-Blodgett

Na presença de um surfactante insolúvel, a diferença entre a tensão superficial do líquido inicial (γ_0) e a tensão da monocamada formada (γ) dá origem a uma pressão de superfície (π), que pode ser medida com o auxílio de uma barreira acoplada a uma balança de força, de alta sensibilidade.

$$\pi = \gamma_0 - \gamma \tag{7.1}$$

A barreira pode ser usada para comprimir o filme da superfície, de modo controlado, gerando uma curva pressão *versus* área, semelhante à de um diagrama de fase (Figura 7.3).

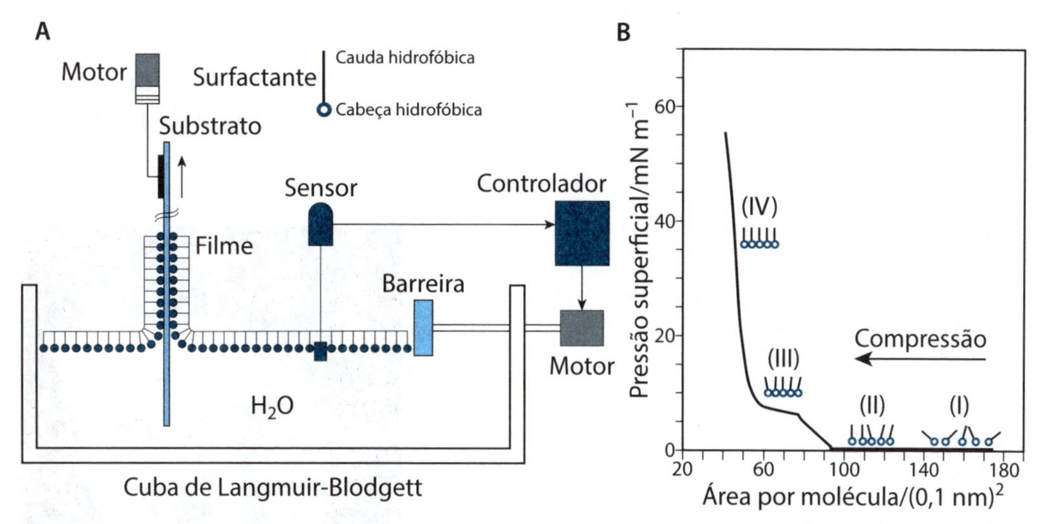

Figura 7.3
Esquema ilustrativo de um sistema de Langmuir-Blodgett (A) e da curva-resposta em função da compressão superficial no filme (B), mostrando os vários estágios de organização molecular.

Em baixas pressões, as moléculas de surfactante ficam relativamente soltas e com movimentos caóticos. Com o aumento da pressão, as interações entre as moléculas começam a ser mensuráveis, mudando a inclinação da curva, dependendo de sua intensidade. Quando a compressão se aproxima do ponto de contato entre as moléculas, pode-se atingir um estado mais organizado, gerando um patamar que persiste até certo ponto, quando o empacotamento se aproxima da compressão observada no estado sólido. A partir desse ponto, a compactação faz com que a pressão cresça rapidamente, provocando o colapso da estrutura ordenada para criar agregados ou multicamadas.

Na prática, surfactantes insolúveis em água podem ser aplicados sobre a superfície a partir da deposição de uma solução diluída em solvente orgânico volátil e evaporada. As moléculas que ficam sobre a superfície após a evaporação do solvente podem, então, ser comprimidas por meio de uma barreira móvel até formar uma camada superficial, onde as cabeças polares ficam imersas na fase aquosa e as caudas ficam direcionadas para o ar (Figura 7.3). Essa camada pode ser facilmente transferida para uma interface sólida imersa na solução, que gera filmes organizados, de espessura controlada, por meio de seu deslocamento em sentido ascendente ou descendente, alternadamente.

Esse método de deposição de filmes organizados de surfactantes insolúveis foi desenvolvido por I. Langmuir (Figura 7.4) e K. Blodgett em 1937. Ele proporciona um recurso muito importante para a montagem de filmes moleculares organizados em camadas, com grande precisão e reprodutibilidade.

© Nobel Media AB

Figura 7.4
Irving Langmuir foi um dos maiores cientistas do século passado. Nascido em Nova York (EUA) em 1881, graduou-se em engenharia metalúrgica e fez o doutorado em 1906 em Göttingen (Alemanha), com Walther H. Nernst (Nobel de Química em 1920). Tornou-se conhecido pela ampliação do modelo atômico de Lewis, pelo aprimoramento da lâmpada de filamento incandescente com o uso de gás nobre, pela investigação da emissão termoiônica de filamentos aquecidos, pela geração de hidrogênio atômico e suas aplicações em processos de soldagem, e muitas outras descobertas. Sua maior contribuição está nos estudos da química de superfície, envolvendo adsorção de gases, e da distribuição dos filmes de óleos. Desenvolveu, com Katharine B. Blodgett, o modelo de camadas de moléculas ordenadas com grupos polares orientados para a água e grupos apolares voltados para o ar. Ambos criaram a técnica conhecida como Langmuir-Blodgett para gerar filmes moleculares organizados. Recebeu numerosas honrarias, incluindo o Nobel de Química em 1932. Faleceu em 1957.

Filmes organizados automontados (SAMs) e suas variações

A técnica de Langmuir-Blodgett acabou inspirando outras alternativas para gerar filmes moleculares, conhecidas como ***drop casting***, ***dip coating*** e ***spin coating***. A técnica de *drop casting* é meramente a deposição de gota de solução diluída ou suspensão do material, geralmente em solvente volátil, sobre uma superfície; essa solução deve evaporar. Na técnica de *dip coating*, a superfície é mergulhada na solução; depois é preciso deixar escorrer naturalmente até a secura. A técnica de *spin coating* utiliza um dispositivo rotatório sobre o qual a lâmina é colocada e imobilizada com um adesivo. A gota é aplicada sobre a lâmina e o sistema é submetido a rotações com forças centrífugas controladas, para distribuir o material sobre a superfície, simultaneamente com sua secagem. Em todos os casos, a qualidade do filme vai depender do tipo de material e sua interação com a superfície. Existe ainda a técnica de espalhamento com lâmina, conhecida como *doctor blading*, geralmente aplicada para produzir camadas mais espessas do material. A espessura pode ser controlada pelo uso de um espaçador mecânico, como uma fita adesiva, sobre o qual a lâmina é deslizada.

Outra forma bastante elegante de gerar filmes organizados envolve a formação de monocamadas automontadas, conhecidas como *self-assembled monolayers* (SAMs). Essa técnica foi bastante explorada por G. Whitesides na Universidade de Harvard e é controlada pela formação de ligações químicas com a superfície do material. Utilizando uma superfície de ouro, é possível ancorar moléculas orgânicas que apresentam grupos tióis (SH) e explorar sua alta afinidade por meio do metal que leva à formação de ligações Au-S bastante fortes. Assim, moléculas como o dodecanotiol formam espontaneamente camadas organizadas sobre uma superfície de ouro (Figura 7.5). Por meio da introdução de grupos terminais, como $—NH_2$, —COOH, —SH e —imidazol, pode-se obter filmes organizados funcionais, capazes de formar ligações com elementos metálicos, e biomoléculas.

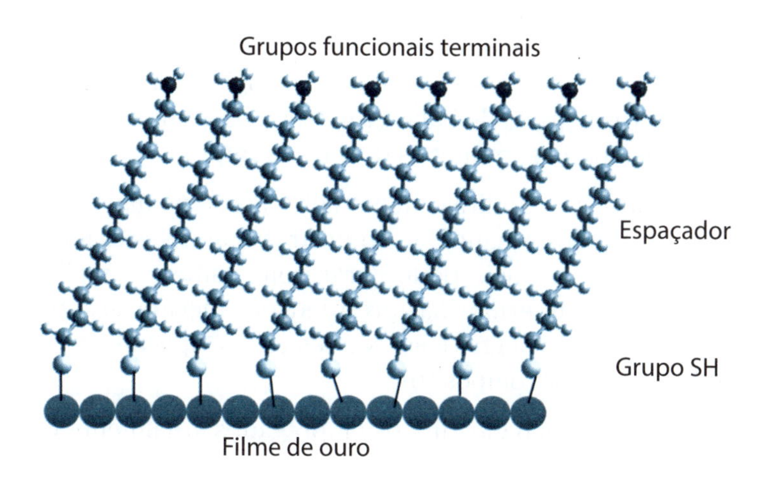

Figura 7.5
Filmes organizados de organotióis automontados, por meio da ligação Au-S, sobre uma superfície plana de ouro.

A ancoragem de moléculas em substratos de vidro, formando filmes organizados, também pode ser feita utilizando grupos alcoxissilanos, como o $(CH_3O)_3Si—R$. Esses grupos sofrem hidrólise facilmente, formando ligações Si—O—Si com a superfície para gerar filmes organizados bastante estáveis. Esses procedimentos também podem ser estendidos para a funcionalização de nanopartículas, possibilitando dessa forma as diversas aplicações que serão apresentadas nos próximos capítulos.

Nanocompósitos

Compósitos são materiais constituídos pela mistura de duas ou mais espécies distintas, formando um produto com propriedades distintas daquelas dos componentes isolados. A espécie dominante, presente em maior quantidade, proporciona a matriz que incorpora as demais espécies, geralmente representadas por partículas, fibras ou fios. A matriz pode ser de natureza cerâmica, metálica ou polimérica. Os compósitos de natureza metálica são, em geral, tratados como ligas.

Os compósitos clássicos mais conhecidos são os derivados de matrizes poliméricas e com aditivos macroscópicos, geralmente empregados para melhorar o desempenho mecânico, como as fibras de vidro, carbono, boro, titânio, carbeto de silício, alumina, quartzo, fios metálicos, fibras cerâmicas e fibras naturais, provenientes de madeira e plantas. Os compósitos na maior parte das vezes são empregados em produtos e processos de alta tecnologia, como capacetes e coletes à prova de balas (Kevlar®), varas de atletismo e de pesca, barcos, pranchas de surfe e raquetes de tênis.

A utilização de aditivos nanométricos, como nanopartículas, nanotubos e nanofios, no lugar dos aditivos macroscópicos convencionais pode gerar compósitos de melhor desempenho em termos das propriedades mecânicas, ópticas, elétricas ou magnéticas. Nesses casos, aplica-se a denominação "nanocompósitos".

Os principais nanoaditivos empregados atualmente estão relacionados na Quadro 7.1.

Quadro 7.1 – Nanoaditivos de desempenho

Nanoaditivos	Propriedades
Nanopartículas de carbono	Melhoram a resistência à abrasão, aumentam a resistência de tração, melhoram a resistência química e aumentam a condutividade elétrica.
Nanotubos de carbono	São aditivos excepcionalmente fortes (na escala individual, têm cem vezes a força de tração do aço). Proporcionam maior leveza aos materiais e aumentam a condutividade elétrica/térmica.
Óxidos metálicos nanoparticulados	Têm propriedades específicas, incluindo: fotocatálise (TiO_2), condutividade elétrica, proteção UV (ZnO, TiO_2), atividade antimicrobiana (TiO_2), resistência mecânica, qualidade óptica (ZrO_2), propriedades magnéticas (Fe_3O_4, γ-Fe_2O_3).
Nanopartículas metálicas	Possuem propriedades variadas, incluindo atividade antimicrobiana (Ag), cores diferenciadas e condutividade.
Argila nanoparticulada	Melhora a resistência elétrica, mecânica e química, aumenta a proteção UV e atua como retardante de chama.

O efeito mais comum é o aumento da resistência mecânica nos plásticos. Isso tem sido observado em nanocompósitos de PP/argila, Nylon-6/silicatos lamelares, poli-imida/argila e poliestireno/silicatos lamelares. Neste último, também se observa maior resistência à chama. O nanocompósito de poliéster/TiO_2 é um exemplo interessante a ser destacado, pois tem sua resistência a fraturas aumentada, indo de 0,5 MPa m^{-2} na forma pura a 0,63 MPa m^{-2} e 0,85 MPa m^{-2}, com 0,5% e 1% de TiO_2 em volume, respectivamente. Porém, esse aumento expressivo de resistência mecânica só acontece até 1% de TiO_2, porque, acima desse teor, o aumento de resistência passa a seguir um perfil descendente, retornando ao valor inicial de 0,5% quando a percentagem de TiO_2 chega a 4%. As medidas de microscopia revelaram que, em teores acima de 1% de TiO_2, as nanopartículas começam a sofrer agregação, gerando descontinuidades que deixam de contribuir para a resistência do nanocompósito. Assim, a influência das nanopartículas sempre deve ser estudada caso a caso, para os diferentes nanocompósitos.

Outro efeito importante é o de barreira de permeação de gases. Nanomateriais inseridos nos compósitos aumentam a trajetória física ou o comprimento do caminho livre para migração de moléculas gasosas, criando uma barreira (Figura 7.6).

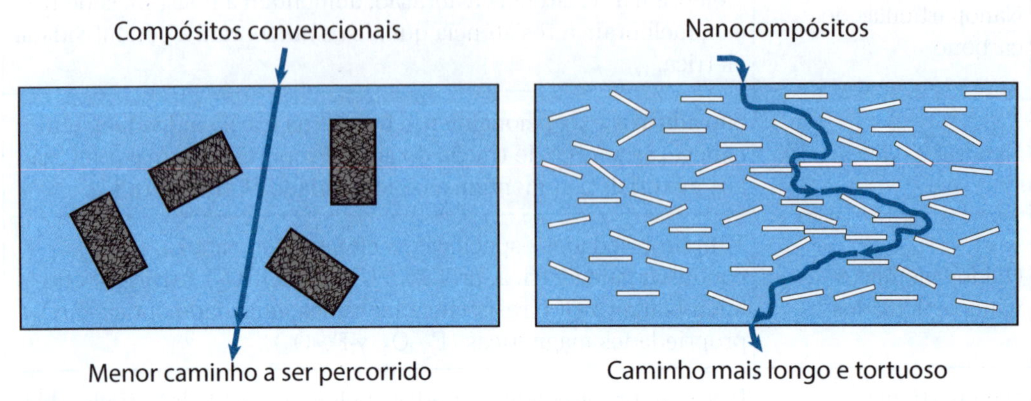

Figura 7.6
Ilustração didática da barreira de permeação de gases nos compósitos convencionais e nos nanocompósitos.

Esse efeito tem aplicações práticas importantes, pois o bloqueio da passagem do ar aumenta a vida útil dos alimentos contidos nas embalagens, assegurando maior economia e durabilidade aos produtos.

As nanopartículas de prata apresentam propriedades antibacterianas conhecidas de longa data e popularizadas no Brasil pela aplicação em potes cerâmicos para esterilizar água. O responsável por esse conhecimento foi Robert Hottinger, no início do século passado. Esse procedimento de esterilização da água para consumo doméstico foi bastante eficiente, por causa do poder bactericida extremamente elevado (> 99%) das nanopartículas de prata. Ele teve um papel importante na saúde da população, diante da precariedade das condições sanitárias existentes na época. Sua aplicação em revestimentos e filmes plásticos para embalagem tem sido alvo de atenção na maioria dos países, visando a redução da contaminação de alimentos e nos hospitais. Esses revestimentos podem ser produzidos por via direta, como no processo da Universidade de São Paulo (USP) exemplificado na Figura 7.7, por meio de um mecanismo em que as nanopartículas são formadas *in situ* e incorporadas aos plásticos, sem contato operacional com as nanopartículas.

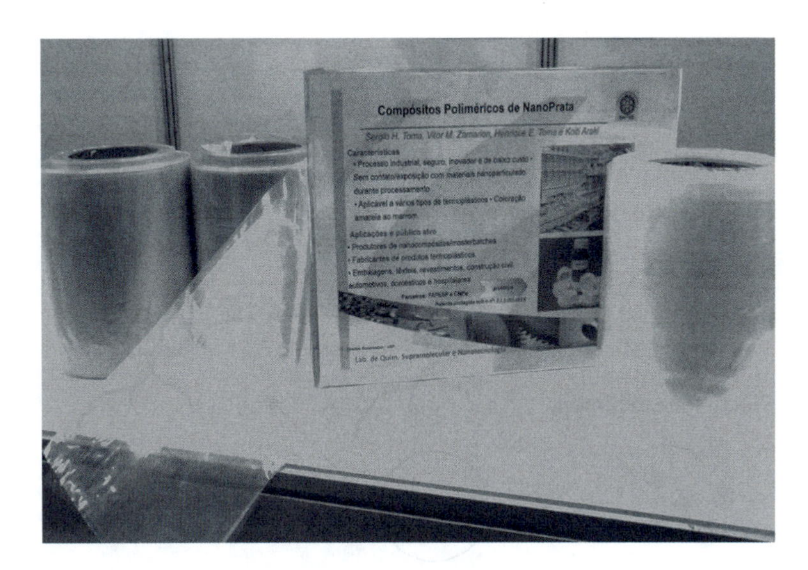

Figura 7.7 Nanocompósitos poliméricos de prata desenvolvidos na Universidade de São Paulo. Neles, as partículas são geradas durante o processo de extrusão, sem contato humano com as nanopartículas. (Cortesia de Sergio H. Toma)

Preparação de nanocompósitos

A preparação dos nanocompósitos pode ser feita pelos seguintes métodos, expostos na Figura 7.8:

a) mistura direta de solução do polímero no estado de fusão (termoplástico) com as nanopartículas, em proporções adequadas e sob condições controladas, e posterior processamento por moldagem ou extrusão;

b) geração de nanopartículas diretamente no processamento de moldagem ou extrusão, a partir de precursores adequados;

c) polimerização do monômero na presença das nanopartículas.

Os dois primeiros métodos têm sido usados para obter nanocompósitos de PVA/Ag, PMMA/Pd, Polyester/TiO_2 e PP/Ag. O método de polimerização tem sido usado para compósitos do tipo PET/$CaCO_3$ e PAA/Ag (PAA é o ácido poliacrílico). Em qualquer um dos métodos, as partículas devem ser compatíveis com a fase polimérica, para evitar sua segregação durante a etapa de mistura. Por isso, muitas vezes se faz a organossilanização das partículas, antes da mistura, para aumentar a compatibilidade com o meio orgânico.

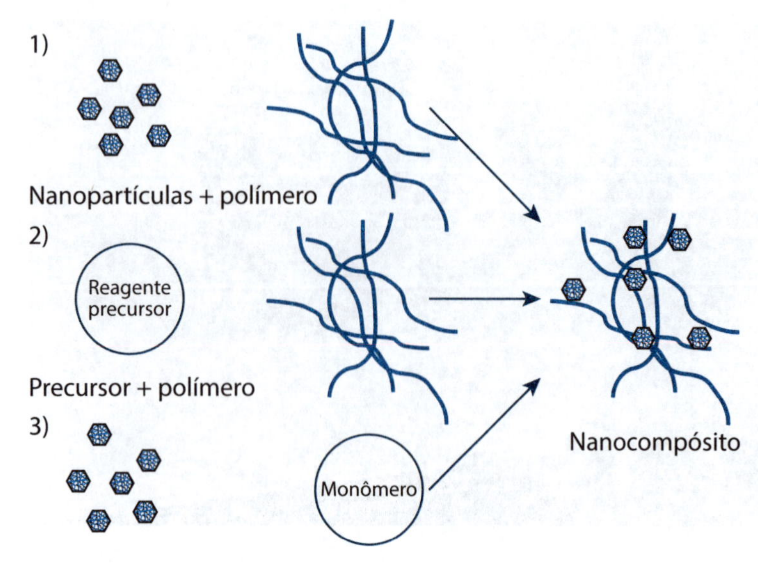

Figura 7.8
Síntese de nanocompósitos envolvendo: (1) mistura direta dos componentes, (2) geração das nanopartículas *in situ* e (3) geração da matriz polimérica *in situ* por meio da polimerização dos monômeros.

No caso de nanopartículas lamelares, como as de argila, o processo de formação pode conduzir a três formas: agregada, intercalada e exfoliada. Na forma agregada ou com separação de fase, as cadeias poliméricas não conseguem envolver completamente as partículas. Com isso, elas podem sofrer agregação, provocando a separação de fase no interior do material e levando a um desempenho semelhante ao dos compósitos convencionais. Na forma intercalada, as cadeias do polímero em solução podem ser introduzidas parcialmente nos espaços lamelares, provocando forte interação com as nanopartículas. Exemplos típicos são os nanocompósitos de argila com PLA, HDPE, PEO, PVA e PVP. Isso também pode acontecer com o polímero em estado de fusão, como nos nanocompósitos de argila com PS, PEO, PP e PVP. A intercalação também pode acontecer acoplada ao processo de polimerização, como nos nanocompósitos de argila com PMMA e PU. Na forma exfoliada, as cadeias de polímero conseguem provocar a separação completa das lamelas, que ficam dispersas na matriz polimérica, resultando em um material bastante homogêneo (Figura 7.9).

A incorporação da argila montmorillonita na matriz do Nylon-6 em um teor ao redor de 5% leva a um nanocompósito exfoliado, com aumento de quase 100% na resistência mecânica. No caso do poliestireno e do polipropileno, as nanopartículas de argila exercem um efeito pouco significativo ou até negativo, diminuindo sua resistência mecânica. Isso tem sido atribuído à fraca interação entre as nanopartículas de argila (hidrofílicas) e as cadeias poliméricas hidrofóbicas do poliestireno e do polipropileno.

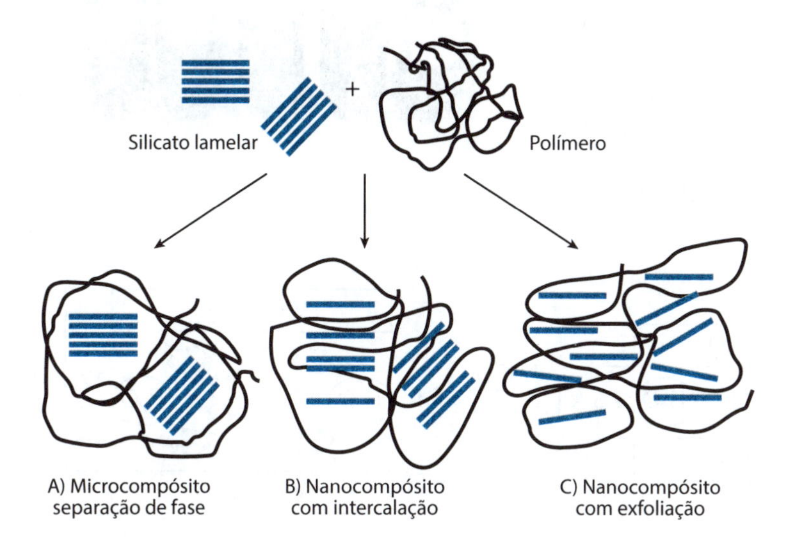

Figura 7.9 Formação de compósitos poliméricos com nanopartículas de materiais lamelares, como a argila, envolvendo segregação de fase (A), intercalação (B) e exfoliação (C).

Muitas vezes, as cadeias poliméricas organizadas, como nos sistemas micelares, acabam gerando bolsões em que as espécies inorgânicas ficam confinadas. Dessa forma, a condensação das espécies inorgânicas, como os silicatos, pode levar à formação de nanoestruturas bem definidas, com cavidades ou canais, as quais podem ser isoladas após a calcinação da fase orgânica. Em alguns casos, as cadeias poliméricas reagem com a fase inorgânica no processo sol-gel, gerando um material híbrido com as duas partes conjugadas unidas por ligações químicas.

Muitos óxidos metálicos lamelares apresentam propriedades de intercalação, gerando nanocompósitos híbridos (orgânico-inorgânico) funcionais em função da natureza da espécie intercalada. Um caso particular são os nanocompósitos obtidos no tratamento dos géis de pentóxido de vanádio(V) com porfirinas catiônicas. Eles podem ser usados como sensores eletroquímicos em virtude de sua condutividade elétrica e redox pronunciada (Figura 7.10).

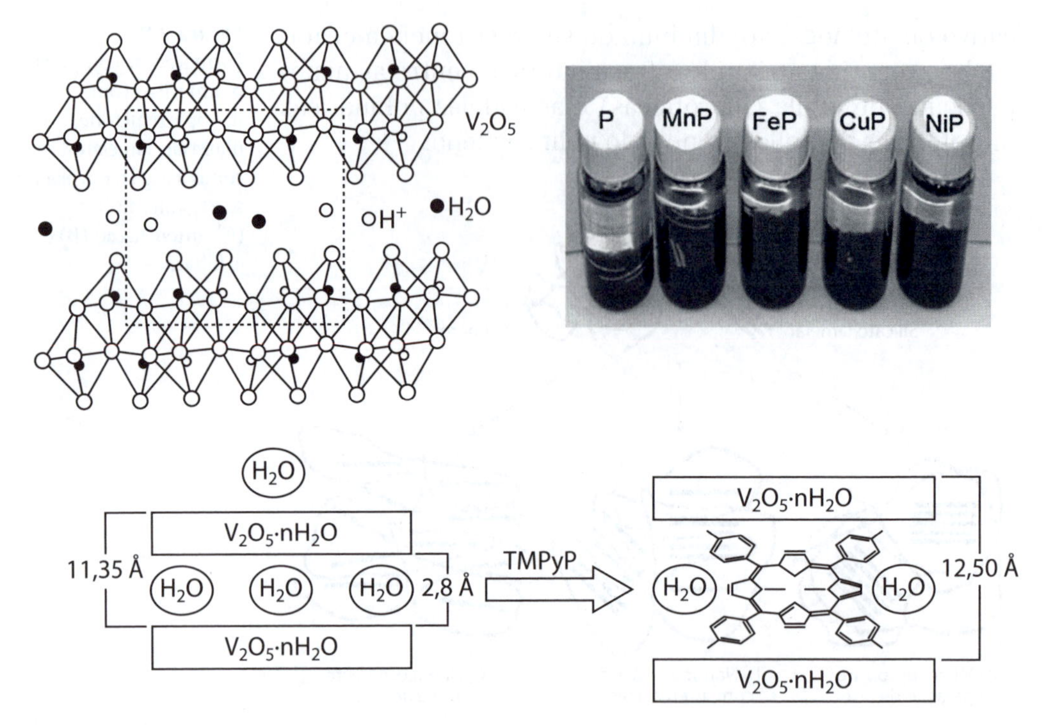

Figura 7.10
Nanocompósitos de matriz inorgânica (V_2O_5) lamelar formados pela intercalação de porfirinas catiônicas. Observa-se a estrutura da matriz hospedeira, o processo de entrada e o aspecto dos materiais produzidos em suspensão aquosa.

Nanotêxteis

Assim como na área dos nanocompósitos, os nanotêxteis também podem apresentar novas propriedades em função dos aditivos nanoparticulados empregados. Por isso, a aplicação da nanotecnologia nas áreas têxtil e não têxtil (tecidos industriais) vem sendo desenvolvida para melhorar o desempenho das fibras, particularmente em termos de resistência mecânica e outras propriedades físicas, e para explorar novos efeitos, como proteção solar, atividade antibacteriana, capacidade carreadora de ativos, permeabilidade, propriedades antichamas, comportamento autolimpante e efeito lótus. Existem duas categorias principais de materiais: os que incorporam ou derivam de nanofibras poliméricas e os constituídos de fibras convencionais contendo nanopartículas em seu interior ou na superfície.

Os nanotêxteis constituídos de nanofibras poliméricas utilizam um processo conhecido como eletrofiação (*electrospinning*). Esse processo parte de uma solução do polímero, na forma sol-gel, que é colocada em uma seringa e liberada por meio de uma agulha eletricamente carregada, submetida a uma diferença de potencial da ordem de 25 kV e mantida a certa distância da base coletora, com carga oposta. Quando a força de atração entre as nanofibras do polímero e a placa coletora torna-se maior que a tensão superficial da solução, as nanofibras são liberadas em jatos, em movimento espiral, e se depositam sobre a placa (Figura 7.11). As nanofibras depositadas acabam gerando um tecido poroso sobre a placa coletora, bastante diferente dos tecidos com as fibras têxteis convencionais. Dependendo do polímero usado, esses tecidos podem encontrar aplicações interessantes na área de engenharia têxtil, como membranas para ultrafiltração, ou farmacológica, como procedimentos de liberação de drogas. Exemplos interessantes serão apresentados no Capítulo 10, que trata de aplicações na medicina regenerativa.

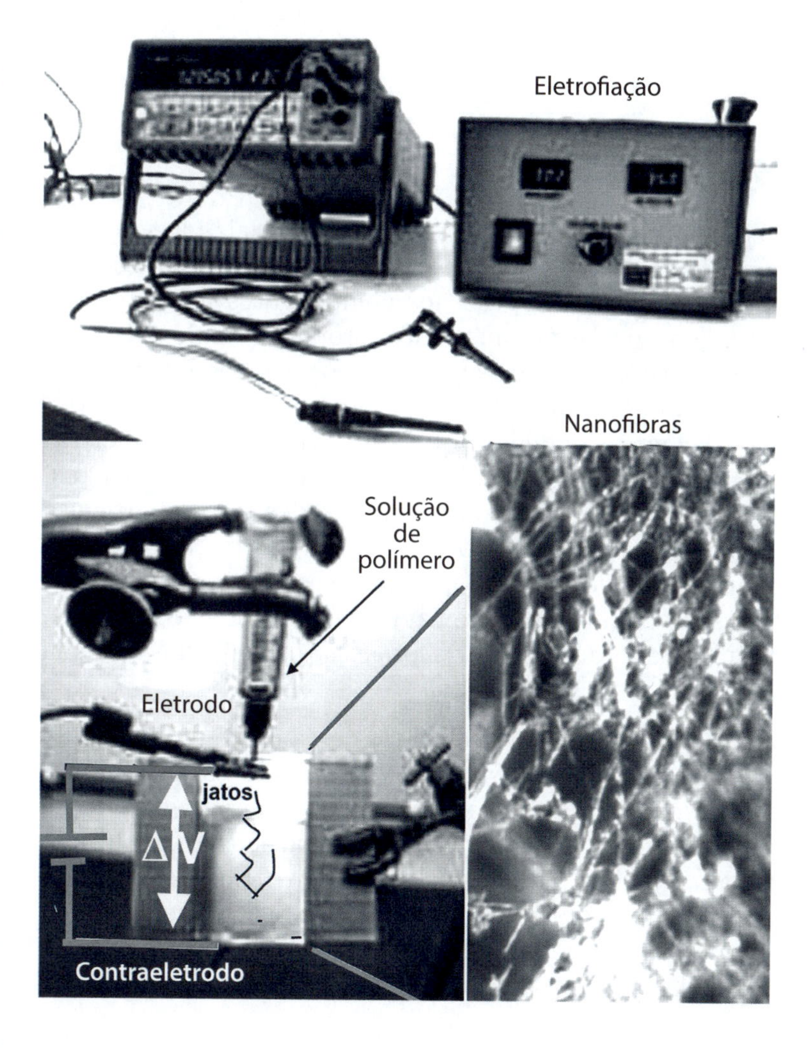

Figura 7.11
Geração de nanofibras poliméricas pelo processo de eletrofiação (*electrospinning*). É possível observar os geradores e controladores de potência, a seringa injetora sob uma voltagem aplicada e o aspecto dos nanofios depositados sobre o coletor.

As nanofibras também podem ser aplicadas sobre as fibras têxteis, formando uma camada fina que impede que os líquidos entrem em contato com o tecido. Com essa tecnologia, podem ser gerados nanotêxteis com propriedades super-hidrofóbicas, semelhantes ao efeito lótus.

A área têxtil tem explorado as propriedades específicas dos aditivos nanoparticulados. Ao contrário dos nanocompósitos, os nanotêxteis que incorporam particulados estão sujeitos a uma ação de esforço mecânico mais intensivo, quando usados em vestuários, principalmente por causa das frequentes lavagens. Nesses casos, a forma de incorporação das nanopartículas tem um papel importante, pois a simples impregnação superficial das fibras pode não resistir ao lixiviamento em lavagens sucessivas, resultando na perda gradual de suas propriedades e liberando nanopartículas nas águas de descarte.

Biominerais

Os biominerais são compósitos ou materiais híbridos biocerâmicos produzidos por organismos vivos. Conjugam as propriedades intrínsecas dos componentes inorgânicos e orgânicos, de forma sinergética, proporcionando maior dureza, resistência e maleabilidade, por meio de interações e formação de novas estruturas na escala nanométrica. Por isso, fazem parte da constituição de tecidos duros e estruturas de sustentação nos organismos, como nos esqueletos, e também podem ter outras finalidades, como partículas magnéticas usadas para orientação ou reservatórios de elementos metálicos. O que mais impressiona nos biominerais são suas estruturas extremamente elaboradas e estéticas, resultantes de intrincados processos envolvidos em sua formação.

Atualmente, são conhecidos cerca de setenta tipos de biominerais, mas esse número é ilimitado, já que sua natureza está intimamente relacionada com sua gênese. Os biominerais podem ter origem extracelular, envolvendo uma mineralização induzida pelas superfícies externas das células em organismos, como plantas e bactérias. Também podem surgir da mineralização controlada biologicamente, mediada pelas matrizes orgânicas presentes nos animais.

Os componentes orgânicos são constituídos de proteínas, polissacarídeos e fosfolipídios, geralmente em pequena proporção, mas exercem papel decisivo na fabricação e nas propriedades desses materiais híbridos. Os componentes poliméricos atuam como modificadores de crescimento dos cristais, regulando tamanho, forma, orientação, composição e textura. Os mecanismos de formação ainda não são completamente conhecidos.

Na natureza, os biominerais produzidos pelos organismos procariontes são distintos dos gerados pelos eucariontes. As bactérias **procariontes** geralmente são unicelulares, com tamanhos que vão de 200 nm a 7 μm, e não apresentam organelas internas, como o núcleo, embora algumas variedades magnetostáticas apresentem nanopartículas magnéticas em compartimentos conhecidos como magnetossomas. Essas bactérias estão entre os organismos mais abundantes do planeta e podem ser encontradas em qualquer ambiente conhecido, desde as areias do deserto de Atacama, que é o mais seco do mundo, até as profundezas das minas, que chegam a 6 mil metros na África do Sul. Elas se encontram no solo e nas águas e sobrevivem a temperaturas extremas, acidez e salinidade, à custa de reações redox com íons metálicos e espécies inorgânicas, como SO_4^{2-}, presentes nos minerais. Algumas extraem energia de óxidos e sulfetos de ferro e manganês, quando em ambiente anaeróbico, ou utilizam o oxigênio para promover reações, quando disponível. Dessa forma, transformam o meio mineral, processando quantidades que superam em várias vezes seu peso, para gerar biominerais, nos quais ficam aprisionadas em virtude de seu pequeno tamanho. A existência de grupos complexantes ou aniônicos em sua superfície também contribui para a ligação com íons metálicos e a formação dos biominerais. As bactérias ainda podem induzir a mineralização, secretando polissacarídeos e enzimas que, liberadas no ambiente, conseguem interagir com o sistema mineral, criando biominerais.

Os organismos **eucariontes** são mais evoluídos e apresentam compartimentos celulares com funções específicas. Ao contrário dos procariontes, utilizam energia metabólica para gerar os biominerais, e sua estruturação é mais organizada, desde a escala nanométrica até a macroscópica. Os biominerais produzidos são incorporados aos organismos, com várias funções, como, por exemplo: proteção mecânica, trituração/corte, sustentação e movimento, sensoriamento gravitacional ou magnético.

Alguns biominerais típicos estão relacionados no Quadro 7.2.

Quadro 7.2 - Tipos, ocorrência e função dos biominerais

Biominerais	Fórmula	Organismo	Localização	Função
Carbonato de cálcio (calcita, aragonita, vaterita, amorfo)	$CaCO_3$ (Mg,$CaCO_3$ $CaCO_3 \cdot nH_2O$	Organismos marinhos, moluscos, crustáceos, aves, mamíferos.	Conchas, cascas de ovos, cristais da orelha interna.	Exoesqueleto, proteção, sensor gravitacional, reserva de cálcio.
Fosfato de cálcio (hidroxiapatita, dahlita)	$Ca_{10}(PO_4)_6(OH)_2$ $Ca_5(PO_4,CO_3)_5OH$	Vertebrados, mamíferos, peixes, conchas.	Ossos, dentes, escamas, guelras.	Endoesqueleto, reserva de íons, proteção, estrutura cortante.
Oxalato de cálcio (whewellita, wheddellita)	$CaC_2O_4 \cdot H_2O$ $CaC_2O_4 \cdot 2H_2O$	Plantas, fungos, mamíferos.	Folhas, filamentos Hyphae (fungos), cálculo renal.	Proteção, reserva de cálcio, acúmulo patológico.
Óxido de ferro (magnetita, goetita, lepidocrocita, ferri-hidrita)	Fe_3O_4 α, γ—FeO(OH) $5Fe_2O_3 \cdot 9H_2O$	Bactérias, atum, salmão, mamíferos, moluscos.	Intracelular, dentes, filamentos, proteína (ferritina).	Orientação magnética, reforço mecânico, reserva de ferro.
Sulfatos de cálcio, estrôncio e bário (gipso, celestita, barita)	$CaSO_4 \cdot 2H_2O$ $SrSO_4$ $BaSO_4$	Água-viva e organismos como acanthania e loxode.	Estatolitos celulares, intracelulares.	Sensor gravitacional, esqueleto.
Fluoreto de cálcio (fluorita, hieratita)	CaF_2	Moluscos, crustáceos.	Placas de Gizzard, estatolitos.	Trituração, sensor gravitacional.
Sulfetos metálicos (pirita, blenda, galena, greigite)	FeS_2 ZnS, PbS Fe_3S_4	Tiopneutas (micro-organismos redutores de sulfato).	Paredes celulares.	Redução de sulfato.
Óxidos de silício (sílica)	$SiO_2 \cdot nH_2O$	Diatomáceas, radiolárias, plantas.	Paredes celulares, folhas.	Exoesqueleto, proteção.

O carbonato de cálcio ($CaCO_3$) dá origem a uma variedade de biominerais, sob as formas isomórficas de calcita, aragonita e vaterita, encontradas principalmente nas conchas de moluscos. As formas mais frequentes são a calcita e a aragonita. A calcita pode ser gerada pela reação direta dos íons de Ca^{2+} com CO_3^{2-}, ao passo que a aragonita pode ser obtida por via indireta, saturando uma suspensão de $CaCO_3$ com CO_2. Nesse procedimento, forma-se uma solução de bicarbonato de cálcio ($Ca(HCO_3)_2$). Acima de 80 °C, a decomposição do íon bicarbonato leva a precipitação do $CaCO_3$ sob a forma de aragonita, com desprendimento de CO_2. A diferenciação das duas formas pode ser feita por difração de raios X ou pelos espectros no infravermelho. Na calcita as vibrações do íon carbonato são consistentes com uma geometria plana (D_{3h}), com três modos vibracionais permitidos, de simetria E', A_2" e E', em 712 cm^{-1}, 876 cm^{-1} e 1420 cm^{-1}, respectivamente. Na aragonita ocorre uma ligeira deformação, e as quatro vibrações esperadas para o íon CO_3^{2-} são observadas em 712 cm^{-1}, 857 cm^{-1} e 1474 cm^{-1}. Ocorre também um pico diferencial em 1083 cm^{-1}, além de um pico correspondendo ao estiramento totalmente simétrico da ligação C-O.

Em geral, a estrutura das conchas é formada por camadas internas (nacre) e externas (perióstraco). O perióstraco forma uma camada externa bastante resistente, constituída de colunas prismáticas de calcita; a camada interna lembra tijolos empilhados, formados por nanocristalitos de aragonita colados com um polímero orgânico, como quitina ou colágeno. A quitina é um polissacarídeo de cadeia longa, derivado da N-acetilglucosamina, encontrada no exoesqueleto dos artrópodes. O colágeno é essencial para a formação da matriz extracelular dos ossos e se apresenta como fibrilas longas de proteínas reunidas em tripla hélice.

O nacre é formado por aproximadamente 95% em peso de aragonita e 5% de material orgânico. A disposição dos cristalitos resulta em camadas poligonais de 500 nm de espessura e 10-20 μm de largura, extremamente planas. Elas provocam uma iridescência típica, produzida quando as nanoestruturas difratam a luz, como visto no Capítulo 1. Esse efeito é responsável pelo brilho característico da pérola e pode ser observado em muitas conchas. A formação da pérola (Figura 7.12) ilustra bem a importância do meio orgânico dirigindo o processo de mineralização. Na cultura artificial, sementes de madrepérola (pérola em estágio de formação) são implantadas no interior proteico de conchas sadias, onde germinam lentamente, formando estruturas esféricas de compósitos de calcita com a proteína, também conhecida como conchiolina. Trata-se do mesmo material encontrado no nacre.

Figura 7.12
Pérolas em estágio de formação geradas no interior de ostras cultivadas. Observa-se o envoltório proteico que é parte do processo de biomineralização.

Durante a formação das camadas, o crescimento dos cristais ocorre sob ação da matriz orgânica, que age como um molde, orientando a nucleação e regulando a agregação dos nanocristalitos. Esse tipo de efeito pode ser verificado quando se faz o crescimento de cristais de carbonato de cálcio na presença de ácido poliaspártico. Cadeias de aminoácidos com alto teor de aspartato e glutamato apresentam-se negativamente carregadas, em virtude dos grupos carboxilatos existentes, atraindo os íons de cálcio para formar complexos na superfície e gerando os núcleos cristalinos. No nacre, além da matriz orgânica de quitina, existe uma proteína parecida com a encontrada na seda. Essa proteína atua no meio saturado de $CaCO_3$, formando aragonita, em vez de calcita.

É possível diferenciar o comportamento das várias camadas minerais nas conchas por meio da reação de troca de carbonato por fosfato, segundo a reação:

$$10CaCO_3 + 6(NH_4)_2(HPO_4) + 2H_2O \rightarrow$$
$$Ca_{10}(PO_4)_6(OH)_2 + 3(NH_4)_2CO_3 + 7CO_2 + 7H_2O \quad (7.2)$$

Essa reação pode ser monitorada por espectroscopia Raman, pelo crescimento dos picos de fosfato e pelo decaimento dos picos de carbonato (Figura 7.13). A espectroscopia Raman tem revelado ainda a presença de pigmentos nas conchas, como os derivados de polienos, responsáveis pela coloração típica, bem como de material orgânico, como o colágeno, responsável pela fluorescência observada. A face interna (nacre) da concha é mais susceptível ao ataque dos íons de fosfato, formando hidroxiapatita que aos poucos preenche o espaço ocupado pelos cristais de aragonita. A face externa (perióstraco) é mais resistente ao ataque dos íons de fosfato, por causa dos cristais prismáticos de aragonita e da proteção exercida pelo material orgânico.

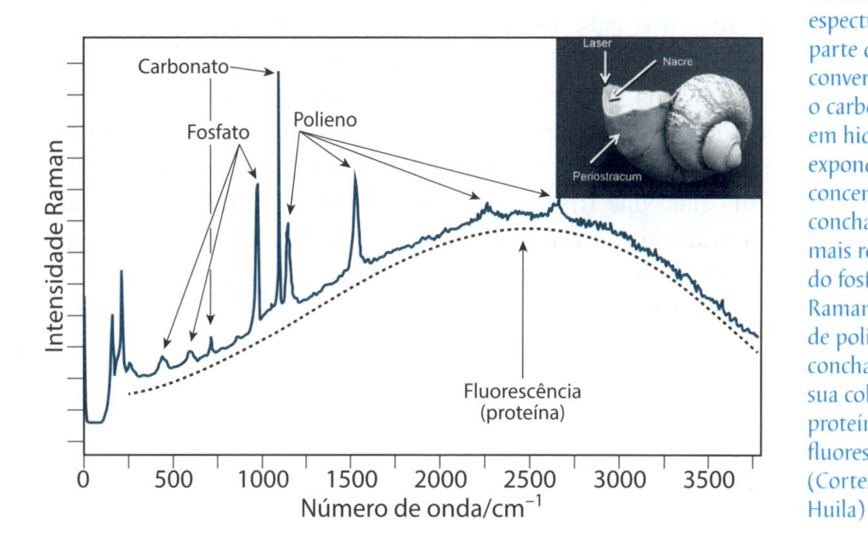

Figura 7.13
Tratamento de uma concha por imersão em solução de íons de fosfato, monitorado por espectroscopia Raman. Na parte do nacre, o fosfato converte gradualmente o carbonato de cálcio em hidroxiapatita, expondo as regiões de concentração dentro da concha. O perióstraco é mais resistente ao ataque do fosfato. O espectro Raman revela a presença de polienos no interior da concha, responsáveis por sua coloração típica, e de proteínas responsáveis pela fluorescência espectral. (Cortesia de Manuel F. G. Huila)

Outro exemplo importante na área de biominerais é a hidroxiapatita ($Ca_{10}(PO_4)_6(OH)_2$). Ela é encontrada nos ossos e dentes dos vertebrados. No esmalte dentário, a hidroxiapatita forma cristais prismáticos alongados unidos com colágeno, para gerar uma superfície dura e resistente. Nos ossos, a estrutura é dominada por nanocristais de hidroxiapatita, e a presença da matriz proteica e maleável de colágeno aumenta bastante a resistência do material. O processo é descrito como uma mineralização intrafibrilar, em que os nanocristais são formados dentro das fibras entrelaçadas.

Alguns biominerais são gerados como depósitos minerais em situações patológicas, como os cálculos renais (oxalato de cálcio), as incrustações e as placas associadas à aterosclerose.

Os óxidos de silício e de ferro também participam de biominerais muito importantes, com diversas funções. Por exemplo, a magnetita é encontrada nos dentes de alguns moluscos, tornando-os mais resistentes e duros para que possam raspar as algas da superfície das rochas. Nas bactérias magnetostáticas, a magnetita fornece uma bússola para que se orientem através do campo magnético do planeta. A biossílica é encontrada em diferentes organismos marinhos, como diatomáceas e esponjas. As estruturas encontradas são muito decorativas e elaboradas, revelando uma hierarquia de construção, com alta simetria e porosidade.

Os sulfatos formam biominerais baseados, principalmente, nos sais de cálcio, estrôncio e bário, como descritos na Quadro 7.2. Muitas vezes, substituem os cristais de carbonatos, especialmente como sensores de gravidade no sistema auditivo interno de muitos animais. A redução microbiológica dos sulfatos pelos organismos procariontes é uma das vias de formação de sulfetos metálicos, que são biominerais muito abundantes, principalmente sob a forma de FeS_2 (pirita), ZnS (blenda), PbS (galena) e Fe_3S_4 (greigite).

CAPÍTULO 8

SISTEMAS SUPRAMOLECULARES E NANOMÁQUINAS

As ferramentas atuais usadas na microtecnologia tornaram possível a reprodução de dispositivos integrados em larga escala, sem ter de passar pela montagem individual de cada componente, como era feito no passado. Essa foi de fato a maior conquista da eletrônica atual, pois permitiu a miniaturização e a integração de circuitos extremamente complexos, com aumento de eficiência e redução de custo.

As ideias de Drexler (Capítulo 1), de uma nanotecnologia molecular conduzida por máquinas de criação capazes de montar tudo, átomo a átomo, já foram alvo de críticas em termos da viabilidade prática. De fato, o conceito de montagem átomo a átomo tem de ser flexibilizado respeitando os requisitos químicos que regem a formação dos compostos, mas o aspecto mais crítico é a questão da escala de tempo.

Na química, os números se expressam em grandezas astronômicas como o mol, ou $6{,}023 \times 10^{23}$ unidades. Esse número, que na contagem manual, com as 23 casas decimais, mais parece infinito, reflete a quantidade de moléculas presentes em uma simples colher de sopa com água. Assim, para um volume razoável de produção de qualquer material com uma máquina de montagem átomo a átomo, o tempo necessário será quase infinito. Isso parece impossível! Entretanto, máquinas de criação existem e funcionam na biologia. Assim, novos conceitos precisarão ser gerados, como os inspirados nos sistemas biológicos.

É assombroso constatar que a replicação molecular é conduzida no estado da arte, envolvendo trilhões de unidades de montagem, como as bases nucleicas trabalhadas pelas enzimas polimerases para chegar ao DNA, com chances mínimas de falhas. A biologia lida com máquinas moleculares extremamente complexas, representadas por enzimas e biomoléculas, que se articulam para trabalhar individualmente e em conjunto, de forma ordenada, atuando como engrenagens dispostas corretamente na dimensão de espaço, tempo e energia.

Inspirado nos sistemas biológicos, para gerar dispositivos funcionais com moléculas, deve-se começar pela integração das unidades independentes. Preferencialmente, isso precisa ocorrer de forma espontânea, pela simples mistura dos componentes, sem precisar de máquinas montadoras. A esse processo, dá-se o nome **automontagem**. Para isso, as peças de montagem devem ser pensadas em termos de sua funcionalidade e ajustadas perfeitamente como o brinquedo LEGO (Figura 4.1), mas preservando suas características físicas ou químicas para que possam atuar em conjunto, de modo cooperativo e sinergético, como em uma orquestra. Tal montagem pode ser vista como uma nova espécie, mais elaborada, que extrapola as propriedades dos componentes individuais associados. Essa nova entidade é reconhecida como **supramolecular**, pois suas características vão além das moléculas individuais envolvidas.

A química supramolecular foi inicialmente abordada por Jean-Marie Lehn (1939), da Universidade de Estrasburgo (França), Nobel em 1987, como química de moléculas associadas com interações fracas, voltadas para um propósito bem definido, baseado nos efeitos cooperativos entre as unidades. Atualmente, essa definição é adotada com um sentido mais amplo, independentemente do tipo de interação, desde que as características das unidades associadas sejam preservadas e se faça uso do sinergismo resultante da interação entre elas. Essa é a diferença básica dos sistemas supramoleculares, com polímeros e macromoléculas, os quais são gerados pelo mero encadeamento de unidades repetitivas, que perdem a individualidade no conjunto[1].

Ao se observar o funcionamento dos sistemas biológicos, percebe-se que existem vários níveis de organização ou hierarquia, que começa com a disposição e a interação dos componentes dentro de uma biomolécula, seguido da interação entre várias biomoléculas próximas ou associadas e, finalmente, entre as várias entidades complexas inseridas no ambiente funcional (por exemplo, nas membranas mitocondriais). Tal organização nos sistemas biológicos é reflexo de bilhões de anos de evolução e pode servir de paradigma na química supramolecular.

Ao contrário dos sistemas químicos convencionais, em que as transformações se processam por meio de colisões moleculares em regime estatístico, a química supramolecular pode romper com esse paradigma, fazendo uso da organização de vários componentes de montagem, de modo a viabilizar interações simultâneas com "multicorpos" impossíveis de acontecerem isoladamente (Figura 8.1). No *design* supramolecular, o planejamento pode incorporar o reconhecimento molecular, que é uma caraterística dos sistemas biológicos, assim como proporcionar a sequência necessária para o encadeamento de eventos no contexto espaço-tempo-energia.

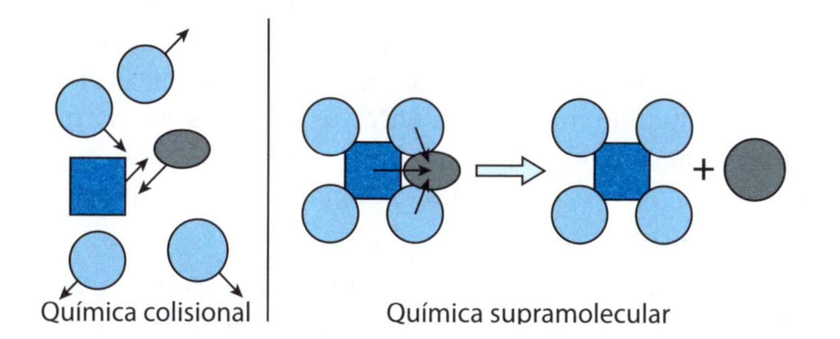

Figura 8.1
Ilustração comparativa da química colisional e da química supramolecular, em que moléculas podem atuar de forma cooperativa por meio da associação, realizando ações que cada uma não executaria individualmente.

A transposição da química tradicional para a química supramolecular é, portanto, um desafio importante a ser considerado para que se possa galgar um novo patamar na ciência e na tecnologia moderna, mais eficiente, racional

[1] Uma discussão mais detalhada sobre esse assunto pode ser encontrada no volume 5 desta coleção.

e sustentável. Para isso, a química tem de superar uma série de desafios importantes, como os representados na Figura 8.2.

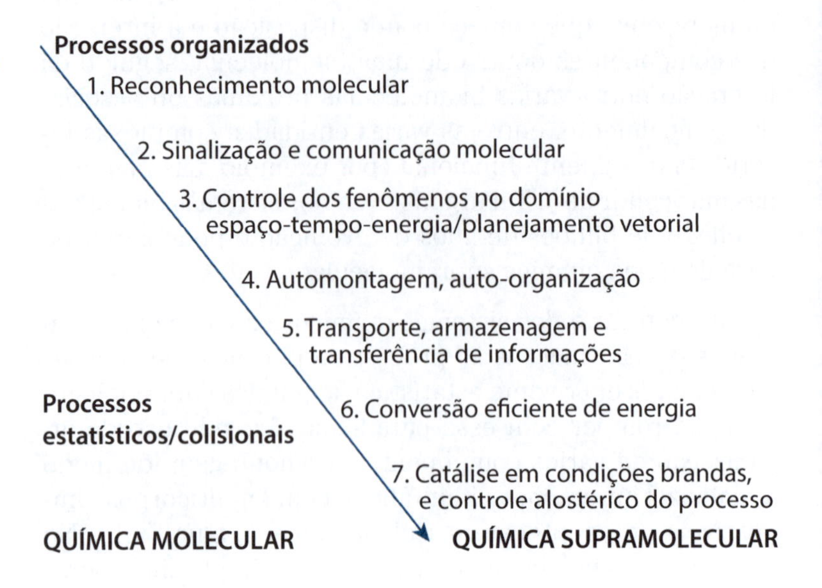

Figura 8.2
Quadro autoexplicativo da transposição da química convencional para a química supramolecular, apresentando os desafios a serem separados, enumerados de 1 a 7, a partir da organização prévia dos componentes, para gerar sistemas mais inteligentes e capazes de atuar como máquinas moleculares.

Organização e reconhecimento molecular

A organização e o reconhecimento molecular são pontos essenciais perseguidos pela química supramolecular. São determinados pela natureza das interações químicas envolvidas, incluindo a afinidade entre as espécies, e sua interação com o meio, mas também dependem de fatores geométricos ou estruturais e da flexibilidade conformacional envolvida.

Uma constatação bastante simples e interessante é acerca da interação de um íon metálico com o ligante etilenodiaminatetraacético (EDTA), na Figura 8.3. Ao interagir gradualmente com os grupos funcionais do ligante, o íon metálico dirige sua organização na esfera de coordenação para gerar uma nova entidade, denominada complexo. Embora pareça simples, desse evento também participam a afinidade metal-ligante, a natureza das ligações, os aspectos estereoquímicos e os fatores termodinâmicos (constante de equilíbrio, potenciais redox) e cinéticos (labilidade-inércia).

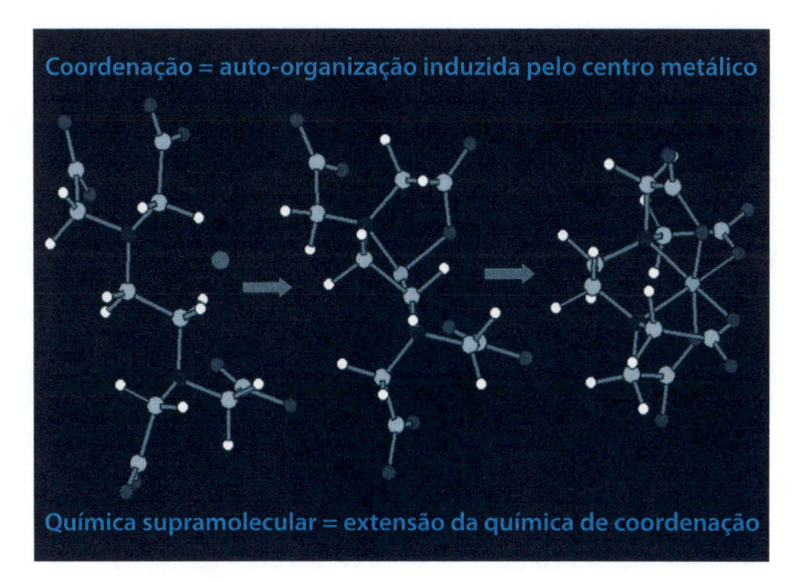

Figura 8.3
A química de coordenação proporciona uma forma natural de organização conduzida pelo íon metálico. Forma uma nova entidade, ao dirigir a ligação com os grupos sucessivos de ligantes, denominada complexo.

Um complexo metálico exerce com facilidade o reconhecimento dos ligantes, por meio da afinidade química e dos requisitos eletrônicos/estereoquímicos[2]. Além disso, é capaz de sinalizar a escolha, por exemplo, por meio das mudanças nas propriedades espectroscópicas (cor) e eletroquímicas (potenciais redox).

A flexibilidade conformacional também pode ser explorada no processo de auto-organização (Figura 8.3) para a molécula de EDTA. Nesse exemplo, apesar da estrutura ramificada dessa espécie, com grupos acetato distribuídos aleatoriamente, a coordenação espontânea de um grupo funcional ao íon metálico leva à aproximação do outro e, assim sucessivamente, até envolver completamente o íon metálico. Assim, em termos conceituais, a formação do complexo pode proporcionar uma rota simples e efetiva a ser explorada para vencer os desafios listados na Figura 8.2. De fato, Lehn foi o primeiro a destacar que a química de coordenação é essencialmente uma química supramolecular, na forma de organização apresentada e pelo fato de expressar novas propriedades, que vão além da química do íon metálico ou dos ligantes isoladamente.

É interessante notar que a formação de complexos é favorecida com o aumento do número de anéis quelatos. A estabilidade é maximizada com a formação de anéis macro-

[2] Isso foi descrito no volume 4 desta coleção.

cíclicos, onde o íon metálico fica aprisionado dentro da cavidade do ligante, conforme mostrado no esquema a seguir:

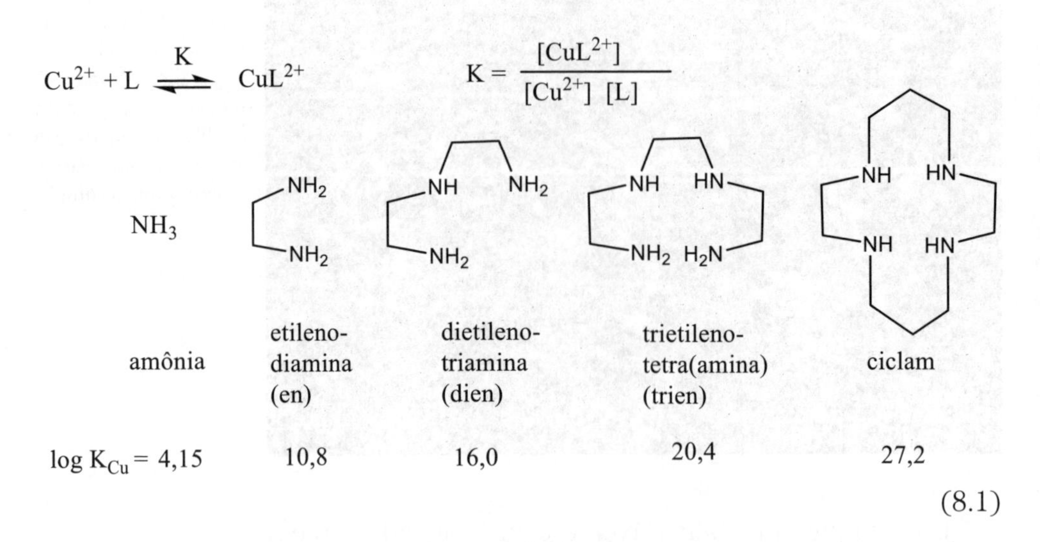

(8.1)

A exploração desse fato tem permitido o desenvolvimento de ligantes do tipo gaiola, capazes de aprisionar seletivamente não apenas íons metálicos como também pequenas moléculas, fazendo seu reconhecimento, como no Esquema (8.2).

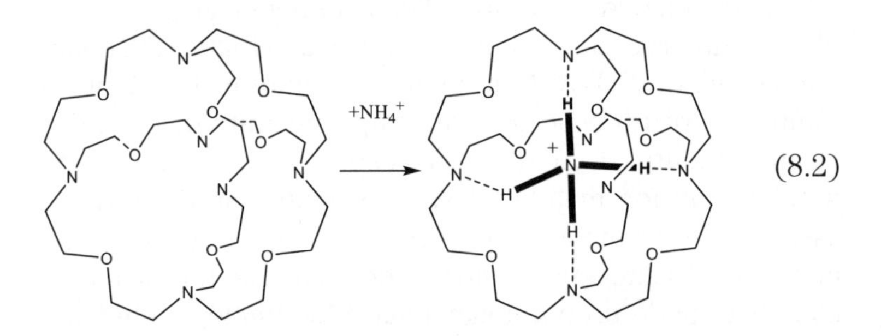

(8.2)

Por meio de sínteses *template* (ou com moldes), podem ser geradas cavidades específicas para reconhecimento molecular. Por exemplo, a porfirina de zinco tetramérica da Figura 8.4 foi sintetizada na presença da molécula tetrapiridilporfirina. Dessa forma, ao se remover a tetrapiridilporfirina central, tem-se uma estrutura pré-moldada, capaz de fazer o reconhecimento desse substrato por via coordenativa ($K = 10^{10}$ mol^{-1} L), onde o posicionamento dos anéis porfirínicos é dirigido pela coordenação com o íon de zinco.

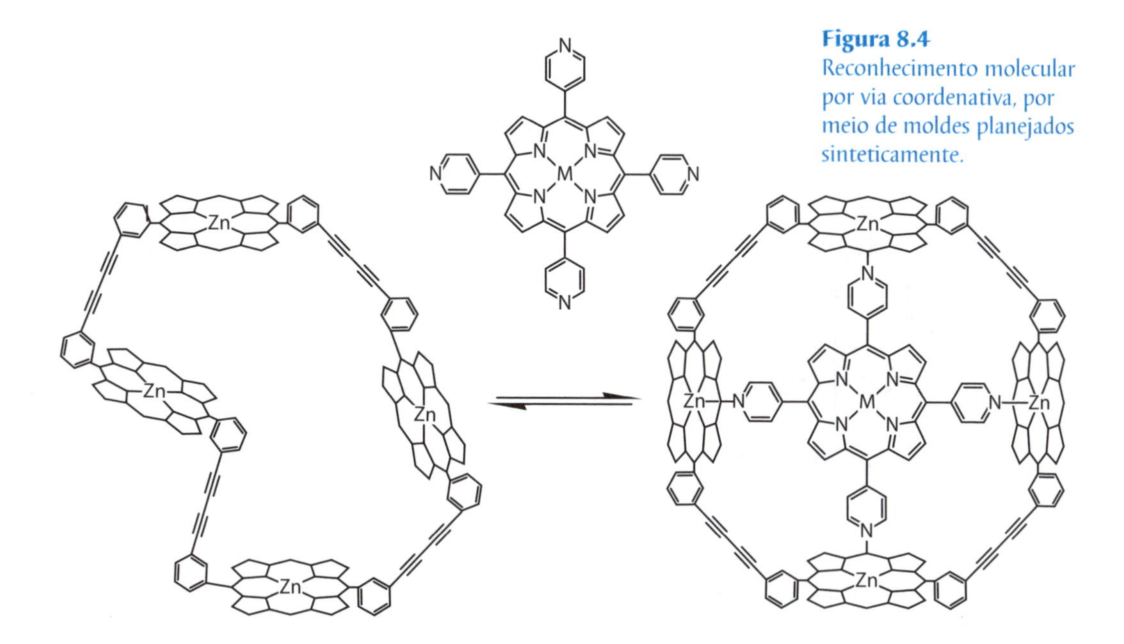

Figura 8.4
Reconhecimento molecular por via coordenativa, por meio de moldes planejados sinteticamente.

A maioria das transformações biológicas é exercida por biomoléculas complexas como as proteínas e, em especial, pelas enzimas. As reações enzimáticas envolvem mecanismos catalíticos, que se processam em estruturas especiais conhecidas como sítios ativos. Estes, por sua vez, são protegidos por um envoltório proteico muito seletivo, deixando canais específicos para entrada e saída dos substratos e produtos e abrigando, ainda, espécies, como NAD^+/NADH, que auxiliam na transformação química. Os sítios ativos podem envolver vários centros interligados pela cadeia proteica, muitos dos quais atuam de forma concatenada ou simultânea ou respeitando a sequência correta de espaço-tempo-energia.

A química supramolecular amplia enormemente a possibilidade de desenvolvimento de sistemas inspirados na biologia, mesmo que sejam voltados para outras aplicações. Nesse sentido, uma estratégia interessante na química supramolecular pode ser exemplificada pela combinação de complexos específicos em um *design* envolvendo unidades moleculares com propriedades complementares, capazes de, por exemplo, (a) realizar catálise, como as metaloporfirinas, (b) atuar como cofatores na transferência de elétrons e (c) absorver luz e ejetar/impulsionar elétrons ou fótons. Esse tipo de abordagem já foi descrito por Toma e

Araki[3]. Alguns exemplos de unidades moleculares complementares podem ser vistos na Figura 8.5.

A) Complexos poli-N-heterocíclicos de rutênio = bombas fotônicas

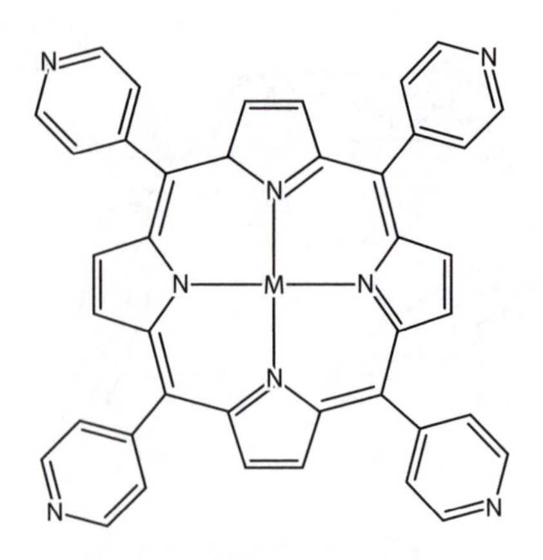

B) Metal – tetrapiridilporfirinas (MTPyP) = centros catalíticos

C) Porfirazinas/ftalocianinas = fotocatalisadores

D) *Clusters* de rutênio = centros redox

Figura 8.5
Exemplos de unidades de montagem para construção de sistemas supramoleculares funcionais, combinando características fotônicas (A), catalíticas (B), fotocatalíticas/eletrônicas (C) e redox (D).

A combinação de unidades porfirínicas como centro catalítico, com complexos polipiridínicos de rutênio como fotoinjetores/redox, permite efetuar a montagem de novas unidades moleculares, denominadas *tetraruthenated porphyrins* (TRP), capazes de usar luz ou elétrons para promover transformações químicas ou catalíticas supramoleculares, como no exemplo a seguir:

[3] TOMA, H. E.; ARAKI, K. Exploring the supramolecular coordination chemistry-based approach for Nanotechnology. **Progress in Inorganic Chemistry**, v. 56, p. 379-485, 2009.

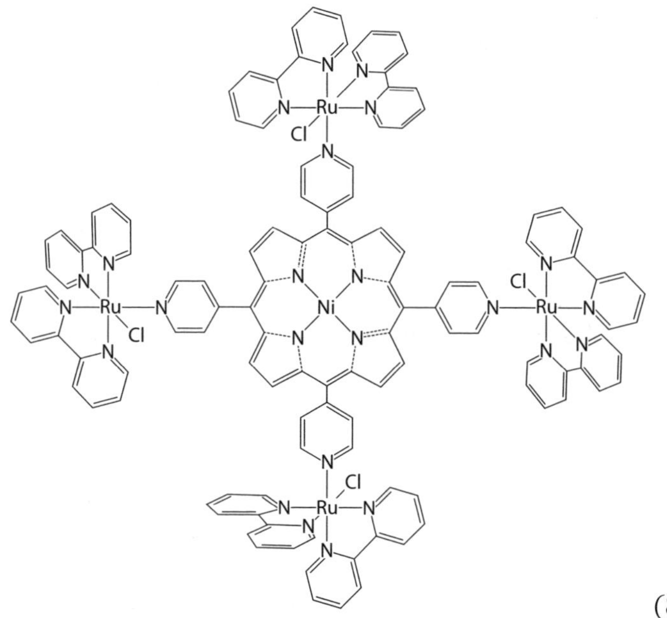

(8.3)

Essas unidades têm proporcionado sensores analíticos para grande diversidade de aplicações nas áreas química, alimentícia e ambiental. Outro exemplo interessante é ilustrado pela combinação das porfirinas com os *clusters* triangulares de rutênio, como no Esquema (8.4):

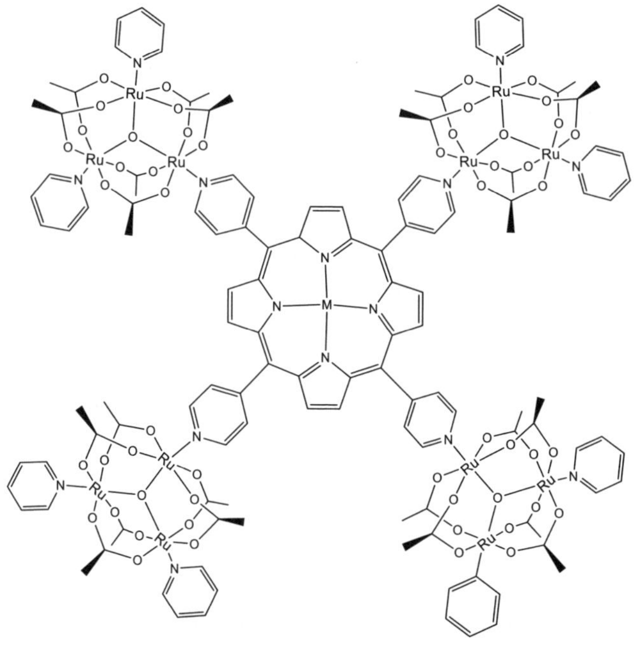

(8.4)

O número de possibilidades de montagem desse tipo de sistema supramolecular, bem como de aplicações, é ilimitado. Assim, no contexto da nanotecnologia, a estratégia supramolecular oferece um caminho *bottom-up*, ou de baixo para cima, que no futuro pode viabilizar e ampliar o uso de unidades moleculares na construção de sistemas organizados inteligentes, como os existentes nos sistemas biológicos. Essa abordagem, embora ainda seja incipiente, já está presente nos dispositivos moleculares, incluindo telas de OLEDs, cristais líquidos, sensores químicos/eletroquímicos e células solares, como discutido no Capítulo 9.

Sinalização e comunicação química: processos redox

A química expressa-se por meio de reações que representam uma forma direta de comunicação entre as moléculas. Entretanto, sob o ponto de vista da atuação, também é possível usar fótons (fotoquímica/fotofísica) e elétrons (eletroquímica) para interagir com os compostos químicos. A interação por meio dos fótons já foi descrita no Capítulo 2 e envolve excitação dos níveis eletrônicos ou espalhamento da luz, dando origem aos efeitos Raman e SERS. A interação por meio dos elétrons pode ser monitorada eletroquimicamente, medindo a corrente elétrica em resposta à voltagem aplicada. Essa forma de comunicação é tratada pela **eletroquímica**, e alguns aspectos básicos são apresentados a seguir.

As medidas eletroquímicas podem ser feitas convenientemente em uma célula com arranjo de três eletrodos (Figura 8.6), que recebem as seguintes designações: de trabalho, auxiliar e de referência.

O eletrodo de trabalho é o principal, pois monitora a atividade eletroquímica da espécie de interesse. Ele pode ser feito dos mais diferentes materiais condutores, empregando-se, geralmente, superfícies metálicas inertes como as de platina, ouro, carbono vítreo, vidro recoberto por óxidos condutores de *indium tin oxide* (ITO) ou *fluorine doped tin oxide* (FTO). Estes últimos proporcionam eletrodos transparentes à luz visível para aplicação em dispositivos eletrocrômicos e fotoeletroquímicos. Também podem ser usadas minirredes de ouro como opção ao ITO ou ao FTO, principalmente na eletroquímica com monitoração simultânea de espectros, conhecida como **espectroeletroquímica**.

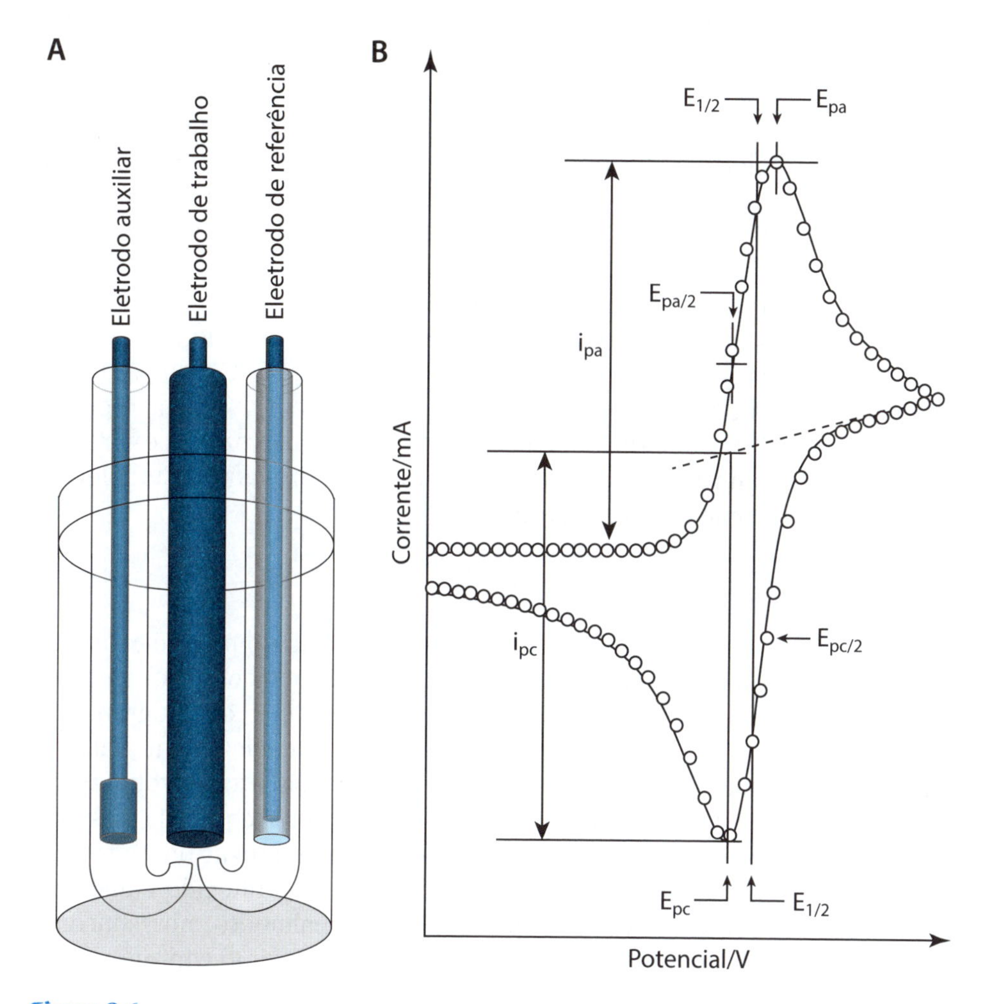

Figura 8.6
(A) Célula eletroquímica com arranjo típico de três eletrodos (auxiliar, de referência e de trabalho). O eletrodo de referência é isolado em um compartimento terminado em capilar (*Lugin*), para diminuir a resistência da medida. (B) Voltamograma cíclico experimental (curva sólida) com a varredura de potencial no sentido da esquerda para a direita, mostrando o pico anódico (i_{pa}) de oxidação e o catódico (i_{pc}) de redução, com seus respectivos potenciais (E_{pa} e E_{pc}) e o potencial de meia onda ($E_{1/2}$). Os pontos sobre a curva representam os valores teóricos calculados pela equação de Shain e Nicholson (Equação 8.6).

O eletrodo auxiliar mantém a funcionalidade da célula eletroquímica, proporcionando balanço elétrico ao sistema, por meio de reações complementares, geralmente com solvente.

Além desses eletrodos, usa-se um terceiro, conhecido como de referência, cujo papel é fornecer um potencial estável e constante. O eletrodo de referência não participa das reações de transferência de elétrons envolvidas no processo e deve proporcionar um valor estável usado pelo equipamento para controlar o potencial aplicado. O eletrodo de referência é geralmente isolado em um compartimento separado, terminado em um capilar conhecido como *Lugin*, que oferece uma alta resistência à passagem de elétrons. É muito comum o uso de eletrodos de referência constituídos de prata/cloreto de prata (Ag/AgCl; $E^o = 0{,}222$ V em KCl 1 mol L^{-1}, 25 °C), de calomelano (Hg/Hg_2Cl_2; $E^o = 0{,}254$ V em KCl saturado, 25 °C), do par redox Ag/Ag^+ ($E^o = 0{,}503$ V, $AgNO_3 = 0{,}01$ mol L^{-1}, em acetonitrila). Os potenciais de referência, por sua vez, são expressos em relação ao eletrodo-padrão de hidrogênio, estabelecido como referência primária[4].

$$2H^+(aq) + 2e^- \rightleftharpoons H_2(g) \quad E^0 = 0\ V \qquad (8.5)$$

A corrente é registrada em função do potencial aplicado e a curva resposta obtida é conhecida como voltametria. Ela pode ser gerada com diferentes tipos de programação de varredura de potencial, de forma cíclica, com plataformas de ondas triangulares, quadradas etc. A voltametria cíclica é a forma utilizada com maior frequência nos trabalhos eletroquímicos. Pode-se também fixar um potencial constante e medir a corrente. Isso é conhecido como amperometria e é empregado, principalmente, nos sensores eletroquímicos, como abordado no próximo capítulo.

Em geral, as espécies químicas de interesse estão dissolvidas em solução e, para gerar alguma resposta eletroquímica, devem difundir-se até a superfície do eletrodo para trocar elétrons com ele através da interface. Quando o potencial aplicado se aproxima do potencial eletroquímico ou redox das espécies, sua interação eletrônica com o eletrodo, em nível de Fermi, permite a troca de elétrons com

---

[4] Consultar volume 2 desta coleção.

a superfície, resultando no aparecimento de uma corrente elétrica. A intensidade dessa corrente depende de vários fatores, como a velocidade de varredura de potencial (ν), a concentração da espécie eletroativa (C_R) e sua constante de difusão (D_R) em solução. Preferencialmente, a medida é conduzida sem agitação, para se ter um regime difusional espontâneo. A agitação muda o regime de trabalho e pode ser feita controladamente, quando desejado, utilizando eletrodos rotatórios com velocidade programada. No caso de sistemas estáticos, a equação que descreve a corrente (i) é dada por:

$$i = nFAC_R(D_R \cdot a)^{1/2}\pi^{1/2}\chi(at) \qquad (8.6)$$

Essa equação ainda envolve os parâmetros n = número de elétrons; F = constante de Faraday; A = área do eletrodo; fator a = $nF\nu/RT$. O termo $\chi(at)$ é conhecido como função de trabalho do eletrodo e expressa uma grandeza adimensional dada por uma exponencial de $—nF(E_i—E_{1/2})/RT$. Os valores da função de trabalho já foram calculados em 1964 por Shain e Nicholson, da Universidade de Wisconsin (EUA), e encontram-se disponíveis na literatura para vários tipos de processos eletroquímicos. Com base nesses valores, é possível calcular teoricamente os voltamogramas cíclicos (Figura 8.6).

Na medida em que o potencial aplicado (E_i) é variado, atinge-se um máximo de corrente, quando passa a ser controlada pela velocidade de difusão das espécies até o eletrodo. Depois, com o esgotamento do processo redox no âmbito do eletrodo, a corrente declina sistematicamente, conferindo um aspecto de onda ao voltamograma. Com a reversão da varredura de potencial, esse padrão é repetido, mas com sentido da corrente e potencial invertidos. Os potenciais entre os dois máximos ou picos de corrente são ligeiramente deslocados, e o valor médio é conhecido como potencial de meia onda ($E_{1/2}$). Esse potencial está relacionado com E^o por meio da equação:

$$E_{1/2} = E^o + (RT/nF)\ln(D_R/D_O)^{1/2} \qquad (8.7)$$

Na maioria dos casos, as constantes difusionais da espécie reduzida (D_R) e da oxidada (D_O) são semelhantes, e o potencial meia onda equivale ao potencial redox, ou E^o

do sistema. Na prática, o valor de $E_{1/2}$ pode ser medido no ponto médio, entre os potenciais de pico anódico e catódico, cuja separação deve ser igual a 59 mV:

$$E_{1/2} = (E_{pa} + E_{pc})/2 \quad (8.8)$$

A corrente de pico é dada pela seguinte equação:

$$i_p = 2{,}69 \times 10^5\, n^{3/2}\, A\, D^{1/2}\, \nu^{1/2}\, C \quad (8.9)$$

Essa corrente aumenta linearmente com a concentração das espécies eletroativas (C) e com a raiz quadrada da velocidade de varredura de potencial (ν). Esta última dependência é usada para caracterizar um processo difusional, isto é, controlado pela velocidade de difusão da espécie eletroativa até o eletrodo.

Um exemplo interessante de perfil voltamétrico está na Figura 8.7, que apresenta uma espécie supramolecular constituída de um núcleo de porfirazina central, ao qual foram acoplados quatro unidades de complexo de rutênio-bipiridina (*bipy*). Esses complexos interagem covalentemente com a porfirazina, mas de forma localizada, sem formar uma unidade com conjugação eletrônica estendida sobre todo o sistema, configurando um comportamento supramolecular. Por isso, a atividade eletroquímica dos complexos periféricos equivale à de quatro grupos isolados, gerando uma única onda, com E^o = 0,92 V, e intensidade quatro vezes maior que a das ondas de descarga, monoeletrônicas, do núcleo porfirazínico em –0,63 V e –0,99 V. As ondas redox dos ligantes bipiridina ocorrem em potenciais mais negativos, envolvendo uma onda composta, bastante forte, por volta de –1,5 V.

Um padrão bastante distinto é observado nos *clusters* trigonais de acetato de rutênio, conforme a Figura 8.8. Esses *clusters* de rutênio encerram uma unidade central de Ru_3O triangular, em que os íons de rutênio apresentam estados de oxidação II, III e IV acessíveis em uma faixa de potencial de –2 V a +2 V. Os voltamogramas correspondentes apresentam várias ondas sucessivas, equivalendo a processos monoeletrônicos, ao contrário do exemplo anterior, indicando que cada etapa redox altera o comportamento do próximo. Esse comportamento é típico de sistemas conjugados, nos quais existe forte comunicação entre os vários centros metálicos. A separação entre os potenciais redox é uma medida direta do grau de comunicação entre esses centros, que se comportam como unidades de valência mista deslocalizada.

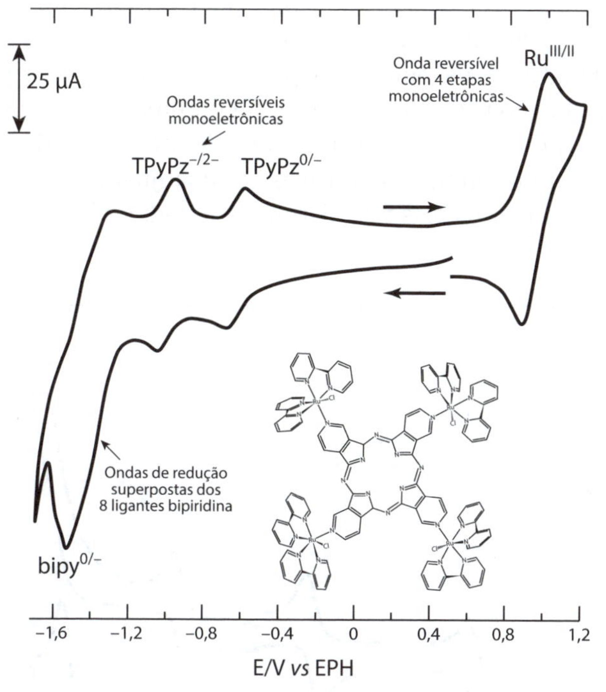

Figura 8.7
Voltamograma cíclico ilustrativo de uma porfirazina tetrarrutenada. Vê-se uma onda intensa, reversível em 0,92 V e equivalente a quatro elétrons, e duas ondas monoeletrônicas em -0.63 V e -0,99 V, envolvendo a redução do anel macrocíclico. A redução dos ligantes bipiridínicos é observada por volta de -1,5 V. (Cortesia de Marcos M. Toyama)

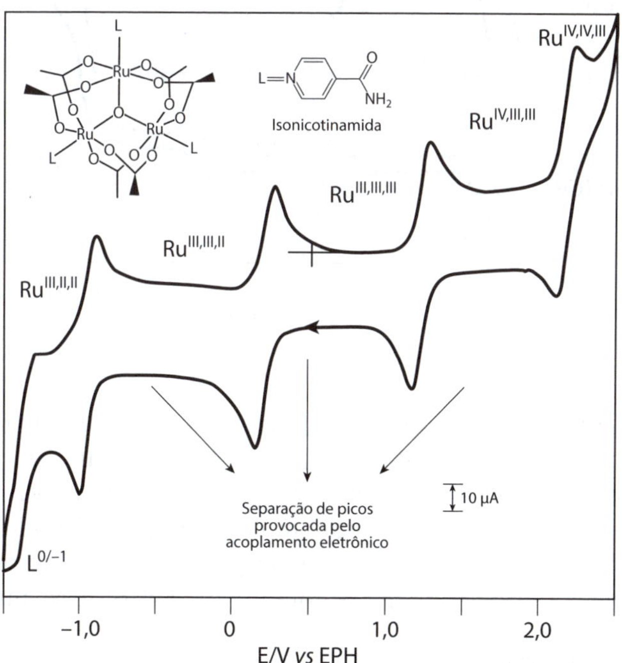

Figura 8.8
Voltamograma cíclico do *cluster* $[Ru_3O(OAc)_6$ (isonicotinamida)$_3]$ em acetonitrila. São observadas quatro ondas monoeletrônicas reversíveis e uma quinta onda abaixo de -1 V atribuída à redução da isonicotinamida coordenada.

Esses *clusters* podem proporcionar cofatores redox em sistemas supramoleculares. Eles têm sido explorados em combinação com porfirinas e porfirazinas, como na Figura 8.9. O voltamograma cíclico correspondente é dominado pelos processos redox que ocorrem nos *clusters* de rutênio periféricos, apresentando forte atividade nos limites oxidativos, associados a processos catalíticos que são discutidos no próximo capítulo. A combinação dos *clusters* com as porfirinas aumenta a capacidade redox das espécies, proporcionando cofatores ou coadjuvantes que lembram as ferredoxinas nos sistemas biológicos[5].

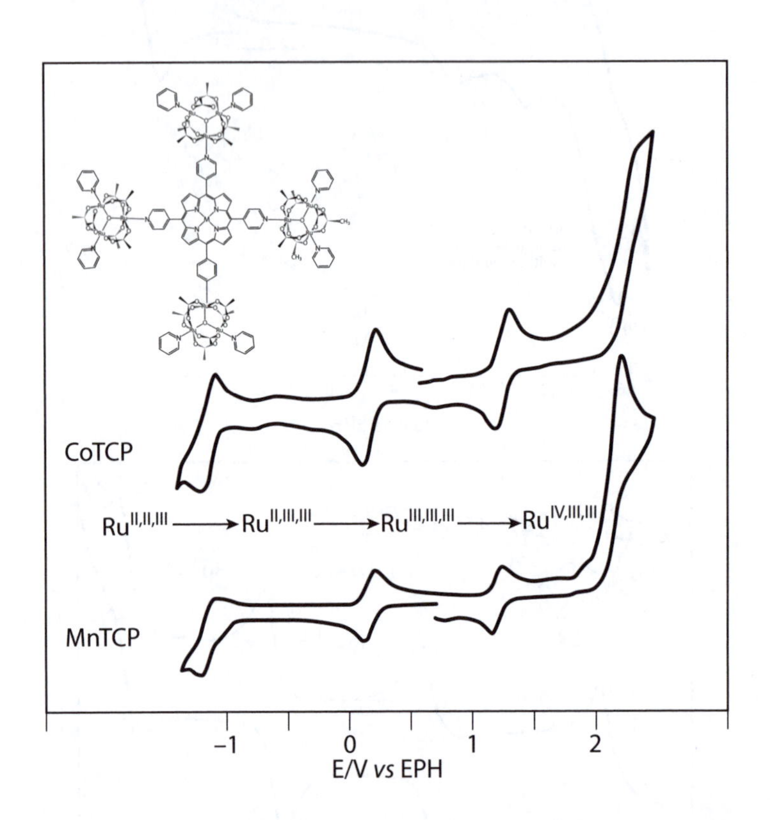

Figura 8.9
Voltamogramas cíclicos típicos de sistemas supramoleculares constituídos de tetrapiridilporfirinas de cobalto ou manganês, associadas a quatro unidades de *clusters* periféricos, também denominadas tetraclusterporfirinas (TCP). A sequência de ondas sucessivas é característica dos *clusters*, ao passo que a onda anódica acima de 2 V envolve um processo de oxidação catalítica do solvente. (Cortesia de Koiti Araki)

Curiosamente, como um perfeito modelo biomimético, em um ambiente redutor, os sítios Ru^{II} tornam a metaloporfirina capaz de realizar a transferência de quatro elétrons na redução do oxigênio molecular, mimetizando essa propriedade que é característica da enzima citocromo-c oxidase. Porém, em um ambiente oxidante, essa mesma

[5] Consultar volume 5 desta coleção.

supermolécula com os grupos Ru^{IV} adquire capacidade de promover reações de oxidação semelhantes às realizadas pela enzima citocromo P450, considerada uma das mais importantes enzimas redox do organismo por seu papel na oxidação de xenobióticos. Essas duas situações extremas refletem comportamentos distintos para uma mesma espécie supramolecular, quando em ambientes de diferente natureza.

É interessante notar que o sítio ativo na enzima citocromo P450 envolve grupos extremamente reativos (P^+) $Fe^{IV} = O$, capazes de decompor o próprio centro heme, razão pela qual a cadeia proteica é absolutamente necessária como forma de evitar a aproximação desses centros. Nas supermoléculas de porfirinas, conforme exemplificado na Figura 8.10, os próprios complexos periféricos servem de proteção contra a autodegradação do centro porfirínico, viabilizando seu emprego direto como modelo biomimético da citocromo P450.

Figura 8.10
Porfirinas supramoleculares podem usar o efeito de proteção dos complexos laterais, gerando cavidades capazes de acomodar os substratos e realizando catálise oxidativa, sem risco da autodegradação observada nos complexos análogos sem esse tipo de proteção. (Fonte: NUNES, Genebaldo S. **Catálise oxidativa de clusters de rutênio e porfirinas supramoleculares**. 2005. 189f. Tese (Doutorado) - Universidade de São Paulo, São Paulo, 2005.)

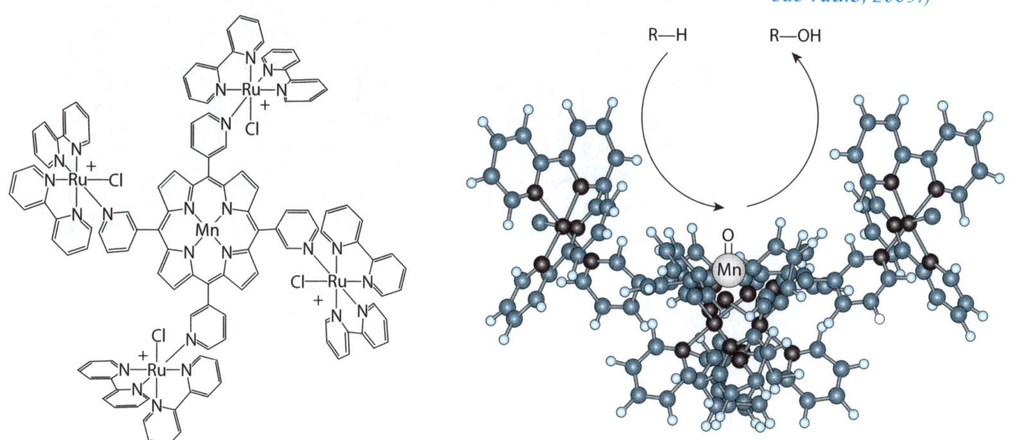

Automontagem de filmes supramoleculares

Muitos compostos formam filmes sobre superfícies de forma espontânea, favorecidos pelas forças de contato, de natureza hidrofóbica ou eletrostática. As porfirinas tetrarrutenadas fazem parte desse grupo, combinando os efeitos decorrentes dos grupos aromáticos presentes e da distribuição das cargas nos complexos periféricos. Os filmes podem ser produzidos pelo simples gotejamento sobre uma superfície de um líquido, que evaporou em condições ambiente. Um exemplo típico pode ser visto na Figura 8.11. Consegue-se boa transparência e excelente homogeneidade, com alta aderência e cobertura superficial. Essa propriedade facilita a utilização dos compostos em eletrodos e sensores, como abordado no capítulo seguinte.

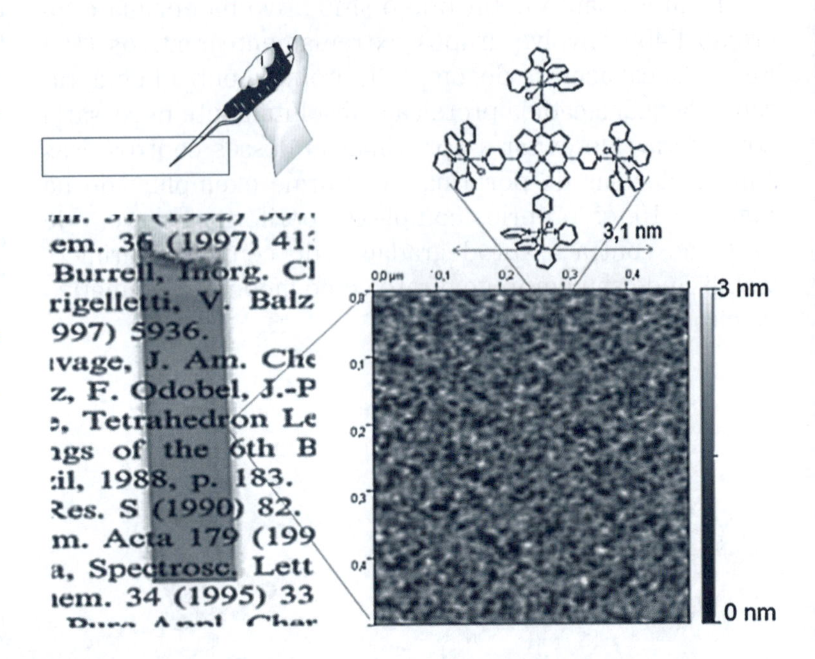

Figura 8.11
Filmes moleculares de porfirinas tetrarrutenadas, com espessura molecular de 3 nm, depositadas por *drop casting* de uma solução metanólica sobre superfície de vidro. Também se tem a visualização da distribuição das moléculas por microscopia de força atômica, com alto grau de homogeneidade. (Foto: cortesia de Marcelo Nakamura)

A automontagem de filmes pode ser feita camada por camada (*layer by layer*), como na Figura 8.12. Esse processo parte da deposição de um filme catiônico de porfirinas tetrarrutenadas (TRP^{4+}/PF_6^-), pouco solúvel em água, por simples imersão em solução metanólica do composto, seguida, após retirada do excesso, da imersão em solução da porfirina tetrassulfonada aniônica ($Na^+/TPPS^{4-}$), dissolvida em água, e posterior lavagem com água. O par iônico formado é pouco solúvel em água e em metanol e apresenta extraordinária estabilidade e aderência. O processo pode ser repetido inúmeras vezes para formar camadas mais espessas, de forma controlada, *layer by layer*.

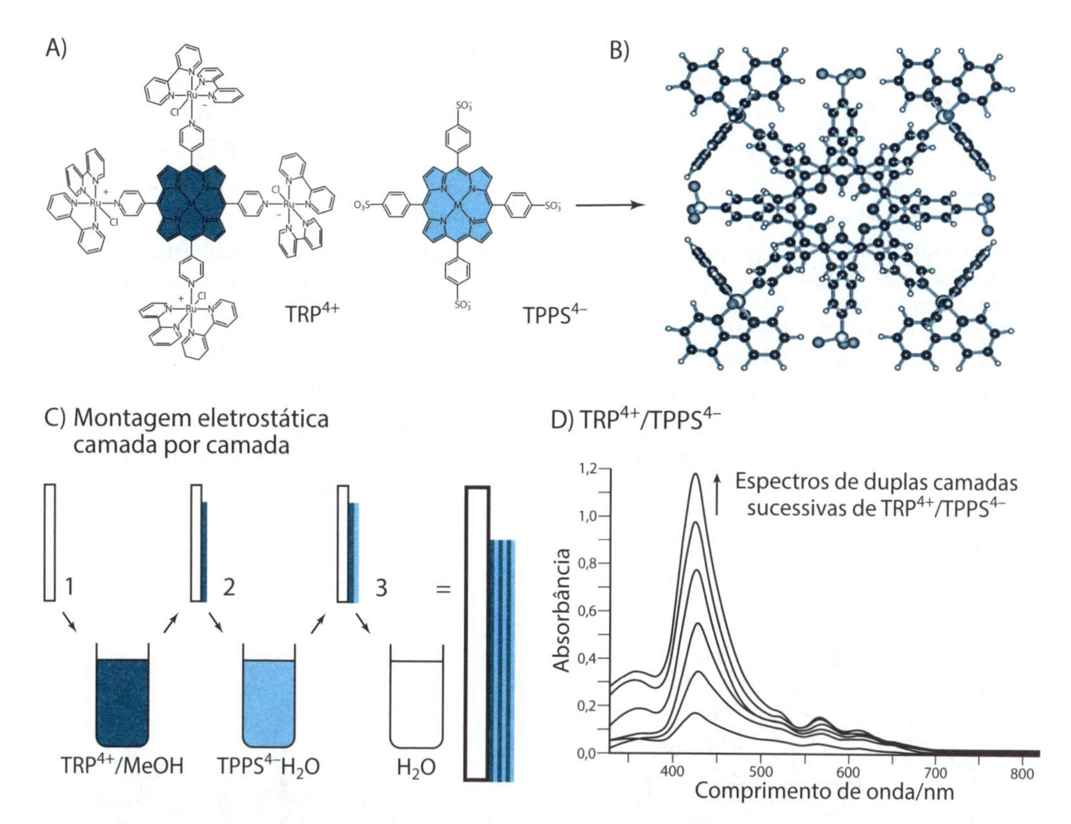

Figura 8.12
Automontagem de filmes organizados, *layer by layer*, de porfirinas tetrarrutenadas catiônicas (TRP^{4+}/PF_6^-) e porfirina tetrassulfonadas aniônicas ($Na^+/TPPS^{4-}$), pela técnica de *dip coating*, monitorada pelo crescimento das bandas eletrônicas ao longo do processo.

Planejamento vetorial espaço-tempo-energia

A fotossíntese e a cadeira respiratória mitocondrial oferecem os melhores exemplos na biologia da importância do encadeamento dos processos na sequência espaço-tempo-energia.[6]

Na química supramolecular, a colocação dos processos na sequência correta espaço-tempo-energia exige um planejamento vetorial. Para isso, as unidades devem ser posicionadas de forma coerente na estrutura e seus níveis de energia devem ter sido programados, por meio da escolha dos substituintes, para gerar degraus sucessivos que dirigem a propagação dos fótons ou elétrons no sentido desejado. Esse planejamento está sendo aplicado no desenvolvimento de sistemas fotoeletroquímicos (Capítulo 9) e em catálise redox, objetivando alcançar um melhor desempenho.

[6] Isso foi bastante comentado e discutido no volume 5 desta coleção.

Por exemplo, a porfirina é um composto que, a exemplo da clorofila, consegue ser excitado com luz, transferindo elétrons para uma interface receptora, de TiO_2. O mesmo acontece com o complexo de rutênio-bipiridina ($[Ru(bipy)_2Cl_2]$), porém seus níveis de energia podem ser modulados convenientemente por grupos substituintes nos ligantes, como exemplificado pela dimetilbipiridina. Quando essas unidades são acopladas, formando porfirinas polirrutenadas (Figura 8.13), os complexos periféricos de rutênio não apenas atuam como antenas, captando mais luz, como também promovem transferência vetorial de energia/elétrons para a porfirina fotoinjetora ancorada na superfície do TiO_2. Com isso, observou-se um aumento de sete vezes no aproveitamento da energia solar.

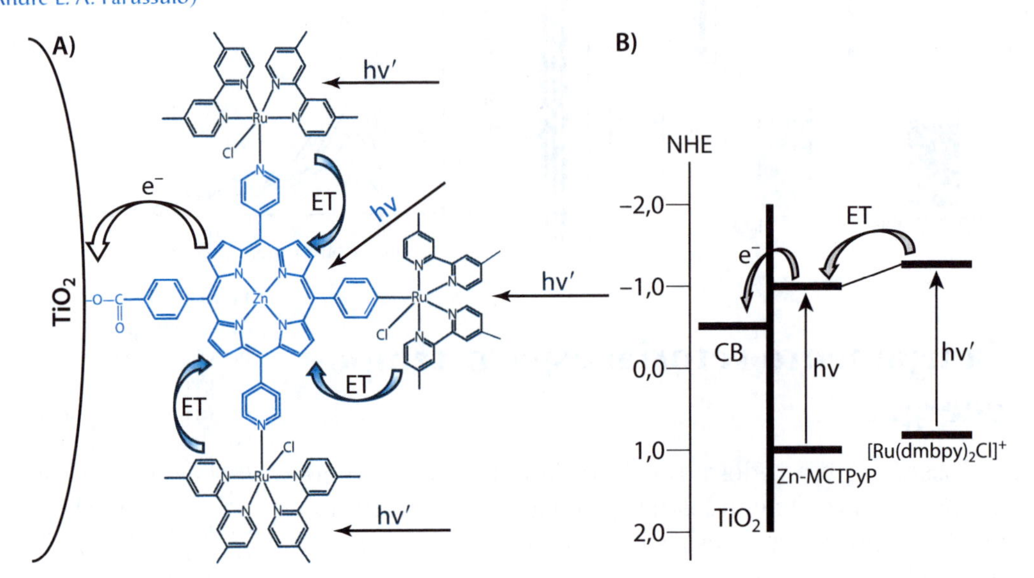

Figura 8.13 Fotoinjetores supramoleculares com planejamento vetorial para células solares de TiO_2. Os complexos periféricos atuam como absorvedores de luz (efeito antena), porém seus níveis de energia foram programados, como mostrado no diagrama (B), para transferir energia de forma direcionada para o centro porfirínico injetor, aumentando em sete vezes a eficiência de fotoconversão de energia. (Cortesia de André L. A. Parussulo)

O uso de substituintes receptores no complexo de rutênio, por sua vez, pode abaixar os níveis de energia no estado excitado, deslocando os elétrons na direção oposta em relação ao centro injetor, indo contra o planejamento vetorial. Nesse caso, observa-se uma queda de rendimento das células fotoeletroquímicas.

Da mesma forma, o planejamento vetorial envolvendo a ligação de complexos fotoativos a centros catalíticos ou redox tem estimulado o desenvolvimento de novos sistemas biomiméticos em fotossíntese, com os mais variados níveis de sofisticação, como será visto mais adiante.

Transporte, moléculas motoras e máquinas moleculares

O transporte molecular está intimamente relacionado com a existência de mecanismos de locomoção dentro da célula envolvendo moléculas motoras. Sua mimetização ainda está muito distante de ser alcançada na química.

As moléculas motoras são máquinas biológicas moleculares que têm ação fundamental na produção de movimento em organismos vivos. O mecanismo envolvido é tipicamente supramolecular e abrange um conjunto articulado de moléculas, ativadores químicos e cofatores. Essas máquinas consomem energia, por meio da hidrólise de ATP, para produzir trabalho mecânico, deslocando-se ou "caminhando" sobre uma cadeia de átomos, em um ambiente onde as flutuações decorrentes do efeito térmico também têm um papel muito importante.

Sabe-se que o cálcio é essencial para a contração muscular. As células do músculo contêm filamentos de proteínas (miofibrilas) que ficam mergulhadas no retículo sarcoplasmático, onde existem vesículas que armazenam Ca^{2+} em concentrações de 1 mmol L^{-1} a 5 mmol L^{-1}. No citoplasma do retículo sarcoplasmático, existe uma ATPase que adota duas conformações (E1 e E2). O cálcio liberado das vesículas converte a forma E2 em E1, produzindo ATP que vai acionar as moléculas motoras, em nível celular, até levar à contração dos músculos. O retorno do cálcio para as vesículas consome ATP e restaura a forma E2, provocando a relaxação dos músculos.

Existem pelo menos quatro tipos de motores moleculares: (a) os que se movimentam sobre o citoesqueleto, (b) os que utilizam processos de polimerização, (c) os que atuam por movimento rotacional e (d) os que operam no DNA.

O citoesqueleto é uma matriz intracelular de natureza proteica que ajuda a manter a forma e o funcionamento da célula. Essa matriz tem uma estrutura dinâmica, formada por proteínas capazes de fazer conexões e desligamentos, de forma rápida, em resposta aos mecanismos celulares. Ela se apresenta sob a forma de filamentos de actinas e microtúbulos, como na figura a seguir.

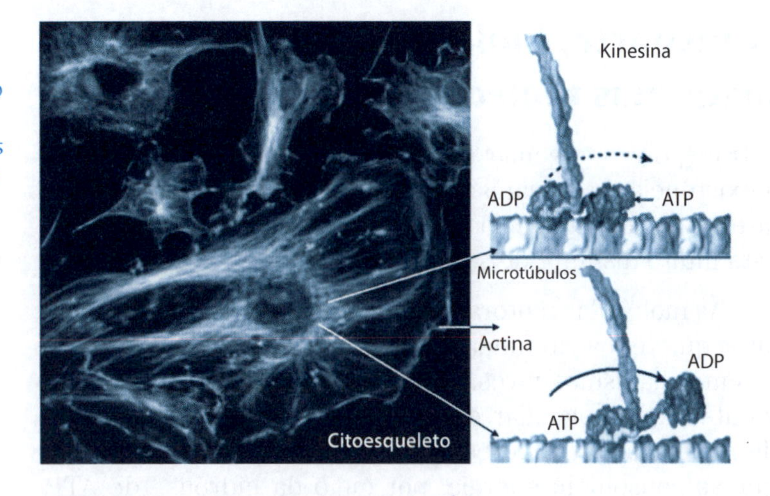

Figura 8.14 Imagens do citoesqueleto em eucariontes, mostrando os microtúbulos nas regiões internas e as actinas delineando as regiões mais externas da célula.

As proteínas motoras conhecidas como miosina, kinesina e dineína utilizam o citoesqueleto para realizar movimentos. A miosina é uma proteína com duas cadeias ligadas a duas cabeças motoras. Quando a cabeça motora é ativada por ATP, a hidrólise de um grupo fosfato produz um deslocamento interno de 0,5 nm, que é sentido pela cadeia proteica mais leve e transmitido para a cadeia maior com a qual está ligada, amplificando dessa forma o movimento para aproximadamente 36 nm. A cabeça motora interage diretamente com os filamentos de actina, e sua ativação faz com que se desloque sobre ela. As cadeias proteicas se associam, permitindo que as moléculas de miosina atuem de forma coordenada, ampliando a força resultante. Assim, a miosina tem ação na contração muscular ou no transporte de organelas. As dineínas e as kinesinas geram movimentos de forma semelhante, deslocando-se ao longo dos microtúbulos do citoesqueleto, interagindo com a região conhecida como tubulina. As dineínas são proteínas motoras complexas que promovem o movimento de organelas e da célula. As kinesinas promovem o movimento ciliar.

O movimento das proteínas motoras também está acoplado a um processo de polimerização. É o caso das actinas, que têm suas dimensões modificadas continuamente por meio de reações de polimerização, impulsionadas pelo ATP. Os processos de polimerização também atuam sobre os microtúbulos, à custa de GTP. Outras proteínas motoras, como a ATP sintase, acoplam a passagem dos prótons a um movimento de rotação das cadeias, convertendo o potencial eletroquímico em ligações ricas em energia.

Os movimentos que levam à transcrição do RNA e à replicação do DNA são exercidos por proteínas motoras específicas, como a RNA polimerase e a DNA polimerase. O mesmo acontece com as topoisomerases, que reduzem o superenovelamento do DNA, controlando seu tempo de vida.

As proteínas motoras podem ser manipuladas no laboratório por meio de pinças ópticas (Figura 3.15), as quais permitem avaliar aspectos importantes dos mecanismos e forças envolvidas na produção dos movimentos. A compreensão dos mecanismos de ação das moléculas motoras ainda é muito limitada, existindo um número enorme de aspectos a serem elucidados, incluindo a estrutura da proteína e da cabeça motora, a natureza dos sítios ativos, a forma de ligação com os filamentos de actina ou microtúbulos e a múltipla variedade de espécies já identificadas.

Ainda não existem análogos às moléculas motoras na química. Contudo, seu transporte é possível utilizando nanopartículas superparamagnéticas como veículo, direcionado por meio de ímãs. Na escala molecular, movimentos simples articulados com efeitos térmicos ou mudanças estruturais têm sido obtidos no laboratório. Um exemplo interessante foi descrito por Mario Ruben, na Alemanha, fazendo a deposição de um composto linear com seis anéis aromáticos e dois grupos de nitrila, na presença de íons de Co(II), sobre uma superfície plana de prata (plano 111). A molécula linear coordena-se com os íons de cobalto, gerando anéis hexagonais em cujo interior se alojam três moléculas soltas. A energia térmica é suficiente para provocar a oscilação dessas moléculas, em movimento ritmado, com uma frequência de 56,5 s^{-1}, como na figura a seguir.

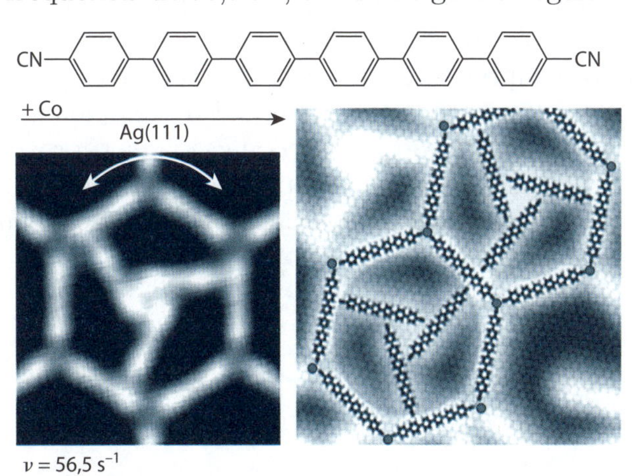

Figura 8.15
Mario Ruben demonstrou que o composto linear apresentado, quando depositado sobre uma superfície de prata (plano 111) na presença de íons de Co^{2+}, forma hexágonos de coordenação em cujo interior ficam três moléculas soltas, as quais adquirem movimento oscilatório interno, ritmado pela energia térmica, com uma frequência de 56,5 s^{-1}.

Outra forma de lidar com os movimentos moleculares é por meio da fotoquímica de isomerização *cis-trans*. Esse recurso é utilizado por nosso sistema de visão, que é baseado na molécula de *cis*-11-retinal (Esquema 8.10), derivada da vitamina A. Nas células cônicas e bastonetes da retina, essa molécula aloja-se na cavidade de uma proteína denominada opsina, dando origem a um pigmento fotossensível, a rodopsina. Sob a ação da luz, a *cis*-11-retinal sofre isomerização para a forma *trans* (como no esquema), passando a ocupar um volume maior do que a cavidade hospedeira na opsina. Dessa forma, a luz acaba expulsando a molécula *trans* da cavidade da rodopsina, gerando um impulso elétrico que é captado pelo nervo óptico e conduzido até o cérebro. É assim que se forma nossa impressão visual ou imagem. A forma *trans* é depois convertida enzimaticamente na forma *cis* e o mecanismo pode ser repetido.

cis-11-retinal $\xrightarrow{h\nu}$ *trans*-11-retinal

(8.10)

A fotoisomerização *cis-trans* também pode gerar movimento por meio da excitação fotoquímica de polímeros insaturados, como na Figura 8.16. Na configuração *cis* as moléculas tendem a formar dobras, ocupando menos espaço em relação à configuração *trans*. Por isso, a isomerização reversível pode levar a um movimento de contração e expansão molecular, controlado pela excitação eletrônica, com dois comprimentos de onda característicos para cada uma das configurações *cis* ou *trans*. No exemplo em questão, a fotoisomerização *cis-trans* é usada para provocar a deflexão de um *cantilever* de microscopia de força atômica, o qual pode ser monitorado facilmente com os recursos dessa técnica mostrados no Capítulo 3.

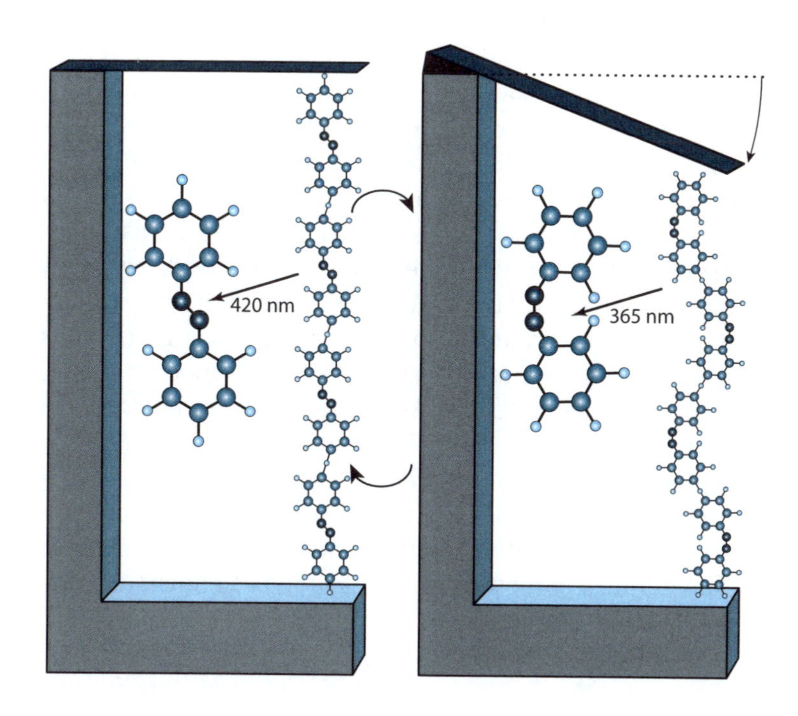

Figura 8.16
Fotodeflexão de um *cantilever* de microscopia AFM, ligado a uma base fixa por meio de um polímero insaturado com pontes -N=N-, fotoisomerizáveis.

A fotoisomerização *cis-trans* pode ser usada para gerar estruturas que desempenhem papel de pinças moleculares, por exemplo, capturando e liberando espécies como os íons K^+.

Vis UV + K^+ K^+ (8.11)

Essa pinça faz uso de dois braços de éter coroa, unidos por uma ponte diazo —N=N— capaz de sofrer fotoisomerização com luz ultravioleta e reversão com luz visível. O anel de cinco membros não é suficiente para acomodar um íon K^+ em sua cavidade, proporcionando um braço de apoio. Após a isomerização na forma *cis*, os dois grupos atuam em conjunto como uma pinça, aprisionando o íon na cavidade gerada.

A inclusão de moléculas em cavidades proporciona outra forma interessante de mecânica molecular, com interesse prático em termos de sensoriamento por reconhecimento molecular ou, eventualmente, como dispositivo molecular capaz de executar operações lógicas. O sistema mais bem conhecido pode ser exemplificado pelas ciclodextrinas (CD), que são moléculas cíclicas obtidas a partir do amido sob ação da enzima ciclodextrina-glucanotransferase. Elas são formadas por anéis de glucose unidos nas posições $\alpha(1,4)$, gerando estruturas de tronco de cone, como no esquema a seguir. As formas mais conhecidas são representadas por α-CD, β-CD e γ-CD, com cinco, seis e sete unidades de glucose, respectivamente. Nelas, as hidroxilas ficam expostas na parte externa do cone, conferindo um comportamento hidrofílico, ao passo que o ambiente interno adquire características hidrofóbicas em virtude dos grupos C—H e C—O—C.

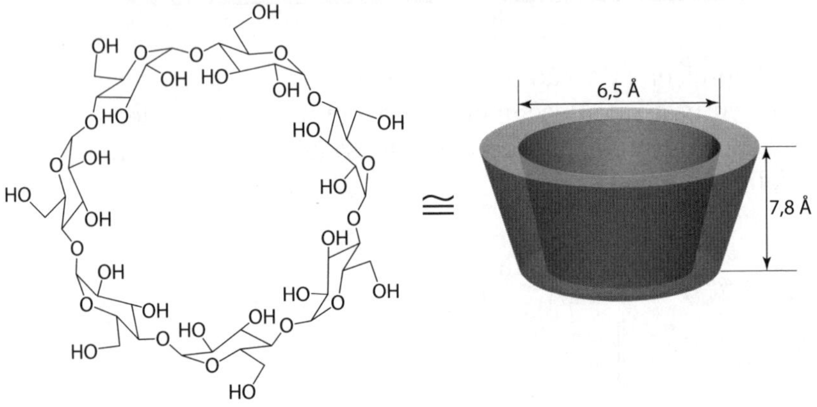

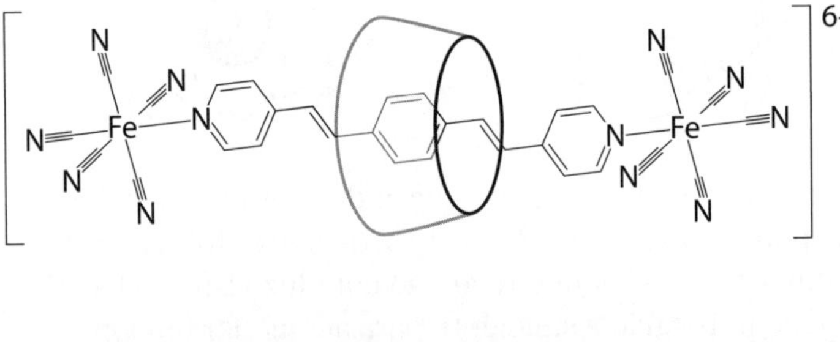

(8.12)

Espécies hidrofóbicas podem ser incluídas no interior das ciclodextrinas, levando à formação de compostos de inclusão, como mostra o Esquema (8.12). Elas têm sido bastante usadas na farmacologia para realizar o transporte e a solubilização de drogas, como será apontado no Capítulo 10. Complexos metálicos com ligantes aromáticos lineares podem ser facilmente inseridos na cavidade das ciclodextrinas e devidamente trabalhados para realizar o fechamento da extremidade e, assim, evitar sua saída. Os sistemas formados apresentam liberdade rotacional e são conhecidos como rotaxanos.

Por meio de reações de complexação, tem sido possível gerar compostos com anéis interligados, conhecidos como catenanos. Um exemplo típico está no esquema a seguir. A geometria do ligante piridínico nesse exemplo favorece a formação de um complexo cíclico com o complexo de platina(II). A reação conduzida em etapas permite a inserção de uma nova cadeia, antes do fechamento do anel, gerando um catenano.

H_2N NH_2 Pt O_2NO ONO_2 N N → H_2N NH_2 Pt N N N N Pt H_2N NH_2 → H_2N NH_2 Pt N N N N Pt H_2N NH_2 H_2N NH_2 Pt N N N N Pt H_2N NH_2

(8.13)

CAPÍTULO 9

DISPOSITIVOS MOLECULARES

Dispositivos podem ser conceituados como sistemas construídos para uma finalidade específica, apresentando *design* e funcionalidade próprios, baseada nas características e propriedades dos componentes, que visam executar uma ação ou responder a um estímulo. Estão presentes em todas as tecnologias conhecidas.

Um caso muito especial é o dos dispositivos que apresentam componentes moleculares, que, embora nem sempre sejam lembrados como uma área tecnológica de grande abrangência, fazem parte da maioria das tecnologias dominantes no mercado. De fato, as moléculas têm vantagens em relação aos outros sistemas pelo fato de oferecerem maior número de propriedades a serem exploradas. Destas, podem ser citadas: absorção e emissão de luz, condutividade elétrica, fotocondutividade, capacidade de promover reações químicas e fotoquímicas, habilidade de modificar as propriedades da luz por meio da óptica não linear, possibilidade de apresentar magnetismo e responder a estímulos piezoelétricos, mudança de orientação sob campos elétricos ou magnéticos aplicados. Porém, o mais importante é que as moléculas disponibilizam uma variedade imensa de propriedades químicas que podem ser exploradas em transformações, sensoriamento, sinalização (semioquímica) e transdução, reconhecimento molecular, amplificação e catálise.

Essas propriedades já são exploradas tecnologicamente na área de dispositivos, como sensores, transdutores químicos e biológicos, células solares, células de combustível, monitores de cristal líquido, painéis emissores de luz, janelas inteligentes ou eletrocrômicas, memórias, componentes eletrônicos e portas lógicas. Além da diversidade de aplicações, os dispositivos moleculares destacam-se em relação aos dispositivos de estado sólido por conta da maior versatilidade do *design* com a manipulação direta dos compostos químicos, incluindo o uso de estratégias supramoleculares para gerar estruturas auto-organizadas mais eficientes, e da viabilidade de construção partindo da montagem ascendente, ou *bottom-up*.

As propriedades moleculares têm sido bastante estudadas fora do contexto dos dispositivos, e a literatura é muito vasta nesse sentido. Contudo, para serem práticas, existe mais uma etapa a ser perseguida: as moléculas precisam passar sua informação para receptores ou transdutores, convertendo a resposta em um trabalho útil. Isso é mais fácil quando as moléculas estão compartimentalizadas ou ligadas a superfícies de eletrodos, interfaces condutoras ou semicondutoras, materiais fotônicos ou nanopartículas, tanto na forma isolada como, preferencialmente, na forma de filmes finos.

De modo geral, os dispositivos moleculares são acionados ou trabalhados com eletricidade, luz ou ambos. Um esquema geral é apresentado na Figura 9.1.

Nesse esquema, os componentes essenciais são os eletrodos, ou placas metálicas, geralmente feitos ou revestidos com material condutor inerte ou que não reage com os componentes do meio. Quando a luz é o agente atuante, os eletrodos podem ser feitos de vidro recobertos com *fluorine-dopped tin oxide* (FTO) ou *indium tin oxide* (ITO). Essas placas de vidro condutoras estão disponíveis no comércio, com vários graus de condutividade e transparência.

Sobre a superfície dos eletrodos, podem ser aplicadas outras espécies condutoras que servem de interface com as moléculas e atuam como receptores de energia, elétrons ou catalisadores. Por exemplo, o uso de nanopartículas como interface é um recurso muito vantajoso por aumentar bastante a área superficial e permitir um bom fluxo de fótons e elétrons até as moléculas. O componente molecular ativo é colocado sobre o eletrodo de trabalho, formando uma camada fina, por adsorção física ou química. Também podem ser usados filmes moleculares depositados a partir de vapores químicos ou de soluções em solvente volátil por *dip coating*, *spin coating*, técnica Langmuir-Blodgett, eletropolimerização ou montagem em camadas (*layer by layer*), como descrito no capítulo anterior. Dependendo do dispositivo, o sistema pode ser completamente selado para atuar em regime permanente ou, então, proporcionar canais para injeção e drenagem de reagentes.

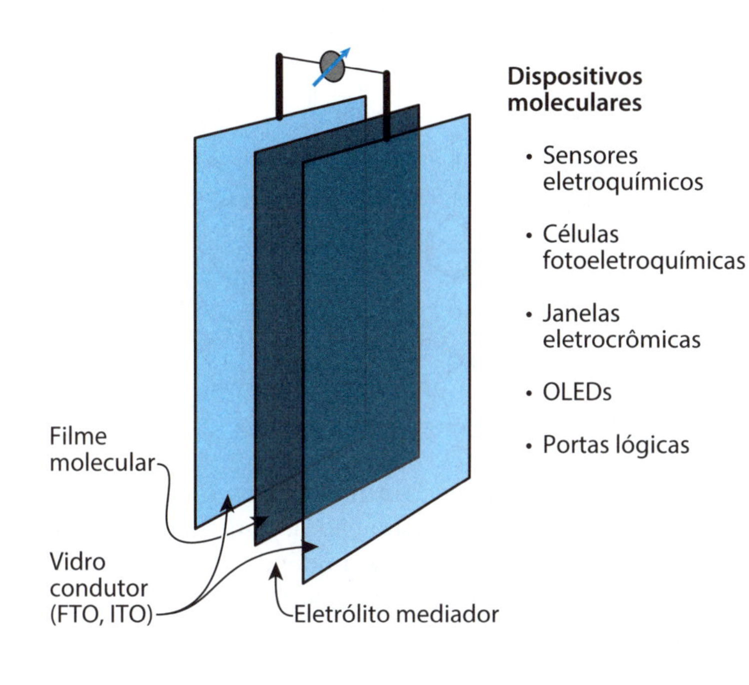

Figura 9.1 Esquema didático de um dispositivo molecular acionado por elétrons ou luz, composto de duas placas de vidro recoberto com FTO ou ITO e um filme molecular adsorvido em interface nanoporosa, como TiO_2, com espaço para colocação do eletrólito/mediador de transferência de elétrons.

Finalmente, deve haver ainda um componente para fazer a conexão das moléculas com o outro eletrodo, fechando o circuito elétrico. Esse componente, além de condutor, deve ter uma boa mobilidade elétrica para atuar como transportador de elétrons e íons. Geralmente emprega-se uma solução de eletrólito com atividade redox em uma mistura de íons I^-/I_3^- ou complexos metálicos com potenciais redox adequados. Também é comum o uso de complexos de cobalto com ligantes polipiridínicos, ou eletrólitos sólidos, baseados em polímeros transportadores de íons.

Dispositivos de cristais líquidos

São usados principalmente nas telas e monitores LCD (*liquid crystal displays*). Funcionam com moléculas que apresentam cadeias relativamente longas, com formatos quase lineares ou, às vezes, de bastões ou discos. Estes apresentam certa rigidez estrutural no centro e têm grupos facilmente polarizáveis colocados nas extremidades para responder aos campos elétricos aplicados. Algumas estruturas típicas estão mostradas no esquema a seguir.

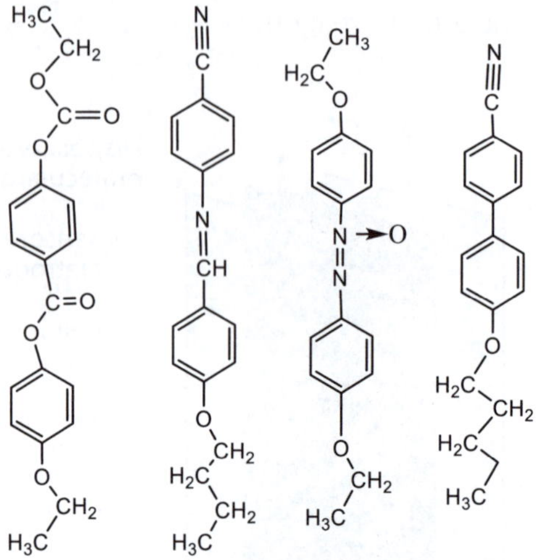

(9.1)

Em virtude de suas estruturas típicas e da alta polarizabilidade, as moléculas sob ação de um campo elétrico orientam-se ou sofrem rotações, podendo chegar até a um arranjo regular, próximo do observado em um cristal. Por isso, são chamadas cristais líquidos, apresentando uma organização estrutural característica do estado sólido e, ao mesmo tempo, uma fluidez típica dos líquidos. Essa orientação molecular dá origem a propriedades ópticas anisotrópicas, isto é, que variam com a direção, alterando o dielétrico e o índice de refração e gerando birrefringência. Os cristais líquidos respondem muito rapidamente aos campos elétricos, alinhando-se por causa de sua fluidez.

Para quantificar o grau de orientação das moléculas de cristais líquidos, define-se um parâmetro de ordem S, dado por esta equação:

$$S = (1/2) \langle 3\cos^2\theta - 1 \rangle \qquad (9.2)$$

Nela, θ é o ângulo da molécula em relação ao campo elétrico aplicado, como neste esquema:

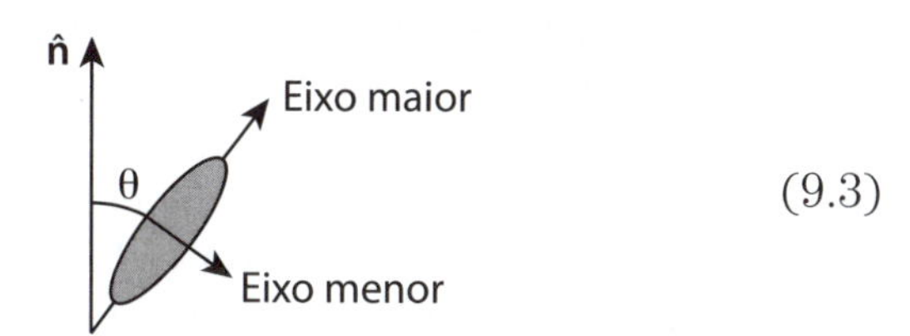

(9.3)

Quando as moléculas estão alinhadas no campo, esse ângulo é nulo e S = 1. Quando as moléculas estão distribuídas aleatoriamente, o valor médio, expresso por $<\cos^2\theta>$, é igual a 1/3 e S = 0. O parâmetro de ordem diminui de forma não linear com o aumento da temperatura até um ponto em que cai abruptamente a um valor nulo. Esse ponto é conhecido como temperatura de transição de fase de cristal líquido para fase isotrópica ou desordenada.

Os cristais líquidos podem ser termotrópicos ou liotrópicos, em função de sua resposta à variação da temperatura e concentração, respectivamente, formando fases orientadas intermediárias entre os arranjos nos sólidos e nos líquidos. Essas fases são denominadas mesofases (*meso* significa "entre duas situações"). Nos cristais líquidos liotrópicos, as moléculas apresentam uma cabeça polar ou iônica e uma cauda apolar; a primeira é atraída pela água (hidrofílica) e a outra é repelida por ela (hidrofóbica). Essas moléculas são ditas anfifílicas e apresentam diferentes arranjos em função da concentração, da mesma forma que os surfactantes descritos no Capítulo 7.

Em geral, os cristais líquidos termotrópicos são os mais utilizados em dispositivos. Dependendo de como as moléculas se organizam, suas mesofases cristalinas podem ser classificadas como nemática, esmética ou colestérica (Figura 9.2).

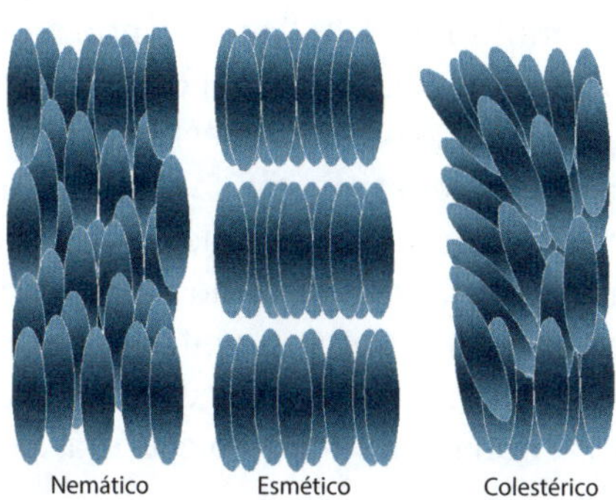

Figura 9.2
Ilustração típica de mesofases nemática, esmética e colestérica.

O termo nemático, em grego, significa filamento. Por isso, moléculas com formato alongado podem formar **mesofases nemáticas**, adotando uma orientação preferencial ao longo do eixo de simetria. Existem também mesofases nemáticas compostas de moléculas com formato de disco. Na **mesofase esmética**, as moléculas apresentam uma organização semelhante à encontrada em estruturas lamelares, formando camadas com orientação definida. **Mesofases colestéricas** são formadas por moléculas assimétricas, ou quirais. Essa denominação deve-se ao colesterol, que é o representante mais típico desse tipo de categoria. Exemplos de moléculas com comportamento colestérico estão ilustrados no esquema a seguir.

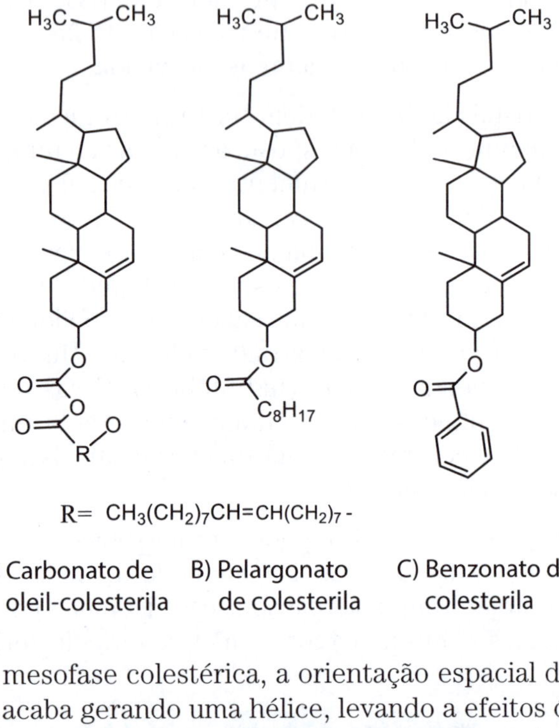

H_3C CH_3 H_3C CH_3 H_3C CH_3

O O O

O O O

O O C_8H_{17}

R

(9.4)

R= $CH_3(CH_2)_7CH{=}CH(CH_2)_7$-

A) Carbonato de oleil-colesterila B) Pelargonato de colesterila C) Benzonato de colesterila

Na mesofase colestérica, a orientação espacial das moléculas acaba gerando uma hélice, levando a efeitos ópticos interessantes relacionados com as cores nanométricas descritas no Capítulo 2. Esses efeitos estão relacionados com o passo ou a distância repetitiva na fase helicoidal, responsável pelo padrão de difração. Essa distância também é muito sensível à temperatura, provocando efeitos cromáticos termossensíveis que podem ser aproveitados para a construção de sensores e termômetros. Uma receita bastante simples é a mistura do carbonato de oleil-colesterila, pelargonato de colesterila e benzoato de colesterila (Esquema 9.4) em proporções variadas, aquecida de forma branda até a fusão. O líquido pode ser aplicado diretamente sobre uma superfície, gerando um termômetro visual muito interessante.

As mudanças de orientação das fases cristalinas também podem ser induzidas pela aplicação de campos elétricos. Sua viabilidade em monitores (*displays*) foi demonstrada em 1968 por HeiMeir, quando estudava as mudanças no espalhamento da luz pelos cristais líquidos. Desde então, várias famílias de cristais líquidos têm sido criadas. Em uma tela de cristal líquido, cada *pixel* é gerado por uma camada de moléculas alinhadas entre dois eletrodos transparentes e dois filtros polaroides cruzados. Na ausência do filme de cristal líquido, a luz que passa pelo primeiro polaroide é completamente bloqueada pelo segundo, criando um ponto escuro. Na presença do cristal líquido, quando os eletrodos estão polarizados perpendicularmente, as moléculas em contato com as superfícies giram segundo uma forma helicoidal, provocando um desvio no ângulo de rotação da luz polarizada incidente, que é então transmitida em variadas proporções através do outro polaroide. Controlando-se a orientação das moléculas no campo, é possível ajustar o sinal de cada *pixel*.

Atualmente, usa-se um filme fino de transistores (TFT) com eletrodos em contato com a camada de cristal líquido, formando uma matriz eletronicamente ativa. Cada *pixel* tem um transistor dedicado, e a distribuição é feita em linhas e colunas que podem ser acessadas para gerar imagens com maior rapidez e resolução do que as telas de matriz passiva. Por causa de suas vantagens, desde 2007, as telas de cristais líquidos têm dominado completamente o mercado, substituindo as antigas telas de tubos de raios catódicos. Esse recurso contribuiu para tornar os equipamentos mais finos, compactos, leves e portáteis, mudando completamente o *design* da eletrônica moderna.

Sensores

São dispositivos essenciais na tecnologia moderna e já estão presentes em todas a atividades humanas, tanto para fins de monitoração como para controle. Também são projetados para avaliação de agentes químicos, físicos e biológicos. Em geral, os sensores podem ser vistos como interfaces dotadas de capacidade de transdução de sinal, fazendo, por exemplo, a conversão da resposta química ou física a um sinal óptico ou elétrico.

Alguns sensores usam propriedades não específicas, como mudanças de impedância (ou condutividade) observadas em polímeros condutores diante de diferentes agentes a que foram expostos. Assim, utilizando diferentes polímeros, pode-se montar um quadro complexo de respostas, que, quando processadas computacionalmente, permitem fazer um diagnóstico ou uma discriminação em grupos de produtos segundo classes ou categorias. Isso tem sido aplicado com sucesso a bebidas e aromas. Sensores desse tipo são vulgarmente conhecidos como línguas e narizes eletrônicos. Nesse caso, raramente se tem uma informação específica sobre a natureza de determinado composto ou sobre como atua nas respostas.

Quando informações mais detalhadas são desejadas, é preciso usar propriedades químicas ou físicas específicas, fornecendo uma avaliação mais precisa em termos qualitativos e quantitativos das espécies em estudo. Um recurso muito usado para essa finalidade são os dispositivos eletroquímicos, que podem ser aplicados em regime estacionário ou de fluxo para fazer medidas.

Sensores eletroquímicos

O uso de moléculas ou filmes moleculares depositados sobre a superfície do eletrodo de trabalho é bastante interessante nesse tipo de dispositivo, pois permite explorar as propriedades e características químicas dos compostos, que passam a atuar como uma interface sensorial. Nesse caso, o eletrodo principal, ou eletrodo de trabalho, é modificado com uma camada molecular, que deve permanecer fortemente ligada a sua superfície e ser capaz de transferir elétrons para ela. Geralmente é feito de metais inertes, como ouro ou platina, ou de materiais do tipo carbono vítreo ou pirolítico, na forma sólida ou depositada sobre superfícies, como a lingueta da Figura 9.3. Também se empregam vidros condutores, transparentes, de FTO ou ITO.

Quando se recobre sua superfície com um filme molecular, a natureza do eletrodo original passa para um plano secundário. O eletrodo modificado é colocado em contato com as espécies redox de interesse e sua resposta de corrente, ou amperometria, é medida em função do potencial aplicado.

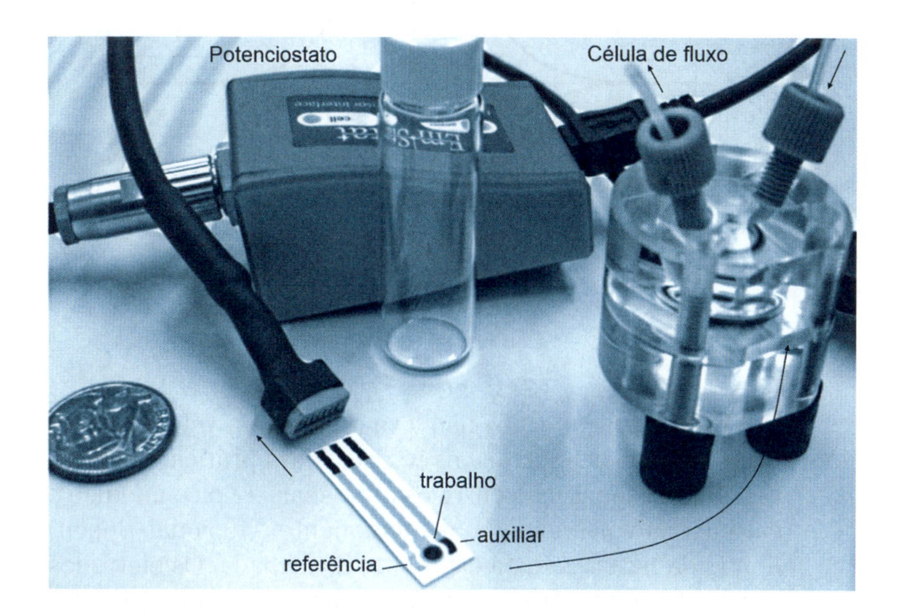

Figura 9.3
Lingueta descartável para uso em sistemas de fluxo (FIA) contendo eletrodo de trabalho, auxiliar e de referência (AgCl). O filme molecular pode ser depositado em uma microgota sobre o eletrodo de trabalho. Existem minipotenciostatos no comércio para usar com esse tipo de eletrodo, o que oferece portabilidade ao sistema.

Quando as espécies moleculares eletroativas já estão adsorvidas sobre o eletrodo, o fator difusional desaparece, bem como a diferença entre os potenciais de pico de corrente. As duas ondas no sentido positivo (anódico) e negativo (catódico) refletem-se como em um espelho, com os picos invertidos (Figura 9.4) A intensidade da corrente de pico é dada teoricamente pela seguinte equação:

$$i_p = n^2F^2\Gamma A\nu/4RT \qquad (9.5)$$

Nessa equação, Γ representa a concentração da espécie eletroativa na superfície e os demais termos têm o significado convencional descrito anteriormente. O ponto característico é que a intensidade de pico passa a variar linearmente com a velocidade de varredura de potencial (ν) e não mais com sua raiz quadrada, como nos processos difusionais.

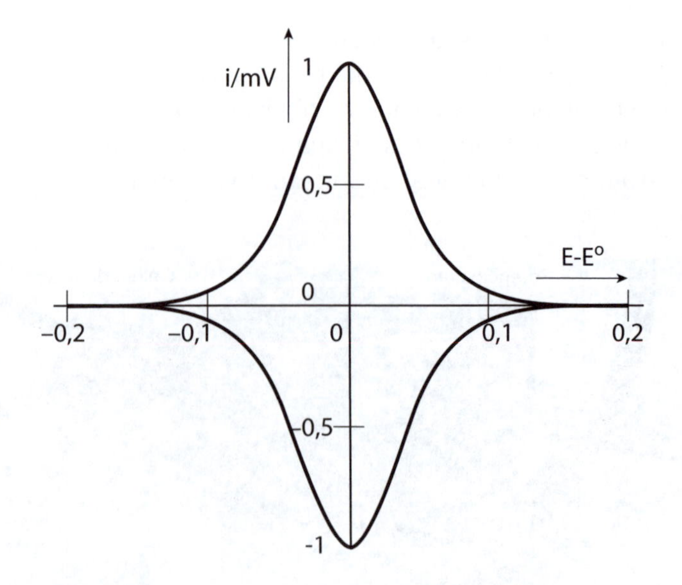

Figura 9.4
Voltamograma cíclico ideal de uma espécie adsorvida sobre um eletrodo. Observa-se a coincidência dos potenciais de pico anódico e catódico e o formato de sino, com metade da largura igual a 90,6/n mV.

Essa Equação (9.5) não leva em conta a velocidade de transferência de elétrons na interface. Na prática, pode haver alguma separação entre os potenciais de pico anódico e catódico envolvendo algum componente difusional, dependendo da natureza e da espessura da camada. Os eletrodos recobertos com várias camadas podem apresentar grandes desvios do comportamento ideal, pois nem todos os centros redox estão em contato com a superfície. A transferência eletrônica passa a depender da propagação de elétrons entre as camadas, além do transporte dos contraíons até a interface, gerando uma separação de picos. A largura da meia onda, teoricamente igual a 90,6/n mV, também pode variar, refletindo as interações intermoleculares na superfície. Ela tende a ficar mais estreita à medida que as interações tornam-se mais fortes, como se observa no caso dos filmes de $Fe_4[Fe(CN)_6]_3$ (azul da prússia).

Um exemplo típico muito próximo do caso ideal é apresentado na Figura 9.5, que mostra a porfirina associada a *clusters* de rutênio (tetracluster porfirina, TCP), como descrita no capítulo anterior (Figura 8.9). Essa porfirina forma filmes moleculares bastante aderentes sobre superfícies metálicas e de carbono vítreo. O voltamograma reproduz um aspecto de sino praticamente sem separação de pico catódico e anódico, e a corrente cresce linearmente com a velocidade de varredura.

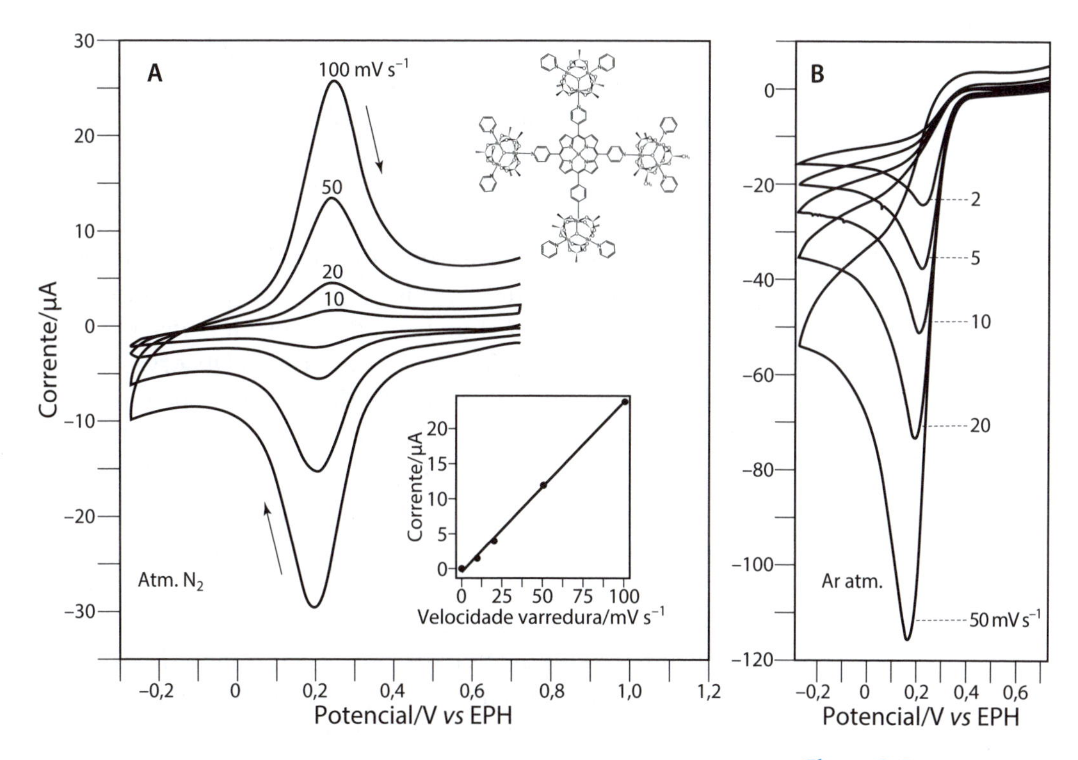

Figura 9.5
(A) Voltamograma cíclico de uma porfirina tetracluster (TCP) depositada sobre um eletrodo de carbono vítreo e registrada em meio aquoso (KNO_3 0,1 mol L^{-1}), em atmosfera de N_2. As correntes variam linearmente com as velocidades de varredura de potencial. (B) Quando o registro é feito na presença de ar atmosférico, aparece uma corrente catalítica bastante intensa em virtude da redução do O_2 por um processo de quatro elétrons. (Cortesia de Koiti Araki)

O ponto mais interessante desse sistema é mostrado na imagem (B) da Figura 9.5. Na presença de oxigênio molecular, o perfil de corrente adquire um comportamento difusional e catalítico, envolvendo a redução do O_2 com quatro elétrons, formando água. As quatro etapas de redução acontecem em um mesmo potencial, indicando uma enorme eficiência associada ao processo, fato confirmado por outras técnicas eletroquímicas de monitoramento, como a voltametria de anel-disco rotatório. O comportamento catalítico pode ser percebido pela ausência da onda reversa, de oxidação. A eficiência do processo é atribuída ao efeito cooperativo supramolecular, exercido pelos *clusters* periféricos, que agem como cofatores, bombeando elétrons para o íon de cobalto central, na porfirina, que atua como centro catalítico.

Esse exemplo mostra que o desempenho dos filmes moleculares como sensores expressa a natureza das espécies imobilizadas e, geralmente, envolve um processo catalítico intermediando um processo redox em solução com a espécie em análise. Na eletrocatálise convencional, a corrente depende do desempenho do agente eletrocatalítico presente e da velocidade de difusão dos elétrons até a base do eletrodo, pois o processo pode acontecer em sítios catalíticos relativamente distantes da superfície do eletrodo. Quando o processo catalítico e a velocidade de condução dos elétrons através dos filmes é rápida, o mecanismo torna-se bastante eficiente, sendo limitado apenas pela difusão das espécies em análise até o eletrodo. Nesse caso, como já comentado, o filme catalítico passa a atuar como uma porta eletrônica (*gate*) de passagem dos elétrons, trocados entre as espécies químicas e o eletrodo. Observa-se uma forte intensificação na resposta de corrente, proporcional à quantidade da espécie redox de interesse, o que permite um sensoriamento quantitativo, com alta sensibilidade.

Além da intensificação do sinal, os filmes moleculares são mais seletivos em relação ao eletrodo convencional e oferecem proteção contra os efeitos secundários bastante comuns, como a adsorção de produtos e contaminantes que levam a seu envenenamento. A variedade de espécies moleculares que podem ser empregadas nesse tipo de dispositivo é infinita, desde moléculas simples, espécies supramoleculares e polímeros até biomoléculas como as enzimas.

Outro exemplo interessante a ser destacado são os filmes derivados de espécies supramoleculares conhecidas como porfirinas tetrarrutenadas (TRPs), mencionadas no capítulo anterior. Essas espécies conjugam as propriedades de duas espécies eletrocatalíticas bem conhecidas: as porfirinas e os complexos polipiridínicos de rutênio. A característica principal desses sistemas é a facilidade com que formam filmes moleculares sobre a superfície de eletrodos (Figura 8.11), por simples deposição de gota ou imersão, que secam por evaporação do solvente volátil empregado (metanol). Os filmes formados são bastante aderentes e uniformes e respondem rapidamente à varredura de potencial, apresentando um pico de corrente característico por volta de 0,9 V em meio aquoso (Figura 9.6). Esse pico corresponde ao par redox $[Ru^{III/II}(bipy)_2Cl]^{2+/1+}$ da unidade complexa e é ligado ao anel tetrapiridilporfirínico.

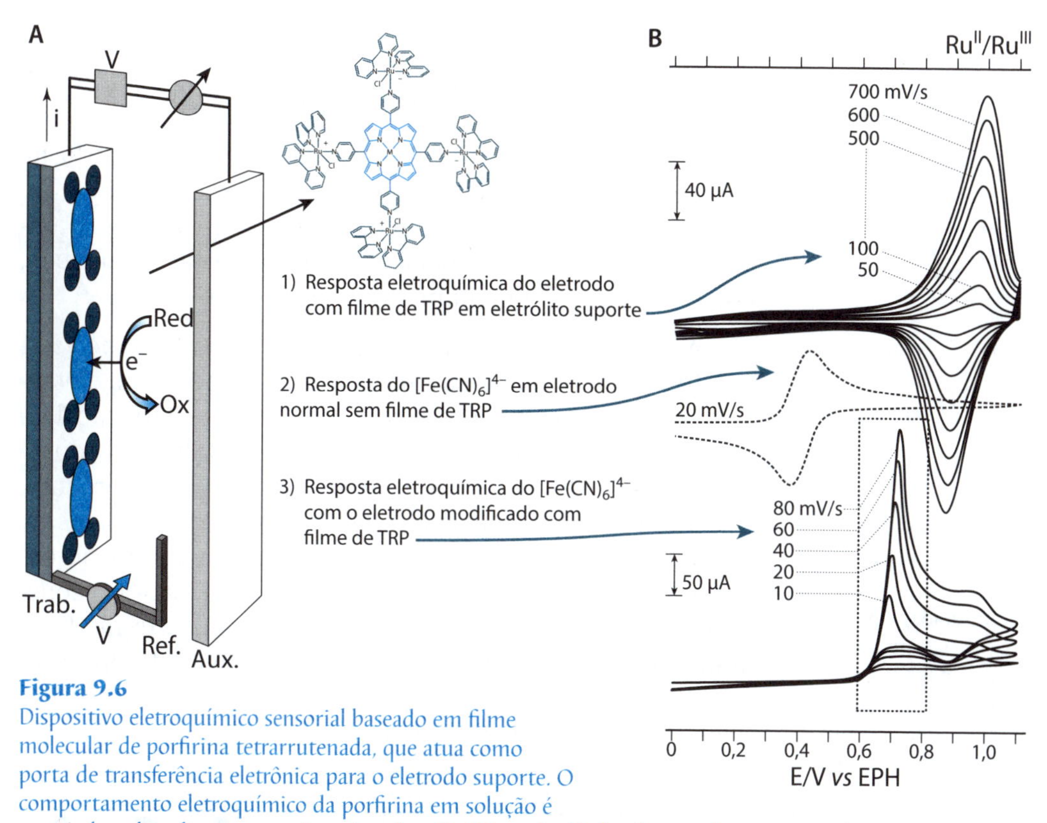

Figura 9.6
Dispositivo eletroquímico sensorial baseado em filme molecular de porfirina tetrarrutenada, que atua como porta de transferência eletrônica para o eletrodo suporte. O comportamento eletroquímico da porfirina em solução é mostrado pelo voltamograma 1, registrado sob várias velocidades de varredura, mostrando uma onda reversível, monoeletrônica, difusional, em 0,92 V, em meio aquoso (KNO_3 0,1 mol L^{-1}). Nessas condições, o íon $[Fe(CN)_6]^{4-}$ apresenta uma onda reversível por volta de 0,4 V (voltamograma 2). Na forma de filme imobilizado, esse íon não consegue transferir elétrons para o eletrodo até que se abra a porta de condução associada aos sítios de $Ru^{III/II}$, gerando um pico muito intenso (voltamograma 3).

Quando um eletrodo de carbono vítreo modificado com TRP foi usado para analisar o íon ferrocianeto ($[Fe(CN)_6]^{4-}$) em meio aquoso, não se observou o pico característico esperado em 0,36 V dessa espécie, indicando que o filme de TRP impede a transferência de elétrons por não ser condutor nesse potencial. Entretanto, observou-se um pico agudo e intenso por volta de 0,8 V, bem no início da onda voltamétrica do par redox $[Ru^{III/II}(bipy)_2Cl]^{2+/1+}$. Esse comportamento é interessante porque indica que está se abrindo uma porta eletroquímica nesse potencial. Ao mesmo tempo, a ausência do pico de redução correspondente na varredura inversa indica que o filme de TRP também atua como retificador de corrente, impedindo a descarga reversa dos íons de ferricianeto ($[Fe(CN)_6]^{3-}$). Essa resposta é semelhante ao efeito de retificação de corrente apresentada por semicondutores ou dispositivos do estado sólido, mostrando que essa propriedade pode ser reproduzida por meio de filmes moleculares, como os das espécies supramoleculares de TRP.

O comportamento descrito também foi observado na presença de íons de sulfito e de nitrito, usados como conservantes de bebidas e alimentos, respectivamente; também se verificou em espécies de interesse farmacológico, como vitamina C, dopamina e acetaminofen.

Adaptado para análise em fluxo, ou *flow injection analysis* (FIA), como na Figura 9.3, os dispositivos eletroquímicos com os filmes supramoleculares de TRP mostraram-se bastante eficientes, com alta sensibilidade, reprodutibilidade e baixo custo. A técnica de FIA é interessante, pois permite uma análise rápida que pode ser feita *in situ* na linha de produção, por amostragem e monitoração em fluxo. Nesse tipo de aplicação, o potencial é mantido constante após ser ajustado no pico de corrente. As medidas amperométricas apresentam um sinal bastante intenso, proporcional à concentração da substância analisada. Um exemplo típico pode ser visto na Figura 9.7.

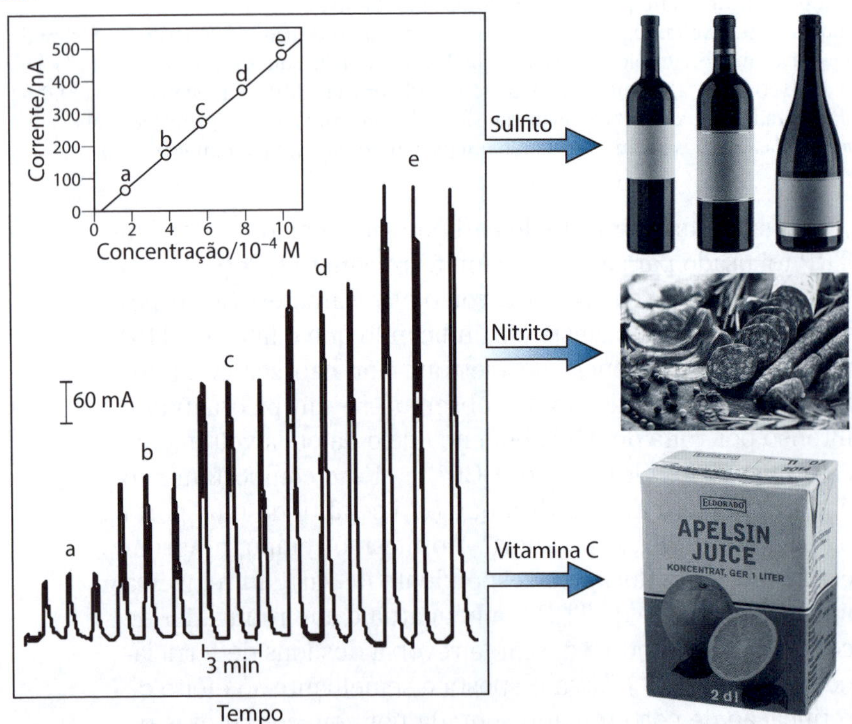

Figura 9.7
Resposta amperométrica de espécies como sulfito, nitrito e vitamina C, monitoradas em dispositivo eletroquímico associado a FIA, empregando interfaces moleculares de porfirina tetrarrutenada (TRP) sobre o eletrodo de trabalho.

Nas TRPs, além dos grupos $[Ru(bipy)_2Cl]^+$, existem sítios ativos localizados no anel metaloporfirínico que também podem ser usados na elaboração de sensores mais especializados. Nesse centro, podem estar alojados outros íons metálicos, formando pares redox do tipo $Co^{III/II/I}$, $Mn^{III/II}$ e $Fe^{III/II}$ e o próprio anel porfirínico ou porfirazínico.

Nas aplicações de análise em fluxo, a ligeira solubilidade dos filmes de TRP em água pode levar a sua lixiviação gradativa na superfície do eletrodo. Entretanto, isso pode ser evitado por meio da montagem eletrostática, combinando uma camada da espécie catiônica (TRP) com uma camada da espécie aniônica de tetrafenilporfirina ou ftalocianina tetrassulfonada, como foi descrito na Figura 8.12. Essa combinação gera um filme de montagem *layer by layer* bastante estável e homogêneo, que mantém as propriedades eletrocatalíticas da TRP.

Outra alternativa interessante que pode ser explorada para a estabilização dos filmes de TRP é a eletropolimerização. Para isso, podem ser introduzidos ligantes aromáticos halogenados, como a 5-clorofenantrolina nos complexos de rutênio, substituindo a bipiridina. Após a formação do filme molecular, pode-se conduzir a eletropolimerização dos ligantes, criando ligações cruzadas que resultam em um retículo polimérico bastante estável e com excelente atividade eletrocatalítica, resistente à lixiviação pelo solvente.

Células a combustível

Essas células (Figura 9.8) utilizam a energia livre das reações redox, como de combustão, para produzir energia elétrica. São conhecidas desde 1839, quando o primeiro modelo foi proposto por W. R. Grove, utilizando H_2 e O_2 em meio de ácido sulfúrico diluído. Embora existam protótipos em operação em várias partes do mundo, inclusive em veículos de transporte, ainda não são produzidas e comercializadas em larga escala por razões de custo, competitividade e durabilidade. Por isso, suas aplicações ainda se restringem à área militar e espacial, em razão de sua capacidade de fornecer uma alta densidade de energia e portabilidade.

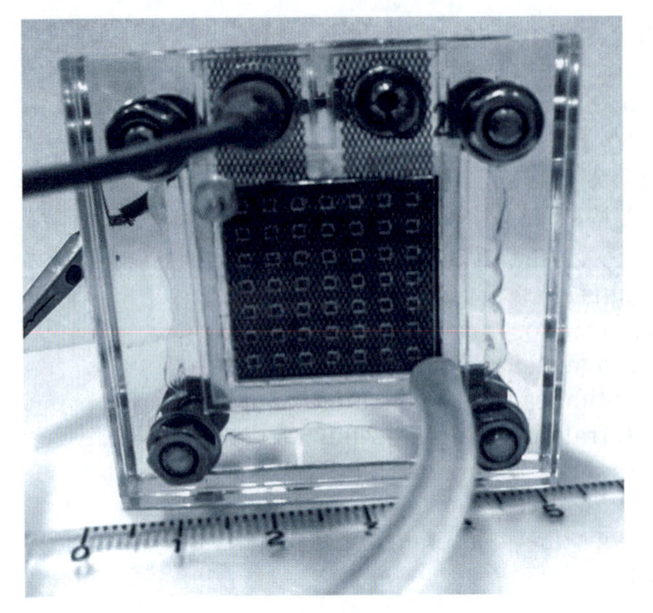

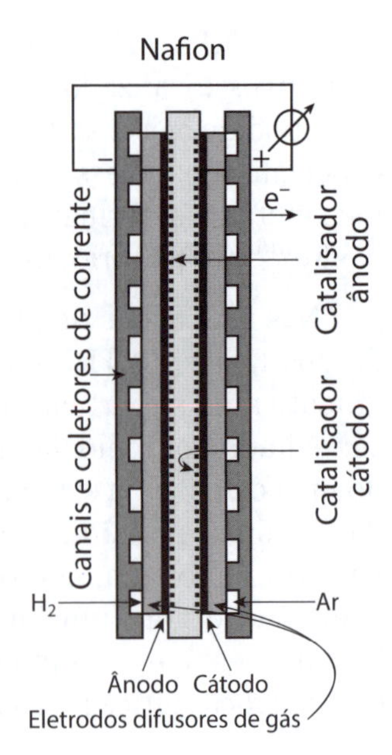

Figura 9.8
Minicélula a combustível (hidrogênio) produzida comercialmente para pequenos equipamentos e sua estrutura interna, com os eletrodos montados sobre placas difusoras e recobertos com catalisadores separados por uma membrana condutora de prótons (Nafion®).

Como mostrado nessa figura, o dispositivo é formado essencialmente por dois eletrodos inseridos em um circuito para a condução de energia elétrica. Existem vários tipos de células a combustível, e uma das mais importantes é a célula de membrana de eletrólito polimérico (PEM). Essa célula opera em temperaturas consideradas baixas (80 °C a 90 °C) em relação aos outros tipos, e fornece potência elétrica de até 250 kW. Nesse tipo, os eletrodos são separados por uma membrana polimérica ou de ionômero, como o Nafion®, já descrito no Capítulo 4 (Esquema 4.26). Os eletrodos devem ter características porosas para permitir a difusão dos gases e são geralmente muito finos, com espessuras inferiores a 20 μm. São feitos de carbono impregnado com nanopartículas do catalisador, à base de platina ou de ligas de platina e níquel. O emprego de catalisadores nanométricos é essencial para obter-se uma área superficial elevada e conseguir um bom rendimento da célula. As reações envolvidas nos eletrodos são:

$$\text{anodo: } H_2(g) \rightleftharpoons 2H^+ + 2e^- \qquad (9.6)$$

$$\text{catodo: } ½\, O_2(g) + 2H^+ + 2e^- \rightleftharpoons H_2O(l) \qquad (9.7)$$

Os eletrodos de trabalho são ligados a placas coletoras de elétrons, feitos de metais nobres, grafita, ligas metálicas ou compósitos poliméricos que apresentam alta condutividade, estabilidade e baixa permeação de gases.

A membrana polimérica deve apresentar uma elevada condutividade protônica para manter o fluxo de prótons envolvidos nas duas reações de eletrodo. Por isso, a densidade de corrente é diretamente proporcional ao nível de fluxo de íons de H^+ através da membrana. Embora a estrutura do Nafion® ainda não esteja completamente esclarecida, os modelos sugerem a existência de agregados gerando cavidades aproximadamente esféricas, com grupos sulfônicos expostos em seu interior para interagir com os prótons, formando canais de propagação através da membrana. Além disso, o transporte de água e manutenção de uma condição ótima de umidade também são requisitos importantes para o funcionamento da célula de combustível.

Ao lado da tendência de agregação das nanopartículas de catalisadores, a estabilidade da membrana polimérica é outro fator que limita o tempo de vida de uma célula a combustível. Isso se deve ao fato de a membrana polimérica estar sujeita à ação das espécies ativas de oxigênio geradas a partir do peróxido de hidrogênio (H_2O_2) que pode ser formado no anodo e atuar como fonte de radicais OH ou OOH. Essas espécies são muito reativas e provocam lesões na membrana, levando a sua degradação. Assim, a formação do H_2O_2 no processo é bastante indesejável, pois, além de diminuir o rendimento da célula, provoca danos irreversíveis à membrana polimérica.

Existem células de combustível semelhantes que utilizam metanol ou metano, no lugar de hidrogênio, porém seu rendimento ainda é muito inferior. Por isso, tem sido mais frequente o emprego de um conversor catalítico que transforma o combustível orgânico em hidrogênio, em vez utilizá-lo diretamente na célula.

Células solares

A fotossíntese reflete um dos pontos mais altos da evolução química e biológica, ao aproveitar a luz do Sol para gerar compostos com alto conteúdo energético, como os açúcares, além do oxigênio molecular a partir da água. O processo converte a energia luminosa em energia elétrica, sendo conduzida por uma cadeia formada por moléculas transportadoras inseridas em um complexo fotossintético bastante elaborado[1]. Esse complexo tornou possível a vida em nosso planeta.

Existem várias formas de mimetizar ou explorar o processo fotossintético em dispositivos criados no laboratório, como resumido na Figura 9.9.

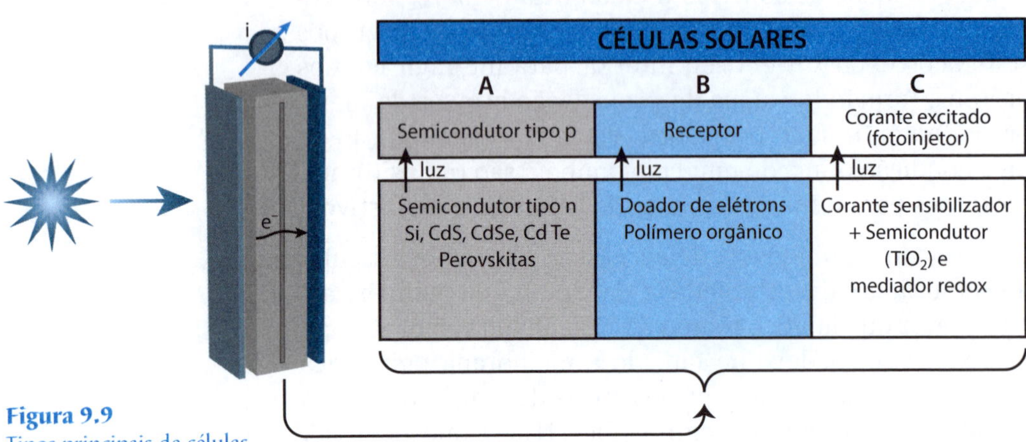

Figura 9.9
Tipos principais de células solares, baseados em (A) semicondutores, (B) polímeros orgânicos e (C) corantes.

O ponto principal do funcionamento de uma célula solar é a possibilidade de realizar a separação de cargas elétricas em um material condutor por meio da luz. Esse é o primeiro estágio necessário para seu aproveitamento em um circuito elétrico. As células solares têm despertado interesse crescente como alternativas sustentáveis para a produção de energia diante das perspectivas a longo prazo de esgotamento dos recursos fósseis, como petróleo, carvão e gás natural.

O desempenho de uma célula solar está diretamente relacionado com o espectro de emissão do Sol, como visto na Figura 9.10.

Nessa figura, observa-se a curva da radiação solar que atinge o planeta, depois de a luz ser parcialmente absorvida pelos gases atmosféricos, dando origem aos picos espectrais negativos. O perfil da curva de irradiação é semelhan-

[1] Mais detalhes sobre a fotossíntese podem ser encontrados no volume 5 desta coleção.

te ao de um corpo negro aquecido a 5250 °C. O espectro representa a região do visível (de 400 nm a 760 nm) com um máximo de irradiação na faixa de 500 nm a 700 nm, declinando lentamente na região do infravermelho próximo.

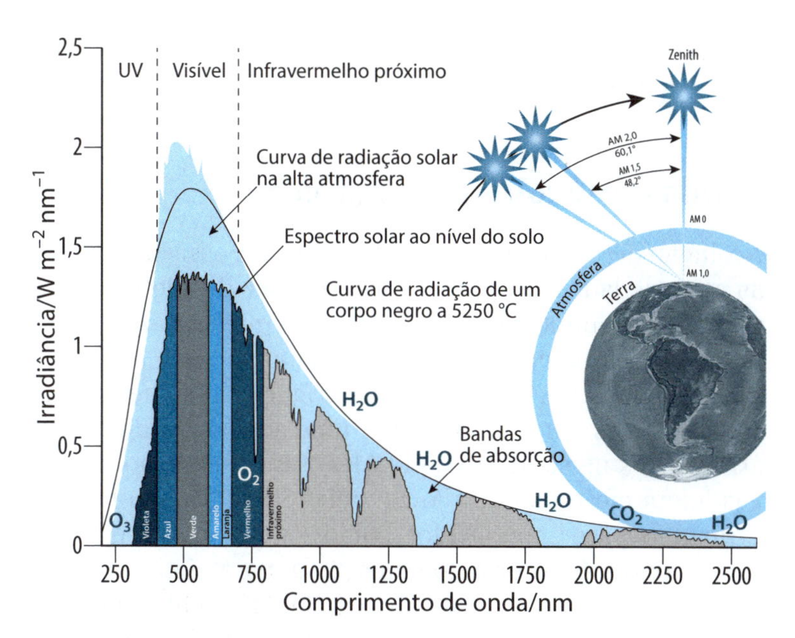

Figura 9.10
Espectro típico de irradiância solar. Geralmente, é medido em condições de referência denominadas AM0, AM 1,5 ou AM 2,0, de acordo com os ângulos específicos de monitoração indicados internamente. As descontinuidades no espectro solar são provocadas pela absorção da luz pelos gases atmosféricos. O perfil geral do espectro pode ser comparado ao da emissão de um corpo negro aquecido a 5250 °C.

A intensidade da luz que chega ao solo depende do percurso através da massa de ar (*air mass*, AM) que é definido de acordo com o ângulo de inclinação do Sol (ϕ), AM = 1/cosϕ, como indicado na Figura 9.10. Existem várias graduações de escala: AM = 1, quando a medida é feita na superfície da Terra e o Sol está perpendicularmente alinhado com o planeta, e AM = 1,5, quando o alinhamento está a 48,2°, correspondendo a uma irradiação de aproximadamente 1 kW m^{-2}. O padrão de iluminação correspondente a AM 1,5 é adotado como referência na comparação de células solares.

Nas células solares de semicondutores indicadas na imagem (A) da Figura 9.9, a fotosseparação de cargas é conduzida por meio da junção de semicondutores do tipo **n** (com excesso de cargas) com semicondutores do tipo **p** (com deficiência de cargas), separados por uma diferença de energia E_g (*band gap*), como visto no Capítulo 5. A luz é usada para promover a passagem n → p, que é coletada pelo eletrodo inserido no circuito. Esse dispositivo já está bastante desenvolvido, apresentando eficiência acima de 25%, e é cada vez mais competitivo no mercado de energia. O processo inverso pode gerar luz e também está sendo explorado comercialmente nas lâmpadas de *ligh emitting devices* (LEDs), que têm muitas vantagens, como maior eficiência, economia energética e durabilidade em relação às lâmpadas convencionais fluorescentes e às antigas lâmpadas de filamento.

Células fotovoltaicas orgânicas

No lugar de semicondutores, também é possível explorar as propriedades doadoras e receptoras de elétrons dos polímeros condutores (Capítulo 4), o que leva às células poliméricas orgânicas. Existem polímeros como os de polifenilenovinileno, mostrados na Figura 9.9, que podem ser excitados com luz, gerando uma separação de cargas através dos níveis HOMO e LUMO. Essa separação de cargas injeta elétrons no LUMO e deixa vacâncias no HOMO, formando pares conhecidos como éxcitons. A tendência desses pares é sofrer recombinação e, para evitar que isso aconteça, pode-se colocar o filme polimérico entre dois eletrodos formados por materiais condutores com afinidades eletrônicas ou funções de trabalho distintas, como o ITO e o alumínio. Em virtude de sua natureza distinta, estabelece-se naturalmente uma diferença de potencial ou um campo elétrico entre os dois eletrodos, provocando a migração de cargas positivas (vacâncias) para o eletrodo doador (alumínio) e a migração de elétrons para o eletrodo receptor (ITO), gerando assim uma fotocorrente.

Entretanto, o rendimento alcançado para esse tipo de montagem com uma camada simples de polímero é muito baixo (< 0,1%), pelo fato de o campo elétrico gerado pelos eletrodos não ser suficiente para vencer a recombinação dos éxcitons. Enquanto a difusão dos éxcitons nos polímeros orgânicos tem um percurso médio de 10 nm, a espessura da camada polimérica aplicada precisa ser no mínimo dez vezes maior, para se ter boa absorção de luz. Com essa espessura, apenas uma fração pequena de éxcitons consegue chegar até a interface dos eletrodos. Para diminuir esses problemas, são feitas combinações de várias camadas de polímeros e agentes doadores e receptores, inclusive moleculares, como fullerenos e ftalocianinas, para tornar mais eficiente a separação de cargas e evitar a recombinação. Dessa forma, os rendimentos têm evoluído rapidamente, já atingindo níveis competitivos com outras modalidades de células solares.

Outro tipo de arranjo com filmes poliméricos explora um princípio inverso, utilizando um polímero doador e outro receptor para criar uma junção recombinante, mediante aplicação de potencial. Entre os dois polímeros, é colocada uma molécula luminescente adequada, como a tris(hidroxiquinolato) de alumínio (AlQ_3), de forma que o processo de recombinação de cargas na junção leva a sua excitação e consequente emissão de luz. Esse é o princípio de funcionamento dos dispositivos orgânicos emissores de luz (*organic light emitting devices*, OLEDs) que já estão sendo usados nos dispositivos modernos de alta tecnologia, como *smartphones* e televisores.

Células solares fotoeletroquímicas

Há ainda um terceiro tipo: as células solares fotoeletroquímicas (imagem (C) da Figura 9.9). Os primeiros experimentos de conversão fotoeletroquímica de energia começaram a ser publicados no início dos anos de 1970, com os trabalhos de Tributsch, que demonstraram a possibilidade de acoplar a transferência de elétrons na clorofila excitada pela luz para um eletrodo semicondutor. Nessa mesma época, Fujishima e colaboradores desenvolveram uma célula fotoeletroquímica utilizando a fotoexcitação de um eletrodo de TiO_2 para promover a fotodecomposição de água, gerando O_2, acoplado à descarga dos íons de H_3O^+ no outro eletrodo para produzir H_2. O rendimento obtido era muito baixo, pois o TiO_2 só absorve na região do ultravioleta. Para superar esse problema, foram feitos experimentos de adsorção de corantes na superfície do TiO_2, deslocando o espectro de absorção e excitação para a região do visível. Mesmo com o uso de corantes, os rendimentos alcançados não ultrapassavam 1%, o que era insuficiente para justificar exploração comercial. De fato, nos eletrodos sólidos de TiO_2, a área superficial exposta é relativamente pequena e, mesmo utilizando moléculas com alta absortividade, apenas uma pequena quantidade da luz incidente podia ser absorvida e convertida em elétrons, por causa de sua baixa quantidade.

Em 1991, O'Regan e Grätzel utilizaram nanopartículas de TiO_2 no lugar dos antigos eletrodos de TiO_2. O rendimento dos dispositivos subiu de imediato para 7,9%, dando início a uma nova fase de pesquisa com as células fotoeletroquímicas sensibilizadas por corantes. Esse rendimento foi obtido pelo expressivo aumento de área superficial de três ordens de grandeza proporcionado pelas nanopartículas, possibilitando a colocação de uma grande quantidade do corante sensibilizador na interface. O corante empregado nesse trabalho era de natureza supramolecular, com duas unidades do complexo $[Ru(bipy)_2]^{2+}$ unidas ao complexo injetor ($[Ru(dicarboxibipy)_2]$) por meio de pontes de cianeto. Outro complexo denominado N3, utilizando o ânion tiocianato como ligante doador, auxiliar, apresentou uma eficiência de 10,4% e tornou-se bastante conveniente para os estudos, em virtude de sua menor complexidade, como na figura.

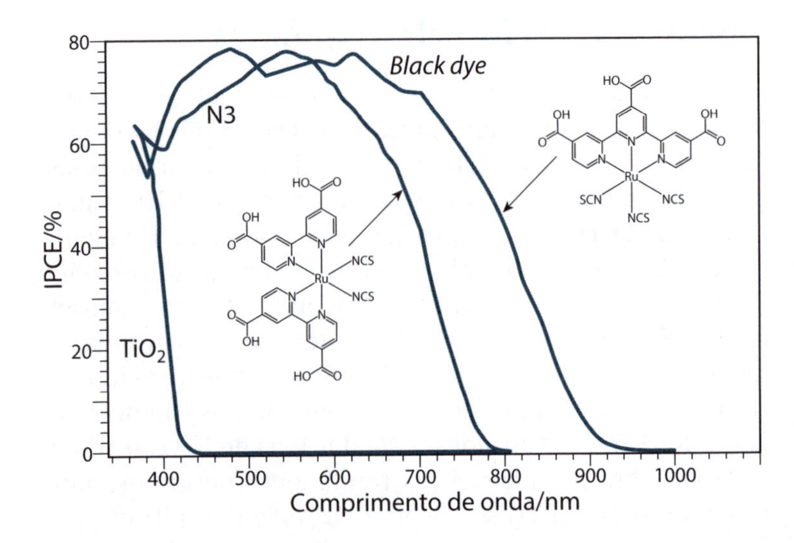

Figura 9.11
Complexos injetores conhecidos como N3 e *black dye* e suas correspondentes curvas de eficiência quântica em células solares de TiO_2.

O desenvolvimento das células solares de corantes (DSC), como os demais tipos de células para fotoconversão de energia, envolve muitas variáveis, desde a composição do fotossensibilizador até o *design* experimental do sistema com os eletrodos. A célula, como a maioria dos dispositivos moleculares, tem uma espessura bastante fina, praticamente determinada pelas janelas de vidro condutor, como ilustrado de forma simplificada na Figura 9.12.

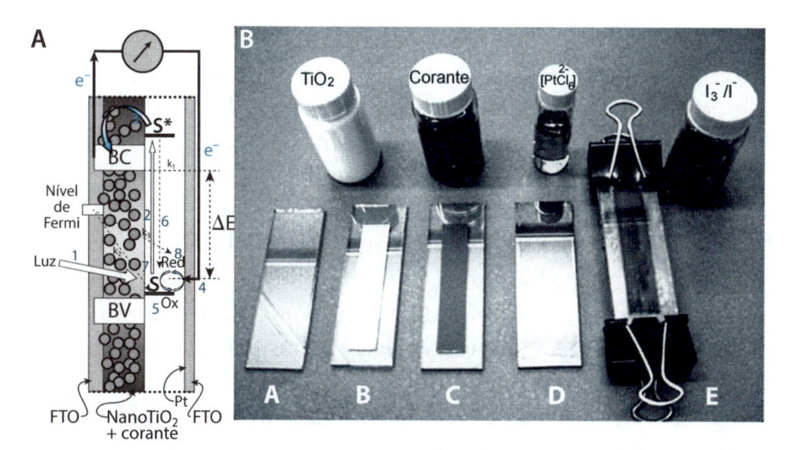

Figura 9.12
Montagem e os princípios de funcionamento (A-E) das células solares sensibilizadas por corantes, onde S/S* representa o corante no estado fundamental, excitado, e Red/Ox representa o par redox mediador. Os demais componentes estão identificados.

A janela óptica feita de vidro condutor (FTO) é recoberta por um filme de TiO_2 nanocristalino, composto predominantemente de anatase, previamente sintetizada por aquecimento em temperaturas da ordem de 450 °C. O corante deve ter propriedades espectroscópicas favoráveis, apresentando um estado excitado acima da banda de condução do filme de nanopartículas de TiO_2 e grupos substituintes capazes de se ligar covalentemente a esse filme, como é o caso dos carboxilatos e fosfonatos. O outro eletrodo condutor é geralmente revestido por um filme de nanopartículas de platina depositadas a partir da decomposição térmica de soluções do ácido hexacloridoplatinato(IV) para aumentar a área de contato e a condutividade da célula. Um espaçador, feito de um filme de Surlyn (ver ionômeros, no Capítulo 4), é colocado entre as duas janelas para serem seladas por aquecimento sob pressão. Com a célula montada, coloca-se o eletrólito através de uma das janelas, previamente perfurada, e depois é feita a selagem hermética com o plástico selante e outra lamínula de vidro. A solução eletrolítica é formada por uma solução orgânica, geralmente de metoxipropionitrila $CH_3O(CH_2)_3CN$ com íons LiI/LiI_3, que atuam como eletrólito e mediador redox. Também se usam coadjuvantes como a tert-butilpiridina para bloquear os sítios livres do TiO_2 exposto ao eletrólito mediador.

Considerando o esquema da Figura 9.12, a excitação eletrônica (etapas 1 e 2) do corante adsorvido na superfície dos nanocristais de TiO_2 é um processo rápido, vertical, descrito pelo princípio de Franck-Condon[2], que se processa

[2] Consultar volume 4 desta coleção.

a uma velocidade da ordem de 10^{-16} s. No estado excitado, a molécula pode injetar rapidamente os elétrons para a banda de condução (etapa 3) com uma velocidade de 10^{-13} s, em paralelo com a relaxação vibracional. As moléculas que chegam ao estado termicamente equilibrado injetam elétrons na banda de condução, com velocidade de 10^{-11} s. O fluxo de elétrons injetados no semicondutor é coletado pelo vidro condutor, entrando no circuito, até chegar ao contraeletrodo, onde se dá a redução do mediador, como o íon de triodeto (etapa 4). A velocidade de regeneração do sensibilizador oxidado com o mediador (I^-) geralmente é muito rápida (v = 10^6 s), superando em cem vezes a velocidade de recombinação dos elétrons na banda de condução (etapa 5). Embora o tempo de injeção seja muito rápido, pode ocorrer alguma desativação por emissão fluorescente (etapa 6). A velocidade de transporte na banda de condução é de 10^{-3} s, o que confere tempo razoável para tunelar elétrons para o sensibilizador no estado oxidado (v = 10^{-4} s) (etapa 7) ou para o mediador eletrolítico (v = 10^{-2} s) (etapa 8).

A força eletromotriz gerada pela célula fotoeletroquímica é dada pela diferença entre os potenciais na banda de condução e os potenciais redox do mediador, como indicado na Figura 9.12.

O desempenho da célula fotoeletroquímica pode ser avaliado por meio de medidas de *incident photon to current efficiency* (IPCE) e da curva I-V. O IPCE é obtido pela fotocorrente gerada na irradiação da célula em dado comprimento de onda e é igual ao número de elétrons gerados pela luz no circuito externo, dividido pelo número de fótons incidentes. A potência da luz incidente é geralmente padronizada como 1 sol (100 mW cm^{-2}). Estudos indicam que os filmes de TiO_2 mais espessos provocam aumento no IPCE, em virtude da presença de uma maior quantidade de moléculas do corante ligado. Por outro lado, também há perdas na eficiência de injeção de elétrons em razão de processos de recombinação eletrônica e aumento da resistência na célula solar.

Conceitualmente, o rendimento depende da eficiência de absorção da luz pelo corante (*light harvesting efficiency*, LHE), do rendimento quântico da injeção (φ_{inj}), da regeneração do corante (φ_{reg}) e também da eficiência de coleta de elétrons pelo eletrodo (η_{cc}), conforme a equação:

$$IPCE = LHE\,(\lambda)\,\varphi_{inj}\,(\lambda)\,\varphi_{reg}\,(\lambda)\,\eta_{cc}\,(\lambda) \qquad (9.8)$$

O fator LHE é igual a 1 – 10^{-A}, em que A é a absorbância do filme. Esse fator é dependente das propriedades espectrais do corante adsorvido e, por isso, são desejáveis compostos com grande absortividade molar e que absorvem uma ampla região do espectro visível e infravermelho próximo, aproveitando o máximo do espectro solar (Figura 9.10). A eficiência quântica de fotoinjeção (φ_{inj}) depende do tempo de vida do estado excitado do corante e da velocidade de fotoinjeção do corante na banda de condução do TiO_2, como expresso pela equação a seguir.

$$\varphi_{inj}(\lambda) = \frac{k_{inj}}{k_{inj} + k_r + k_{nr}} \tag{9.9}$$

Nessa equação, k_{inj} representa a constante de velocidade de transferência de elétrons do corante para o TiO_2; k_r e k_{nr} são as constantes de velocidade de decaimento radioativo e não radioativo, respectivamente. A eficiência quântica de regeneração do corante (φ_{reg}) depende, principalmente, da velocidade de transferência de elétrons do corante oxidado pelo mediador, enquanto a eficiência de coleta de elétrons (η_{cc}) está relacionada com a estrutura e a morfologia do TiO_2. Assim, para aumentar o rendimento, estratégias supramoleculares podem levar ao desenvolvimento de novos sensibilizadores capazes de absorver na maior parte da região do visível e do infravermelho próximo, acarretando diminuição das recombinações e aumento da distância entre os grupos doadores e a interface TiO_2/corante/eletrólito.

Outra forma de avaliar a eficiência da célula solar envolve a construção de uma curva corrente-voltagem, ou I-V. Ela pode ser gerada medindo a corrente após a iluminação da célula solar com luz policromática, nas condições de irradiância AM 1,5, com aplicação de um potencial externo contrário ao do fotopotencial produzido. Existem equipamentos especializados para conduzir esse tipo de medida. A corrente de curto-circuito, ou I_{SC}, é a corrente máxima gerada quando o potencial é igual a zero e depende diretamente da intensidade dos fótons incidentes. Tipicamente nos cálculos de eficiência das células solares, o parâmetro é tratado como a densidade de fotocorrente gerada em relação à área do dispositivo. A voltagem de circuito aberto (V_{OC}) é obtida quando a corrente que passa pelo circuito é igual a zero.

Os parâmetros I_{SC} e V_{OC} são úteis para compreender o significado do fator de preenchimento, ou *fill-factor* (FF). O FF é definido como a razão entre a potência máxima da célula solar e o produto da corrente de curto-circuito e da voltagem de circuito aberto. Na corrente de curto-circuito e na voltagem de circuito aberto, a potência da célula solar é nula, então na potência máxima da célula solar são obtidos os valores de corrente máxima $I_{máx}$ e voltagem máxima $V_{máx}$ (Figura 9.13).

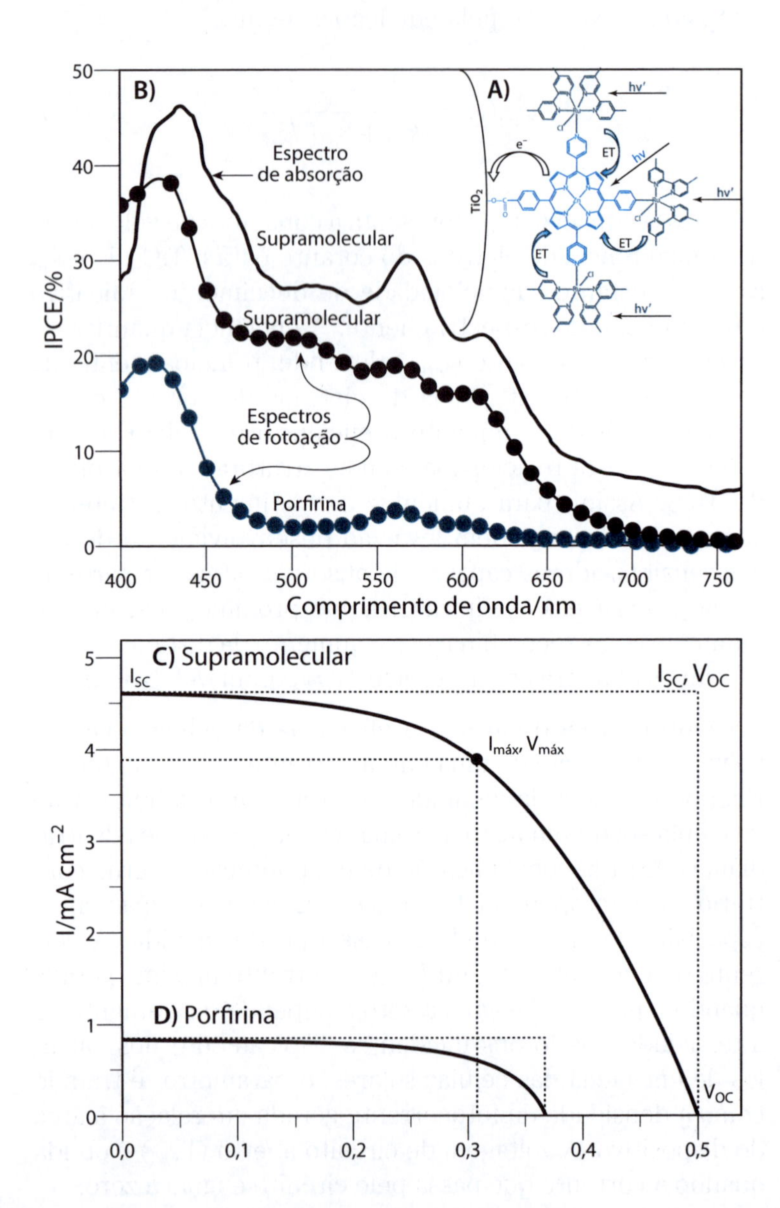

Figura 9.13
Rendimentos quânticos (IPCE) de fotoinjeção de uma porfirina carboxilada e da espécie supramolecular correspondente contendo três complexos de rutênio periféricos. Vê-se o *design* vetorial (Figura 8.13) e as respectivas curvas I *vs.* V utilizadas para cálculo do fator de preenchimento FF e do rendimento da célula.

A eficiência de uma célula solar é dada pela razão entre a potência máxima da célula solar e a potência da luz incidente.

$$\eta = \frac{\text{Potência máxima da célula solar } P_{\text{máx}}}{\text{Potência da luz incidente } P_{\text{in}}} \quad (9.10)$$

em que:

$$P_{\text{máx}} = I_{\text{máx}} \times V_{\text{máx}} \quad (9.11)$$

Assim, tem-se:

$$FF = \frac{I_{\text{máx}} \times V_{\text{máx}}}{I_{\text{SC}} \times V_{\text{OC}}} \quad (9.12)$$

O parâmetro FF assume valores entre 0 e 1.

Substituindo a Equação (9.11) na Equação (9.12) e rearranjando os parâmetros, considerando a densidade de fotocorrente gerada por área do dispositivo, chega-se a:

$$P_{\text{máx}} = J_{\text{SC}} \times V_{\text{OC}} \quad (9.13)$$

Desse modo, a eficiência da célula solar pode ser escrita como:

$$\eta = \frac{FF \times J_{\text{SC}} \times V_{\text{OC}}}{\text{Potência da luz incidente P}_{\text{in}}} \quad (9.14)$$

No exemplo, o uso de porfirinas supramoleculares com planejamento vetorial levou a um aumento de sete vezes na eficiência do dispositivo, acoplando o efeito da colheita de luz pelos complexos periféricos ao processo de fotoinjeção do corante.

Células solares de perovskita

Um novo tipo de célula vem despertando interesse nos últimos anos. Tal interesse é baseado no uso do composto $(CH_3NH_3)PbX_3$ (X = Br, I), denominado perovskita, por causa de sua composição (ABX_3, como no $CaTiO_3$) e estrutura cúbica, ambas características dessa classe de material. Um número imenso de materiais com estrutura de perovskita já é conhecido, apresentando em muitos casos propriedades marcantes, como piezoeletricidade, semicondutividade, condutividade ou supercondutividade.

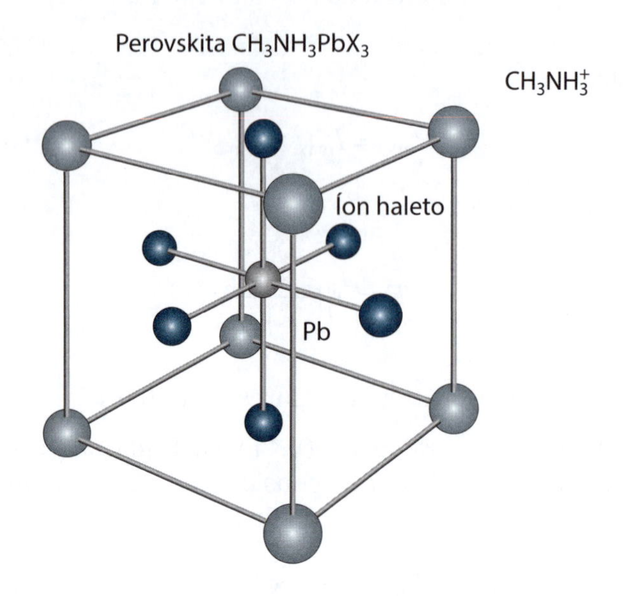

Figura 9.14
Estrutura básica da perovskita de chumbo, $(CH_3NH_3)PbX_3$.

A perovskita de tri-haleto de chumbo (Figura 9.14) foi inicialmente usada como corante em células de TiO_2, apresentando rendimentos entre 0,4% e 2%. O complexo chegou a atingir rendimentos da ordem de 6,5% em células solares de TiO_2 com eletrólitos líquidos, porém mostrou-se susceptível a uma rápida degradação em virtude da pequena estabilidade em meio líquido. Por isso, o aproveitamento das perovskitas de tri-haletos de chumbo passou a ser feito em estado sólido.

Inicialmente, manteve-se a fase suporte de TiO_2, mas os experimentos mostraram que a substituição dessa fase por alumina (Al_2O_3) não prejudicava o desempenho da célula. Isso chamou a atenção para um novo tipo de mecanismo envolvido na célula fotoeletroquímica, onde a perovskita atua simultaneamente como corante, gerador de cargas e transportador de elétrons e buracos. Sucessivos avanços com novas células de perovskita vêm sendo reportados, apresentando rendimentos que já ultrapassam 19%, valor considerado bastante alto na categoria de células solares.

Dispositivos fotoeletrocrômicos e janelas inteligentes

Mudanças de coloração ou de refletividade de vidros estão sendo exploradas em dispositivos conhecidos como janelas ou vidros inteligentes para uso em edifícios, veículos e monitores (*displays*). Além do efeito estético, o controle da luz que entra no ambiente através das janelas pode significar uma economia de energia em edifícios e veículos climatizados. Existem várias alternativas baseadas em filmes eletrocrômicos, fotocrômicos e termocrômicos, partículas suspensas e cristais líquidos, mas a exploração comercial ainda apresenta desafios em termos de estabilidade a longo prazo, dificuldade de produzir uma coloração homogênea em áreas grandes e custo. Atualmente, a tecnologia eletrocrômica está sendo aplicada com sucesso nos espelhos retrovisores de veículos para refletir ou diminuir a luminosidade ofuscante.

O eletrocromismo está relacionado com as mudanças de cor apresentadas por um material em resposta a um processo redox induzido por um potencial aplicado. O dispositivo é formado por dois eletrodos de vidro condutor, transparentes, como o ITO e o FTO, com filme ou solução de material eletrocrômico intercalado, responsável pelas mudanças nas propriedades ópticas com a aplicação de potencial; o circuito elétrico é completado com eletrólitos e mediadores.

Existem pelo menos quatro tipos de sistemas: (a) filmes de óxidos metálicos, como WO_3, NiO, MoO_3, IrO_2 e Co_2O_3; (b) filmes derivados do azul da prússia ou ferrocianeto férrico; (c) filmes derivados de polímeros condutores, como polianilinas, polipirróis e politiofenos; e (d) filmes de nanocristalitos semicondutores, como TiO_2, recobertos por corante, como nas células fotoeletroquímicas.

A eficiência de coloração (CE) é definida pela variação de absorbância em dado comprimento de onda, $\Delta A(\lambda)$, pela carga aplicada (ΔQ) em $cm^2\ C^{-1}$.

$$CE(\lambda) = \Delta A(\lambda)/\Delta Q \qquad (9.15)$$

No caso dos óxidos metálicos, os filmes são gerados por meio de técnicas como deposição de vapores a vácuo, por aplicação de gotículas de solução ou partículas (*spray*, *sputtering*) seguida de evaporação, ou por eletrodeposição. Valores típicos de eficiência de coloração medidos a 633 nm (Equação 9.15) são da ordem de 8 para o TiO_2; 40 para o NiO_x; 50 para o CoO_x; entre 70 cm^2 C^{-1} e 100 cm^2 C^{-1} para o WO_3. Este último foi descoberto em 1969 e é o mais bem estudado, sendo empregado comercialmente em veículos. Na forma de $W^{VI}O_3$ o filme é quase incolor. A aplicação de potencial em meio de propilcarbonato e perclorato de lítio provoca a redução do W^{VI} a W^{V}, gerando vacâncias nas bandas eletrônicas, acompanhadas da inserção de íons de Li^+ na estrutura. O número fracionário de elétrons ou de vacâncias gerado na estrutura é indicado por x na fórmula $Li^{I}_{x}W^{V}_{x}W^{VI}_{1-x}O_3$:

$$W^{IV}O_3 + xLi^+ + xe^- \rightleftharpoons Li^{I}_{x}W^{V}_{x}W^{VI}_{1-x}O_3 \quad (9.16)$$

As cores observadas em função de x variam entre amarelo-claro (x = 0), cinza (0,2), azul (0,6), vermelho (0,8), laranja (0,9) e dourado (0,95).

As janelas eletrocrômicas de azul da prússia têm *design* semelhante ao dos óxidos metálicos. O eletrodo de vidro condutor é recoberto por um filme fino de $Fe_4[Fe(CN)_6]_3$, que é um composto de coordenação conhecido desde 1704, quando foi descrito pela primeira vez por Diesbach, na Alemanha. Esse material ainda é o pigmento mais usado na fabricação de tintas, incluindo as de caneta e de impressão. Pode ser gerado de várias formas, por combinação direta dos íons de Fe^{3+} com ferrocianeto ou por via eletroquímica, que é uma forma mais controlada. O material é um condutor redox e, assim como os óxidos metálicos, transporta elétrons acoplados à inserção de íons, como o K^+. Na forma completamente oxidada, apresenta uma tonalidade amarelo-dourada; na forma reduzida, é intensamente azul, como na representação simplificada no seguinte esquema:

$$Fe^{III}[Fe^{III}(CN)_6] \text{ (amarelo)} + e^- \rightleftharpoons Fe^{III}[Fe^{II}(CN)_6] \text{ (azul)} \quad (9.17)$$

O uso de polímeros condutores (ver Capítulo 4) também é feito com um *design* parecido, utilizando o material eletrocrômico intercalado entre os dois eletrodos de vidro transparente, mediado por uma solução eletrolítica ou de polímero condutor. Para aplicações de maior porte, ainda existem dificuldades a serem superadas, como homogeneidade, durabilidade e velocidade de resposta dos dispositivos.

Janelas eletrocrômicas também podem aproveitar o *design* das células fotoeletroquímicas, oferecendo um aspecto interessante, que é a possibilidade de acoplar a geração de energia elétrica a partir da luz em uma célula solar montada no lado externo. O intuito é alimentar a janela eletrocrômica que vai controlar a luminosidade ambiente. Essa montagem pode ser desenvolvida sem implicar em gastos de energia por causa da geração externa.

A utilização de nanopartículas de dióxido de titânio em células eletrocrômicas tem a vantagem de concentrar uma alta concentração de corante na superfície e de alcançar velocidades de mudanças de cor bastante rápidas. As moléculas devem ser previamente funcionalizadas com grupos carboxílicos ou fosfônicos para permitir uma forte ligação com a superfície de TiO_2 e, ao mesmo tempo, apresentar uma atividade redox reversível, com mudanças típicas de coloração. Para essa finalidade, estão sendo utilizados os chamados viologênios, ou dialquil-4,4'-bipiridinas, cuja redução eletroquímica dá origem a radicais orgânicos fortemente coloridos. Complexos metálicos semelhantes aos utilizados em células solares também são empregados com bons resultados.

Um exemplo interessante, ilustrado na Figura 9.15, é o do sistema baseado na interface $TiO_2/[Ru_3O(CH_3COO)_6(py)_2(BPEB)]^+$. O cromóforo é um *cluster* de rutênio com um ligante BPEB (1,4-bis[2(4-piridil)etenil]benzeno) que apresenta um grupo piridina livre, capaz de ligar-se à superfície do TiO_2. Nessa figura, pode ser visto o comportamento espectral, as variações de corrente e as mudanças cromáticas no dispositivo eletrocrômico baseado na interface $TiO_2/[Ru_3O(CH_3COO)_6(py)_2(BPEB)]^+$. As variações espectrais observadas em 522 nm, 680 nm e 918 nm estão associadas a transições eletrônicas centradas na unidade triangular ($Ru_3O^{+/0}$) em dois estados de oxidação.

As mudanças de corrente, registradas a cada intervalo de 5 s, descrevem um processo rápido, com 75% da mudança óptica acontecendo em menos de 0,5 s, bastante reversível, sem alterações após centenas de ciclos sucessivos. A janela cromática oscila entre verde-claro e roxo, na montagem em pequena escala, adequada para mostradores ópticos. Para esse dispositivo, os valores de CE medidos em 692 nm e 920 nm foram 50 $cm^2\ C^{-1}$ e 190 $cm^2\ C^{-1}$, comparável aos melhores sistemas reportados na literatura.

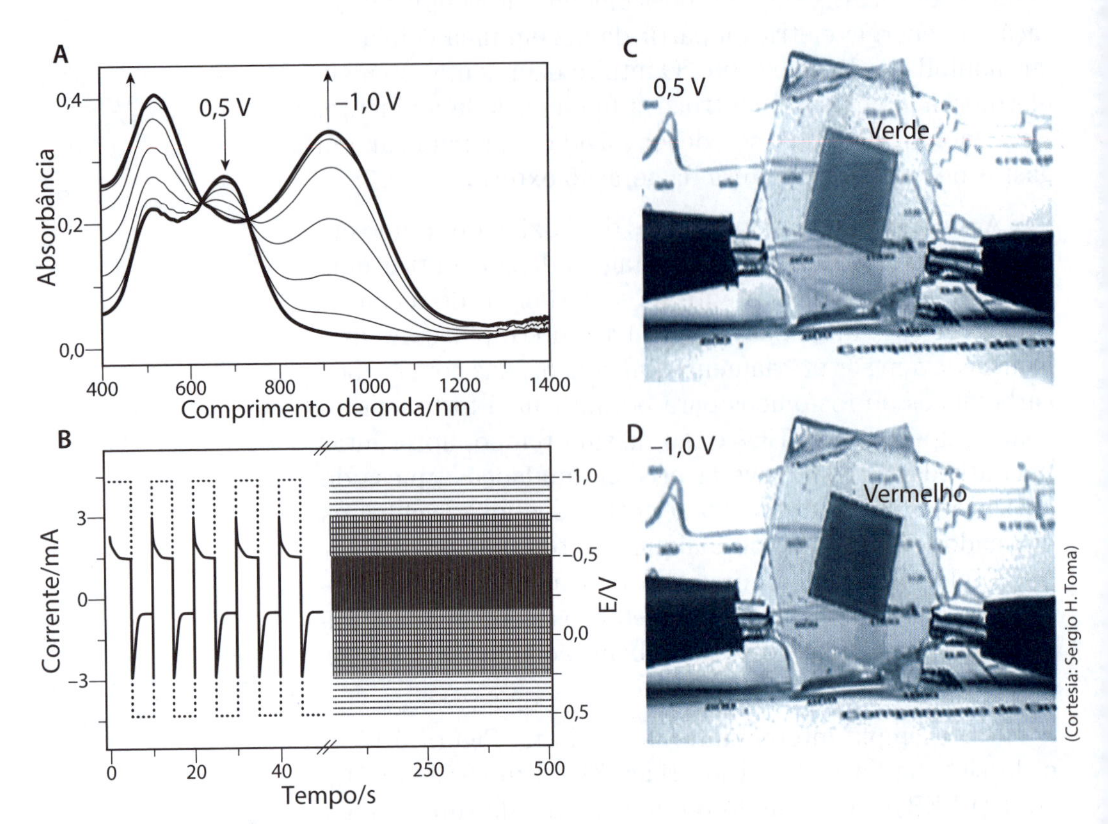

Figura 9.15
Variações de espectro (A), corrente (B) e cor (C, D), passando do verde para roxo, no dispositivo eletrocrômico de TiO_2/ $[Ru_3O(CH_3COO)_6(py)_2(BPEB)]^+$, durante a ciclagem de potencial entre 0,5 V e −1,0 V, usando ferroceno como mediador e trifluometanossulfonato de lítio como eletrólito, em acetonitrila.

Nanodispositivos eletrônicos e nanolitografia

A microtecnologia mostrou as vantagens da miniaturização dos dispositivos, viabilizando ideias que seriam impossíveis há algumas décadas e tornando completamente obsoleta a eletrônica de um passado não tão remoto. Os antigos equipamentos com suas válvulas brilhantes ficaram cada vez menores com a introdução dos transistores inventados por Shockley, Brattain e Bardeen, em 1947 (Figura 9.16), invenção pela qual receberam o Nobel de Física em 1956. Porém, a grande revolução aconteceu com os circuitos impressos criados por J. Kilby (Texas Instruments), em 1958, e logo depois por R. Noyce, utilizando silício como substrato. Kilby foi agraciado com o Nobel no ano 2000.

Atualmente, nos circuitos impressos, todos os componentes são desenhados por litografia em uma minúscula placa de silício. Hoje, os circuitos comportam milhões de transistores por mm^2, mantendo um ritmo surpreendente de miniaturização. Curiosamente, se uma válvula dos anos 1960 tinha cerca de 5 cm de largura, o tamanho mínimo de um circuito modesto com apenas 1 milhão de válvulas seria de 50 km, ou seja, do tamanho de uma cidade como São Paulo. E o pior, além de consumir toda a energia disponível, não funcionaria, já que válvulas são como lâmpadas: dissipam muito calor e queimam com facilidade!

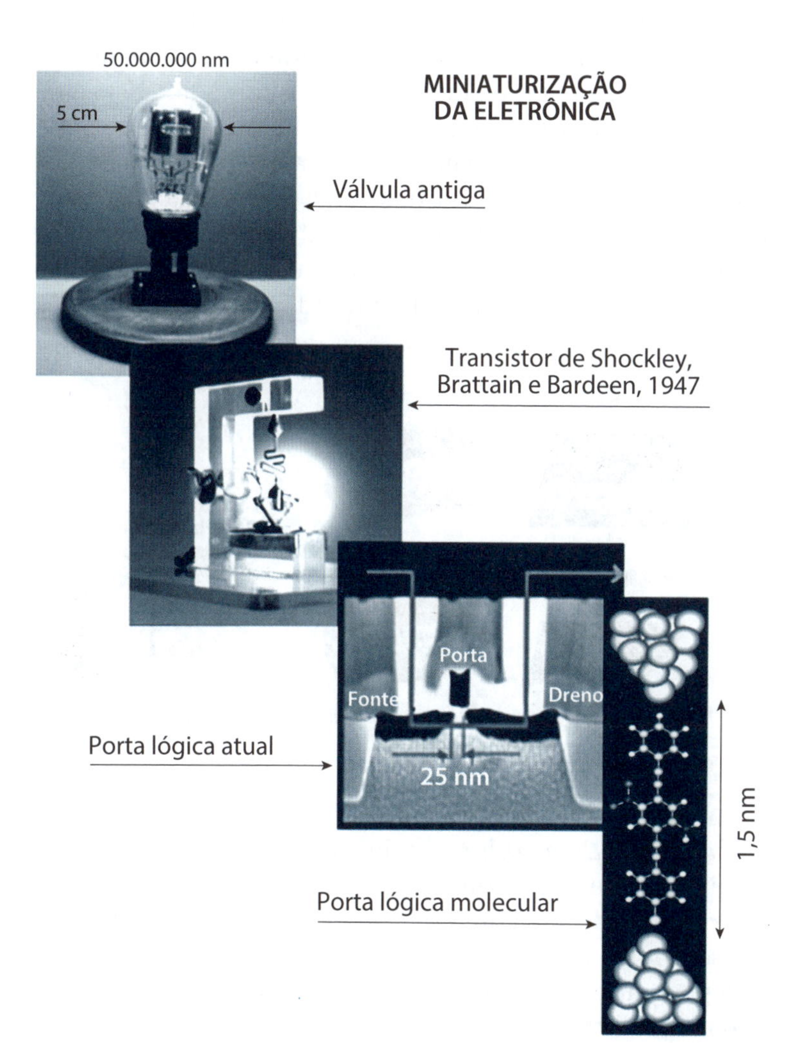

Figura 9.16
Miniaturização na eletrônica, apresentando as válvulas, a invenção do transistor, a criação dos circuitos integrados e os futuros componentes moleculares.

Ao lado da miniaturização da microeletrônica baseada em semicondutores, existe uma abordagem molecular que está sendo cogitada e envolve um novo paradigma de montagem e processamento. Por exemplo, moléculas típicas, com dimensões de 3 nm, comportam cerca de vinte átomos alinhados ou cinco anéis aromáticos, suficientes para a realização de transporte de elétrons, fótons ou produção de sinais que possam ser captados e processados, como em um computador. Parece ficção, mas as restrições e dificuldades da eletrônica molecular parecem pequenas se comparadas com as de nosso cérebro. Ele ainda é o melhor exemplo de computador molecular, que continua imbatível em termos de desempenho global.

Para compreender os avanços da nanoeletrônica, é interessante conhecer as técnicas litográficas usadas no *design* dos circuitos e dos componentes (Figura 9.17). A litografia é uma forma de desenho de alta precisão que pode ser feita de diferentes maneiras e para diversas finalidades. Além do circuito integrado, desenhos precisos são necessários para construir sensores e dispositivos com espaçamentos nanométricos. Nos últimos anos, surgiram várias formas de litografia, como se vê na Figura 9.17.

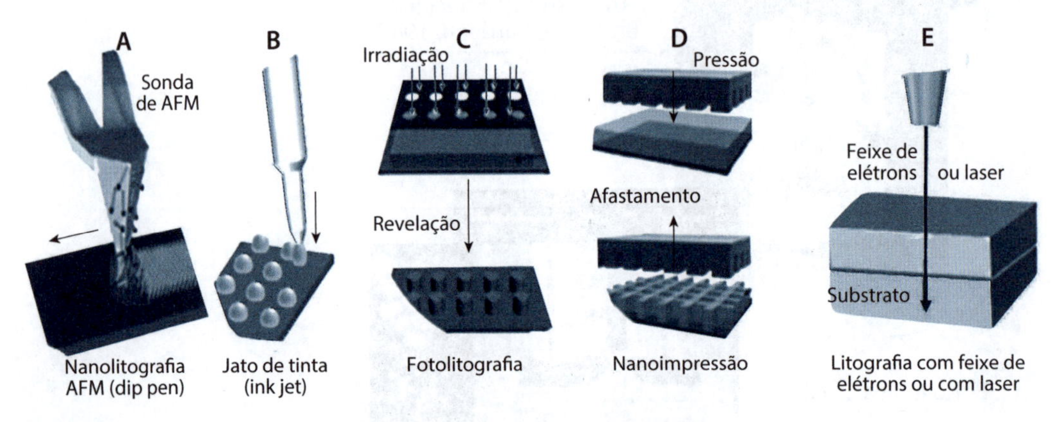

Figura 9.17
Nanolitografias de diversos tipos são empregadas na eletrônica moderna, envolvendo: (A) AFM, (B) jato de tinta, (C) fotolitografia, (D) nanoimpressão e (E) litografia com feixe de elétrons.

A nanolitografia AFM, também conhecida como *dip-pen nanolithography*, foi inventada por Chad Mirkin (Universidade de Northwestern) e faz uso dos recursos da microscopia de varredura de sonda para depositar moléculas sobre um substrato, com alta precisão, e gerar padrões que podem ser trabalhados para criar imagens com resolução nanométrica.

Já a litografia por jatos de tinta utiliza o mesmo princípio das impressoras convencionais, porém com maior resolução, incluindo a possibilidade de recursos 3-D.

A fotolitografia envolve o uso de máscaras para proteger regiões específicas de outras que são irradiadas pela luz, ocorrendo processos fotoquímicos que, ao serem revelados quimicamente, geram padrões sobre um substrato, lembrando os processos fotográficos antigos com filmes de haletos de prata.

A microimpressão é semelhante à impressão aplicada na estamparia, empregando padrões pré-moldados em polímeros para imprimir imagens sobre substratos apropriados. Padrões nanométricos também podem ser gerados pela aplicação de metais vaporizados sobre uma monocamada de partículas coloidais, como as de poliestireno, depositadas sobre uma superfície, de forma a preencher as cavidades existentes.

Para esculpir imagens sobre um substrato com altíssima resolução pode-se usar um feixe de elétrons (*electron beam lithography*). Outra forma utiliza um feixe de *laser* com foco microscópico para gravar imagens em substratos, por meio de mudanças de fase cristalina provocadas pelo aquecimento gerado. Essa técnica pode ser acoplada à microscopia Raman confocal, que visa criar imagens hiperespectrais em substratos como TiO_2 e V_2O_5.

A epitaxia é outra técnica de gravação por deposição ordenada de um material monocristalino sobre um substrato monocristalino, que atua como semente para o crescimento e pode gerar nanofilmes, nanofios e até pontos quânticos. Existem variedades conhecidas como epitaxia em fase líquida (LPE), epitaxia em fase de vapor (VPE), epitaxia por feixe molecular (MEB), deposição química de vapores de metalorgânicos (MOCVD). Um aspecto curioso é que, no ano de sua invenção, seria impossível imaginar como os circuitos integrados transformariam o mundo. Sua tecnologia teve de ser construída mudando todos os paradigmas na eletrônica. Por isso, diz-se que os rumos do progresso às vezes são ditados pela norma de que uma tecnologia nem sempre é escolhida por ser a mais eficiente, ela acaba tornando-se a mais eficiente justamente por ter sido escolhida. Atualmente, a eletrônica está nos domínios da nanotecnologia, com transístores típicos, de 20 nm. Por isso, a microeletrônica atual deveria ser chamada de nanoeletrônica.

O cérebro: um paradigma molecular

Uma comparação interessante é a que associa o cérebro a um *hardware*, ou seja, à máquina formada pela rede de neurônios interligados. A consciência e o inconsciente, por sua vez, seriam o *software* que comanda todas as operações voluntárias e involuntárias em nosso organismo, realizando nada menos que 10^{17} processamentos paralelos por segundo! Isso seria equivalente a um *megachip* moderno de silício com 100 m^2.

No cérebro, o neurônio é a célula central que comanda os impulsos elétricos em resposta aos estímulos químicos captados por receptores dendríticos das moléculas neurotransmissoras, como acetilcolina, norepinefrina, adrenalina, dopamina e serotonina[3]. Existem cerca de 86 bilhões de neurônios no sistema nervoso humano (Figura 9.18).

Os impulsos elétricos percorrem o canal central do axônio até locais mais distantes, para passar informações a outros neurônios e acionar as células do músculo. O axônio é revestido por esfingolipídios, pelas células de Schwann ou por oligodedrócitos, que geram uma espécie de bainha mielítica. A mielina atua como um isolante capaz de evitar interferências elétricas entre os axônios, e seu mau funcionamento pode ser fonte de sérios problemas no organismo. No axônio, há um fluxo de íons que parte do corpo celular para os terminais sinápticos, bem como um fluxo de moléculas transportadas por proteínas motoras.

O espaço entre os terminais do neurônio e os receptores dentríticos do outro neurônio é denominado fenda sináptica. Através dela os sinais são transportados por meio de mensageiros químicos: os neurotransmissores. Em um neurônio em repouso, existe uma diferença de –58 mV de potencial entre o citoplasma e o líquido extracelular, em razão da maior concentração interna de potássio e da concentração externa de sódio. Quando a célula é ativada pe-

[3] Consultar volume 5 desta coleção.

los neurotransmissores, os canais de K^+ e Na^+ são abertos alternadamente, gerando pulsos de potencial +40 mV. Esse potencial de ação se propaga em cascata, por meio da abertura e do fechamento de canais, até chegar ao terminal sináptico, onde estão localizadas vesículas contendo neutransmissores. Durante esse período, o neurônio não consegue ativar outro potencial de ação e permanece latente até ocorrer a descarga dos neurotransmissores das vesículas, que são captadas por outros receptores, dando continuidade ao processo.

Figura 9.18
Representação didática do neurônio, com o axônio central, por onde propagam os impulsos nervosos, abrindo e fechando os canais de Na^+ e K^+ com as respectivas escalas de tempo.

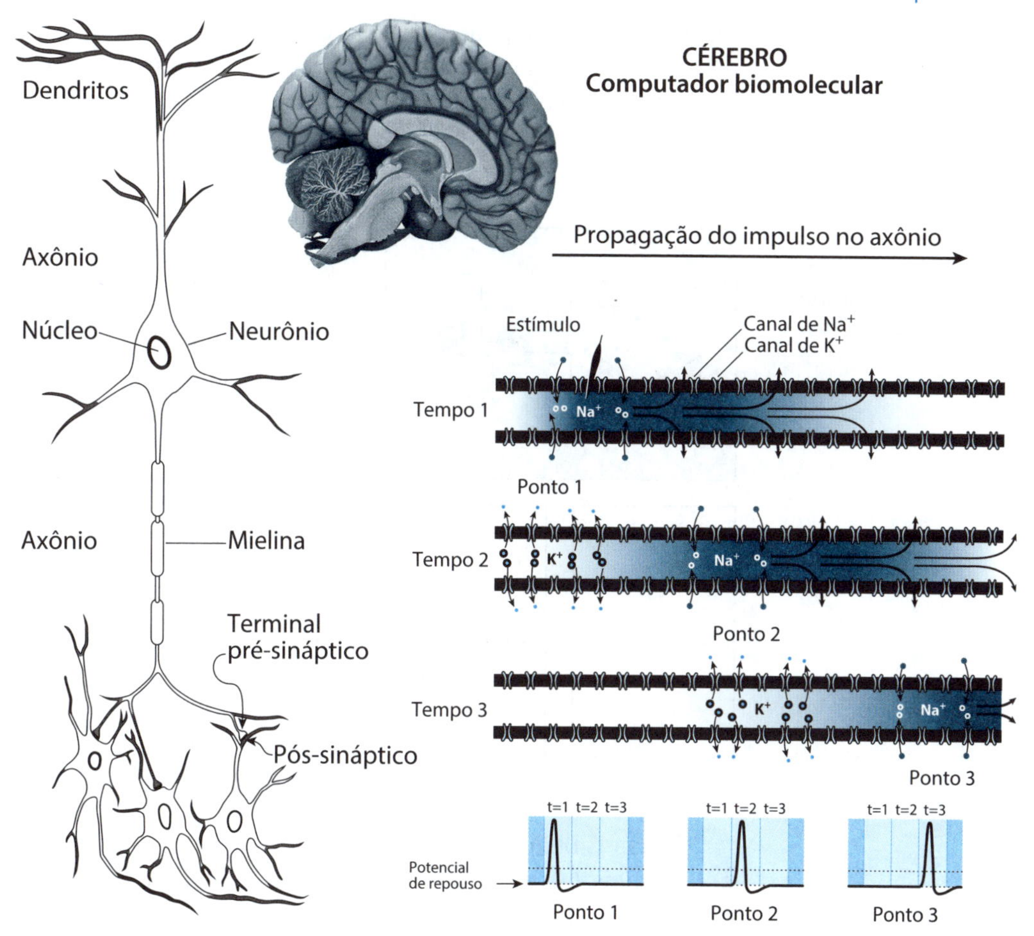

A comunicação sináptica entre os neurônios é a base da computação cerebral. O excesso de neurotransmissores é destruído por via enzimática, e as falhas na liberação de neurotransmissores, como a dopamina, levam a sérios problemas neuronais, como o mal de Parkinson.

Portas lógicas

Os sistemas químicos podem se inspirar na computação cerebral, aproveitando suas respostas a impulsos ou estímulos químicos, mesmo distante do dinamismo que rege os bilhões de células neuronais com sua multiplicidade de receptores e terminais sinápticos, por meio dos quais as moléculas neurotransmissoras fazem a comunicação. Entretanto, podem ser processados com a lógica binária, como na computação digital, utilizando as portas lógicas, expressas pelas tabelas conhecidas como *truth tables*, apresentadas na figura a seguir.

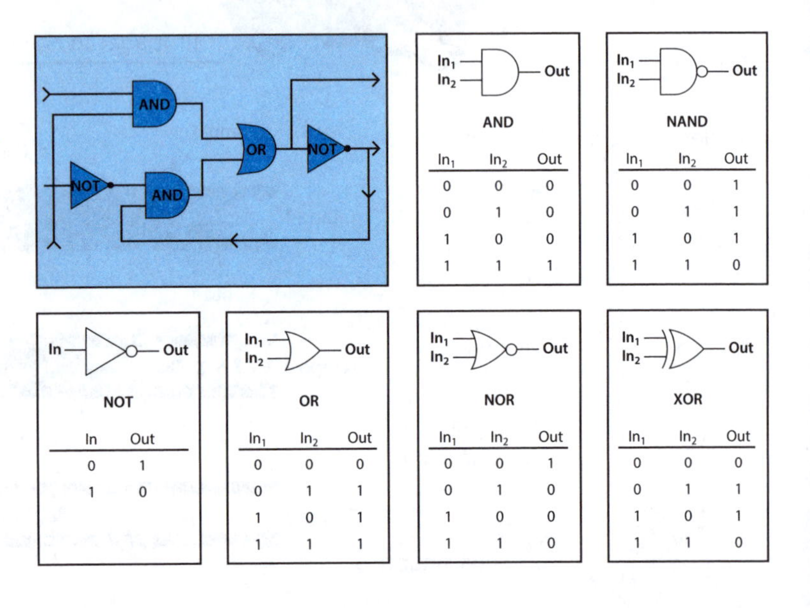

AND

In_1	In_2	Out
0	0	0
0	1	0
1	0	0
1	1	1

NAND

In_1	In_2	Out
0	0	1
0	1	1
1	0	1
1	1	0

NOT

In	Out
0	1
1	0

OR

In_1	In_2	Out
0	0	0
0	1	1
1	0	1
1	1	1

NOR

In_1	In_2	Out
0	0	1
0	1	0
1	0	0
1	1	0

XOR

In_1	In_2	Out
0	0	0
0	1	1
1	0	1
1	1	0

Figura 9.19
Truth tables ou tabelas que regem os códigos binários para portas lógicas simples.

Essas tabelas mostram as respostas (*output*) geradas pelos sinais (*input*) em código binário 0 e 1, representando uma sinalização negativa ou afirmativa, que pode ser transmitida como corrente, potencial elétrico, pulso de luz, mudança de cor etc. Uma porta NOT faz a negação, respondendo 1 para uma entrada 0 e 0 para uma entrada 1. A resposta não precisa ser absoluta, pode ser estabelecida por um valor acima ou abaixo de dado limite de intensidade de sinalização. Da mesma forma, uma porta AND requer que duas entradas sejam 1, simultaneamente, para produzir uma saída 1, caso contrário a resposta será sempre 0. A porta NAND ou NOT AND tem um comportamento oposto ao da porta AND. A porta OR expressa uma condição em que basta uma entrada 1 em qualquer dos canais, ou em ambos, para que a saída seja 1. A porta NOR ou NOT OR é a negação da porta OR. Fazendo a combinação dessas portas, em série ou em paralelo, é possível processar os sinais que passam entre elas de forma inteligente.

Na linguagem binária, qualquer número pode ser expresso por uma sequência binária de dígitos 0 e 1, denominada *bit* (*binary digit*). Ela é geralmente expressa em uma base, como a octal, que envolve múltiplos de oito. Cada conjunto de 8 *bits* é denominado *byte*. Por exemplo, nesse sistema, 0 é representado por 000, 1 = 001, 2 = 010, 3 = 011, 4 = 100, 5 = 101, 6 = 110 e 7 = 111. Assim, o número 472 é representado por [100][111][010] ou 100111010. Para números grandes, é preferível usar a base hexadecimal, ou 16. Desse modo, o trabalho com as portas lógicas permite processar números ou *bits* e fazer computação.

É possível explorar as propriedades das moléculas organizadas em sistemas supramoleculares, para implementar funções controladas por estímulos externos, como fótons, elétrons, interações e reações, gerando respostas de natureza elétrica, óptica, mecânica ou química. Essas respostas podem ser monitoradas com as tecnologias existentes, utilizando recursos eletroquímicos, espectrofotométricos, microscopias etc. Além disso, as moléculas podem armazenar informações, proporcionando sistemas de memória, e também atuar como conectores, retificadores, chaves elétricas ou ópticas e, principalmente, como portas lógicas, viabilizando sua utilização na eletrônica molecular.

O padrão de resposta das moléculas isoladas como portas lógicas intrínsecas tem sido amplamente divulgado na literatura. Os exemplos descrevem moléculas que respondem a mudanças de pH e aplicação de potencial ou luz por meio de variações espectrais, mudanças de condutividade, conformação, isomerização etc. Moléculas com formatos e padrões exóticos, como argolas olímpicas (catenanos), alteres com argolas móveis inseridas (rotaxanos), têm sido descritas como sistemas interessantes e capazes de responder a estímulos externos por meio de mudanças estruturais, de forma reversível (Esquema 9.18).

Neste exemplo, o anel com grupos bipiridínios carregados positivamente é repelido pelas cargas positivas de aminas aromáticas protonadas, ficando em uma região mais distante delas. Com a aplicação de potencial, é possível alterar as cargas e provocar o deslocamento do anel, de forma controlada e reversível.

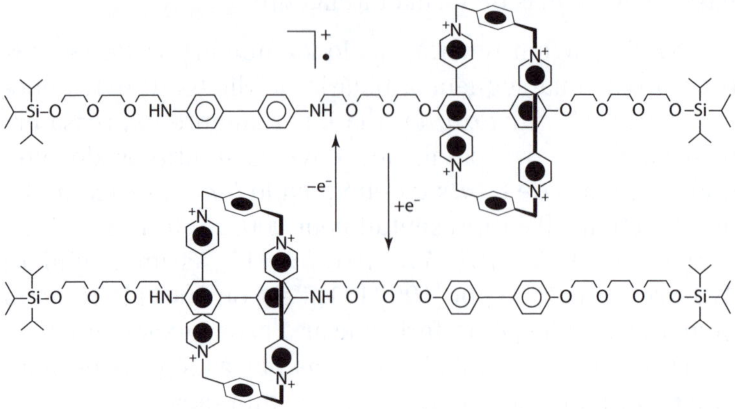

(9.18)

Mesmo apresentando grande variedade de respostas lógicas, o uso de moléculas em dispositivos, em analogia com os circuitos eletrônicos conhecidos, requer o acoplamento com interfaces adequadas para realizar a transdução dos sinais e seu processamento lógico. Por isso, os dispositivos moleculares, como as células fotoeletroquímicas, já descritas no capítulo anterior, exemplificam como as moléculas podem ser exploradas em portas lógicas, associadas a interfaces adequadas.

Portas lógicas fotoeletroquímicas

Um exemplo interessante de porta lógica fotoeletroquímica é apresentado na Figura 9.20. Esse sistema utiliza um *cluster* de rutênio, de composição $[Ru_3O(OAc)_6(py)_2(pzCO_2)]$, com ligantes piridina (py) e pirazina (pz), ligado à superfície de nanopartículas sintetizadas de TiO_2, por meio dos grupos carboxilatos. A montagem é típica de uma célula fotoeletroquímica, como já descrita neste capítulo. O *cluster* de rutênio apresenta estados formais de oxidação $Ru^{III,III,III}$ com bandas de transferência de carga $[Ru^{III,III,III}pzCO_2^-] \rightarrow [Ru^{III,III,IV}\text{-}pzCO_2^{\bullet -}]$ por volta de 420 nm, além da banda interna do *cluster* (ou intracluster) em 700 nm. Por outro lado, a excitação do TiO_2 em 350 nm promove os elétrons da banda de valência para a banda de condução. Esses dois processos estão envolvidos no perfil de rendimento quântico observado em função do comprimento de onda, onde ocorre um máximo de corrente em 350 nm, que decresce a zero em 375 nm, e depois inverte de sinal ou sentido, com um máximo em 410 nm.

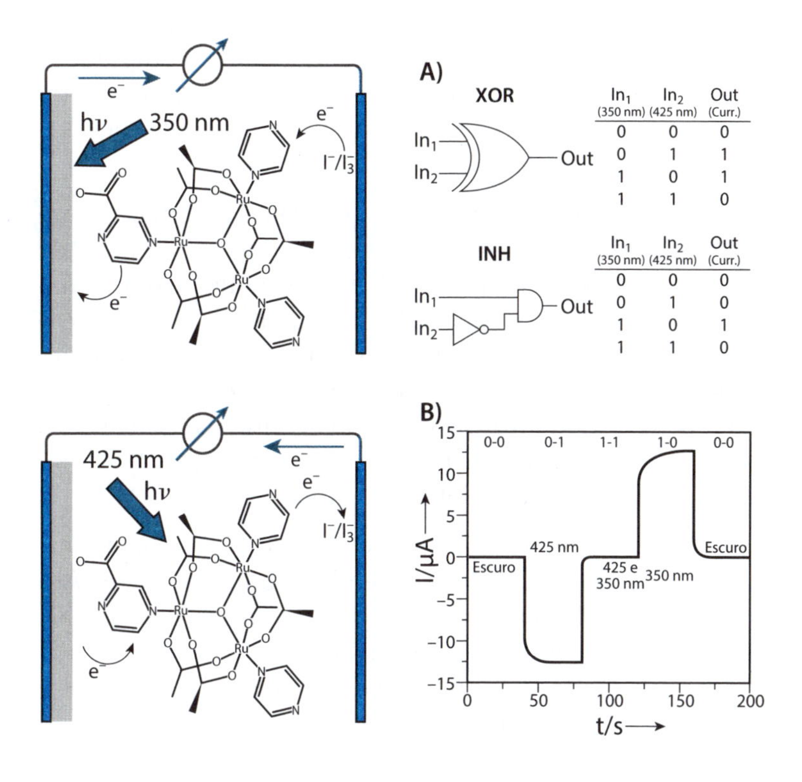

Figura 9.20
Porta lógica fotoeletroquímica baseada na combinação TiO_2/*cluster* de rutênio. São observadas as diferentes respostas obtidas pela excitação em 350 nm e 425 nm, separadamente ou em conjunto, reproduzindo um padrão conhecido como XOR (*exclusive* OR) ou INH (*inhibited* AND).

O pico de corrente em 350 nm é resultado da fotoexcitação direta do TiO_2, e o pico em 420 nm se dá por conta da fotoexcitação do *cluster* $[Ru^{III,III,III}pzCO_2^-] \rightarrow [Ru^{III,III,IV}\text{-}pzCO_2^{\bullet -}]$ ancorado na superfície. Nesse caso em particular, o *cluster* no estado excitado atua como receptor de elétrons da banda de valência do TiO_2, invertendo o sentido da corrente. Utilizando dois comprimentos de onda, é possível controlar o sentido da corrente, gerando uma porta lógica do tipo XOR (*exclusive* OR), bastante difícil de ser obtida com moléculas. Essa porta é considerada uma das mais importantes, pois habilita operações binárias de adição e subtração. O aspecto inusitado dessa porta lógica fotoeletroquímica é que ela usa a luz como fonte de energia, atuando simultaneamente como uma célula solar, da mesma forma que a janela eletrocrômica descrita anteriormente.

Eletrônica molecular

A utilização direta de moléculas na eletrônica computacional pode reduzir ainda mais a dimensão dos dispositivos, em virtude de seu tamanho nanométrico. Em termos conceituais, existe a possibilidade de realizar computação molecular empregando moléculas sensoriais ou mais complexas, como o DNA, para realizar uma forma de processamento químico ou analítico em meio fluídico.

Outra opção é baseada no processamento binário, com as moléculas atuando como portas lógicas, sob a ação de impulsos elétricos e/ou luz. O uso de nanopartículas ou pontos quânticos na nanoeletrônica também tem sido cogitado, principalmente pela possibilidade de serem manipulados com pinças ópticas, utilizando feixes de *laser* para fazer o deslocamento ou o confinamento das partículas. Contudo, a dimensão envolvida nesses casos já está próxima dos limites da nanoeletrônica atual.

A montagem dos dispositivos ainda é problemática, mas avanços expressivos vêm sendo alcançados no *design* arquitetônico de nanocircuitos com litografia de feixe de elétrons, utilizando nanofios, nanotubos e nanofilmes de grafeno funcionalizados para realizar a ancoragem das moléculas. Um exemplo interessante, que utiliza nanotubos de carbono como elementos de contato molecular, é mostrado na Figura 9.21.

Nessa montagem, os nanotubos de carbono de paredes simples são depositados sobre uma camada de SiO_2/Si, e os contatos são feitos de ouro vaporizado. Parte dos nanotubos é protegida por uma camada de polímero (PMMA) e é feito um corte com o espaçamento nanométrico desejado por litografia. Depois, as extremidades expostas são tratadas com um plasma de oxigênio, gerando grupos carboxílicos para a ancoragem das moléculas com aminogrupos terminais, formando conexões covalentes, com grupos amidas. Dessa forma, é possível medir as condutividades das moléculas inseridas entre os terminais, incluindo biomoléculas como o DNA, e investigar como essa condutividade varia com o ambiente químico, proporcionando nanossensores bastante interessantes.

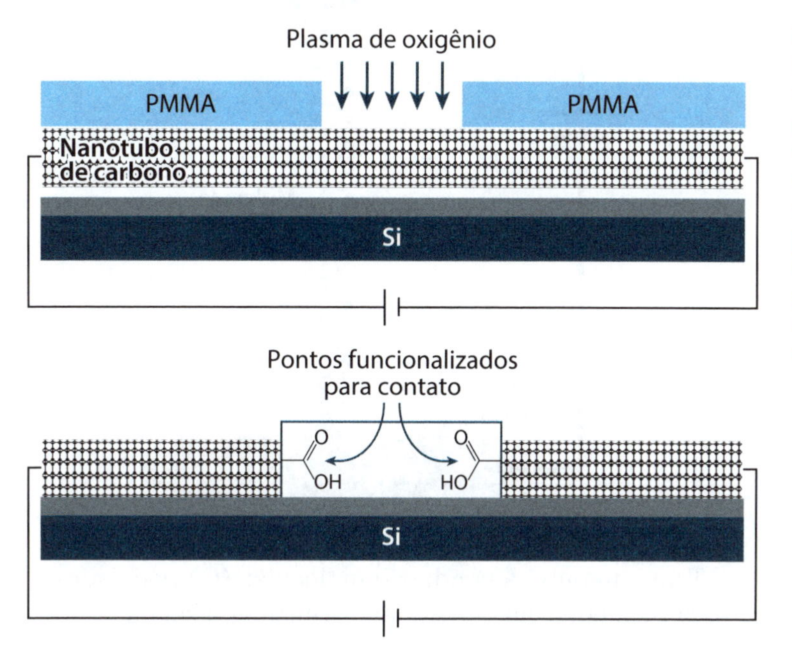

Figura 9.21
Fabricação de contatos moleculares em nanotubos por meio de litografia com feixe de elétrons e aplicação de plasma de oxigênio em regiões expostas, não protegidas com polímero (PMMA), para gerar grupos carboxilatos que vão ancorar as moléculas na cavidade gerada.

Outra forma de monitorar a condutividade molecular é baseada no uso da microscopia de tunelamento (STM) (ver Capítulo 3). Essa estratégia foi desenvolvida por Lindsay, que utilizou um oligômero de polianilina com grupos sulfurados terminais para ancorar e formar ligações covalentes, usando uma superfície de ouro como base e uma ponta de ouro de microscopia de varredura de sonda (Figura 9.22). Quando a sonda é aplicada à superfície contendo o oligômero, algumas moléculas presentes se ligam à ponta e, dessa forma, podem ser esticadas com o afastamento gradual da sonda até o ponto de ruptura. A aplicação de um potencial entre a base e a ponta provoca uma passagem de corrente que pode ser medida em função do distanciamento da ponta, formando patamares característicos de condução através das moléculas individuais.

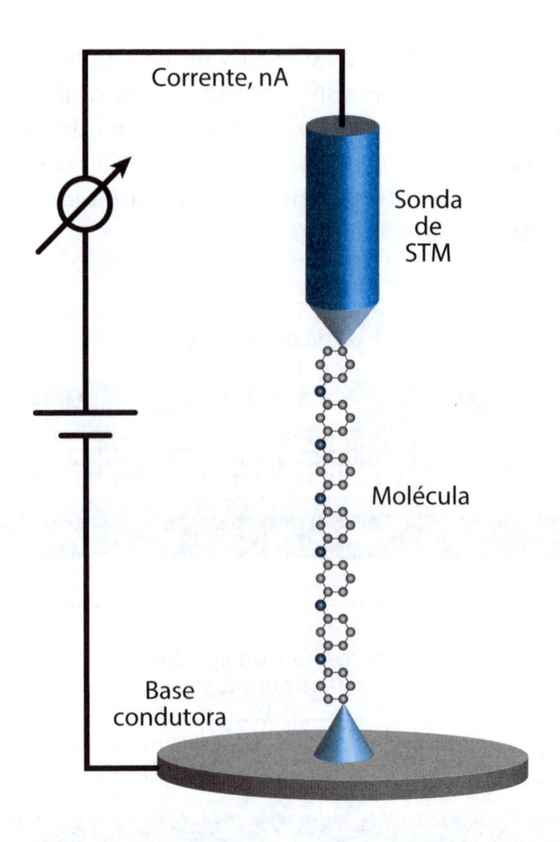

Figura 9.22 Esquema de um sistema de STM para medir condutividades moleculares.

Teoricamente, a condução molecular (G) pode ser expressa pela equação de Landauer-Buttiker a seguir:

$$G = (2e^2/h)\Sigma_{ij}|T_{ij}|^2 \qquad (9.19)$$

Nessa equação, $2e^2/h$ representa a unidade mínima de condutância ou um *quantum* de condutância, igual a 77,5 μS ou, em termos de resistência, igual a 12,9 kΩ. A matriz $|T_{ij}|$ contém todos os elementos (orbitais) que estão envolvidos na condução do elétron, desde a fonte até o coletor. Esses elementos são expressos matematicamente por propagadores conhecidos como funções de Green. A corrente (I) medida experimentalmente, em função do potencial (V) aplicado, é dada por I = G.V. Alguns exemplos de condutividade eletrônica medida experimentalmente ou calculada com base nas equações experimentais e teóricas de moléculas estão relacionados nesta tabela.

Tabela 9.1 – Condução molecular (G) teórica e experimental para algumas espécies selecionadas

Composto	G experimental/nS	G teórico/nS
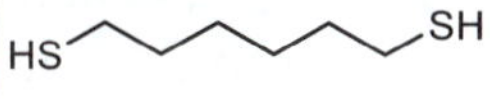 HS SH	95	185
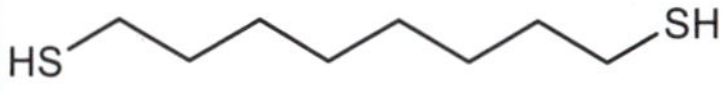 HS SH	1,6	3,4
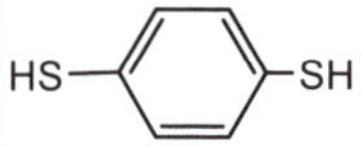 HS SH	833	47.000
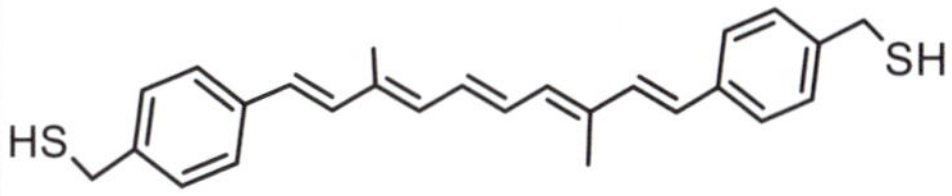 HS SH	2,6	7,9
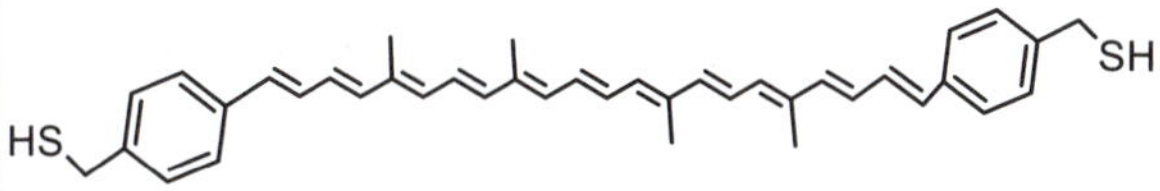 HS SH	0,11	0,3
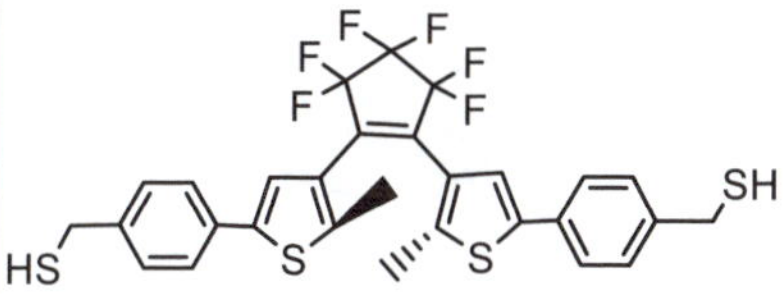 F F F F F F HS S S SH	1,9	0,8
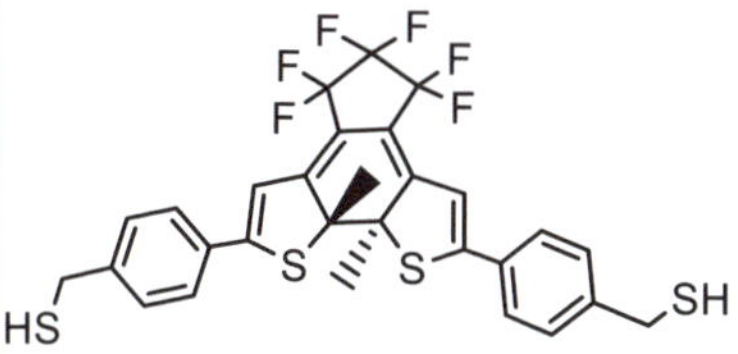 F F F F F F HS S S SH	250	143

Observando essa tabela, é possível concluir que a condução cresce com a presença de anéis aromáticos conjugados e com a diminuição do comprimento da molécula. Os dois últimos casos mostram que é possível controlar a condução por meio do fechamento do anel, levando ao aumento da conjugação, e, dessa forma, criar um chaveador molecular de corrente.

A resposta de corrente *versus* potencial pode seguir padrões não convencionais que dependem dos mecanismos de transporte de elétrons, tanto no interior das moléculas como nas interfaces eletrodo-molécula. O domínio das portas lógicas moleculares é essencialmente quântico e, por isso, novos fenômenos entram em cena, como o tunelamento e bloqueio coulombiano.

Um diodo molecular pode ser construído a partir da união de moléculas insaturadas, com grupos doadores (D) e aceitadores de elétrons (A), por meio de um grupo saturado, isolante, como o CH_2 (Figura 9.23). Essa montagem dá origem a três junções: eletrodo-D, D-A e A-eletrodo. Também origina uma separação energética (Δ) entre os orbitais condutores (LUMO) de A e D. Aplicando-se um potencial no eletrodo em contato com A, ocorre uma elevação do nível de Fermi e aproximação das energias dos LUMOs de A e D. Dessa forma, chega-se a uma condição em que os elétrons podem tunelar do eletrodo para A e deste, através dos orbitais condutores, até D, para serem coletados no outro eletrodo. Essa corrente é direcional, no sentido de A para D, e torna-se nula no sentido inverso, em virtude da barreira energética existente entre o eletrodo e o nível LUMO de D. Por isso, esse sistema funciona como um diodo molecular.

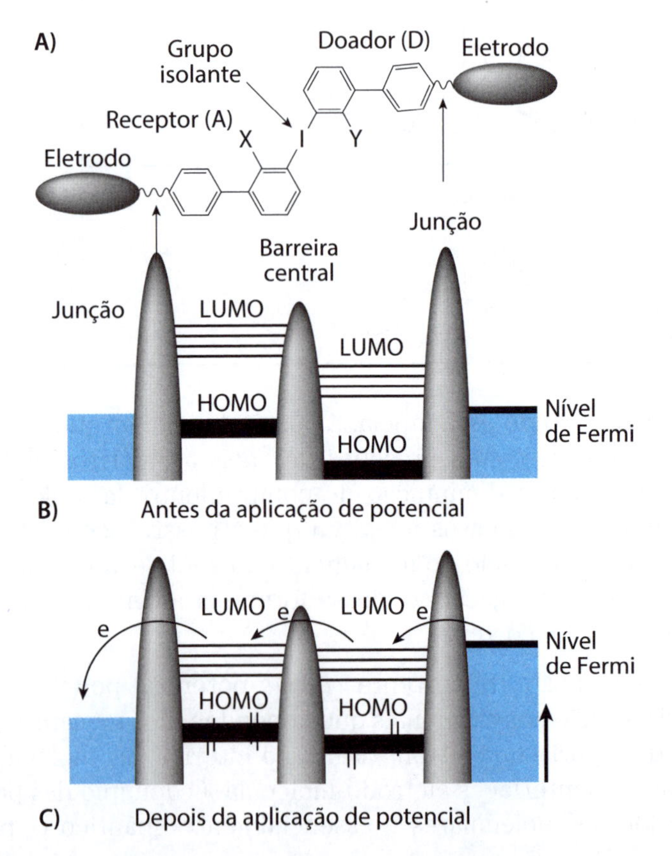

Figura 9.23
Ilustração de um diodo molecular apresentando dois grupos condutores unidos por um grupo isolante. Vê-se a geração de uma barreira (A), que pode ser transposta mediante aplicação de potencial (B), sem possibilidade de passagem de corrente reversa.

Se o tunelamento de A para D ou de D para o eletrodo for lento, o elétron fica confinado na molécula durante certo intervalo de tempo, impedindo a entrada de outro. Isso interrompe a corrente, provocando um fenômeno que é conhecido como **bloqueio coulombiano** (*Coulomb blockage*). Esses diodos moleculares admitem várias possibilidades de *design*, como inclusão de grupos insaturados entre D e A para induzir um fenômeno conhecido como **tunelamento ressonante**, ou então o uso de moléculas parcialmente oxidadas ou reduzidas para gerar um efeito de **resistência diferencial negativa** (NDR). Neste último caso, a corrente passa a diminuir com o aumento do potencial, em vez de aumentar, como acontece nos condutores normais, o que gera aplicações interessantes nos dispositivos. Também é possível aplicar impulsos para controlar as propriedades das moléculas condutoras. Tais dispositivos podem atuar como transistores de efeito de campo (FET), ganhando novas aplicações, principalmente como nanossensores moleculares.

Computação quântica e *quantum cellular automata* (QCA)

Em princípio, qualquer propriedade que possa ser distinguida e gerar estados condicionais bem definidos pode ser usada para realizar computação. Isso inclui o uso de moléculas na **computação quântica**. Porém, nesse caso, a abordagem passa a ser completamente distinta da usada nos sistemas computacionais já descritos. Esse tipo de computação faz uso da mecânica quântica aplicada a propriedades e constituintes atômicos, incluindo os elétrons e prótons, bem como *spins* e fótons associados aos estados energéticos monitorados por equipamentos adequados.

A mecânica quântica, por natureza, lida simultaneamente com todas as funções ou probabilidades para gerar um conjunto completo de soluções, ao contrário do processamento binário, que se dá em etapas. Assim, para lidar com essa abordagem, foi criada uma linguagem computacional, o *bit* quântico (**qubit**), associado a cada propriedade monitorada no sistema. Por exemplo, um *spin* + (1/2) ou – (1/2) corresponderia a um qubit 0 ou 1. Entretanto, ao contrário do *bit* convencional (que é exclusivo), o qubit pode envolver uma combinação de 0 e 1 ao mesmo tempo (inclusivo).

Isso fica mais claro para os químicos quando se faz uma analogia com os orbitais moleculares. Quando duas funções de onda ou orbitais ψ_1 e ψ_2 interagem (*inputs*), são formados dois orbitais moleculares, $\psi_1 + \psi_2$ (ligante) e $\psi_1 - \psi_2$ (antiligante), que coexistem ao mesmo tempo e no mesmo espaço (*outputs*). Assim, uma molécula pode comportar milhares de qubits.

O processamento quântico, como ilustrado pelos orbitais moleculares, leva a uma solução em que ψ_1, ψ_2, ... ψ_n estão entrelaçados ou emaranhados por meio de suas combinações quânticas. Qualquer mudança em um qubit vai afetar os demais, por causa desse emaranhamento quântico. Essa propriedade vem despertando grande interesse em criptografia, pois o emaranhamento quântico torna inviolável a informação contida nos qubits, visto que a alteração de um é sentida imediatamente pelo outro. Vários recursos matemáticos têm sido desenvolvidos para trabalhar com os qubits, destacando-se o algoritmo de Shor, introduzido em 1994, capaz de fatorar números grandes e permitir, por exemplo, a extração dos números primos contidos neles. Essa é uma tarefa considerada particularmente difícil na computação binária.

As formas de acesso aos qubits também estão relacionadas à instrumentação adotada para sua monitoração. Por exemplo, no caso dos *spins*, pode-se fazer uso de equipamentos de ressonância nuclear magnética. No caso de fótons, é possível utilizar montagens ópticas adequadas para discriminar frequências e fases associadas aos campos eletromagnéticos acoplados. Entretanto, no momento, existem mais problemas do que soluções, e um ponto bastante crítico é que os qubits têm "vida" efêmera. Não podem ser congelados, e a detecção e o processamento deles de forma consistente e adequada ainda estão muito distantes de serem tratados pela tecnologia atual.

Outra alternativa computacional em desenvolvimento é baseada nas unidades celulares denominadas *cellular automata*, ou autômatos celulares. Nessa variedade computacional, cada célula define um arranjo discreto ou estado bem definido, podendo ser a representação de um quadrado com dois círculos brancos e dois círculos pretos em seu interior. Quando os círculos pretos e brancos estão alinhados em diagonais distintas, descrevem dois estados binários 0 e 1, como se vê no Esquema (9.20):

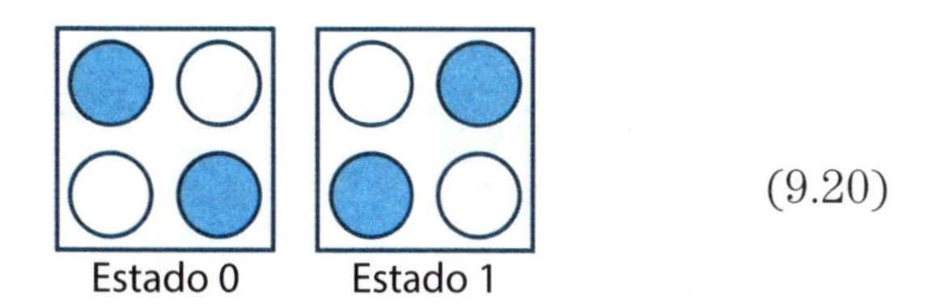

(9.20)

É possível construir uma rede dessas células seguindo alguns princípios. Um deles é baseado na propagação dos efeitos de orientação de uma célula para outra. Na prática, isso pode ser induzido através de interações de natureza elétrica ou magnética. Assim, com a propagação do campo, uma célula no estado 0 pode induzir o mesmo estado na célula vizinha, e assim por diante.

Outro princípio estabelece que os estados de entrada (*input*) que estão em maioria, ou majoritários, são prevalecer sobre os minoritários na determinação do resultado de saída (*output*). Assim, como na Figura 9.24, uma entrada A tipo 0 atuando sobre uma célula que está sofrendo a ação simultânea de outras duas células A e B, do tipo 0 e 1, respectivamente, vai determinar o resultado, ou saída, como sendo do tipo 0 pelo efeito majoritário. Porém, se a entrada A for do tipo 1, o resultado será 0. Combinando-se as três entradas A, B, e C, é possível construir as portas AND e OR.

Na situação real, os círculos escuros e brancos podem representar propriedades mensuráveis, como *spin*, cor, magnetismo etc. Essas células são denominadas *quantum cellular automata* (QCA). Assim, é possível construir QCAs usando pontos quânticos, moléculas ou nanopartículas dispostas em arranjos adequados para a implementação do processamento dos sinais. Existem vários aspectos interessantes que podem ser explorados nos QCAs. Um deles é que os sinais se propagam por meio de impulsos magnéticos ou fotônicos, com mudanças de orientação dos *spins* ou das cores, sem necessidade de passagem de corrente elétrica entre os átomos, como acontece nos dispositivos eletrônicos atuais, consumindo energia e tempo e produzindo calor. O processamento com campos proporciona maior agilidade, porém as dificuldades de montagem dos circuitos são imensas e a busca por sistemas adequados para o processamento dos QCAs continua um grande desafio na ciência.

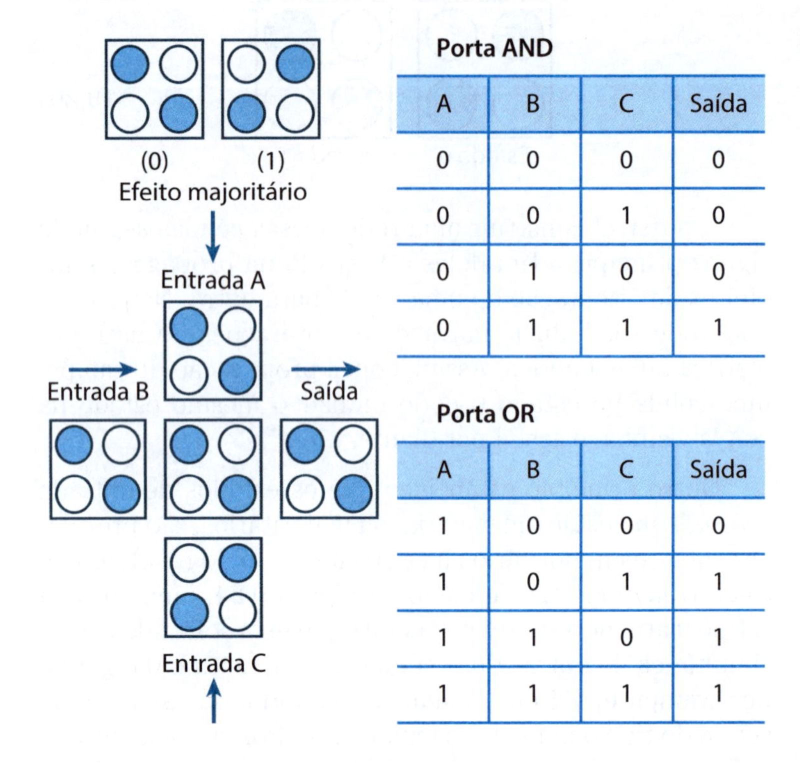

Porta AND

A	B	C	Saída
0	0	0	0
0	0	1	0
0	1	0	0
0	1	1	1

Porta OR

A	B	C	Saída
1	0	0	0
1	0	1	1
1	1	0	1
1	1	1	1

Figura 9.24
Ilustração do efeito majoritário na resposta dos autômatos celulares.

CAPÍTULO 10

NANOBIOTECNOLOGIA E NANOMEDICINA

A biotecnologia e a medicina são áreas bastante beneficiadas com a nanotecnologia. Esses benefícios envolvem principalmente:

a) medicamentos com atuação, transporte e liberação controlada;

b) sensores, agentes de contraste em imagem e diagnóstico clínico;

c) terapia;

d) procedimentos de medicina regenerativa;

e) novos processos biotecnológicos, principalmente envolvendo enzimas.

Das várias estratégias empregadas, grande parte da atenção é dedicada ao desenvolvimento de nanopartículas funcionalizadas com agentes específicos para as mais diversas atividades, incluindo moléculas fluorescentes, catalisadores, sondas SERS, bioconjugados envolvendo peptídeos, RNA, anticorpos e até enzimas. Algumas partículas apresentam múltiplas funcionalidades, como pode ser visto, de forma genérica, na Figura 10.1. O *design* adotado é tipicamente supramolecular, partindo da escolha do núcleo, do revestimento e das formas de ligação dos agentes periféricos de interesse. Entre essas funcionalidades, estão fármacos (drogas), anticorpos, sondas fluorescentes, sondas SERS, peptídeos, enzimas, catalisadores, nanotubos, nanopartículas, *quantum dots*, RNA, aptâmeros (oligonucleotídeos ou peptídeos que se ligam a alvos específicos) e marcadores celulares.

A escolha do núcleo pode visar apenas um suporte mecânico, como a sílica, e também permite incorporar propriedades plasmônicas (Ag, Au), superparamagnéticas (Fe_3O_4, γ-Fe_2O_3) e semicondutoras (TiO_2), que podem ser transmitidas ao revestimento e aos grupos periféricos funcionais. O revestimento aplicado nos núcleos tem a função de isolar a influência química de seus constituintes, garantir estabilidade (estérica ou eletrostática), introduzir pontos para ancoragem de conectores, ou repelir o ataque de grupos marcadores segregados pelas células (opsoninas) para induzir a fagocitose das partículas pelo sistema imunológico.

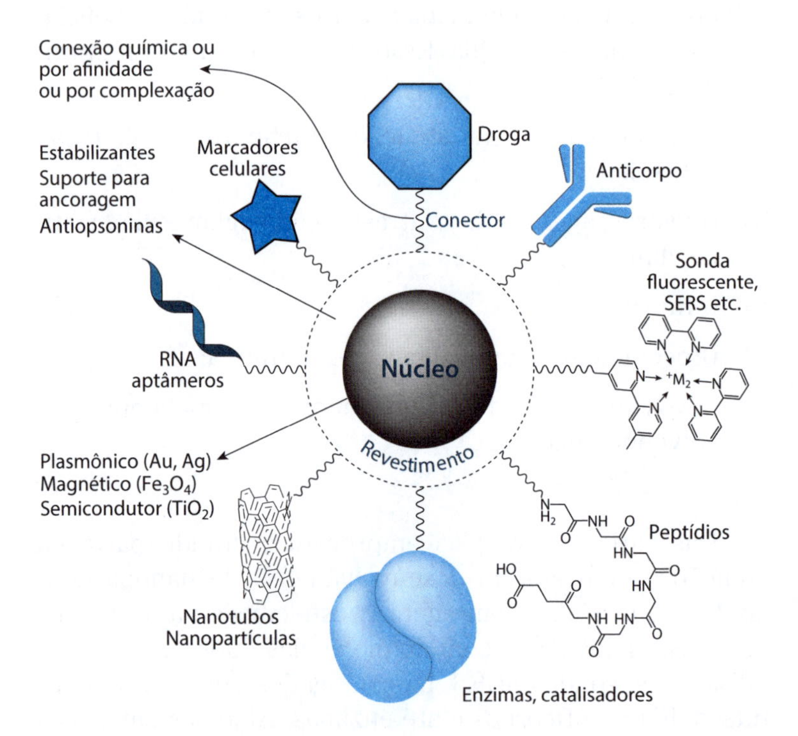

Figura 10.1 Nanopartículas "inteligentes" com funcionalidades diversas para aplicações em nanobiotecnologia.

Nanocarreamento e liberação controlada de drogas

Geralmente os medicamentos são aplicados por via oral, via nasal ou injeção, para serem distribuídos por todo o organismo através do sistema circulatório (Figura 10.2). Depois, são transformados e eliminados pelo fígado e pelos rins, respectivamente. Entretanto, a ausência de direcionamento dos medicamentos é um aspecto crítico na saúde, pois apenas 1% da dose administrada consegue chegar ao alvo, ficando a maior parte distribuída pelo organismo. Isso representa não apenas um grande desperdício como também pode provocar efeitos colaterais ou tóxicos indesejáveis.

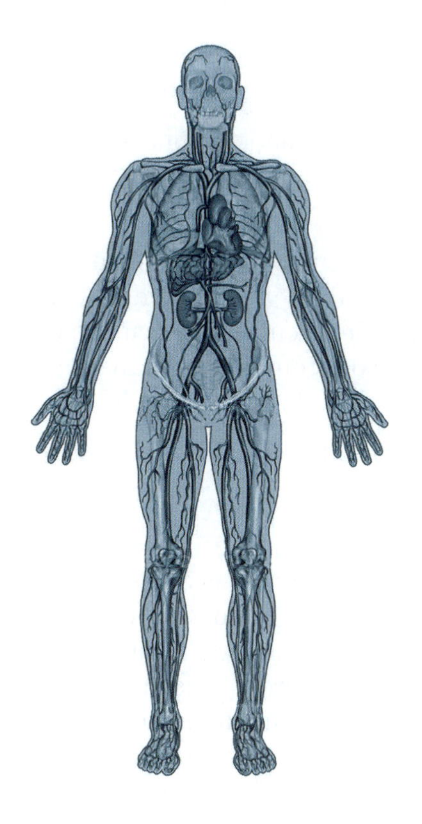

Figura 10.2
Sistema circulatório humano e a complexidade da distribuição dos agentes terapêuticos pelo organismo. Apenas 1% das drogas ministradas acaba chegando ao alvo.

A disponibilidade de uma droga é, muitas vezes, limitada por solubilidade e estabilidade no organismo, exigindo um aumento considerável da dose a ser aplicada para atingir o nível terapêutico desejado. Isso pode agravar ainda mais os efeitos colaterais em razão das aplicações frequentes do medicamento, gerando picos de concentração, com atividade exacerbada, associada ao excesso da droga no organismo. Por isso, o carreamento eficiente de drogas até o alvo e sua liberação controlada são metas intensamente perseguidas pelo setor farmacêutico moderno. Essas metas visam:

(i) tornar o processo de disponibilização mais inteligente, tanto pelo confinamento em nanocápsulas ou nanoestruturas como pela introdução de agentes conjugados, exercendo o reconhecimento e tendo melhor atuação sobre alvos específicos;

(ii) reduzir os riscos associados aos picos de concentração após a injeção ou ingestão, mantendo um nível constante de ação, sem necessidade de aplicações frequentes;

(iii) diminuir os efeitos tóxicos das drogas por meio do confinamento em matrizes inertes;

(iv) conjugar alta variedade e concentração de agentes terapêuticos em um mesmo veículo de transporte inteligente;

(v) desenvolver recursos multifuncionais em uma mesma partícula, incluindo revestimentos capazes de prolongar o tempo de circulação no sangue ou facilitar o cruzamento das diferentes membranas biológicas no organismo;

(vi) ajustar propriedades físicas, dimensões e cinética de liberação de droga.

Existem, porém, muitos desafios a serem vencidos com relação a nanomedicamentos inteligentes. Por exemplo, por serem maiores que as drogas que eles transportam, os nanomedicamentos correm o risco de serem reconhecidos e desativados pelo sistema imunológico. Além disso, ainda têm de vencer as várias barreiras naturais que existem no organismo. Assim, o carreador ideal deve ser capaz de conduzir a droga até o alvo desejado e permanecer estável no meio biológico para maximizar sua ação, sem ser tóxico aos componentes celulares do sangue. Para isso, o *design* deve levar em conta fatores como: composição, tamanho, propriedades físico-químicas da superfície, forma, estabilidade, efeitos de circulação prolongada no sistema sanguíneo, especificidade em relação ao alvo, cinética de liberação adequada e facilidade de ser capturado pela célula.

Os carreadores planejados para administração oral devem resistir às condições drásticas do trato gastrointestinal, como a alta acidez e a ação das enzimas metabólicas. É desejável que os nanocarreadores que resistirem a essa etapa também consigam aderir ao *mucus* e, assim, aumentar o tempo de residência e ter maiores possibilidades de passar para o sistema epitelial.

Os nanomedicamentos planejados para administração parenteral (intravenosa, subcutânea, intramuscular, intradermal e intraperitoneal), ao passar para a corrente sanguínea, entram em contato com um meio de força iônica mais elevada, o que pode levar a sua agregação, gerando complicações como o entupimento de capilares e a formação de coágulos. Por isso, no *design* de nanocarreadores, sua estabilidade no meio biológico é outro ponto crítico a ser considerado. Uma vez no organismo, os nanocarreadores estão sujeitos a mudanças de tamanho e carga, assimilando ainda um efeito "corona" ao associar-se a biomoléculas e proteínas presentes. Sua biodistribuição vai depender das propriedades físico-químicas, da interação com as proteínas do plasma e da capacidade de extravasar pelos vasos sanguíneos, competindo com os processos de remoção da circulação. O tempo de residência vai depender da eficiência de filtragem por rins, fígado e baço. As partículas pequenas são mais prováveis de serem eliminadas na urina, enquanto as partículas maiores podem ficar retidas por mais tempo no organismo, ficando sujeitas a processos metabólicos e excreção biliar.

Para aplicações médicas, os nanomedicamentos precisam atingir o alvo antes de serem eliminados. Entretanto, o reconhecimento deles pelo retículo endoplasmático, composto de células de defesa (monócitos e macrófagos) contra organismos estranhos, pode levar a sua rápida remoção da circulação sanguínea, limitando seu potencial terapêutico. Macrófagos também estão presentes em fígado, baço, pulmão, medula espinal e nódulos linfáticos, podendo remover os nanocarreadores por fagocitose em minutos. Nesse processo também podem atuar as **opsoninas**, que são cofatores que facilitam o englobamento de corpos estranhos por parte dos fagócitos, como os neutrófilos (ver Capítulo 3, Figura 3.11) e os macrófagos. Assim, a ligação de opsoninas, como o fibrinogênio e as imunoglobulinas, pode induzir a fagocitose dos nanocarreadores pelas células de defesa. Por causa disso, no *design* dos nanocarreadores, os grupos na superfície devem ser planejados cuidadosamente, para evitar a ligação das opsoninas. Por exemplo, os carreadores inorgânicos têm sido frequentemente recobertos com polietilenoglicol (PEG), copolímeros de bloco de polioxopropileno e polioxoetileno denominados poloxâmeros, além da *dextran* e da quitosana, para prolongar seu tempo de circulação no organismo.

Quando nanopartículas de ouro (20 nm) conjugadas com anticorpos (imunoglobulina G), albumina, polietilenoglicol e citrato foram introduzidas *in vitro* em células humanas extraídas do sistema vascular, verificou-se que foram rapidamente internalizadas e detectadas no citoplasma. No acompanhamento, em particular, para estabelecer a compatibilidade e os efeitos associados, foram examinados eritrócitos, leucócitos e células endoteliais, não se observando danos, apoptose nem necrose. A injeção intravenosa dessas nanopartículas em cobaias não provocou hemorragia, hemólise nem formação de trombos. Outros testes revelaram uma ação anti-inflamatória *in vitro*, sinalizando um potencial de uso terapêutico e em diagnose para essas nanopartículas conjugadas.

O uso de lipossomas formulados com fosfolipídios e colesterol não previne a ligação de opsoninas. Para evitar isso, é comum a adição de polietilenoglicol (PEG), que proporciona um efeito estérico capaz de evitar a ligação das nanopartículas com proteínas. Contudo, esse uso apresenta problemas de biodegradabilidade, pois, quando seu peso molecular é elevado, ele pode depositar-se nos lisossomas e vacúolos das células dos rins.

Desde que foi proposto, em 1906, por Paul Ehrlich (1854-1915), Nobel em 1908, o direcionamento das drogas, ou *drug targeting*, continua sendo um grande desafio na área dos nanomedicamentos, pois implica escolher o alvo apropriado para dada doença, encontrar a droga eficiente e fazer seu transporte seguro até o alvo. Por isso, o procedimento mais simples seria a administração direta do nanomedicamento na região onde está localizado o alvo, mas sua concentração acaba sendo limitada pelo fluxo sanguíneo local. A utilização de nanopartículas superparamagnéticas carreadoras possibilita a condução e o confinamento na região-alvo, com o auxílio dos ímãs miniaturizados, de alto campo, como os de $Nd_2Fe_{14}B$, bastante disponíveis no comércio.

Na prática, o transporte passivo de nanocarreadores ainda pode explorar o aumento da permeabilidade e a retenção no sistema vascular dos tumores, em que as próprias áreas inflamadas servem de guia para o direcionamento e a acumulação dos nanofármacos. A retenção, entretanto, vai depender do tamanho dos nanomedicamentos e pode variar para cada tipo de tumor e sua localização.

O direcionamento também pode ser induzido por grupos específicos implantados na superfície dos carreadores, com a finalidade de gerar uma maior afinidade pelo sítio-alvo. O reconhecimento do alvo envolve interações específicas ligante-receptor. Para isso, podem ser usados anticorpos ou seus fragmentos, lecitinas, lipoproteínas, hormônios, polissacarídeos e folato. Note-se que, no estado patológico, muitas células expressam novas moléculas na superfície ou expressam, de forma exacerbada, a produção de algumas moléculas em relação às células sadias. Essas moléculas podem servir de alvo para os carreadores funcionalizados com ligantes apropriados.

O câncer é uma das doenças cujo tratamento mais tem se beneficiado da liberação dirigida de drogas, pois geralmente expressa a produção de muitas moléculas que podem servir de alvo em relação às células normais. Um exemplo é a **transferrina**[1]. Essa glicoproteína, que transporta os íons de ferro para o interior da célula, é um ligante-alvo bastante utilizado na terapia do câncer, pois seu receptor é superexpresso nas células doentes. Isso pode ser observado no carcinoma, câncer de mama, glioma, adenocarcinoma pulmonar, leucemia linfócita crônica, linfoma de Hodgkin e outros. Outros ligantes-alvo são os fatores de crescimento, visto que desempenham papel fundamental na regulação do crescimento e replicação celular. De fato, a expressão do receptor de fator de crescimento epidermal é bastante intensificada em vários tumores humanos.

---

[1] Consultar volume 5 desta coleção.

Uma vez que o alvo foi atingido, as drogas devem ser liberadas dos nanocarreadores para ficar biodisponíveis. Isso pode acontecer de forma passiva, pela degradação ou desgaste da nanopartícula ou polímero, ou pode ser induzido por meio de estímulo externo, como mudanças de temperatura (hipertermia), pH, potencial redox, irradiação com luz, exposição a campo magnético, ultrassom ou ação de certas enzimas.

Um dos grandes problemas enfrentados atualmente pela medicina é a condução das drogas terapêuticas até o cérebro. Existe uma proteção natural conhecida como *blood-brain barrier* (BBB) ou barreira hemato-encefálica, que evita a entrada de agentes nocivos no cérebro e também bloqueia a passagem de drogas. Por isso, muitas vezes, quando o tratamento é feito de forma forçada, pode provocar danos nessa barreira. As células endoteliais microvasculares do cérebro, que constituem a base anatômica da BBB, formam junções muito fechadas que impedem a difusão de moléculas através delas, discriminando moléculas de lipídios solúveis das proteínas maiores por um fator de oito vezes.

Note-se que o limite superior de poro da BBB para realizar o transporte passivo de moléculas é muito menor que 1 nm. Isso excluiria de imediato as nanopartículas. Na realidade, o sistema de proteção exercido pela BBB não é estático, como se supunha no passado. Existem diversos carreadores e sistemas de transporte, bem como enzimas e receptores, que controlam a passagem de moléculas no endotélio da BBB. Por exemplo, o cérebro necessita de um suprimento constante de ferro para manter sua atividade, e a transferrina[2], que é a biomolécula transportadora desse elemento, consegue atravessar a BBB, mediada pelos receptores existentes. O mesmo acontece com a insulina e a imunoglobulina G. Assim, a nanobiotecnologia, por meio de nanopartículas conjugadas, pode explorar a existência desses receptores para promover a passagem de agentes terapêuticos através da BBB. Uma das drogas que já vêm sendo transportadas por nanopartículas poliméricas é o agente anticancerígeno doxorubicina. As partículas aplicadas em ratos com glioblastoma intracranial proporcionaram aumento no tempo de vida e remissão completa do tumor entre 20% e 40% dos casos. Outro agente anticancerígeno, o tamoxifen, tem sido incorporado no interior de dendrímeros de PAMAM de quarta geração, os quais mostraram-se capazes de atravessar a BBB e transportar a droga até as células do glioma.

[2] Consultar volume 5 desta coleção.

Nanopartículas transportadoras e sensoriais

O efeito SERS apresentado no Capítulo 2 também tem sido bastante usado na biologia. Seu intuito é monitorar diretamente o espectro Raman de biomoléculas adsorvidas ou ligadas à superfície das nanopartículas plasmônicas, como prata ou ouro, por meio de grupos específicos ou anticorpos. As nanopartículas de prata proporcionam uma intensificação SERS até mil vezes maior que as de ouro. No entanto, as de ouro são mais estáveis e facilmente aplicáveis, pois utilizam radiações de maiores comprimentos de onda (por exemplo, 785 nm), com a vantagem de oferecer menos risco de degradação das espécies biológicas.

A monitoração direta tem sido aplicada a espécies como DNA, proteínas e vírus, focalizando os grupos funcionais que ficam próximos da superfície das nanopartículas. A monitoração indireta utiliza moléculas sondas simples, como o mercaptobenzeno (C_6H_5SH) e a mercaptopiridina (C_5H_4NSH), capazes de produzir sinais forte de SERS quando ancoradas sobre as nanopartículas. Geralmente, os sinais das sondas são mais simples do que os produzidos pelas espécies ancoradas, facilitando a monitoração em relação ao método direto. Esse método foi aplicado com bons resultados na detecção do antígeno específico da próstata (PSA). Um método bastante sensível foi desenvolvido utilizando nanopartículas de ouro (AuNPs) recobertas por sondas SERS, ligadas ao DNA, com posterior tratamento com nanopartículas de prata. Nesse procedimento são geradas nanoestruturas com alta atividade SERS, capazes de detectar 20 femtomol/L (femto = 10^{-15}) de DNA.

Nanopartículas com atividade SERS também têm sido empregadas na obtenção de imagens em organismos vivos, com vantagens sobre os procedimentos convencionais baseados em moléculas fluorescentes. Exemplos típicos são constituídos por AuNPs de 120 nm, recobertas com uma camada de moléculas com atividade SERS e, finalmente, com uma camada de sílica. Essas nanopartículas permitem a obtenção de imagens de regiões mais profundas dos corpos, em virtude do comprimento de onda utilizado para a excitação, onde os tecidos biológicos não absorvem. Um exemplo interessante é a sondagem ao vivo de tumor realizada com AuNPs de 60 nm, encapadas com moléculas com atividade SERS e polietilenoglicol (PEG) modificado com grupos tióis (—SH) e ligado a anticorpos. Esse tipo de abordagem vem sendo pesquisado com grande interesse, estimulando o desenvolvimento de nanopartículas bioconjugadas, contendo variedade de espécies para promover o reconhecimento molecular e induzir respostas imunológicas utilizando anticorpos monoclonais.

Em um estudo muito interessante, nanopartículas conjugadas foram injetadas nas veias da cauda do rato cobaia e monitoradas com luz na região do infravermelho próximo (Figura 10.3). As nanopartículas com anticorpos acabam se fixando na região tumoral, onde podem ser detectadas com uma sonda externa de *laser* em 785 nm, gerando um espectro SERS característico. Na ausência dos anticorpos, as nanopartículas não são reconhecidas e acabam sendo detectadas no fígado, onde são processadas e eliminadas.

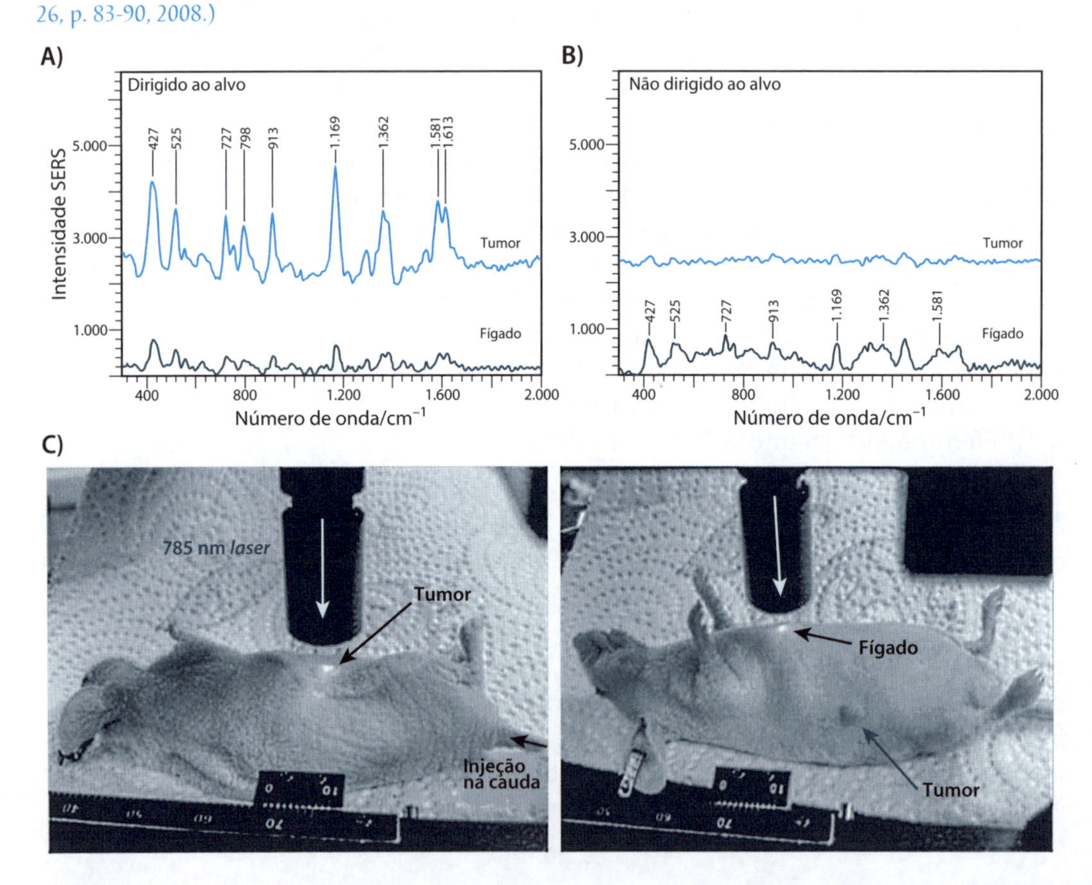

Figura 10.3 Monitoração da área do tumor e do fígado da cobaia, após injeção, pela veia da cauda, com nanopartículas de ouro conjugadas com PEG e sonda SERS, contendo anticorpos direcionadores (esquerda) ou não (direita). Os espectros (A, B) foram registrados após cinco horas da injeção. As imagens (C) mostram as áreas monitoradas. (Fonte: QIAN, X. M. et al. In vivo tumor targeting and spectroscopic detection with surface-enhanced Raman nanoparticle tags. **Nature Biotechnology**, v. 26, p. 83-90, 2008.)

Nanocarreadores típicos na farmacologia e na indústria cosmética

Os sistemas mais simples utilizados na indústria farmacêutica são baseados no uso de hospedeiros biocompatíveis, como a ciclodextrina (Capítulo 8, Esquema 8.12). A β-ciclodextrina é a forma mais usada por conta do custo e do bom desempenho. Inúmeras composições farmacêuticas utilizam a ciclodextrina em sua composição para melhorar a solubilidade e reduzir odores ou sabores desagradáveis.

Existem formulações voltadas para o encapsulamento dos agentes ativos baseadas em lipossomas (Figura 10.4). Elas podem ser geradas com as mais diferentes composições das membranas envoltórias, que devem ser biocompatíveis e degradáveis. Para isso, é comum o uso de proteínas (gelatinas), lipídios, quitosana e polímeros. Esse recurso é muito empregado na cosmética para encapsular agentes, como manteiga de karité (produto extraído da noz do fruto seco da árvore com esse nome, considerada sagrada em países africanos, rico em ácidos graxos e substâncias com profunda ação cosmética), vitaminas, óleo de girassol, óleo de jojoba, ômega-3 etc. Geralmente, os lipossomas apresentam diâmetros bem maiores que as nanopartículas e, dependendo das aplicações, muitos são empregados com dimensões micrométricas.

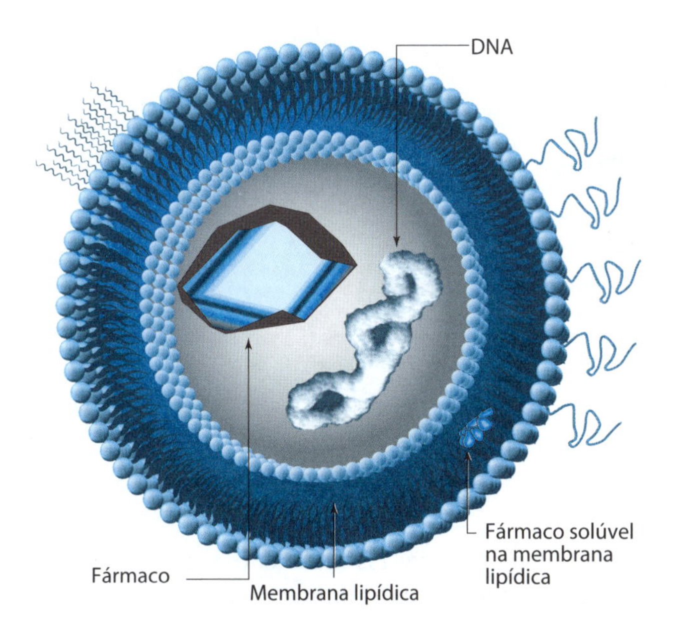

Figura 10.4
Representação pictórica de um lipossoma carreador de fármacos e biomoléculas.

Nanoesferas orgânicas, conhecidas como dendrímeros (Figura 10.5), também vêm sendo usadas como agentes carreadores de drogas, por causa das cavidades existentes entre os "galhos" internos, que lembram o arranjo de uma couve-flor. Essas espécies moleculares são sintetizadas de forma progressiva, a partir de uma molécula central, pela condensação de grupos periféricos. Cada camada incorporada é expressa como uma nova geração (G). Assim, um dendrímero G4 apresenta quatro camadas concêntricas. É comum o uso de aminas secundárias para promover a ramificação dendrimérica, como é o caso da poliamidoamina conhecida como PAMAM. Uma das vantagens dos dendrímeros é o controle preciso de sua estrutura e funcionalidade, permitindo o carreamento de mais de um tipo de droga, além da alta capacidade de carga e baixa toxicidade.

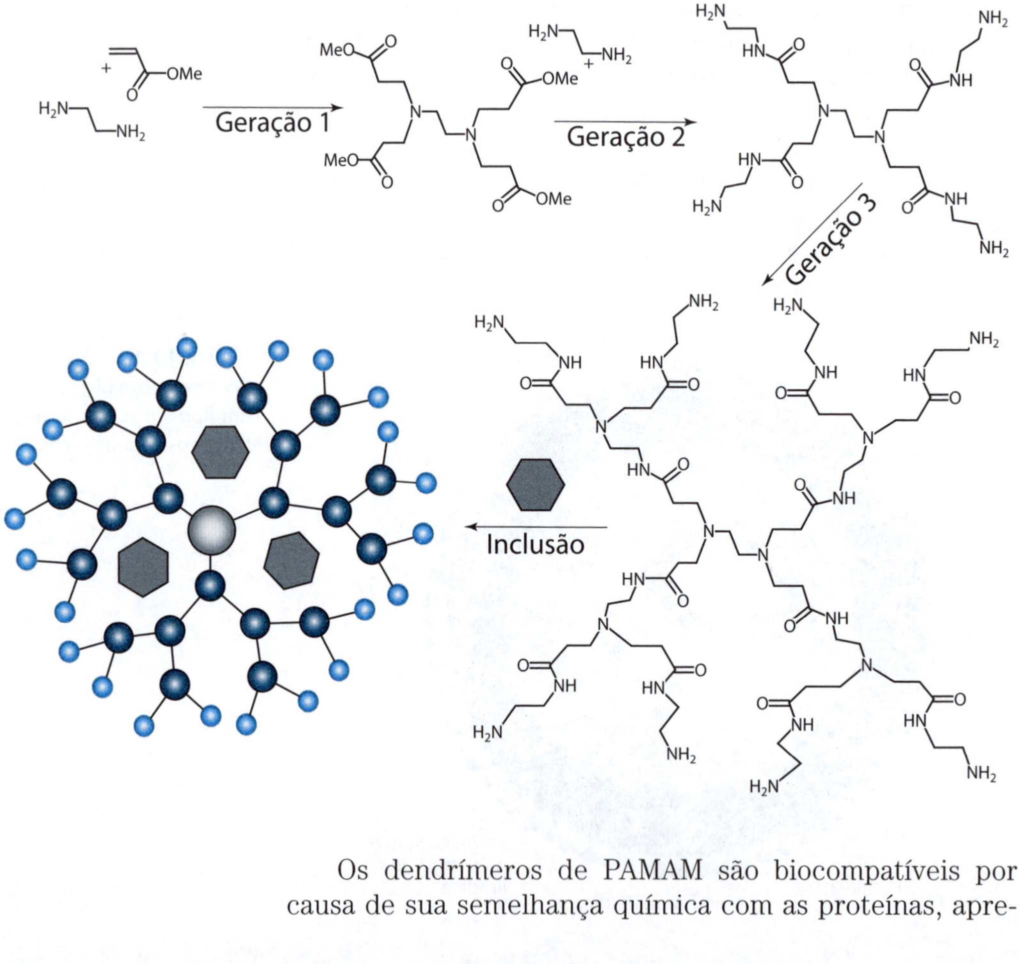

Figura 10.5
Esquema de síntese do PAMAM, partindo da reação da etilenodiamina com o acrilato de metila até gerar a estrutura dendrimérica, onde as cavidades internas entre os galhos ramificados permitem hospedar espécies moleculares, como os fármacos.

Os dendrímeros de PAMAM são biocompatíveis por causa de sua semelhança química com as proteínas, apresentando, inclusive, dimensões semelhantes às da insulina e do citocromo-C. Eles já foram testados como carreadores de doxorubicina para tratamento de tumores no cérebro, apresentando menor toxicidade em relação ao mesmo procedimento com veículos poliméricos.

Nanopartículas magnéticas de óxido de ferro têm sido encapadas com polietilenoglicol-quitosana, incorporando o agente clorotoxina (extraído do veneno de escorpião). Seu alvo específico são os tumores e também é um fluoróforo. As nanopartículas terapêuticas parecem não provocar danos ao BBB e permanecem retidas nos tumores, com baixa toxicidade. Suas propriedades fluorescentes melhoram o contraste entre o tumor e os tecidos normais, tanto por ressonância nuclear magnética como por obtenção de imagem óptica, possibilitando a cirurgia com maior precisão. Assim, a incorporação de drogas anticancerígenas nessa etapa permite transformar as nanopartículas conjugadas em agentes "**teranósticos**", isto é, capazes de realizar terapia e diagnóstico ao mesmo tempo.

Nanopartículas lipídicas sólidas também vêm sendo bastante pesquisadas nos últimos anos como carreadoras de drogas que ficam aprisionadas em seu interior. Apesar de apresentarem menor capacidade de carga, podem exibir grande estabilidade eletrostática e permitir a condução de vários tipos de agentes de pequeno tamanho. Nanopartículas lipídicas ao redor de 50 nm, carregadas com o agente antioxidante idebenona, como no esquema a seguir, mostraram-se capazes de atravessar a BBB.

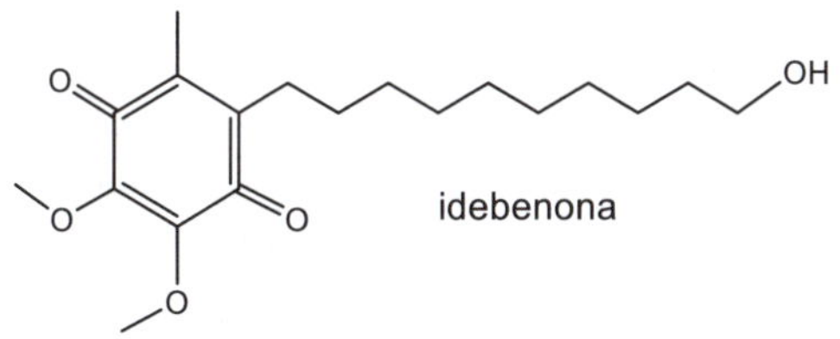

O, OH, O, O, O — idebenona (10.1)

Existem ainda estruturas hospedeiras tipicamente inorgânicas, como os hidróxidos duplos lamelares (Figura 10.6), a argila e as sílicas mesoporosas. Os hidróxidos duplos lamelares, também conhecidos como HDL, apresentam uma constituição básica do tipo $M^{2+}_{(1-x)}M^{3+}_{(x)}(OH)_2(\text{ânion})\cdot nH_2O$. Uma forma bastante usada é formada por magnésio (Mg^{2+}) e alumínio (Al^{3+}). Sua estrutura apresenta duas fitas ou camadas de óxido, separadas por um espaço que é geralmente ocupado por ânions, como o CO_3^{2-}, que podem ser trocados por outras espécies de interesse. Dessa forma, o HDL pode incorporar agentes ativos, como o ânion diclorofenaco (Voltaren), e promover sua liberação lenta, de forma espontânea, ou sob ação do suco gástrico estomacal.

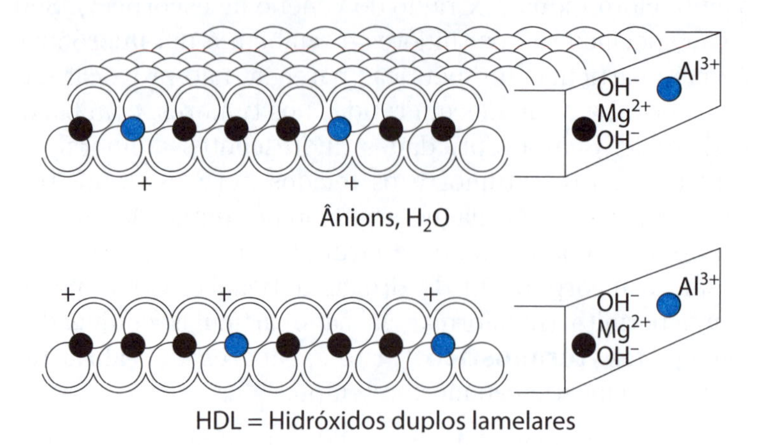

Figura 10.6 Representação dos hidróxidos duplos lamelares, onde os espaços livres podem ser ocupados por ânions, como carbonato, ou por outras espécies a serem transportadas, incluindo fármacos.

Nanomedicina regenerativa de tecidos

Na nanomedicina regenerativa, também é importante a aplicação dos nanossistemas na restauração de tecidos e vasos ou de fraturas ósseas. No caso dos tecidos e vasos, empregam-se polímeros adequados em termos de compatibilidade e resistência mecânica proporcionada. Nanofibras obtidas pelo processo de eletrofiação também vêm sendo empregadas com bons resultados para as mais diversas finalidades (Capítulo 7, Figura 7.11). A eletrofiação é um processo em que o polímero em suspensão em solvente apropriado é injetado por agulhas muito finas, sob uma elevada diferença de potencial (por exemplo, 30 kV). Por conta do campo elétrico aplicado, cadeias poliméricas saem em jatos e agrupam-se em fios extremamente finos (100 nm a 500 nm), os quais são coletados por um cilindro rotativo, gerando camadas de fios superpostos que resultam em uma espécie de tecido. Esse procedimento permite a inclusão de agentes ativos e nanopartículas, bem como a obtenção de grande variedade de texturas para as mais distintas aplicações.

A lesão epitelial por trauma, compressão, queimadura e doença vascular induz uma cascata de processos que começa com inflamação e passa por proliferação e reconstrução. A inflamação envolve a migração de neutrófilos até o local afetado, que é seguida por macrófagos e, mais tarde, por linfócitos. Sob ação da trombina – proteína produzida no fígado –, são produzidas fibrinas que agregam as plaquetas sanguíneas, formando a primeira barreira de proteção da ferida. Ao longo do processo, o uso de drogas terapêuticas conjugadas a nanopartículas pode auxiliar bastante na etapa de recuperação. Algumas estratégias empregadas durante a fase de inflamação utilizam nanopartículas de óxido de ferro conjugadas com trombina e antibióticos. Hidrogéis obtidos pelo processo de eletrofiação, incorporando enzimas e nanopartículas de prata, têm proporcionado tecidos úteis em curativos de queimaduras de pele, com proteção antimicrobiana.

A ação antimicrobiana é importante para evitar a proliferação de micróbios patogênicos. O uso de nanopartículas de prata tem sido crescente pela alta eficiência e baixa toxicidade sistêmica. Ao contrário dos antibióticos convencionais, a prata tem mostrado menores chances de desenvolver resistência. Isso tem sido explicado pela ação das nanopartículas de prata na cadeia enzimática envolvida no processo respiratório e na interação com o DNA e a parede celular microbiana.

Na fase de proliferação, fatores de crescimento podem ser incorporados às nanopartículas, para intensificar a migração celular na área afetada. Na fase de reconstrução, os componentes da matriz extracelular são modificados pela proteólise e pela secreção da nova matriz. Nessa fase, o ferimento torna-se cada vez menos vascularizado. Assim, a nanotecnologia associada à terapia genética tem sido aplicada com bons resultados.

Polímeros vêm sendo empregados na reconstituição vascular, sendo requisitos importantes que sejam não trombogênicos, resistentes a infeção, quimicamente inertes e de fácil inserção. O polietileno-tereftalato (PET) é um bom exemplo, mas não é adequado para pequenos vasos por causa da baixa adesão das células endoteliais. Nesse sentido, um avanço importante foi conseguido por meio da associação do PET com colágeno, como ilustrado na imagem de microscopia Raman confocal (Figura 10.7), em que se percebe a presença dos componentes associados, permitindo melhor compatibilidade no organismo.

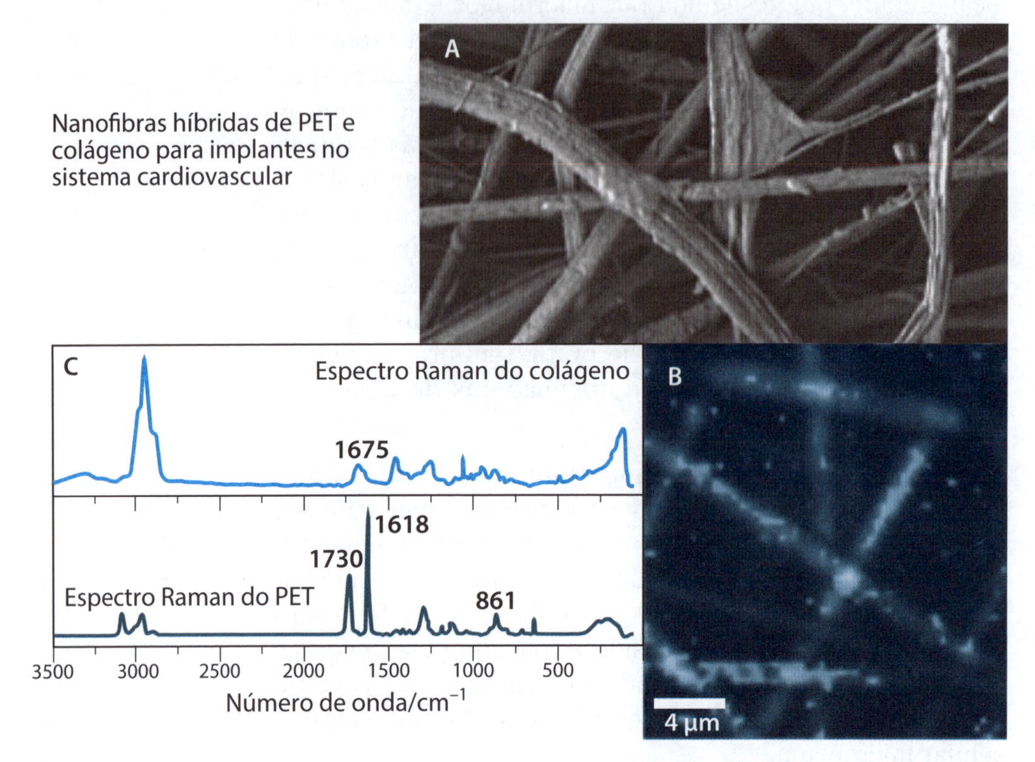

Figura 10.7
(A) Microscopia eletrônica de varredura de fibras híbridas de PET e colágeno, obtida por eletrofiação no Laboratório de L. H. Catalani (IQ-USP); (B) hiperimagem de microscopia Raman confocal com a localização de colágeno e PET (CC) a partir dos espectros Raman correspondentes (C).

Nanopartículas superparamagnéticas para obtenção de imagem

As imagens obtidas por ressonância nuclear magnética (RNM) são um recurso não invasivo que permite a monitoração de tecidos, detectando patologias e lesões. O sinal de RNM provém da excitação dos *spins* nucleares dos prótons, orientados pelo campo magnético, e sua intensidade está relacionada com o tempo de relaxação desses *spins*, ou tempo que leva para que a energia absorvida seja dissipada. O tempo de relaxação (T) envolve um componente relacionado com a interação do *spin* com o ambiente em que se encontra (relaxação longitudinal, T_1) e um componente de interação *spin-spin* (relaxação transversal, T_2).

As nanopartículas superparamagnéticas interagem com as moléculas de água a seu redor, e o acoplamento dipolar resultante diminui drasticamente o tempo de relaxação transversal (T_2). Assim, a presença das nanopartículas provoca alterações nos sinais de ressonância magnética nuclear, intensificando o contraste na imagem. Elas atuam como agentes de contraste negativos, gerando imagens escuras no ambiente em que estão (Figura 10.8), diferentemente de agentes de contraste positivos, como é o caso dos íons paramagnéticos (gadolínios). Estes afetam o tempo de relaxação longitudinal (T_1) intensificando o brilho das imagens por RNM.

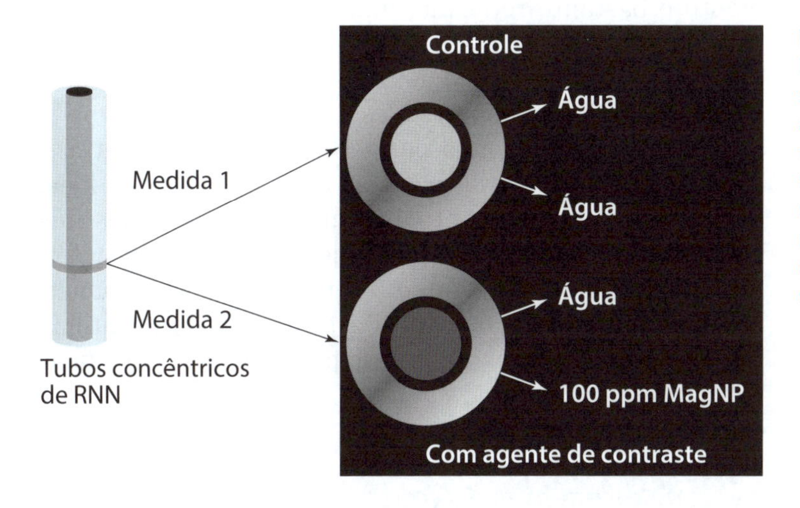

Figura 10.8
Efeito das nanopartículas superparamagnéticas como agentes de contraste do tipo T2 colocadas (A) no tubo concêntrico para medidas de ressonância nuclear magnética. (Cortesia do Dr. Delmárcio G. da Silva)

A velocidade de relaxação corresponde ao inverso do tempo (T_2):

$$\frac{1}{T_2} = \frac{1}{T_2^0} + R_2[Fe_3O_4] \qquad (10.2)$$

Nessa equação, R_2 é a relaxatividade intrínseca associada às nanopartículas. Medindo-se a velocidade de relaxação em função da concentração do agente de contraste, obtém-se um comportamento linear expresso por essa equação, cujo coeficiente angular fornece o valor de R_2. Quando R_2 é elevado, o tempo de relaxação diminui, aumentando o contraste na imagem.

Vários agentes de contraste superparamagnéticos podem ser encontrados no comércio, como mostrado na Tabela 10.1, em comparação com outros reportados na literatura.

Na Figura 10.9 observa-se a imagem de ressonância magnética de um rato cobaia, destacando a região do fígado (A) e dos rins (B) no experimento controle e após a injeção do agente de contraste USPIO(fosforiletilamina). As imagens foram monitoradas após 2 horas e por vários dias seguidos, com limite de um mês. Como esperado, é observado escurecimento na região do fígado e dos rins, evidenciando a presença das nanopartículas nesses órgãos, visto que estão envolvidos diretamente na eliminação das nanopartículas. Depois de um mês, o escurecimento é bastante reduzido, indicando que a maior parte das nanopartículas foi eliminada. Entretanto, quando se colocou um ímã na região dos músculos da coxa, logo após a aplicação das nanopartículas magnéticas, observou-se a persistência, por longo período, de um forte contraste escuro, indicando a presença das nanopartículas no local, mesmo após o clareamento da região do fígado e dos rins. Esse fato foi confirmado pela injeção de nanopartículas em outra região, para efeito de comparação. A permanência das nanopartículas mostra a possibilidade de utilizá-las como carreadoras de drogas para regiões específicas, sob a influência do ímã.

Tabela 10.1 – Relaxatividade de agentes de contraste (298 K, campo aplicado = 0,47 T)

Agente	Raio hidrodinâmico médio/nm	Raio do núcleo/nm	Relaxatividade $R_2/mM^{-1}s^{-1}$
USPIO (Fosforiletilamina)*	11,3	6,9	178
MagNP (Carboximetilcelulose)*	63	10,5	132
Resovist® (Carbodextran)	62	4,2	151
Endorem® (Dextran)	80-150	4,6-5,6	98,3
Feridex® (Dextran)	72	—	100
Sinerem® (Dextran)	20-40	4-6	53

* Fonte: LQSN (USP).

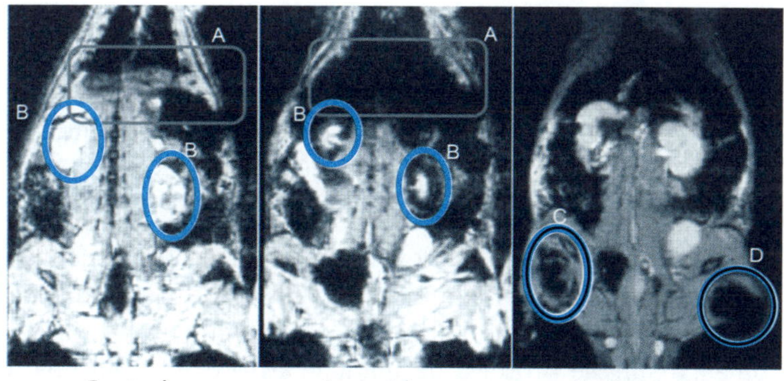

Figura 10.9
Imagens de RMN de um rato cobaia, evidenciando a região do fígado (A) e dos rins (B) no experimento controle e após a aplicação do agente de contraste magnético, USPIO(fosforiletilamina). Destaque para o escurecimento da região após duas horas e depois de trinta dias, quando foi feita nova injeção (C) para comparação com a concentração local mantida sob ação do ímã (D). (Cortesia de Mayara Uchiyama)

Termoterapia

A termoterapia é um processo que usa calor para destruir tumores, de forma não invasiva, gerando poucos efeitos colaterais. No procedimento convencional, é aplicada em uma área restrita, porém sem especificidade no modo de ação, atingindo, dessa forma, tanto os tecidos tumorais como os tecidos normais.

Esse processo pode ser conduzido com vantagens, utilizando as mesmas nanopartículas plasmônicas associadas ao diagnóstico clínico, explorando sua capacidade como agentes absorvedores de energia. Isso permite um aquecimento localizado do tecido tumoral onde estão, dando maior especificidade ao tratamento. Essa duplicidade de ação já está sendo reconhecida como teranóstica (*theranostic*), que é uma combinação de terapia e diagnose.

O processo oferece variações, dependendo da natureza das nanopartículas e das formas de irradiação. Geralmente, são empregadas radiações entre 500 nm e 1300 nm na região das bandas plasmônicas das nanopartículas, que coincide com a região espectral de baixa absorção pelos tecidos. Nessa faixa de comprimentos de onda, o poder de penetração da radiação é da ordem de 1 cm, tornando a termoterapia bastante adequada para tratamento de tumores próximos da superfície da pele. Para tumores mais internos, a radiação deve ser conduzida até o local por meio de fibras ópticas.

As terapias com melhores resultados têm sido realizadas pela injeção direta das nanopartículas no tumor, onde podem permanecer por um tempo relativamente longo até serem eliminadas. Isso pode gerar preocupações em termos toxicológicos, mas a presença das nanopartículas pode ser aproveitada com vantagens na repetição do tratamento, sem a necessidade de novas aplicações.

Na ***hipertermia***, os tecidos são aquecidos a temperaturas entre 41 °C e 46 °C, levando à destruição das células por apoptose. Apesar do aumento da desorganização interna e do vazamento das membranas, principalmente, de lisossomas, a síntese proteica permanece ativa o suficiente para viabilizar a expressão das proteínas indutoras de apoptose ou morte celular. No processo de ***termoablação***, os tecidos são aquecidos até a faixa entre 46 °C e 70 °C, provocando danos mais acentuados, como a desnaturação das proteínas e a fusão dos lipídios, e causando a ruptura e destruição das membranas intracelulares, como de lisossomas. Esses danos generalizados acabam levando a necrose celular. Tanto na hipertermia como na termoablação, as nanopartículas devem estar distribuídas homogeneamente sobre o tecido tumoral, podendo, inclusive, permanecer fora das células. São utilizados *lasers* com emissão ao redor de 800 nm, potência de 10-30 W cm^{-2} e duração de três a sete minutos.

O uso das nanopartículas plasmônicas tem sido explorado em processos de **nanofototermólise**. No caso de nanopartículas esféricas de ouro, ao redor de 30 nm, podem ser empregados *lasers* pulsados de Nd/YAG com emissão em 520 nm coincidindo com a banda plasmônica, duração de pulso de 100 fs e energia de 38 mJ cm^{-2}. As nanopartículas devem estar no interior da célula ou alojadas nas membranas. O pulso de luz concentrada, ao ser absorvido, provoca sua explosão, gerando ondas de choque e lançando fragmentos que danificam a célula de forma irreversível, levando a sua necrose.

Outro processo é conhecido como **nanotermólise ativada por *laser*** (*laser-activated nanothermolysis as cell elimination technology*, LANTCET). As condições são parecidas com as da nanofototermólise, porém os pulsos têm duração de 10 ns. As nanopartículas devem estar na região intracelular, preferencialmente na forma agregada. A absorção instantânea da luz leva ao aquecimento das nanopartículas, provocando a formação de bolhas de vapor que rompem a estrutura celular por meio das forças mecânicas.

Uma alternativa para o uso das nanopartículas plasmônicas é a **termoterapia com nanopartículas magnéticas**. Quando as nanopartículas de magnetita (Fe_3O_4) e maghemita (γ-Fe_2O_3) são expostas a campos magnéticos alternantes, a excitação magnética provoca uma alteração na orientação dos *spins* e os momentos magnéticos resultantes relaxam até a orientação de equilíbrio, liberando calor. A relaxação browniana resultante da fricção rotacional das partículas com o meio também contribui para o aquecimento. Assim, as nanopartículas alojadas em um tecido tumoral, sob ação do campo magnético alternante, podem elevar a temperatura até causar morte celular, como no caso da hipertermia com luz.

As nanopartículas magnéticas são consideradas seguras para uso em termoterapia e já têm sido usadas há algum tempo em obtenção de imagens por ressonância magnética. A dose de nanopartículas a ser utilizada para chegar a dada temperatura deve ser calculada em função de tamanho, forma e composição química. Um aspecto interessante em termos de segurança é que o aquecimento pode chegar a uma temperatura em que as nanopartículas perdem seu caráter magnético e deixam de responder ao campo, diminuindo o risco de superaquecimento dos tecidos.

Radiofrequências típicas, na faixa de 50 kHz a 10 MHz, com campos da ordem de 3,8 kA m^{-1} a 13,5 kA m^{-1}, têm sido utilizadas na termoterapia magnética. O procedimento é não invasivo e tem alto poder de penetração, que permite atingir todos os órgãos do corpo humano. Na Europa, o tratamento termoterápico, magnético, do tumor cerebral conhecido como glioblastoma multiforme já está liberado desde 2010, ao passo que o tratamento de câncer de próstata, mama, pâncreas, fígado, esôfago e de tumores recorrentes encontra-se em fase avançada de testes.

Terapia fotodinâmica

Outro procedimento importante é a terapia fotodinâmica (PDT), que explora os efeitos químicos das radiações sobre o organismo. Nesse procedimento, o agente fotoquímico é injetado no organismo e depois sensibilizado pela luz, visando a geração de oxigênio no estado singleto ($^1O_2$)

e, eventualmente, de outras espécies reativas de oxigênio. Essas espécies provocam danos celulares, incluindo o DNA, levando à morte celular.

Existe grande variedade de agentes fotoquímicos derivados de porfirinas, clorofilas e corantes, bem como de precursores como o ácido aminolevulínico, utilizados clinicamente em processos de PDT. A eficiência já está bem comprovada, com ótimos resultados no tratamento de tumores na pele e da degeneração macular, provocada pelo crescimento irregular de vasos sanguíneos anormais mais débeis na retina, o que leva ao vazamento de fluido e à perda da visão na região central do olho.

Um ponto crítico da PDT é que o agente fotoquímico aplicado distribui-se por todo o organismo e permanece ativo por vários dias, até sua eliminação. Nesse período, o paciente não pode se expor a luz intensa, e o tratamento pode apresentar efeitos colaterais em razão da ação persistente da droga. Assim, o confinamento da espécie fotoativa na região de tratamento é visto com grande interesse e já vem sendo trabalhado com a mesma estratégia descrita para carreadores e liberadores controlados e drogas.

Agentes fotossensitizadores, como trifenil(N-metilpiridínio)porfirina, são capazes de provocar necrose celular, concentrando-se na membrana citoplasmática e provocando sua fotodegradação. Quando esse agente foi incorporado a nanocápsulas poliméricas feitas de goma de xantana com atelocolágeno marinho, verificou-se sua passagem para o interior da célula, via endocitose, acumulando-se na mitocôndria e nos lisossomas. Os danos fotoquímicos provocados à célula acabam levando a morte celular por apoptose, em vez de necrose.

Nanotoxicologia

Os efeitos toxicológicos dos nanomateriais nos seres vivos têm sido intensamente investigados por numerosos grupos em todo o mundo, mas com resultados ainda pouco conclusivos ou definitivos. A padronização de testes e análises é uma meta a ser alcançada, e muitos esforços vêm sendo feitos por organizações internacionais que visam a uma regulamentação universalmente aceita no que diz respeito a nanotoxicologia.

O quadro é complicado pelas múltiplas variáveis, que envolvem a natureza dos nanomateriais, sua dimensão e geometria, o processo de preparação e sua história e, principalmente, o efeito do revestimento químico utilizado na estabilização e na funcionalização, em associação com o efeito corona provocado pelo recobrimento natural com biomoléculas existentes no plasma sanguíneo. As condições de incubação descritas na literatura também têm sido muito distintas, variando de algumas horas a semanas. Em estudos com animais, os efeitos tóxicos das nanopartículas têm se mostrado variáveis, sendo dependentes dos sítios de acumulação e das formas de administração. Por exemplo, nanotubos de carbono que se revelaram não tóxicos após a injeção intravenosa, quando acumulados no epitélio pulmonar, apresentaram toxicidade próxima da observada com asbestos.

Muitas vezes os ensaios de toxicidade são feitos empregando o reagente-padrão em toxicologia conhecido como brometo de 3-(4,5-dimetiltiazol-2-yl)-2,5-difeniltretrazólio (MTT), para testes de referência, ou avaliando a atividade da enzima lactato desidrogenase. Isso é comum nos ensaios de toxicidade de drogas. Contudo, no caso das nanopartículas pode haver interferência nos ensaios, desde a leitura incorreta das absorbâncias até os efeitos da indução de espécies reativas de oxigênio, capazes de influenciar a atividade mitocondrial e alterar os resultados obtidos com MTT. No caso da enzima lactato desidrogenase, as nanopartículas podem se ligar à enzima e modificar sua disponibilidade no meio extracelular. Portanto, novos métodos de ensaios toxicológicos são necessários quando se lida com nanopartículas.

O grau de toxicidade pode variar bastante em função do envoltório e do efeito corona inerente às nanopartículas. Esse efeito pode estar presente inicialmente nas espécies em estudo ou ser adquirido após a exposição ao meio biológico. As nanopartículas raramente estão sem uma cobertura de natureza orgânica, inorgânica ou biológica, pois os átomos superficiais são mais reativos e sua interação com proteínas e biomoléculas no meio em que se encontram é bastante provável. A toxicidade, por sua vez, pode ser induzida pelos cofatores presentes nesse meio, potencializando sua capacidade de geração de espécies reativas de oxigênio ou o bloqueio de sítios ativos de biomoléculas. Da mesma forma, os nanomateriais podem interagir com células em diferentes níveis, localizando-se no espaço intercelular, fixando-se nas membranas ou passando para o interior por meio da endocitose. Todas essas possibilidades estão sujeitas à influência do efeito corona sobre as nanopartículas.

Além disso, a comparação dos ensaios *in vivo* e *in vitro* é no mínimo polêmica, pois é impossível a reprodução do conteúdo biológico natural, e as considerações feitas a partir da detecção analítica das nanopartículas raramente levam em conta o efeito corona. Assim, enquanto a administração de dada nanopartícula pode levar ao acúmulo em um tecido ou órgão e provocar reações indicativas de toxicidade, é pouco provável que a mesma partícula com outro envoltório químico tenha comportamento semelhante.

Assim, os estudos toxicológicos têm descrito casos particulares, com resultados importantes a serem conhecidos que, porém, não podem ser generalizados. A situação é semelhante ao que acontece com os elementos químicos no organismo. A toxicidade dos íons metálicos depende essencialmente de sua natureza e, principalmente, da composição da esfera de coordenação. Nesses casos, a especiação química é o fator mais importante a ser destacado, antes de se rotular que dado elemento é tóxico ou não, como muitas vezes tem sido feito[3].

Outro fato marcante é a possibilidade de as nanopartículas serem incorporadas pelas células através da endocitose. Quando as partículas internalizadas ficam em compartimentos ou endossomas, acabam influenciando o ciclo normal que converte as endossomas em lisossomas, onde deveriam ser fagocitadas. Os efeitos a longo prazo das partículas internalizadas ainda têm sido pouco investigados. Em processos *in vivo*, as nanopartículas são geralmente removidas dos sistemas biológicos por via renal ou hepática, mas no caso das células de cultura seu destino é incerto. As nanopartículas podem sofrer exocitose ou ser completamente degradadas, bem como podem permanecer indefinidamente no sistema. A disponibilidade das nanopartículas internalizadas vai depender do tamanho e da morfologia dos agre-

[3] Consultar volume 5 desta coleção.

gados. A agregação interna é geralmente vista como uma forma de diminuir a toxicidade das nanopartículas.

Entre os sistemas mais estudados estão as nanopartículas de prata. As informações existentes raramente fazem distinção entre as diferentes formas em que se encontram as nanopartículas. Deve ser destacado que, geralmente, as nanopartículas de prata não são utilizadas na forma livre, pois na ausência de estabilizantes acabam sofrendo agregação ou decomposição, em função das espécies encontradas no meio fluido e no ambiente.

Para uso hospitalar, as nanopartículas podem ser incorporadas, sempre em baixos teores, em polímeros, sob a forma de nanocompósitos plásticos e revestimentos antibacterianos. Sua ação antibacteriológica já é bem conhecida, desde os antigos revestimentos de potes cerâmicos com prata coloidal para esterilização da água. Os testes toxicológicos raramente focalizam os produtos com prata coloidal, e sim soluções especialmente preparadas para monitoramento, negligenciando a cinética de liberação das nanopartículas, sua especiação e tempo de vida.

Nanopartículas de ouro vêm sendo utilizadas em testes e procedimentos clínicos, embora exista uma longa história de uso desde os tempos da alquimia. A toxicidade dessas nanopartículas ainda é um assunto controverso, tendo origem, muitas vezes, no tipo de revestimento aplicado. Por exemplo, em alguns casos os efeitos tóxicos têm sido atribuídos à presença de brometo de cetiltrimetilamônio, usado como surfactante na estabilização das nanopartículas de ouro. O mesmo acontece com lipídios catiônicos.

A toxicologia de nanopartículas de magnetita tem sido investigada por vários autores em função dos diferentes tipos de revestimento aplicado. A combinação da nanopartícula com as moléculas de revestimento leva a uma nova entidade, cujas propriedades podem ser diferentes dos constituintes individuais isolados. Por exemplo, tem sido relatado que nanopartículas de magnetita estabilizadas com ácido dimercaptosuccínico apresenta toxicidade em concentrações relativamente baixas, onde nenhum dos componentes individuais manifesta efeito tóxico. Entretanto, isso é muito variável em função do tipo de célula afetada. Por exemplo, células mesoteliais humanas mostraram-se sensíveis a nanopartículas de magnetita sem revestimento, ao contrário dos fibroblastos. Isso foi atribuído à maior atividade metabólica do mesotélio, aumentando a demanda por suprimento de ferro proporcionado pelas nanopartículas. Células endoteliais aórticas, humanas, não mostraram resposta inflamatória quando tratadas com nanopartículas de magnetita, em teores típicos de 50 µg Fe/mL.

Nanopartículas magnéticas recobertas com *dextran* (Endorem, Feridex) foram aprovadas para uso clínico como agentes de contraste para o fígado. Mesmo assim, existe a possibilidade de que o *dextran* possa ser dessorvido da superfície da partícula em virtude de sua fraca ligação com o núcleo magnético. Em organelas com caráter ácido, o revestimento de *dextran* é rapidamente eliminado, liberando a nanopartícula de óxido de ferro sem proteção para ser degradado com rapidez no ambiente agressivo do lisossoma. Isso pode levar à indução de espécies reativas de oxigênio, via reação de Fenton. As nanopartículas recobertas por citrato são mais dependentes do pH do que as partículas recobertas por *dextran* ou lipídios; também são capazes de promover a formação de espécies reativas de oxigênio. Aparentemente, recobrimentos com lipídios ou polímeros não degradáveis podem ser mais convenientes para nanopartículas com diâmetros entre 30 nm e 80 nm.

CAPÍTULO 11

NANOTECNOLOGIA E SUSTENTABILIDADE

Atualmente, **sustentabilidade** é uma palavra forte a ser considerada no planejamento e na tomada de decisões. A escolha de um processo não pode mais ser pautada nos ganhos econômicos imediatos, pois existem fatores relacionados com escassez de recursos, custo de armazenagem, tratamento de resíduos, custo crescente da energia, impacto ambiental e social e reciclagem. Esses aspectos também se inserem na roda do desenvolvimento sustentável e, por isso, não podem ser ignorados. No volume 5 desta coleção, esse assunto foi abordado, quando se chamou a atenção para a necessidade de desenvolvimento de processos verdes, capazes de lidar com a temática complexa da sustentabilidade.

A nanotecnologia pode contribuir para o desenvolvimento de processos com uma perspectiva sustentável, seguindo os preceitos da química verde e buscando a exploração racional dos recursos proporcionados pela natureza. Além disso, está no cerne da questão da economia de átomos nos processos, por envolver quantidades muito reduzidas de materiais nas aplicações mais típicas, em virtude da maior área superficial das nanopartículas e do melhor desempenho relativo quando comparada com os sistemas macroscópicos. Essa observação se resume no refrão: "fazer mais com menos". Os dispositivos moleculares ou nanométricos, por sua vez, têm oferecido sensores de alto desempenho, como os descritos no Capítulo 9, adequados para monitoramento *on-line* dos processos, preenchendo outro requisito importante na química verde: "prevenir é melhor do que remediar".

Outra questão a ser considerada é a catálise. Independentemente de sua dimensão, a catálise é um item de grande relevância preconizado pela química verde, em razão de sua potencialidade de gerar maior quantidade de produtos usando menos reagentes (catalisador).

Neste capítulo, dois aspectos são abordados, destacando o possível aproveitamento da nanotecnologia em processos industriais: nanocatálise e catálise enzimática e nano-hidrometalurgia.

Nanocatálise

Na atualidade, catalisadores nanométricos estão sendo desenvolvidos com grande interesse. Isso leva a processos que mesclam características da catálise homogênea e da catálise heterogênea, por meio de nanopartículas dispersas em meio fluido ou suportadas em fase sólida. Entre as vantagens da nanocatálise estão:

- alta eficiência catalítica, proporcionada pelo aumento de área superficial em relação aos catalisadores sólidos, com possibilidade de controle de forma, estrutura e composição das nanopartículas;
- manutenção da mobilidade e da dinâmica de reação, típica dos catalisadores homogêneos;
- ampla variedade de aplicações, em função da natureza do catalisador e da modificação física e química de sua superfície.

Mesmo considerando catalisadores sólidos já conhecidos, grande parte dos processos envolve, na realidade, a formação de nanopartículas ou *clusters* metálicos na superfície, os quais atuam como sítios catalíticos, de modo semelhante aos catalisadores suportados. Em virtude da alta eficiência proporcionada, o uso de nanocatalisadores é uma tendência em expansão na área de catálise industrial.

Particularmente interessante são os nanocatalisadores que podem ser recuperados após o término do processo, como os sistemas baseados em nanopartículas magnéticas. Os principais tipos de nanocatalisadores são os baseados em:

- carbono, como os nanoparticulados de carbono (negro do fumo), nanotubos de carbono, fullerenos, grafenos e carbetos metálicos;
- metais, como ferro, cobalto, níquel, prata, ouro, rutênio, ródio, paládio e platina;
- óxidos metálicos, como os óxidos de alumínio, ferro, zinco, titânio e cério.

A síntese dos nanocatalisadores envolve grande diversidade de métodos, dependendo da natureza das partículas e de suas aplicações. No caso de nanopartículas metálicas, utiliza-se principalmente a redução de complexos de metais de transição com agentes redutores que variam desde álcoois e aminas até boro-hidreto de sódio ($NaBH_4$). Também são empregados, em casos específicos, o uso de processos fotoquímicos, sonoquímicos, decomposição térmica e métodos eletroquímicos.

Nanocatalisadores de ferro e de cobalto, em torno de 10 nm e 50 nm, produzidos pela técnica de *sputtering* têm sido usados na catálise Fisher-Tropsch para a produção de hidrocarbonetos a partir de CO e H_2O (gás de síntese). As reações envolvidas são:

$$CH_4 + \frac{1}{2} O_2 \rightarrow 2H_2 + CO \qquad (11.1)$$

$$(2n+1)H_2 + nCO \rightarrow C_2H_{2n+2} + nH_2O \qquad (11.2)$$

Nanopartículas metálicas também vêm sendo produzidas em líquidos iônicos, geralmente formados por sais orgânicos de alquil-imidazólio com ânions do tipo PF_6^-, haletos e nitratos. Esses sais apresentam-se na forma líquida em temperatura ambiente, comportando-se como sais fundidos, e servem de meio reacional para vários processos, incluindo os catalíticos. Uma das características dos líquidos iônicos é sua baixa pressão de vapor, que permite o trabalho sob alto vácuo ou em temperaturas elevadas, impossível de ser realizado com os solventes convencionais.

Além dos catalisadores nanoparticulados, existem os catalisadores nanoestruturados, desenhados com porosidade controlada, como as zeólitas e os silicatos mesoporosos, que abrigam nanopartículas e sítios catalíticos em seu interior. Esses catalisadores permitem maior controle da seletividade e atividade nos processos e já são empregados na indústria petroquímica, principalmente nos processos de reforma catalítica do petróleo. Um processo muito importante é conhecido como craqueamento em fluido catalítico (FCC), em que se utilizam catalisadores suportados em matrizes nanoporosas contendo alumina, caulim e zeólitas (Figura 11.1). Esse processo é usado para converter o gasóleo em óleo *diesel* e gasolina. Um aspecto crítico observado no processo FCC é a deposição de coque que se forma a altas temperaturas, sobre o catalisador, diminuindo gradualmente sua atividade.

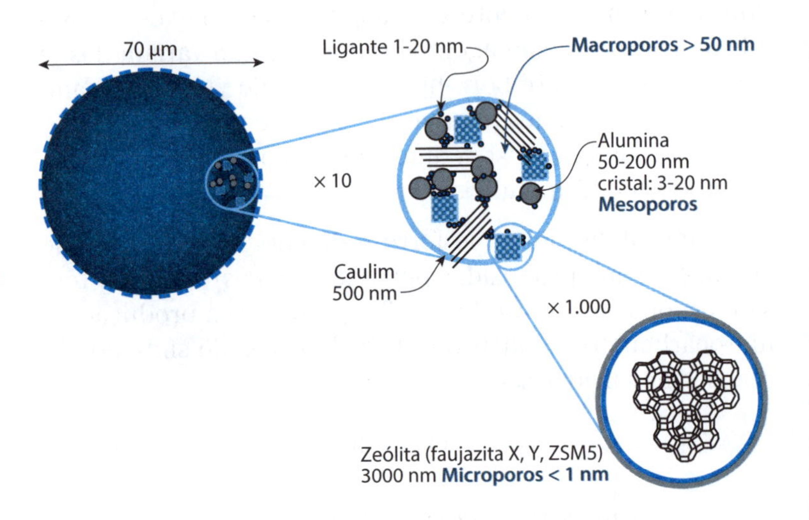

Figura 11.1 Ilustração de um catalisador de craqueamento fluidizado (FCC), usado na indústria petroquímica moderna. Vê-se que incorpora diversos componentes, incluindo zeólitas, em cujo interior estão alojados elementos de terras-raras, especialmente o lantânio.

Também exemplo de nanocatalisadores industriais são as nanopartículas de NiO suportadas em microesferas de Al_2O_3 no processo de produção de gás de síntese (H_2 e CO), a partir do metano e do oxigênio. Além de aumentar o rendimento e a qualidade do gás de síntese, esse catalisador reduz em 99% a formação de alcatrão no processo.

O catalisador feito de nanotubos de dodecatungstofosfato de alumínio ($Al_{0.9}(OH)_{0.2}\,PW_{12}O_{40}$) consegue efetuar a esterificação de ácidos graxos e a transesterificação de triglicerídeos para produzir biodiesel, a partir de óleo doméstico descartado, com 96% de rendimento. O catalisador convencional de $H_3PW_{12}O_{40}$ obtém 42,6% de rendimento.

Nanopartículas plasmônicas de metais como prata e ouro também estão sendo testadas como catalisadores de processos oxidativos orgânicos, explorando os efeitos da oscilação dos plásmons de superfície e do aquecimento local provocado pela radiação excitante.

Nanopartículas magnéticas em biocatálise

A biocatálise é uma área em expansão, com várias alternativas, e envolve a aplicação direta de micro-organismos ou de enzimas geralmente extraídas deles, em processos de química fina. É preferida na produção de compostos empregados pela indústria de fármacos, preenchendo algumas lacunas da indústria química pelo fato de apresentar maior chemosseletividade (seletividade por determinados grupos funcionais), regiosseletividade (diferenciação entre grupos localizados em diversas posições na molécula) e enantiosseletividade (discriminação entre sítios quirais). Esta última propriedade é utilizada para a resolução enantiomérica de compostos, envolvendo a conversão específica de uma das formas isoméricas em um produto que pode ser separado da outra forma quiral.

As enzimas são importantes catalisadores nos sistemas biológicos e na biotecnologia, mas por terem natureza proteica são espécies bastante frágeis, sujeitas a deformação ou mudanças estruturais, que restringem o uso de agitação forte ou temperaturas elevadas. Todas apresentam um ou mais sítios ativos onde se processa a catálise, sendo comum a presença de grupos prostéticos (isto é, não proteicos), como porfirinas, atuando no centro catalítico. Também é bastante frequente a participação de outras espécies, conhecidas como cofatores, que auxiliam a catálise, fornecendo elétrons e prótons ou promovendo a ativação de grupos próximos do centro ativo. Os aspectos conformacionais são muito importantes, já que devem ser mantidos livres os canais para entrada e saída de substratos e produtos. O ambiente do sítio catalítico deve ser preservado.

Na catálise enzimática convencional são usados reatores equipados para proporcionar um bom controle de temperatura, agitação e eficiente monitoração do processo. Contudo, após a catálise, a enzima continua no meio reacional e raramente pode ser reaproveitada, o que encarece bastante a produção. Por isso, a estratégia de imobilização em substratos sólidos, como polímeros e materiais cerâmicos, com os mais diferentes formatos, tem sido uma prática corrente que permite a reciclagem das enzimas. Entretanto, nesse caso, a reação passa a ser limitada pela pequena área superficial do suporte catalítico, exigindo um *design* mais elaborado do reator para obter bons resultados.

O uso de nanopartículas magnéticas como suporte enzimático tem várias vantagens operacionais e de desempenho, além de permitir a recuperação e o reúso das enzimas pela simples aplicação de um campo magnético externo ao meio reacional. As nanopartículas, pela pequena dimensão, são espécies móveis, com alta área superficial, que possibilitam a catálise em regime bastante próximo da catálise enzimática homogênea convencional.

No entanto, existem ainda outros aspectos positivos, nem sempre previstos, como uma maior estabilidade proporcionada pela ancoragem da enzima em uma superfície sólida, a qual oferece uma espécie de proteção mecânica e previne a ação de outros agentes externos sobre a cadeia proteica protegida. Também é possível que a interação com a nanopartícula bloqueie ou prejudique o acesso aos sítios ativos, como em qualquer processo de imobilização, mas esse evento pode ser considerado relativamente raro. Da mesma forma, a nanopartícula, além de proporcionar mais rigidez aos grupos proteicos ancorados, também pode provocar mudanças conformacionais nos centros ativos, com reflexos positivos ou negativos, como pode acontecer em qualquer catálise suportada.

Outro aspecto crítico da catálise enzimática suportada está na forma de imobilização utilizada para ancorar a enzima ao suporte sólido. A forma mais simples consiste na simples adsorção física da enzima, principalmente quando a catálise é feita em meio apolar, como em éter ou solvente orgânico compatível. Em meio aquoso, a enzima é facilmente lixiviada e a imobilização perde seu sentido como estratégia de reciclagem. O uso de nanopartículas ou superfícies recobertas com polímeros, como quitosana, ágar, agarose etc., tem sido bastante frequente e conduzido com bons resultados, embora seja passível de lixiviação e possa ser afetado pela interação da enzima com as cadeias poliméricas de suporte.

A imobilização química proporciona uma forma mais direta de lidar com os sistemas, com baixo risco de lixiviação da enzima, permitindo o controle do processo a partir do uso de agentes de acoplamento adequados. No caso de nanopartículas magnéticas funcionalizadas com amino-organossilanos, é possível explorar a presença dos grupos aminas, tanto no suporte como na enzima, e fazer o acoplamento utilizando o agente glutaraldeído, conforme o esquema da Figura 11.2.

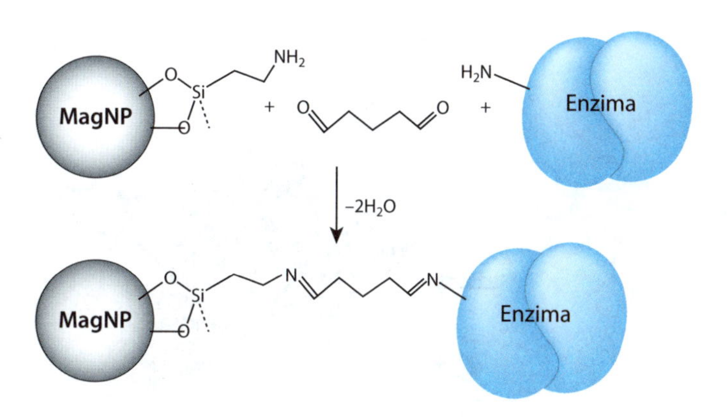

Figura 11.2
Acoplamento de nanopartículas funcionalizadas com aminas e enzimas por meio da reação com glutaraldeído.

Outra forma eficiente de imobilização consiste em acoplar o grupo amino ao ácido carboxílico por meio de um agente como o EDC, ou EDC/NHS, que gera uma ponte de amida, como no esquema da Figura 11.3.

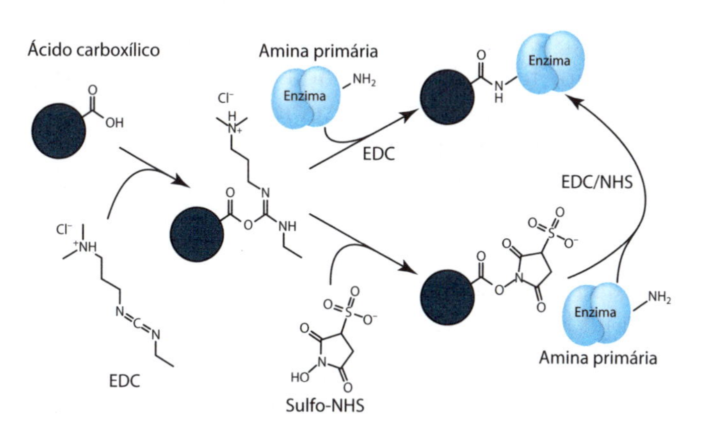

Figura 11.3
Processo de acoplamento de grupos carboxílicos e aminas por meio da rota conhecida como EDC ou EDC/NHS.

Para aplicações mais elaboradas, visando ensaios biológicos específicos, pode-se ainda explorar a ligação por afinidade, utilizando grupos ou agentes de reconhecimento como a biotina e a avidina. A biotina é uma molécula pequena (Figura 11.4) que pode ser facilmente incorporada às nanopartículas. As avidinas, como a estreptavidina, por sua vez, são proteínas cuja estrutura é capaz de alojar perfeitamente uma molécula de biotina com uma das maiores constantes de afinidade conhecidas, além da especificidade associada. A estreptavidina pode ser ligada a enzimas, tornando-as capazes de reconhecer a nanopartícula modificada com biotina.

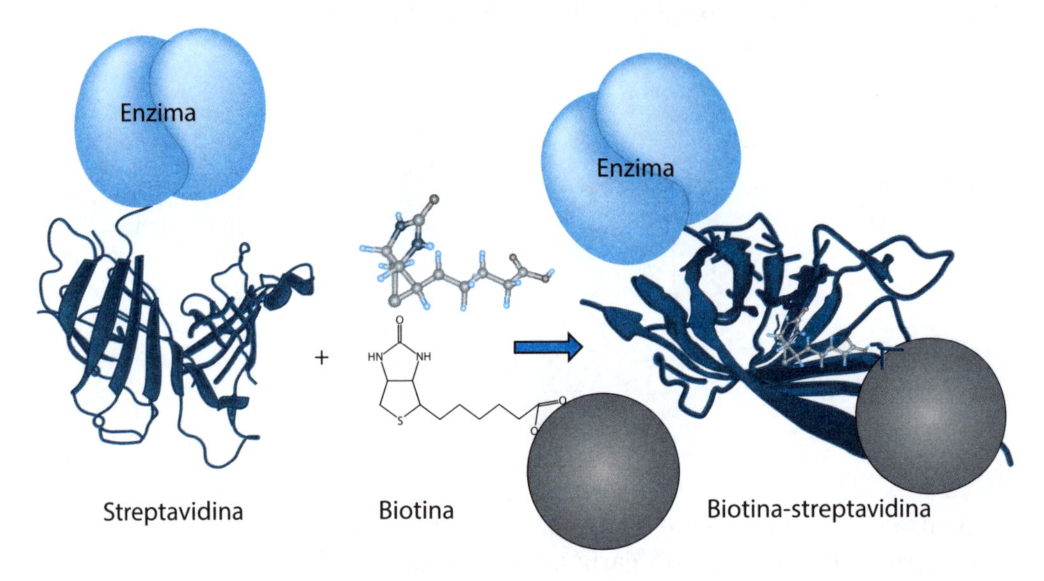

Figura 11.4
Acoplamento por afinidade entre a biotina e a estreptavidina, interligando a enzima com a nanopartícula.

Um grande número enzimas estão sendo imobilizadas em nanopartículas superparamagnéticas, com diferentes metodologias e finalidades, mostrando uma melhoria de desempenho, no geral, associada a um aumento de estabilidade e possibilidade de reciclagem. Uma aplicação interessante da catálise enzimática suportada pode ser exemplificada pela resolução enantiométrica de álcoois secundários, como (RS)-1-(fenil)etanol e derivados, empregando a enzima *Burkholderia cepacia lipase* (BCL) imobilizada em nanopartículas magnéticas, como representada na Figura 11.5.

Nesse processo, o estereoisômero R do álcool secundário, na presença de acetato de vinila, sofre transesterificação seletiva com a lipase, de forma quantitativa, deixando o isômero S inalterado. O procedimento leva a uma resolução enantiomérica superior a 99%. Os dois produtos podem ser facilmente separados por cromatografia, nas formas enantiomericamente puras.

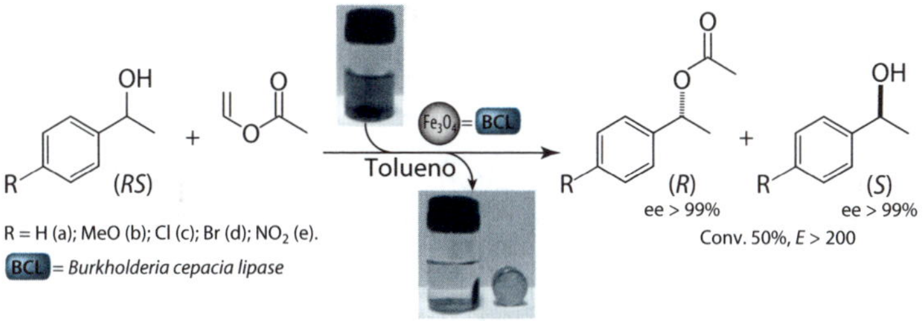

(RS) + Tolueno → (R) ee > 99% + (S) ee > 99%

Conv. 50%, $E > 200$

R = H (a); MeO (b); Cl (c); Br (d); NO_2 (e).

BCL = *Burkholderia cepacia lipase*

Figura 11.5
Representação do processo de resolução de álcoois secundários com a lipase BCL imobilizada em nanopartículas superparamagnéticas. Há um excesso enantiomérico (ee) superior a 99%. (Cortesia de Caterina G. C. M. Netto)

Foram testadas várias formas de imobilização, usando adsorção direta em nanopartículas magnéticas funcionalizadas com APTS (BCL-APTS-MagNP), acoplamento químico com glutaraldeído (BCL-Glu-APTS-MagNP) e acoplamento com dicarboxibenzeno via EDC (BCL-carboxi-APTS-MagNP). Essas três formas mostram desempenho superior em relação à enzima livre. Os testes de reciclagem mostraram um excelente desempenho até quatro ciclos sucessivos, sendo a melhor resposta obtida com a enzima acoplada com glutaraldeído, nesse caso particular de enzima (Figura 11.6).

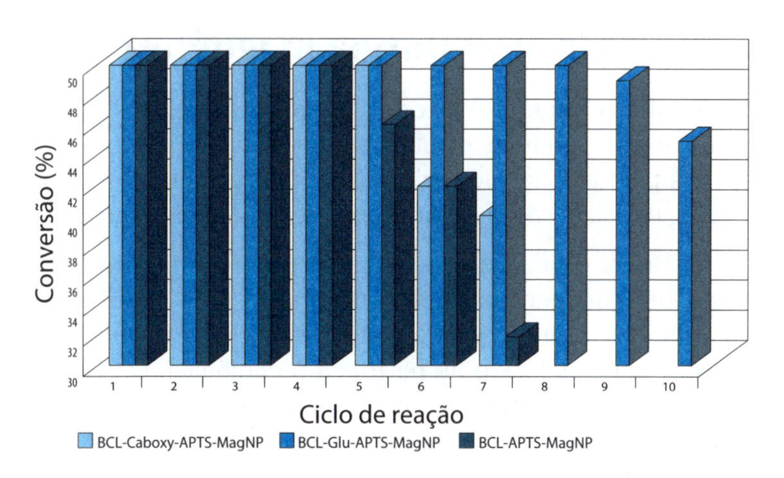

Figura 11.6
Reciclagem da lipase imobilizada em nanopartículas superparamagnéticas de três diferentes formas, com os respectivos índices de conversão da forma enantiomérica (éster) usada para a resolução enantiomérica do álcool secundário. (Fonte: NETTO, C. G. C. M.; TOMA, H. E.; ANDRADE, L. H. Andrade. Superparamagnetic nanoparticles as versatile carriers and supporting materials for enzymes. **Journal of Molecular Catalysis B: Enzymatic**, v. 85-86, p. 71-92, jan. 2013.)

Outro exemplo interessante focaliza a catálise de enzimas desidrogenases, como a formato desidrogenase (FDH), formaldeído desidrogenase (FalDH) e a álcool desidrogenase (ADH), que em conjunto atuam no ciclo de redução do CO_2 até CH_3OH.

$$CO_2 \xrightarrow[NADH \rightarrow NAD^+]{FDH} HCO_2H \xrightarrow[NADH \rightarrow NAD^+]{FalDH} H_2CO \xrightarrow[NADH \rightarrow NAD^+]{ADH} CH_3OH \quad (11.3)$$

Essas desidrogenases são dependentes de $NADH/NAD^+$ e apresentam um íon de Zn^{2+} coordenado a resíduos de aminoácidos como histidina, cisteína e aspartato, com um sítio de coordenação livre para a ligação dos substratos. Acoplado ao sítio ativo, existe uma estrutura perfeita para a acomodação do $NADH/NAD^+$ e a promoção da transferência de elétrons para o substrato. Os estudos têm revelado que a atividade da desidrogenase é aumentada com o uso das nanopartículas, conferindo maior estabilidade térmica e reciclabilidade às enzimas. Essas características estão sendo atribuídas à proteção física exercida pelo suporte, tornando as enzimas mais rígidas ou resistentes, bem como às mudanças conformacionais favoráveis nas proximidades do sítio ativo, que foram monitoradas pelos espectros de fluorescência e Raman.

Nano-hidrometalurgia magnética

A tecnologia mineral é um dos pontos estratégicos na exploração dos recursos existentes e deveria ser voltada não apenas para extração de minérios como também, principalmente, para a geração de produtos de maior valor agregado.

O Brasil é um país com muitos recursos naturais que ainda permanecem parcialmente conhecidos ou explorados, dada sua enorme extensão territorial e dificuldades encontradas, inclusive de natureza tecnológica. O peso do setor mineral na balança comercial é bastante expressivo, equiparando-se ao do setor petrolífero e agropecuário. No estágio atual, as empresas mineradoras vêm atuando principalmente na lavra e na concentração de minérios a serem exportados como *commodities*. O Brasil é dependente da importação de produtos beneficiados, incluindo metais de alta pureza, que são os principais *players* da tecnologia moderna associada a eletrônica, indústria petroquímica, construção e máquinas.

Em termos tecnológicos, a exploração dos minérios envolve várias etapas de processamento e beneficiamento, de natureza física ou química, até chegar à obtenção dos elementos metálicos em estado puro, com alto valor agregado. Esse tem sido o objetivo dos países importadores, como China e Estados Unidos, tanto para consumo interno como para exportação. O beneficiamento ou processamento químico também é conhecido como **metalurgia extrativa**. Em termos mais amplos, contempla a **pirometalurgia**, a **hidrometalurgia** e a **eletrometalurgia**.

A pirometalurgia é empregada no processamento de minérios com alto teor do metal, por meio da redução com carvão ou com elementos eletropositivos, como o alumínio (processo de aluminotermia). Esse procedimento milenar, que ainda é dominante, vem sendo desestimulado em todo o mundo por conta das consequências ambientais nefastas geradas, tanto em termos de deterioração do meio ambiente como pelo impacto que exerce sobre as mudanças climáticas. Por outro lado, a tendência de esgotamento de minérios de alto teor já é apontada como um fator preocupante, que está se tornando cada vez mais crítico sob o ponto de vista econômico. No caso do cobre, os minérios principais ou primários são encontrados na forma de sulfetos metálicos, como a calcopirita ($CuFeS_2$) e a bornita (Cu_2FeS_4). Eles apresentam um teor mais elevado de cobre (> 50%) e geralmente são processados pela pirometalurgia, ou seja, pela queima com carvão em altos-fornos, produzindo um metal de baixa pureza, que precisa passar por etapas subsequentes de refino eletroquímico antes de ser comercializado. O processo produz gases de efeito estufa, poluentes contendo enxofre e escórias indesejáveis que se acumulam na área de produção.

A hidrometalurgia é um campo bastante amplo e de importância crescente. Ela parte da lixiviação dos minérios por meio de tratamento ácido ou, alternativamente, com bactérias geradoras de ácidos, seguido do tratamento químico com agentes complexantes de metais. Na hidrometalurgia do cobre, os minérios preferidos são os que não contêm enxofre, como carbonatos de cobre, óxidos de cobre, e silicatos de cobre, designados genericamente como óxidos. Esses minérios têm um menor teor de cobre e, por isso, não são visados pela pirometalurgia. Entretanto, são mais susceptíveis ao ataque com ácidos, como o ácido sulfúrico, liberando sais de cobre que podem ser recolhidos em tanques de armazenagem para processamento posterior. O termo usado para isso é **lixiviação**. Os sulfetos de cobre são lixiviados com maior dificuldade e o tratamento com ácidos, em geral, não é eficiente. No entanto, algumas bactérias conseguem utilizar o enxofre presente nos minérios para promover sua oxidação com o oxigênio do ar, gerando sais de sulfato de cobre solúveis em água. Por isso, o processo bacteriano pode ser uma saída interessante na hidrometalurgia para o aproveitamento dos minérios de cobre com enxofre.

No Chile, que é o maior produtor mundial de cobre, a hidrometalurgia está sendo empregada de forma crescente, gerando mais de 700 mil toneladas do metal anualmente e uma renda de vários bilhões de dólares. Um tanque típico de coleta de cobre pode ser visto na Figura 11.7.

Figura 11.7 Tanques de recolhimento de cobre para processamento hidrometalúrgico na mina de Collahuasi, localizada no Chile, explorada pela Angloamerican.

Depois do processamento mineral (lixiviação), é feita a purificação dos elementos metálicos liberados por meio da extração com solventes, geralmente em múltiplas etapas, finalizando com a liberação dos íons metálicos mediante tratamento ácido, para posterior processamento até a obtenção do metal ou óxido em estado puro.

Em comparação com a pirometalurgia, a hidrometalurgia é considerada uma tecnologia "verde" por diminuir a produção de gases de efeito estufa e empregar condições de trabalho mais próximas do ambiente. Mesmo assim, lida com grande quantidade de solventes e agentes químicos e emprega várias etapas de processamento, aspectos que vão contra os preceitos da química verde. Sua principal vantagem é viabilizar o aproveitamento de minérios de baixo teor, adquirindo assim um caráter universal, que pode diminuir a dependência de países exportadores de *commodities*.

No caso do cobre, o processo parte de soluções aquosas dos sais de cobre provenientes dos minérios que foram lixiviados com ácidos ou bactérias. Essas soluções apresentam um teor ao redor de 1 kg a 6 kg de cobre por metro cúbico, ou seja, de 0,1% a 0,6% de concentração. Como exemplo, 100 gramas de solução apresentam de 0,1 g a 0,6 g de cobre lixiviado. Depois de ajustada a acidez, essa solução é tratada com um agente químico constituído de aldoxima e cetoxima orgânicas, dissolvidas em solvente orgânico, que vão reagir com o cobre dissolvido. A reação envolve uma fase aquosa, onde está o cobre inicial, e uma fase orgânica, geralmente constituída de querosene de alta pureza. O complexo formado na interfase água-querosene é extraído para a fase de querosene. Esse processo exige um bom controle de pH ou de acidez para tornar-se mais seletivo para o cobre e promover sua purificação por extração na fase orgânica.

A extração com solvente orgânico pode ocorrer a céu aberto, liberando vapores e contaminantes para o ambiente, ou em torres especializadas, com maior custo operacional. O processo geralmente produz uma borra ou espuma suja que deve ser removida constantemente, dificultando bastante o trabalho experimental. Nessa operação, a fase orgânica (querosene) é removida e novamente tratada com ácido para liberar o metal para o meio aquoso. Os tanques são de difícil operação, pois necessitam de agitação e têm dimensões físicas de dezenas de metros. Além disso, a fase aquosa que fica em cada etapa deve ser recolhida e adicionada novamente à mistura original da lixívia do minério, para aumentar o rendimento. O querosene, como solvente, pode ser atacado por contaminantes presentes, como os nitratos, degradando-se lentamente ao longo do uso nas operações. Finalmente, chega-se à fase orgânica, em que o cobre complexado com o reagente adicionado, já em alta pureza, é tratado com uma solução de ácido sulfúrico moderadamente concentrado para a liberação do metal na fase aquosa. A fase orgânica contendo o agente complexante é separada por decantação, retornando ao processo de extração.

A hidrometalurgia pode ser acoplada ao processo de eletrometalurgia, em que a deposição do elemento metálico se faz em reatores eletroquímicos especialmente projetados para a redução do metal, como é o caso do cobre. Esse processo, conhecido pela rubrica SX-EW, ou *solvent extraction (SX) and electrowinning (EW)*, já responde por mais de 25% da produção mundial de cobre metálico, com impacto crescente na economia.

A fase aquosa contendo os sais de cobre com um teor típico de 4% de massa, na forma de sulfato de cobre, é enviada para os reatores eletroquímicos, que são tanques de concreto com polímero – tipicamente da ordem de 6 metros de comprimento, 1,2 metro de largura e 1,5 metro de profundidade. Neles são colocados dois tipos de placas metálicas: liga de chumbo e estanho, como anodo (polo positivo), onde acontecerá a decomposição da água e a liberação de oxigênio, e de aço inoxidável, como catodo (polo negativo), com tamanhos típicos de 1 metro quadrado de área. As placas são submetidas a um potencial ou voltagem da ordem de 2 V para realizar a deposição do cobre metálico no catodo (polo negativo). Por esse motivo, o cobre depositado, que é o produto final, também é conhecido como catodo de cobre. Nesse processo também se colocam aditivos para melhorar a eletrodeposição do cobre. O processo de eletrólise leva cerca de sete dias para se completar, gerando um material de alta pureza, adequado na maioria das aplicações industriais e na construção.

Atualmente, a extração mineral está enfrentando os seguintes problemas:

a) esgotamento gradual dos minerais de alto teor;
b) aumento crescente de problemas ambientais, desde a extração mineral até seu processamento;
c) emprego de tecnologia condenada pela alta demanda energética, pela geração de gases de efeito estufa e pelo impacto social e regional;

d) ausência de tecnologias eficientes, voltadas para minérios de baixo teor, principalmente em países como o Brasil.

O processo hidrometalúrgico está sendo renovado com o auxílio da nanotecnologia e com o desenvolvimento de um novo processo hidrometalúrgico, patenteado com o nome de **nano-hidrometalurgia magnética** (NHM) pela Universidade de São Paulo (USP). Nesse processo, o agente complexante e o solvente usado para extração do cobre são substituídos por nanopartículas superparamagnéticas complexantes. Em virtude do caráter superparamagnético, a partícula responde à presença de um campo magnético, ou ímã, com forte magnetização, porém, quando o campo magnético é removido, a magnetização desaparece completamente. Isso é importante, pois uma vez removido o campo, as partículas perdem a magnetização e retornam espontaneamente para a solução.

Para essa finalidade, as partículas superparamagnéticas devem ser funcionalizadas com agentes complexantes apropriados, semelhantes aos utilizados na hidrometalurgia clássica, como aminas, oximas e derivados aminocarboxílicos, como o EDTA e o DTPA. Um derivado interessante está ilustrado na Figura 11.8.

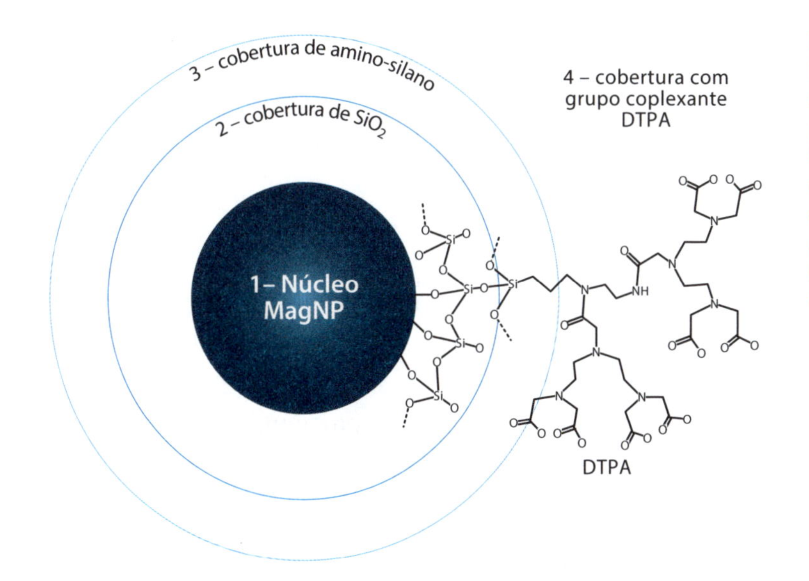

Figura 11.8 Nanopartícula superparamagnética protegida com capa de SiO_2 e funcionalizada com o ligante ácido dietilenotriamina-pentaacético (DTPA). (Cortesia de Sabrina N. Almeida)

O processo de complexação com a nanopartícula funcionalizada pode ser representado de forma semelhante ao de adsorção, em que a superfície ativa tem uma atividade unitária e o equilíbrio é expresso em termos da percentagem dos sítios ligados aos metais θ e livres $(1-\theta)$. Tomando como exemplo a nanopartícula funcionalizada com um ligante L, o equilíbrio de complexação pode ser escrito desta forma:

$$NP@L + M \rightleftharpoons NP@L - M \tag{11.4}$$

A constante de adsorção K é dada por:

$$K = \frac{[NP@L - M]}{[M]_{eq}[NP@L]} \tag{11.5}$$

Nessa equação, $[M]_{eq}$ é a concentração do íon metálico livre em equilíbrio com as partículas contendo os complexantes. A seguir, q_{eq} é a massa dos íons metálicos complexados nas nanopartículas e $q_{máx}$ representa sua quantidade máxima:

$$q_{eq} = \frac{K[M]_{eq}\, q_{máx}}{\left(1 + K[M]_{eq}\right)} \tag{11.6}$$

e

$$\frac{[M]_{eq}}{q_{eq}} = \frac{1}{q_{máx}K} + \frac{[M]_{eq}}{q_{máx}} \tag{11.7}$$

Assim, o gráfico de $[M]_{eq}/q_{eq}$ em função de $[M]_{eq}$ é uma reta, cujos coeficientes angulares e lineares permitem obter os valores da capacidade máxima de carga ($q_{máx}$) e da constante de equilíbrio (K).

Geralmente, quando as nanopartículas superparamagnéticas são depositadas sobre a superfície de eletrodos, tendem a bloquear a descarga de espécies redox, como íons ferrocianeto, impedindo que cheguem até a interface condutora ou metálica. Entretanto, se as espécies redox já estiverem ancoradas nas nanopartículas e forem concentradas magneticamente sobre os eletrodos, é possível a transferência de elétrons tanto por meio de condução iônica na interface como por saltos de elétrons (*electron hopping*) através da cadeia formada pelas espécies redox. Nesse caso, ao contrário da inibição, observa-se uma forte intensificação na corrente de descarga, visto que as espécies redox estão diretamente concentradas sobre os eletrodos.

Assim, a nano-hidrometalurgia magnética pode ser acoplada a um processo eletroquímico após o confinamento das partículas sobre o eletrodo. As partículas passam a atuar como captadores de íons e transportadores e promotores da eletrodeposição do cobre, reunindo todas as etapas do processo convencional em uma única operação. Após o processo eletroquímico, as nanopartículas podem ser liberadas pela remoção do ímã e retornar ao processo, configurando um processo cíclico e sustentável (Figura 11.9).

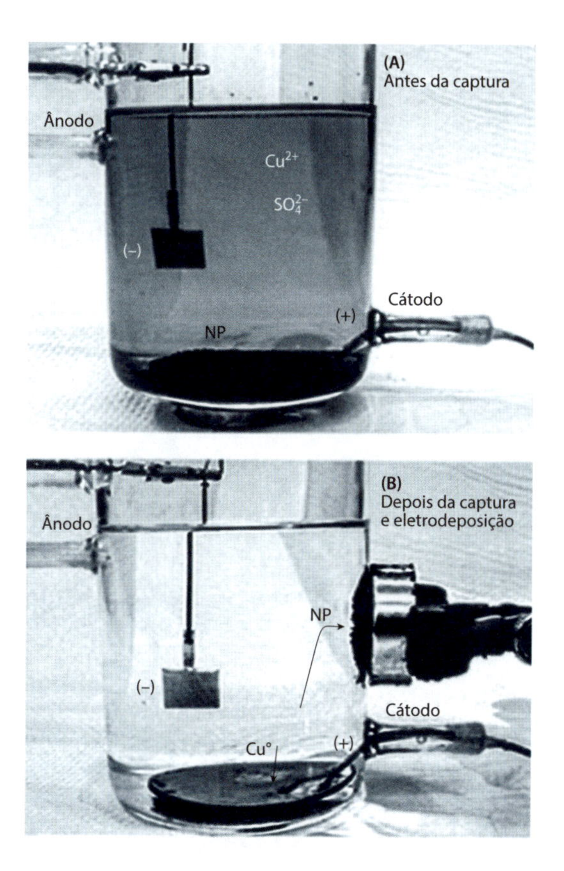

Figura 11.9
Ilustração do processo de nano-hidrometalurgia magnética acoplada à eletrodeposição do cobre: (A) solução de cobre e nanopartículas depositadas no fundo, (B) após a agitação, confinamento magnético e eletrólise, mostrando o depósito de cobre metálico depois da remoção das partículas para um novo ciclo. (Cortesia de Dr. Ulisses Condomitti)

Além dos aspectos favoráveis mencionados, uma das vantagens da NHM sobre a SW-EW é a possibilidade de executar todas as etapas de forma sequencial, no mesmo reator operando em condições ambientes, dispensando o tradicional uso de solventes, tratamentos ácidos e etapas de concentração e minimizando a produção de rejeitos. As nanopartículas captadoras de metais são integralmente regeneradas após o processo, sem tratamento adicional. Ademais, o processo é aplicável em minerais com baixos teores e na recuperação de metais de rejeitos eletrodomésticos e eletrônicos, como chapas fotográficas, e no tratamento de efluentes industriais. A nano-hidrometalurgia é aplicável a uma diversidade de metais além do cobre e também pode servir a propósitos de remediação ambiental, no tratamento de efluentes.

CAPÍTULO 12

CONVERSA COM O LEITOR

A nanotecnologia permeia todas as áreas do conhecimento, superando, em abrangência, a microtecnologia, mesmo com os admiráveis avanços da eletrônica atual, que tem mudado radicalmente o perfil da sociedade moderna. De fato, a nanotecnologia está conduzindo a microtecnologia a uma dimensão mil vezes menor, por meio da miniaturização progressiva.

A nanoeletrônica já é uma realidade e está bastante aparente nos equipamentos cada vez mais avançados encontrados no mercado. O diferencial, entretanto, está no fato de a nanotecnologia, no contexto mais amplo, estar adentrando o mundo nanométrico dos átomos e das moléculas[1], criando, assim, laços indissociáveis com a química e a biologia e, ao mesmo tempo, incorporando a mecânica quântica e os recursos proporcionados pelas novas ferramentas de microscopia, espectroscopia e litografia.

Realmente não é fácil lidar com um assunto tão abrangente que apresenta tantas linguagens e conceitos. Neste livro, a nanotecnologia foi abordada pelo enfoque molecular, justificado por seu lado mais interessante, que está diretamente ligado aos átomos e às moléculas. Para tanto,

[1] Sobre esse assunto, consultar a obra *Mundo nanométrico: a dimensão do novo século*, de Henrique Eisi Toma (São Paulo: Oficina de Textos, 2009).

recorremos frequentemente a exemplos de nossas pesquisas com objetivos meramente didáticos, sem desmerecer os trabalhos de tantos outros autores. Esses exemplos trazem o traço marcante de alunos, mestres e doutores que participaram dos trabalhos.

Nesta obra, adotou-se uma linha conceitual que visou ressaltar, por meio da observação, as diferenças entre o mundo macroscópico e o mundo nano, começando pelas cores. Porém, para entendê-las, foi preciso falar de ondas eletromagnéticas, de espectros e de plásmons. Depois, foi dada especial atenção à espectroscopia, que permite decifrar a linguagem das moléculas, em âmbitos eletrônicos e vibracionais, incorporando os efeitos de absorção, emissão, espalhamento, refração e difração. A espectroscopia é uma ferramenta essencial que proporciona melhor compreensão dos sistemas nanométricos, principalmente quando usada em associação com as microscopias.

Apresentar as principais ferramentas nanométricas foi importante para desenvolver o conteúdo e dar maior balizamento ao leitor interessado em nanotecnologia. De fato, são elas que conferem sentido à maioria dos artigos científicos e dão visibilidade à beleza das formas e às propriedades encontradas no mundo nano. Atualmente, há grande avanço na área de instrumentação voltada para a nanotecnologia, como os novos microscópios a *laser* multifotônicos, que têm maior profundidade de foco, as pinças ópticas para manipulação direta de nanopartículas, a microscopia Raman acoplada a sondas SERS, entre outros.

Outra necessidade deste livro foi tratar de polímeros, o que também se tornou um grande desafio. Esse tema está intimamente ligado às estratégias usadas para os nanomateriais, e seu conhecimento básico é essencial para a compreensão do que foi abordado nesta obra.

As nanopartículas constituem os nanomateriais mais simples utilizados na nanotecnologia, porém, em contraposição, seu conteúdo temático é bastante diversificado e extenso, pois podem ser feitas de quase tudo o que conhecemos e do que ainda não conhecemos. Suas novas propriedades, como efeitos quânticos, plasmônicos, superparamagnéticos, associadas a grande mobilidade e área superficial, vêm abrindo novos horizontes na ciência. Entretanto, o fato marcante não está apenas nas nanopartículas, mas principalmente em seu envoltório químico, já que é ele que confere estabilidade e funcionalidade às partículas, gerando aplicações e novas propriedades.

Nanopartículas multifuncionais são pesquisadas de forma a incluir, além do efeito plasmônico/SERS, agentes fluorescentes, nanopartículas magnéticas, catalisadores e enzimas. Essa modalidade complexa constitui um verdadeiro projeto de engenharia de nanopartículas, que está em rápido avanço e crescente sofisticação. Por exemplo, o desenvolvimento de nanopartículas para aplicações nanobiotecnológicas vem sendo perseguido por meio do planejamento de novos sistemas bioconjugados, incorporando vários agentes e grupos funcionais que lidam com as nanopartículas. Esses sistemas oferecem nanopartículas multimodais projetadas para serem usadas na obtenção de imagens biomédicas, em transporte e liberação de genes ou drogas e em outras aplicações.

Também há trabalhos com nanopartículas dos mais variados tipos para o carreamento de agentes imunologicamente ativos e alvos, podendo resultar em novas gerações de vacinas e drogas imunorregulatórias para uso clínico. Existem pesquisas sobre transfecção magnética em células, tecidos e tumores que utilizam nanopartículas superparamagnéticas como carreadores de genes terapêuticos na presença de campos magnéticos. Todo esse desenvolvimento deve ter um impacto significativo nos avanços da termoterapia e da fototerapia dinâmica, que se tornam cada vez mais atraentes por ter caráter não invasivo e reduzir efeitos colaterais do tratamento.

As nanopartículas superparamagnéticas começam a viabilizar um velho sonho: promover o deslocamento ou o transporte controlado das moléculas. Na biologia isso é feito naturalmente pelas moléculas motoras, descritas rapidamente no Capítulo 8. Entretanto, elas são demasiadamente complexas e ainda não são bem entendidas. Na química tal desafio persiste, porém, o simples fato de poder explorar a ligação de uma molécula com uma nanopartícula superparamagnética, com a qual se movimenta quando atraída por um ímã, é um grande alento. Com a ampla disponibilidade de superímãs miniaturizados no comércio, pode-se investir em transporte, confinamento e reciclagem de moléculas.

As aplicações decorrentes são imensas, como exemplificado em processos analíticos, em catálise e biocatálise, em remediação ambiental, na medicina e na área mineral.

Na área da catálise enzimática, as perspectivas vão muito além da reciclagem, visto que as nanopartículas superparamagnéticas também melhoram a estabilidade e o desempenho das enzimas, reduzindo o custo. O leitor interessado encontra mais informações no artigo "Superparamagnetic nanoparticles as versatile carriers and supporting materials for enzymes", de Neto, Toma e Andrade[2]. Há pesquisas voltadas para sistemas multienzimáticos imobilizados em nanopartículas e processos nanobiotecnológicos voltados para produção de fármacos, alimentos e biocombustíveis.

Os dispositivos moleculares já são realidade, embora sua natureza nem sempre seja percebida. A variedade de tipos e finalidades é imensa, e certamente haverá destaque crescente na era dos sensores, que muitos já preconizam no futuro. Os sensores devem estar presentes em todas as áreas da atividade humana e isso vai movimentar enormes recursos na economia. Nesse campo também estão inseridos: a questão energética, a busca por dispositivos de fotoconversão de energia mais eficientes e duráveis, a integração com novos instrumentos eletrônicos e o melhor aproveitamento dos combustíveis renováveis. O leitor interessado encontra mais detalhes no artigo "Exploring the supramolecular coordination chemistry-based approach for Nanotechnology", de Toma e Araki[3].

Atualmente, o setor mineral ainda está um pouco distante da nanotecnologia, e os avanços descritos no capítulo que tratou de nano-hidrometalurgia magnética têm sido percebidos como curiosidade ou promessa de inovação e caminham para processos mais verdes e sustentáveis. Isso é normal, já que as tecnologias nesse setor sempre foram pautadas pelo estilo conservador e pelo grande aporte de investimentos necessários, em face da dimensão exacerba-

---

[2] NETTO, C. G. C. M.; TOMA, H. E.; ANDRADE, L. H. Superparamagnetic nanoparticles as versatile carriers and supporting materials for enzymes. **Journal of Molecular Catalysis B: Enzymatic**, v. 85-86, p. 71-92, jan. 2013.

[3] TOMA, H. E.; ARAKI, K. Exploring the supramolecular coordination chemistry-based approach for Nanotechnology. **Progress in Inorganic Chemistry**, v. 56, p. 379-485, mar. 2009.

da das plantas de processamento de minérios. Contudo, a curto prazo, a nano-hidrometalurgia magnética pode contribuir com tecnologias sustentáveis no processamento de rejeitos metálicos acumulados com o descarte de produtos eletrônicos e eletrodomésticos em regiões urbanas. Também pode compor processos paralelos ou secundários no aproveitamento de subprodutos da mineração e na indústria petroquímica, envolvendo, por exemplo, a recuperação dos elementos nobres dos catalisadores exauridos. Da mesma forma, o impacto positivo na remediação ambiental pode estar atrelado ao desenvolvimento da nano-hidrometalurgia magnética e de outras tecnologias "nano", incluindo a monitoração de efluentes e resíduos. Uma discussão mais detalhada sobre o assunto pode ser encontrada em "Magnetic nanohydrometallurgy: a nanotechnological approach to elemental sustainability", de Toma[4].

Os vários capítulos deste livro apontam claramente para as excelentes perspectivas de desenvolvimento de processos nanotecnológicos voltados para a sustentabilidade. Há ainda uma visão mais ampla sobre esse tema no artigo "Developing nanotechnological strategies for green industrial processes", de Toma[5].

Finalmente, foi brevemente comentada neste livro a questão da nanotoxicologia, um assunto importante e, ao mesmo tempo, complexo e indefinido, em virtude da enorme diversidade de fatores e procedimentos envolvidos, que estão à espera de normatização em escala mundial. Mesmo com a crescente polêmica estimulada por muitas organizações não governamentais, as preocupações e os procedimentos para lidar com nanomateriais não diferem muito dos encontrados no setor químico[6]. Apesar da menor reatividade dos nanomateriais em comparação com compostos químicos, para lidar com essa questão, é sempre recomendável uma postura de cautela e o devido profissionalismo.

---

[4] TOMA, H. E. Magnetic nanohydrometallurgy: a nanotechnological approach to elemental sustainability. **Green Chemistry**, v. 17, p. 2027-2041, 2015.

[5] TOMA, H. E. Developing nanotechnological strategies for green industrial processes. **Pure & Applied Chemistry**, v. 85, n. 8, p. 1655-1669, jul. 2013.

[6] Algumas ponderações nesse sentido foram feitas no volume 5 desta coleção.

Com certeza, diante da complexidade do desafio para completar mais uma jornada, muitos aspectos não foram abordados com a merecida atenção e muitas falhas vão aparecer por nossa culpa. Ficam nossas desculpas e o compromisso de abordar novamente esses temas em próximas edições.

Este livro será complementado por um texto voltado para aspectos experimentais e educacionais da nanotecnologia. Esse novo livro é intitulado *Nanotecnologia Experimental*, com a autoria de Henrique E. Toma, Delmárcio G. da Silva e Ulisses Condomitti, e também será publicado pela editora Blucher.

APÊNDICE 1

ABREVIATURAS

AFM – *atomic force microscopy* (microscopia de força atômica)

AuNP – nanopartículas de ouro

BPA – bisfenol ou 4,4'-dihidroxi-2,2-difenilpropano

CNT – nanotubos de carbono

CRM – microscopia Raman confocal

DLS – *dynamic light scattering* (espalhamento dinâmico de luz)

DSC – *dye solar cell* (célula solar sensibilizada por corante)

EDTA – ácido etilenodiaminatetraacético

HDL – hidróxidos duplos lamelares

MagNP – nanopartículas magnéticas

MEV – microscopia eletrônica de varredura

PAM – poliacrilamida

PAMAM – poliamidoamina (dendrímero)

PAN – poliacrilonitrila ou, simplesmente, acrilonitrila

PANI – polianilina

PDMS – polidimetilsiloxano

PE – polietileno

PEDOT – poli(3,4-etilenodioxitiofeno)

PEG – polietilenoglicol

PET – polietilenoteraftalato

PHB – poli-3-hidroxibutirato

PHH – poli(hidroxi)hexanoato

PHV – poli-hidroxivalerato

PLA – polilático

PMMA – polimetacrilato de metila

PP – polipropileno

PS – poliestireno

PSS – poliestirenossulfonato

PTFE – politetrafluoretileno

PVAc – acetato de polivinila

PVC – cloreto de polivinila

RR – Raman ressonante

SERS – *surface enhanced Raman scattering* (espalhamento Raman intensificado por superfície)

SPR – ressonância de plásmons superficiais

STM – *scanning tunneling microscopy* (microscopia de varredura de tunelamento)

TC – transferência de carga

TEM – microscopia eletrônica de transmissão

VC – voltametria cíclica

APÊNDICE 2

TEORIA DE BANDAS NO ESPAÇO RECÍPROCO

No estado sólido, a representação dos planos atômicos ou cristalográficos é muito importante, já que neles acontecem as interações entre os átomos. Tomando como exemplo uma cela cristalina cúbica de face centrada (cfc), é possível fazer a representação da forma convencional, no espaço cartesiano, ao longo dos eixos x, y e z, como na imagem (A) da Figura A2.1. Outra forma, mais usada na cristalografia e na física do estado sólido, é baseada no espaço recíproco, em função de k, como ilustrado na imagem (B) da Figura A2.1.

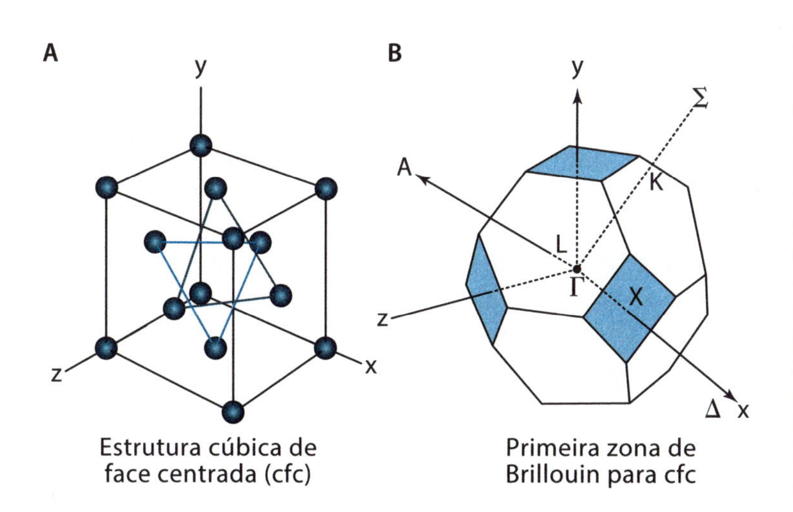

Figura A2.1
(A) Estrutura cúbica de face centrada (cfc) colocada sobre os eixos cartesianos; (B) representação dessa estrutura no espaço recíproco para $k = \pi/a$ e $k = (\pi\sqrt{3})/a$, que gera um poliedro descrevendo a primeira zona de Brillouin. A direção x é chamada Δ e corta a face quadrada no ponto X. A direção x = y = z é denominada Λ e corta a face hexagonal no ponto L. Existe ainda uma direção Σ que corta o poliedro no ponto K.

Como discutido no Capítulo 5, na teoria de banda, as funções de onda que descrevem o movimento dos elétrons ao longo dos orbitais atômicos interligados no retículo cristalino de dimensão **a** podem ser associadas a um número quântico (**k**) tal que:

$$k = \pm \frac{2\pi}{\lambda} \tag{a2.1}$$

Nesse modelo, os elétrons se deslocam como ondas de comprimento igual a λ. Quando $\lambda = 2a$, ou seja, duas vezes o espaçamento atômico básico em um retículo cristalino, o vetor onda k fica igual a $k = \pi/a$. Para um valor de $\lambda = \infty$, o vetor onda k é igual a 0. Por isso, a correlação entre λ e k tem uma reciprocidade inversa. Assim, quando os valores de k situam-se entre π/a e 0, o λ varia de 2a até o infinito.

No centro das coordenadas recíprocas, o valor de $k = 0$ corresponde a $\lambda = \infty$. Movendo-se ao longo dos eixos x, y e z, quando $k = \pi/a$, chega-se aos planos atômicos cristalográficos representados por quadrados na figura que correspondem aos planos de difração ou de Bragg. Movendo-se na direção $x = y = z$, ou seja, na diagonal cartesiana, chega-se a dois planos cristalográficos (representados por triângulos na imagem (A) da Figura A2.1) espaçados por $(\sqrt{3})a/3$. Esses planos correspondem a um valor de $k = (\pi\sqrt{3})/a$. No conjunto de planos perpendiculares aos eixos x, y, e z ou à direção $x = y = z$, o prolongamento no espaço acaba gerando a figura de um poliedro, como na imagem (B) da Figura A2.1. Esse poliedro representa a primeira zona de Brillouin para uma estrutura cúbica de face centrada e descreve o comportamento dos planos cristalográficos existentes na estrutura.

Para as multiplicidades seguintes de k, podem ser gerados novos poliedros com zonas de Brillouin, representando valores cada vez menores de λ e, portanto, valores mais altos de energia, até chegar às bandas de valência e de condução. Em termos didáticos e conceituais, esses estados são representados pela primeira zona de Brillouin; já as bandas de energia surgem sob a forma dobrada ou compacta (Figura A2.2).

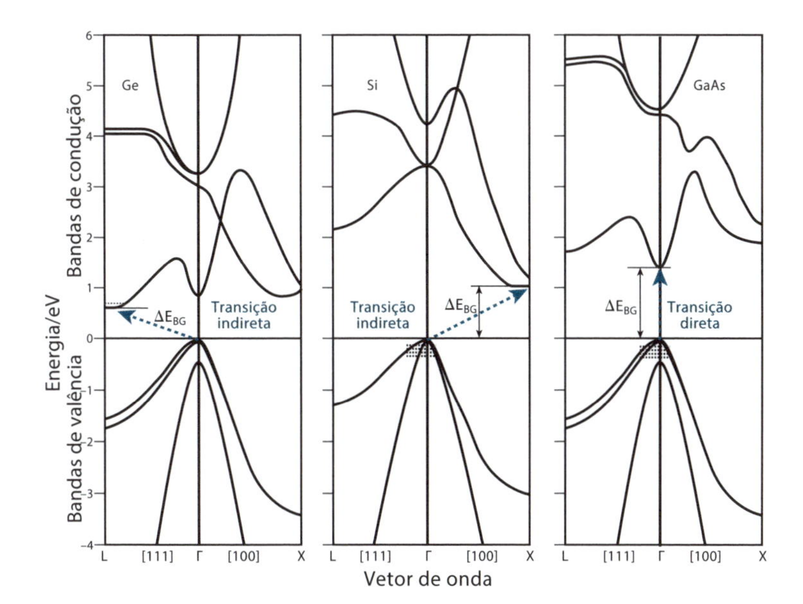

Figura A2.2
Diagrama de bandas no espaço recíproco para Ge, Si e GaAs. Vê-se a separação entre as bandas de valência e condução, bem como o alinhamento com as respectivas energias de *band gap*.

As estruturas de banda calculadas pela equação de Schrodinger descrevem as variações de energia (E) com o número quântico k para as direções importantes descritas pela zona de Brillouin. Na estrutura cúbica de face centrada, correspondem aos pontos X, L e K (Figura A2.2). Tomando como exemplo o silício, os orbitais envolvidos são 3s, $3p_x$, $3p_y$ e $3p_z$, e podem formar combinações ligantes (s + s e p + p) ou antiligantes (s – s e p – p). Na origem da zona de Brillouin (Γ), o valor de k é zero e os orbitais atômicos combinados comportam-se como uma função de λ infinito. Movendo-se na direção x ou Δ, quando $k = 2\pi/a$, chega-se ao ponto X onde os átomos formam ligações σ (s-p) e π (p-p). O mesmo procedimento deve ser feito ao longo das direções Λ e Δ.

As energias calculadas para todas as direções geram um diagrama bastante complexo (Figura A2.2), que descreve a estrutura de banda do material partindo do centro Γ até os planos X, L e K (não mostrado). A menor diferença de energia entre a última banda ocupada (de valência) e a primeira banda vazia (de condução) corresponde ao ΔE_{BG} do material. Na Figura A2.2 pode-se ver que, no caso do Ge e Si, os valores mínimos não estão alinhados e, por isso, diz-se que a transição da banda de valência para a banda de condução é indireta. No caso do GaAs, o alinhamento é verificado e a transição é direta. Esse é o caso ideal, em que a transição se processa com maior eficiência.

APÊNDICE 3

TABELA PERIÓDICA DOS ELEMENTOS

Metais de transição

1	2	3	4	5	6	7	8	9	10	11	12	13	14	15	16	17	18
1 **H** 1.008																	2 **He** 4.003
3 **Li** 6.941	4 **Be** 9.012											5 **B** 10.81	6 **C** 12.01	7 **N** 14.00	8 **O** 15.99	9 **F** 18.99	10 **Ne** 20.18
11 **Na** 22.99	12 **Mg** 24.30											13 **Al** 26.98	14 **Si** 28.08	15 **P** 30.97	16 **S** 32.06	17 **Cl** 35.45	18 **Ar** 39.94
19 **K** 39.09	20 **Ca** 40.07	21 **Sc** 44.95	22 **Ti** 47.86	23 **V** 50.94	24 **Cr** 51.99	25 **Mn** 54.93	26 **Fe** 55.84	27 **Co** 58.93	28 **Ni** 58.69	29 **Cu** 63.54	30 **Zn** 65.54	31 **Ga** 69.72	32 **Ge** 72.61	33 **As** 74.92	34 **Se** 78.96	35 **Br** 79.90	36 **Kr** 83.80
37 **Rb** 85.46	38 **Sr** 87.62	39 **Y** 88.90	40 **Zr** 91.22	41 **Nb** 92.90	42 **Mo** 95.94	43 **Tc** 97,90	44 **Ru** 101.0	45 **Rh** 102.9	46 **Pd** 106.4	47 **Ag** 107.8	48 **Cd** 112.4	49 **In** 114.8	50 **Sn** 118.7	51 **Sb** 121.7	52 **Te** 127.7	53 **I** 126.9	54 **Xe** 131.2
55 **Cs** 132.9	56 **Ba** 137.3	57 **La** 138.9	72 **Hf** 178.4	73 **Ta** 180.9	74 **W** 183.8	75 **Re** 186.2	76 **Os** 190.2	77 **Ir** 192.2	78 **Pt** 195.0	79 **Au** 196.9	80 **Hg** 200.5	81 **Tl** 204.3	82 **Pb** 207.2	83 **Bi** 208.9	84 **Po** 208,9	85 **At** 209,9	86 **Rn** 222,0
87 **Fr** 223,0	88 **Ra** 226,0	89 **Ac** 227,0	104 **Rf** 261,1	105 **Db** 262,1	106 **Sg** 266,1	107 **Bh** 264,1	108 **Hs** 265	109 **Mt** 266	110 **Ds** 268	111 **Rg** 272	112 **Cn** 277	113 **Uut** 284	114 **Fl** 289	115 **Uup** 288	116 **Lv** 292	117 **Uus** 288	118 **Uuo** 294
			Lantanídios	58 **Ce** 140.1	59 **Pr** 140.9	60 **Nd** 144.2	61 **Pm** 144,1	62 **Sm** 150.3	63 **Eu** 151.9	64 **Gd** 157.2	65 **Tb** 158.9	66 **Dy** 162.5	67 **Ho** 164.9	68 **Er** 167.2	69 **Tm** 168.9	70 **Yb** 173.0	71 **Lu** 174.9
			Actinídios	90 **Th** 232.0	91 **Pa** 231.0	92 **U** 238.0	93 **Np** 237,0	94 **Pu** 244,0	95 **Am** 243,0	96 **Cm** 247,0	97 **Bk** 247,0	98 **Cf** 251,0	99 **Es** 252,0	100 **Fm** 257,0	101 **Md** 258,1	102 **No** 259,1	103 **Lr** 262,1